U0891051

普通高等学校学生心理健康教育课程教材

大学生心理健康教育教程

主 编 刘 欣

副主编 耿德勤 徐海波

编委会名单（按姓氏笔画排序）

白云娜 孙国仁 朱 艳 刘 欣 刘 洁 陆文春
陈 伟 郑 鹏 胡 燕 耿德勤 徐海波 焦 勇

东南大学出版社
·南京·

内容提要

本书由长期从事大学生心理健康教育工作、曾获得全国大学生心理健康教育论文一等奖的副教授担任主编，具有丰富临床经验的主任医师和学生思想政治教育副教授担任副主编，一批具有长年从事心理健康教育教学和心理咨询工作经验的教师参与编写。全书分十一章，包括大学生心理健康导论、自我意识与人格完善、学习心理与创造力培养、人际交往与心理和谐、情绪管理与调适、压力管理与挫折应对、适应与发展、性心理和恋爱心理、职业生涯规划与能力发展、心理咨询以及生命教育与心理危机干预等内容，还包括测试量表、案例分析和团体辅导心理活动设计等。本书积淀了编者多年来从事大学生心理健康教育、教学和科研的工作成果以及心理健康教育咨询和辅导的工作体会，同时又广泛吸纳了近十年来本学科国内外的最新研究成果，内容新颖充实、条理清晰，理论与实践相结合，具有较强的时代性、系统性、实践性及可操作性，对当代大学生心理健康教育的理论与实践具有重要的指导意义。

本书可作为全日制普通高等学校及高职院校教材，也可供学生思想政治教育辅导员、心理医生参考。

图书在版编目(CIP)数据

大学生心理健康教育教程 / 刘欣主编. 一南京：东南大学出版社，2012.6(2012.9 重印)

ISBN 978-7-5641-3449-5

Ⅰ.①大… Ⅱ.①刘… Ⅲ.①大学生-心理健康-健康教育-高等学校-教材 Ⅳ.①B844.2

中国版本图书馆 CIP 数据核字(2012)第 085085 号

大学生心理健康教育教程

出版发行 东南大学出版社
社　　址 南京市四牌楼 2 号
出 版 人 江建中
邮　　编 210096
印　　刷 南京工大印务有限公司
开　　本 787 mm × 1092 mm 1/16
印　　张 17.25
字　　数 431 千字
书　　号 ISBN 978-7-5641-3449-5
版　　次 2012 年 6 月第 1 版 2012 年 9 月第 2 次印刷
印　　数 3001-8000 元
定　　价 33.00 元

* 凡因印装质量问题，可直接与营销部调换。电话：025-83791830。

序

随着社会的飞速发展，人们的生活节奏日益加快，竞争越来越强，人际关系越来越复杂。科学技术的迅猛发展，知识的爆炸性增长，迫使人们不断地更新知识。人类社会进入了一个情绪负重的时代。大学生作为现代社会的特殊群体，在面对社会急剧转型、观念相互激荡、价值观念多元化的社会大环境的同时，还要面对许多自身特殊的问题，如对新的学习环境适应的问题，对专业的选择和学习适应的问题，理想与现实冲突的问题，人际关系的处理与学习、恋爱中的矛盾问题以及职业选择和就业等问题。如何加强大学生心理健康教育，使他们避免或消除因各种心理压力而造成的心理应激、心理危机或心理障碍，保持身心健康，以积极的心态适应社会环境，健康地成长是各高校迫切需要解决的问题。

健康的心理是一个人全面发展的必备条件。培养优良的心理素质是大学生素质教育的重要任务，也是大学生思想政治教育的重要内容。为了进一步加强大学生心理健康教育，教育部、卫生部、共青团中央联合下发了《关于进一步加强和改进大学生心理健康教育的意见》，教育部还专门下发了《普通高等学校学生心理健康教育课程教学基本要求》，之后各高校普遍开设了“大学生心理健康教育”公共必修课。在加强大学生心理健康教育的实践中，广大教师坚持把理论与实践相结合，刻苦钻研、勤奋工作、不断探索、大胆创新，积累了许多宝贵的经验。刘欣等一批长期从事大学生心理健康教育工作的学生思想政治教育教师和大学生心理医师共同编写了《大学生心理健康教程》。这本书凝聚了他们多年来辛勤耕耘的心血和智慧，语言简洁流畅，案例丰富典型，既系统地介绍了心理健康教育的理论，又展现了实践性较强的教育方法，具有很强的针对性、实践性和可读性，不失为大学生心理健康教育的一部好教材。该书的出版将为大学生心理健康教育提供理论与实践支持，为促进当代大学生心理健康成长起到积极的作用。

陳贵州

2012.5.25

序

随着社会的飞速发展，人们的生活节奏日益加快，竞争越来越激烈，[illegible]越来越复杂，科学技术的迅猛发展，知识的爆炸性增长，迫使人们不断地更新知识，人类社会进入了一个情绪紧张的时代。大学生作为现代社会的青年群体，在面对社会急剧转型，观念相互激荡，价值观念多元化的社会大环境的同时，还要面对许多自身特殊的问题，如对新[illegible]的问题、对专业的选择和学习适应的问题、[illegible]的问题、人[illegible]问题、[illegible]的有[illegible]以及[illegible]。如何加强大学生心理健康教育，使他们避免或消除因各种心理压力而造成的心理危机[illegible]身心健康、积极[illegible]社会环境，健康地成长，是高校[illegible]问题。

健康的心理是一个人全面发展的必备条件[illegible]是大学生素质教育的重要任务，也是[illegible]的重要内容。[illegible]大学生心理健康教育[illegible]加强和改进大学生心理健康教育[illegible]教育部[illegible]《关于加强普通高等学校大学生心理健康教育[illegible]》[illegible]各高校[illegible]开设了"大学生心理健康教育"公共必修课。在加强大学生心理健康教育的实践中，广大教师坚持理论与实践相结合，教学与科研结合，[illegible]，不断探索[illegible]创新，积累了许多宝贵的经验。刘[illegible]等一批长期从事大学生心理健康教育工作的学生思想政治教育教师和大学生心理咨询师共同编写了《大学生心理健康教程》，这本书凝聚了他们多年来辛勤耕耘的心血和智慧，语言简洁流畅，案例丰富典型，既系统地介绍了心理健康教育的理论，又展现了实践性较强的教育方法，具有很强的针对性、实效性和可读性，不失为大学生心理健康教育的一部好教材。该书的出版将为大学生心理健康教育提供理论与实践支持，为促进当代大学生心理健康成长起到积极的作用。

[illegible]

[illegible]

前　言

根据教育部《普通高等学校学生心理健康教育课程教学基本要求》(教思政厅〔2011〕5号)文件精神,为发挥课堂教学在大学生心理健康教育工作中的主渠道作用,进一步提高大学生心理健康素质,各高校均开设了覆盖全体学生的"大学生心理健康教育"公共必修课,以保证学生在校期间普遍接受心理健康课程教育。

高校学生心理健康教育课程是集知识传授、心理体验与行为训练为一体的公共课程,旨在通过教育教学使学生明确心理健康的标准及意义,增强自我心理保健意识和心理危机预防意识,掌握并应用心理健康知识,培养自我认知能力、人际沟通能力、自我调节能力,切实提高心理素质,促进学生全面发展。

为此,本书严格按照教育部文件精神和教学基本要求,本着从教师了解大学生心理健康的基础理论知识和实践内容,学生了解自我、发展自我以及提高自我的心理调适能力等方面出发,编写了当代大学生心理健康教育的有关理论和实践内容。通过本书,帮助大学生建立正确的心理健康观念以及心理自助和求助的意识;熟悉大学生常见心理问题的表现、形成原因及调适方法;了解大学生学习心理障碍的表现及成因并学会调适;了解人际交往问题及调适方法;形成对性心理和恋爱心理的正确认识;帮助学生对职业生涯进行规划;学会正确管理压力和应对挫折;预防心理危机,维护生命安全等。

全书共分大学生心理健康导论、自我意识与人格完善、学习心理与创造力培养、人际交往与心理和谐、情绪管理与调适、压力管理与挫折应对、适应与发展、性心理和恋爱心理、职业生涯规划与能力发展、心理咨询、生命教育与心理危机干预等十一个章节。

本书紧紧围绕教育部教学要求,课程注重理论联系实际,注重培养学生实际应用能力。高校学生心理健康教育课程既有心理知识的传授,心理活动的体验,还有心理调适技能的训练等,是集知识、体验和训练为一体的综合课程。编者运用心理学理论对大学生的自我意识、学习、人际交往、爱情、性心理发展、职业生涯规划、生命教育等方面进行了深入的探讨,并提供了解决各种心理困扰的途径与方法,特地在每一个章节中加一些测试量表、案例分析和团体辅导心理活动等，使学生了解心理学的有关理论和基本概念，明确心理健康的标准及意义，了解大学阶段人的心理发展特征及容易出现的异常表现，掌握自我调适的基本知识。使学生掌握自我探索技能、心理调适技能及心理发展技能。如学习发展技能、环境适应技能、压力管理技能、沟通技能、问题解决技能、自我管理技能、人际交往技能和生涯规划技能等。使学生树立心理健康发展的自主意识，了解自身的心理特点和性格特征，能够对自己的身体条件、心理状况、行为能力等进行客观评价，正确认识自己、接纳自己，在遇到心理问题时能够进行自我调适或寻求帮助，积极探索适合自己并适应社会的生活状态。编写时能针对当代大学生“90后”的心理特点、时代特征及容易出现的心理问题及调适方法，使本书内容体现针对性、实效性和可读性。

本书可作为高等院校大学生心理健康教育课程的教材，也可供学校“两课”教师、辅导员和心理健康教育工作者、社会工作者及社会各界关心大学生健康成长的各界人士参考使用，由于本学科注重学生对知识的理解和掌握程度，注重学生心理调适能力的提高以及学生解决实际问题的能力提高，是一门实践性、应用性极强的学科，本书将会对大学生心理健康教育工作提供理论与实践的支持，为促进当代大学生的心理健康成长起到积极作用。尽管在编写中刻苦钻研、坚持不懈地耕耘，但由于专业水平有限，恐难免有不妥之处，谨望读者批评指正，提供宝贵意见，以期在不久的将来有机会对本书作进一步的修订。

刘　欣

2012 年元旦于徐州医学院

目　录

第一章　大学生心理健康导论

我国高校自2008年已经迎来首批“90后”大学生。每个时代的大学生都有各自不同的特点，都带有时代的鲜明痕迹。“90后”大学生带有这个时代高速发展、急剧转型的鲜明特征，随着改革开放30年来的积淀和我国与国际社会的全面接轨，“90后”大学生不再像过去的人那样保守，这也是“90后”这一代人创新精神和探索精神逐渐增强的昭示。然而随着科技日新月异、生活节奏的加快，生活中的竞争力和压力越来越大，大学生的学习就业压力也愈来愈大。情绪困扰、情感渴求，是当代大学生特别是“90后”一代面临的一个带有普遍性的问题。然而大多数“90后”缺乏挫折锻炼，抗压能力明显不足，在面对困难时就更可能引发各种心理问题。心理健康教育工作者要洞察他们的心理，制定符合他们的心理健康教育方案，这将是当前乃至更长时间内最为关注的课题。这就需要加强大学生心理健康教育工作，促进大学生人格完善、提高心理健康水平，提高社会适应能力、增强心理素质、提高抗压能力。本章里，我们将首先了解心理学的基本概念、心理的实质、掌握心理健康的标准，讨论“90后”大学生的心理特点及心理健康的维护。

第一节　心理学概述

一、心理学的基本概念

(一) 心理学的定义

心理学(psychology)一词来源于希腊文，意思是关于灵魂的科学。随着科学的发展，心理学的对象由灵魂改为心灵。长期以来，人们对心理问题的探讨都是在哲学之中进行的，直到1879年，德国心理学家冯特(W. Wundt)在莱比锡大学创办了世界上第一个心理实验室，才使心理学从哲学中脱离出来，成为一门独立的科学，迄今只有130多年的历史。所以说，心理学是一个年轻且又在蓬勃发展的科学。

科学的心理学不仅对心理现象进行描述，更重要的是对心理现象进行说明，以揭示其发生发展的规律。心理学是研究心理现象发生发展特点与规律的一门科学。心理学的研究对象是动物及人的心理活动和个体的行为，所以说心理学是研究机体心理活动和行为规律的科学。

(二) 心理现象

人的心理活动是极其复杂的，表现形式也是多种多样的。心理活动又称心理现象

(mental phenomena),包括两个方面,即心理过程和人格。心理过程(mental process)是指人类心理活动现象的发生、发展规律的过程,是个性特征的基础。心理过程包括认知过程、情感过程和意志过程。个性(personality)也可称人格,指一个人的整个精神面貌,即具有一定倾向性的心理特征的总和。

认识过程起于感觉器官接受刺激后在脑中产生感觉,脑将多种感觉综合并整合成一个整体形成知觉,再通过记忆、思维、联想、想象,借助语言并伴随注意来完成。人在认识客观事物活动中,总是带着一定的态度:喜爱、厌恶、高兴、烦恼、愤怒、恐惧、悲伤等,这便是情绪过程。人在处理客观事物的活动中总是有目的的,在确定目的和达到目的的行动过程中,必然要克服困难,这就需要意志。认识、情绪和意志是既有区别又有联系的,是心理过程的三个方面。认识是情绪和意志的前提,意志对认识和情绪又起着控制和调节作用。

人不但有各种心理过程,而且在进行实际活动中还会表现出各自不同于他人的特点,形成个性心理差异,也就是人格。它包括两个方面:人格特征和人格倾向。人格特征是指能力、气质、性格等。能力是人顺利完成某种活动所必备的人格特征,气质是表现心理活动的强度、速度和灵活性方面的典型的、稳定的心理特征。性格是个人对现实的稳定态度和习惯化了的行为方式。人格倾向是指世界观、人生观、理想、需要、动机、兴趣,它决定人对现实的态度和行为的方向,是人从事活动的基本动力。其中世界观在人格倾向诸成分之中居最高层次,决定着人的总的意识倾向。具体内容:

1. 认知过程　是人的最基本的心理过程,要研究各种心理活动,必须从研究认知过程开始。它主要包括感觉、知觉、记忆、想象、思维等方面。

(1) 感知觉:感觉(sensation)是指客观事物的个别属性在人脑中的直接反映。例如颜色、音调、气味、温、触、压、软硬等特征就是个别属性。知觉(perception)是指人脑对直接作用于它的客观事物的各个部分和属性的整体反映。感觉和知觉既有联系,又有区别。感觉是个别感觉器官的活动,而知觉是多种感觉的有机结合。感觉是知觉的基础,感觉越清晰、越丰富,知觉就越完整、越正确。但是,事物的整体和它的个别属性是不可分割的。而人在认识事物时,各种感觉器官常常是同时活动的,因此,人们常常习惯地把感觉和知觉联系起来,统称感知觉。感觉可分为外部感觉,包括视觉、听觉、味觉、嗅觉和皮肤的痛温触压觉等;运动平衡感觉,包括动觉和静觉;内部感觉如机体觉。知觉可分为空间知觉、时间知觉和运动知觉。

(2) 记忆:记忆(memory)是过去的经验和事物在人脑中的重现。包括识记、保持和再现三个环节。记忆是一个复杂的心理过程,识记是识别和记住事物,从而积累知识经验的过程。保持是巩固已获得的知识经验的过程。再现就是对已经历过的事物恢复过去经验的过程。记忆可分为三个阶段(或称三种记忆系统):① 瞬时记忆阶段,为时不超过 2 秒。在这个阶段,外界信息进入感觉通道,并以感觉映像的形式短暂停留。② 短时记忆阶段,为时不超过 1 分钟。贮存在感觉通道中的感觉信息大部分迅速消退,只有得到注意和复习的小部分信息才转入并保持在短时记忆中。短时记忆中的信息容量有限,仅 7±2 个。在短时记忆中,言语材料信息基本上以听觉形式编码,动作和空间形象的信息基本上以视觉形式编码。③ 长时记忆阶段,短时记忆中贮存的信息,经过复述、编码,并与个体经验建立了丰富而牢固的意义联系,就可能转入长时记忆系统中。这些信息在个体需要时,可以被检索并提取,从而得到再现。长时记忆的时间为1分钟以上乃至终生。长时记忆的容量极大，包括人所记住的一切经验。在长时记忆中信息大多数以自然语言为中介进行编码，视觉表象也可以作为编码的中介。按记忆内容，又可分为形象记忆、逻辑记忆、情绪记忆和运动记忆。记忆的生理机制是人脑在外界刺激作用下形成暂时神经联系，留下痕迹，这些痕迹在复习时经强化而得到巩固，再现时，旧痕迹被激活。

(3) 思维：思维(thinking)是人以已有的知识为中介，对客观现实的客观的间接的反映。它是在人的实际生活过程中，在感觉经验的基础上，在头脑中对事物进行分析与综合、抽象与概括，形成概念，并应用概念进行判断和推理，认识事物的一般的和本质的特征及规律性联系的心理过程。思维可分为动作思维、形象思维和抽象思维三类。另外，还可以根据思维时是否遵循明确逻辑形式和规则分为非形式逻辑思维和形式逻辑思维两大类。又可根据指向性不同分为集中思维和分散思维。一般人的思维是通过语言进行的。也就是说，语言是思维的工具。

2. 情感

(1) 情感与情绪的关系：情感与情绪是人对现实的对象和现象是否适合人的需要和社会要求产生的体验。情绪和情感都是对事物态度的体验。情绪和情感是既有联系又有区别的。

它们的区别主要表现在：① 情绪主要是和机体的生理需求获得满足与否有关，是人与动物所共有的；而情感主要为社会需要是否满足而产生的，是人类所特有的。② 情感有较大的稳定性和深刻性；而情绪一般有明显的外部特征，有较大的情景性、冲动性，比较短暂。

它们的密切联系主要表现在：① 两者都是由客观事物引起的；②两者都是个体自身的体验；③ 两者都与个人的需要有直接关系。

(2) 情绪和情感的表现形式：基本情绪可分为喜悦、愤怒、悲哀、恐惧等。情绪按状态分为激情、心境和应激三类，激情是短时间的、猛烈的、迅速的、暴发的情绪状态，如暴怒、狂喜、绝望等。心境是具有渲染性的，比较稳定持久的微弱的情绪状态，如“心情舒畅”、“闷闷不乐”、“踌躇满志”、“忧心忡忡”等。应激是一种突如其来的心里紧张的情绪状态。

情感表现形式分为道德感、美感和理智感三类。

3. 意志　是人们为达到某一目的自觉克服困难、调节行动，实现预定目的的心理过程。它是人主观能动性的动力，受人的主观意识所支配，对人的意向、愿望和行为具有调节作用。这种调节包括推动人去从事达到预定目的所必需的行为和制止不符合预定目的的行为。意志常常以语言和行为表现出来，这种表现称为意志活动。

4. 个性倾向性　是指个人对现实社会事物的选择方式或态度，它包括需要、动机、兴趣、理想、信念、世界观等。

(1) 需要：需要(need)是个体和社会的客观需求在人脑中的反映，是个人的心理活动与行为的基本动力。人的需要多种多样，非常复杂。从总的方面可分为机体需要(生理性需要)和社会性需要。生理性需要是维持个性生存和种族延续所需要的事物的反映，社会性需要是维持社会发展所需求的事物的反映。美国心理学家马斯洛把人类的需要依其重要性分为五类：即生理的需要、安全的需要、归属与爱的需要、尊重的需要、自我实现的需要。他认为需要的满足是由低层次向高层次发展。只有较低层次的需要得到满足后，才能产生较高层次的需要。

(2) 动机:动机(motivation)能引起、维持一个人的活动,并将该活动导向某一目标,以满足个体某种需要的念头、愿望、理想等。动机是个体的内在过程,行为是这种内在过程的结果。动机有始发功能,指向或选择功能,强化功能。引起动机的两个条件:一是内在条件;二是外在条件。前者就是"需要",即因个体对某种东西的缺乏而引起的内部紧张状态和不舒服感。动机就是由这些需要构成的。需要使人产生欲望和驱力,引起活动。后者是个体之外的各种刺激。这些刺激包括物质因素,也包括社会性因素,可统称为环境因素。它们也是引起动机的原因之一。动机一般分为两类:第一类与身体的需求有关。这些动机是生来具有的,可称为原始性动机,或生物性动机,或生理性动机。包括饥饿、渴、性、睡眠、温冷、解除痛苦等。第二类与心理和社会需求有关。这些动机是经过学习获得的。可称为继发性动机、社会性动机,或心理性动机等。包括友谊、爱情、亲和、归属、认可、独立、成就、赞许等。动机的表现形式有兴趣、信念、理想、意图、世界观等。

5. 个性特征　就是个体在社会活动中表现出来的比较稳定的成分,包括能力、气质和性格。

(1) 能力:能力(ability)是指完成某种活动所必需而且直接影响活动效率的个性心理特征。有两种含义:其一指已表现出来的实际能力和已达到的某种熟练程度,可用成就测验来测量;其二指潜在能力,即尚未表现出来的心理能量,而是通过学习或训练后可能发展起来的能力与可能达到的某种熟练程度,可用性向测验来测量。实际能力和心理潜能是不可分割的统一体。心理潜能是一个抽象的概念,它只是各种能力展现的可能性,只有在遗传和成熟的基础上,通过学习才可能变成实际操作能力。心理潜能是实际能力形成的基础和条件,而实际操作能力是心理潜能的展现,二者不可分割。影响能力形成和发展的因素很多,概括地讲有三个方面:一是先天因素,包括遗传基因与胎儿期因母体内环境影响所造成的个体特征;二是后天环境因素,包括家庭影响、学校教育和社会历史文化的作用等;三是个人的主观努力。

(2) 气质:气质(temperament)是指人的高级神经活动类型在人的行为和活动中的表现。它不以活动的时间、条件和内容为转移,在一切活动中都表现出它典型的、稳定的心理特点。它主要体现在情绪体验的快慢、强弱,表现在隐显以及动作灵敏度或迟钝方面,这些都是在人的生理素质的基础上通过生活实践,在后天条件影响下形成的并受人的世界观和性格等的控制。古代的气质学说用体液来解释气质的类型,可分为多血质、胆汁质、黏液质和抑郁质四种类型。

(3) 性格:性格(character)是指人对现实的态度和行为方式中的比较稳定的、具有核心意义的个性心理特征。性格有复杂的心理结构,其内容为:① 性格的态度特征;② 性格的意志特征;③ 性格的情绪特征;④ 性格的理智特征。这四方面是相互作用、相互联系、相互制约的。性格一般分为内倾型和外倾型,也有人分为理智型、情绪型、意志型、顺从型、独立型等几种。性格和气质是不可分割的,它们之间的关系首先表现在气质常常给性格特征打上某种"烙印"。如同样都是谦逊,但气质不同所带的色彩各异,胆汁质的谦逊带有自制的色彩,而抑郁质的谦逊带有羞怯的色彩。其次,气质影响性格形成的速度和改变的难易,如同样要形成自制这种性格,胆汁质的人必须经过艰苦磨炼,而黏液质的人则较易形成。此外,性格的特征也影响和表现着气质的特点。同时，性格还可以掩盖和改造气质。

二、心理的实质

心理是脑的功能，任何心理活动都产生于脑，即心理活动是脑的高级功能的表现；心理是对客观现实的反映，即所有心理活动的内容都来源于外界环境；心理是外界事物在脑中的主观能动的反映。

（一）心理是脑的功能

1. 从动物进化看　动物在进化中产生了神经结构这一物质基础之后，就有了心理功能，而且随着进化，动物愈高等，脑的结构愈是复杂化，心理活动亦相应愈复杂。只有身体结构尤其是大脑结构和功能等物质基础发展到一定程度、层次，才能产生各种心理现象，不然，只能停留在最低级的感觉阶段。

2. 从个体发育看　随着脑的发育和复杂化，心理也相应发展。人在出生时，虽然已经具备了人所特有的解剖生理机制，为以后的心理发展提供了可能性，但还没有成熟。只是随着脑的发育成熟，心理活动才丰富起来。如脑的重量变化，新生儿为 350 克，八九个月的婴儿为 660 克，两三岁的幼儿为 900～1 011 克，六七岁的学龄期小儿为 1 280 克，九岁的学龄期小儿为 1 350 克，十二三岁的少年脑的平均重量已经和成人差不多了，达到 1 400 克。随着脑的重量的增加，人的心理也由最初的听觉、视觉发展起来，逐渐产生了知觉和表象，后来又产生了言语和思维。无脑畸形儿生来就不具有正常的脑髓。因而不能产生思维，最多只能有一些最低级的感觉，如关于饥渴的内脏感觉等，这也从另一方面证明了大脑先天发育不健全对人的心理活动的发生与正常发展的阻碍作用。

3. 脑的生理研究证明　任何一种心理活动都和脑的一定部位有关。加拿大神经外科医生潘菲尔德(Penfield)在做脑手术时，使用微电极通以适当电流刺激病人有关脑区。因病人是局部麻醉，所以可以报告在受到刺激后的体验，结果证明了皮层感觉区的存在。如躯体感觉区定位于顶叶靠近中央沟的部位，当刺激此区的特殊点时，病人报告在其对侧体躯的某处有刺痛感觉；视觉定位于枕叶后端，刺激此区，病人报告有生动的视觉体验，但很少有形状和意义，只是闪光、无形状的颜色、条纹；听觉定位在颞叶靠近外侧裂的部位，刺激此区，病人听到的是无意义的声音，如咔嗒咔嗒等；记忆定位于海马、颞叶、额叶等部位；意志、人格定位在额叶等部位。尤其是近几十年临床上对大脑左右两半球各有不同功能的研究充分说明，心理是脑的产物，是脑的功能，离开脑这一物质基础，任何心理现象都不会发生。

4. 临床观察发现　任何脑部位的损伤，在其生理功能变化的同时也发生心理变化。在日常生活中，人们就发现了脑与心理活动的关系。如当人或动物的头部受到创伤时，精神活动也遭到破坏，出现不正常现象。尤其是 19 世纪以来，在临床观察方面积累了越来越多的知识。1861 年法国医生布罗卡(Broca)首先发现了大脑左半球额下回损伤，使人失去说话能力，并将该病症称为“运动性失语症”；此后人们又陆续发现，大脑额中回后部损伤导致“失写症”；颞上回后部损伤导致“感觉失语症”，即引起言语聋；大脑角回损伤导致“失读症”，即看不懂文字。作为联合区的一个主要部位，额叶区受到损坏的病人可以保持视觉、言语和书写能力，但在解答算术题时就不会分析题或发现自己的错误。甚至在性格上变得不能自制，烦躁不安。这些都说明，心理功能是直接依赖于脑的。

以上表明：脑是心理的器官，心理是脑的功能。

（二）心理是对客观现实的主观能动的反映

1. 人的心理是在人的活动过程中，通过人与客观现实相互作用产生和发展的。如果一个人脱离了社会生活，失去了社会实践的机会，是不可能有心理活动的。

2. 心理活动的内容来自客观世界

（1）客观世界是心理的源泉。客观事物是心理的源泉，脑的功能在于反映客观事物并在头脑中形成主观的映象。现实中有老虎，脑中才有老虎的映象；现实中有牡丹花，脑中才有牡丹花的映象。实质上，人的情感、兴趣、信念、能力、性格等，也都是客观世界的反映，只是反映形式不同。人不仅能对现实的事物作出反映，还能够反映过去的事物，如记起中学时代的同学的形象，想起第一次郊游的情景；另外还能在头脑中创造出自己没有经历过或世界上不曾存在过的东西的形象，如孙悟空、猪八戒的形象，就是作者通过构思，把现实中的人和猴、猪的主要特征结合起来而创造的，虽然荒诞离奇，但都取材于客观世界，是客观现实在脑中的反映。

（2）心理的主观能动性。心理的反映不是像镜子或照相机那样是消极、被动地反映客观现实，而是一种主观能动的反映。其特点表现在以下两个方面：首先，人们已有的知识经验、个性特点和当前心理状态等在反映事物中起重要作用，它们影响着反映，使反映带有个人主体特点，形成人们间的个别差异。例如对同一事物，不同的人会有不同的评价，即使同一个人对同一事物在不同的时间、地点条件下也会有不同的反映。其次，人的心理活动对自己的行为，对实践活动有支配和调节作用。马克思说过“蜜蜂建筑蜂房的本领使人间的许多建筑师感到惭愧。但是，最蹩脚的建筑师从一开始就比最灵巧的蜜蜂高明的地方，是他在用蜂蜡建筑蜂房以前，已经在自己的头脑中把它建成了……”这说明人不像动物那样消极被动地去适应环境，仅仅满足生物本能的需要。人能在知识、经验、需要、动机、愿望的推动下，按照计划和方案，有目的地改造自然，改造社会，创造物质财富和精神财富，满足自己的各种需要。

第二节　大学生心理健康

一、大学生心理发展的特点

人的成熟发展必须具备三个条件：一是身体的长成，以个体生理成熟特别是性成熟为标志；二是心理发展完善，以个性的成熟稳定主要是自我意识的完善为标志；三是社会化程度的提高，以个体对自己在社会中所处角色以及所担负的社会责任的正确认识为标志。这三个条件达到成熟水平，则形成完整的人格。生理的发展和心理的成熟是人的社会化的基础。世界上没有完全相同的两片树叶，也没有完全相同的人。人的心理特征具有个体差异性。虽然如此，处于“90后”大学生这一年龄层次的人也有一些共同的心理特征，是我们可以认识的。

1. 思维的特点　表现为概括性、独立性、批判性。大学生的思维具有更多的抽象概括性，辩证思维开始形成。由于大学生经常学习和探讨事物发展的规律和科学理论，分析事物发展的因果关系，他们不仅能够以经验材料为基础作理论说明，而且可以摆脱具体材料在理论上进行推导、论证，即依据理论命题去获得新的知识，并能用理论把材料贯穿起来。大学生理论型思维的发展，必然导致辩证思维初露萌芽。大学生思维的独立性和批判性更加鲜明，思维的片面性有所改善。大学生能够依据一定的标准判断是非、善恶，善于独立地提出问题和解决问题，“90后”一代大学生，在明辨是非，判断善恶、美丑时常常逆向而行、悖与常理。他们善恶分明但有时善恶不分，从某种程度上可以说，他们思想和价值观更加趋于功利性，常常以自我为中心，趋利避害，这是“90后”一代人自我矛盾的集中体现。“90后”大学生的平均智商高、好奇心强、接受新生事物能力强，富有创造力，具有创新精神。受到各种思潮熏染的“90后”思维前卫、观念超前。在信息时代成长起来的“90后”，接受的海量信息使他们的思想更为早熟，对事物有自己独特的见解。他们在讨论问题时观点深刻、逻辑严密，善于表达，存在强迫自己用成年人的思维考虑问题的倾向。

2. 情绪的特点　表现为波动性。大学生的情感丰富、复杂而又强烈。大学生的情绪体验来得快而强烈，但有一定的调节和克制自己情绪的能力，使情绪表现具有文饰的、内隐的、曲折的性质，但较之成人还显得动荡多变，具有不稳定性，既想控制隐藏自己的情绪，又很难控制情绪高昂时的外部表现。大学生的情感日益深厚、含蓄而稳定。理智感、道德感和美感有了较深的发展。对学习和科技活动有极大的兴趣和爱好，在竞赛中体验到成功的喜悦和失败的痛苦，在文学和艺术的鉴赏中体验着人生的悲欢离合。充满浪漫主义热情，憧憬未来。激情更多地与理想和前途交织在一起，虽然情绪相对于少年期较为稳定，但也经常因前途未卜、抉择太多而郁闷。“90后”的情感强烈，外显而又张扬，但深度不够，具有情绪心境化、隐蔽性差的特点。社会环境的现实情况造成了部分“90后”大学生情感上躁动不安、荣誉感强、虚荣心强。他们物质生活丰富甚至奢靡，精神生活却空虚迷茫。在他们张扬傲慢的背后是孤寂与无奈和无法宣泄的内心压抑之情。“90后”大学生在对喜爱的对象表示热衷，对信服的人表露出钦佩和羡慕，对取得成就欢欣鼓舞，对不平之事表示愤慨等方面表现的程度比“90前”的大学生更为强烈，处于“疾风怒涛”的情感时期。随着年龄的增长，社会刺激的增多，自我调节的能力本应不断增强，但“90后”不善于控制自己的情绪、情感的表达，放任甚至是放弃了自己宝贵的情感，而选择去麻痹甚至是戕害自己的情感。

3. 人际交往表现为热情、开放与沉默孤独并存　“90后”的大部分大学生热情、开放、充满活力，善于言谈。但是，有相当一部分大学生的热情、开放、能言善辩是在熟悉的人或者朋友面前，在陌生人面前他们表现得比较沉默，不善言辞，让人感觉比较清高。从通过对部分学生了解的情况来看，很多大学生与同学交流并不多，他们的交往范围仅限于同宿舍同学，有的学生甚至在宿舍也很少说话，比较孤僻，遇到事情也从来不和周围同学说，时间长了，别的同学也会觉得他们不合群，不好交往，渐渐的大家会习惯于他们的沉默，遇到事情也很少与其交流。这样，他们自己就会觉得孤独、被忽视。大学生很重视同伴友谊，择友有较高的原则性。友谊的标准是信任和互助。“90后”是在备受呵护和禁锢的环境中成长起来的一代，在“6＋1”家庭结构（父母、祖父母、外祖父母）中，私密空间太小，只能通过网络来向同龄人倾诉。而当QQ聊天内容也被家长监视时，他们只能用“火星文”来保护自己的隐私了。“90后”的部分大学生在人际交往方面还是存在一定欠缺，主要表现在：缺乏自信心、在社交场合十分拘谨，过多地考虑自己的形象、以自我为中心，过分地苛求别人。对他人的言行吹毛求疵、挑剔、猜疑，缺乏理解、尊重、同情心；不懂宽容，不会设身处地为别人着想；过分固执、任性、偏激甚至喜怒无常等。无聊、空虚、渴望交朋友，却不主动或者不知道如何与别人交朋友，如何经营友谊。另外，“90后”大学生群体普遍对互联网产生了心理依赖：年级越高，心理依赖越大。“90后”大学生群体更多地用网络聊天、上微博和社交网络。对于他们来说，互联网已经是一种生活方式。据有关调查86%的“90后”大学生通过手机上网，“90后”大学生在移动互联网上所花的时间是一般城市居民所花的时间的2倍。

4. 独立意识显著增强和依赖性并存　大学生从个体性的独立到社会性的独立，即自立于家庭、自立于伙伴向自立于社会过渡；渴望成为有益于社会的专业人才。刚入校的学生，往往自我感觉良好，许多人感到自己是大人了，乐于独立处理自己的事情。这是一种进步，但也有主观武断的缺点。“90后”大学生在行为上表现出很高的自主性，他们渴望独立也表现得过早成熟，但实际是他们依赖心理强，因此，他们渴望独立，具有较强叛逆意识，缺乏独立生存的能力，无法摆脱对家庭和他人的依赖；“90后”大学生基本都是独生子女，衣食无忧，自我意识很强，不太考虑别人的感受。20世纪90年代出生的大学生存在强烈的独立意识，不希望别人打扰，讨厌父母、老师、同学、朋友过多地管自己的事情，但与此同时，由于独生子女比较多，从小到大很多事情都是父母包办，很少自己洗衣服、做家务，因此在日常事务和经济上对父母的依赖非常大。另外，由于独生子女被宠习惯了，与人分享的能力、合作的能力相对较差，在学校里和室友、同学也会存在矛盾，有事情也不愿意和同学交流，感觉孤独，对父母存在很强烈的情感依赖，但同时又不愿意和父母做深入的交流，经常存在矛盾心理。

5. 自我评价能力进一步提高　大学生的自我评价比较符合实际情况。他们善于根据社会、学校、集体和同学对自己的要求，不断地评价自己的思想和行为，且这时的评价更符合实际情况，自我评价与他人评价无大的差异。随着自我意识的发展和理论思维的形成，对自我在社会中肩负的使命认识加深，对人生的意义和价值这一课题的探索愈益自觉和迫切，人生观初步形成。但这种认识和探索往往缺乏经验，初步形成的人生观还不够成熟且不稳定，较易受外界因素的影响。理想的初步形成是心理逐步成熟的重要标志之一。他们富于理想，憧憬未来，为追求美好的前途，立志刻苦攻读，发奋学习，这是一种积极的倾向。据有关调查，大学生的理想形式概括性理想较多，他们的理想更具有社会性、现实性、职业性和稳定性的特点。

6. 追求新鲜感，接受新事物能力强但容易上当受骗　“90后”的大学生也是在网络影响下成长起来的一代，对新事物的接受能力非常强，喜欢寻求刺激、追求新鲜感，但学习能力也很强，思维活跃、创造性强。经常求新、求变，不能安于现状。并且善于从网络上接受新信息、学习新东西。信息和知识丰富与内心的空虚，导致更多的“90后”从童年就开始，懂得成人世界的规则。受到负面效应冲击的他们，看似复杂圆滑，却又表现的直接暴露，多给人班门弄斧的感觉。看似复杂圆滑的他们其实是冲动又极端，单纯而又脆弱。对事物的是非辨别能力不强，容易上当受骗。

7. 责任感往往体现在关键时刻而日常显得自私散漫　“90后”学生成长起来的社会背景与60、70年代的人有很大的区别。60、70年代的人经历了最艰苦的生活，深刻体会到了共产党给人民带来的自己当家做主的生活，改革开放给人民生活带来的翻天覆地的变化，他们有强烈的爱国情怀。“90后”的青年呢，他们生下来就有好的生活，有父母的呵护，不知道什么叫苦，他们不需要关心政治、关心国家发展，除了父母、老师教育自己要好好学习以外，没有人告诉他们还需要关注学习以外的事情，因此，他们就显得对国家、对社会关注不够，责任感不太突出。但是，关键的时候，我们也可以看到“90后”的年轻人的社会责任感和强烈的爱国情怀，比如“5·12”大地震中很多大学生争先恐后地捐钱、献血等，灾难中相互帮助、舍己为人的感人事迹，出现了很多小英雄。

8. 心理承受力不强 “90后”乐于接受新鲜事物，行为表现成熟，心理脆弱，因为他们表现出的心理成熟与社会实际的要求相差甚远；大多数“90后”大学生心理素质偏弱，抗压能力明显不足。90年代出生的大学生比较特殊，国家经过几十年的发展，经济有很大好转，每个家庭的经济条件相对比以前好，在孩子身上的投入也会更多。而且父辈们自己吃了很多苦，都不想让自己的子女再受苦，想让子女过上优越的生活，即使自己再累、再苦也不能苦了孩子，几乎物质上有求必应；另外，孩子受到整个家庭的完全照顾和爱护，除了学习以外什么事情都不用干，整个家庭都以这个孩子为中心，他们可以任意发脾气，家长无条件地接受。这些孩子成了温室里的花朵，从来没有经历过狂风暴雨的洗礼，一旦遇到挫折就感到像天塌了一样，觉得世界一片灰暗。

二、大学生心理健康的标准

（一）心理健康的含义

1. 健康的含义 世界卫生组织（WHO）1989年对健康下的最新定义是：“健康不仅是没有疾病，而且包括躯体健康、心理健康、社会适应良好和道德健康。”由此我们得知：① 健康不只是不生病或没有虚弱；② 防治疾病是健康的一部分，但不是最主要的一部分，教育占有重要的地位；③ 健康是生理、心理、社会适应和道德健康等几个层面的健康。

2. 心理健康的含义 1946年第三届国际心理卫生大会下的定义是：“所谓心理健康，是指在身体、智能以及情感上与他人的心理健康不相矛盾的范围内，将个人心境发展成最佳的状态。”具体来说，至少包含两层含义：其一是无心理疾病；其二是有一种积极发展的心理状态。“无心理疾病”是心理健康的最基本条件，心理疾病包括所有各种心理及行为异常的情形。但“正常”与“异常”之间并无明确的界限，正常与异常行为之间的差别多只是在量的方面的差别。具有“积极发展的心理状态”则是从积极的、预防的角度对人们提出要求，目的是要保护和促进心理健康，消除一切不健康的心理倾向，使心理处于最佳的发展状态。该次大会还具体指明心理健康的标志是：“身体、智力、情绪十分调和；适应环境，在人际关系中能彼此谦让；有幸福感；在工作和职业中能充分发挥自己的能力，过有效率的生活。”

3. 心理健康和身体健康的关系 现代科学研究揭示，心理健康与身体健康是互相影响、互相制约、辩证统一的关系。

（1）身体健康是心理健康的基本条件之一，“健康的心理寓于健康的身体”。身体状况对于心理和行为方面的影响，最为明显的是大脑的急性和慢性病症会引起某些心理疾病。近几十年的一些研究证实，某些心理疾病源于大脑疾病。例如，当甲状腺分泌过多时，代谢作用将加速，并伴随有个体肢体颤抖、情绪激动、焦虑不安、失眠、注意力不集中等紧张反应，甚至有妄想及幻想出现。这时个体的感知觉、记忆、想象、思维等认知活动也受到影响。反之，当甲状腺分泌不足时，代谢作用就会降低，个体的心理智力活动趋向迟钝，反应缓慢、记忆减退、思维迟滞，且常有抑郁的倾向。经治疗，甲状腺分泌正常，以上症状就随之而消失。

（2）心理状况对身体情况的影响：日常生活中最常见的就是情绪对身体的影响。美国哈佛大学生理学家坎农(Canon)于 21 世纪初对此作了大量的研究。其中有一个实验是用狗和小孩作对比研究，证明小孩的情绪抑制了胃的分泌功能。约瑟夫·布雷迪用电击猴子的方法来做实验，证明情绪一直处于紧张状态的猴子得了“胃溃疡病”，没有沉重的心理负担的猴子安然无恙。现代科学证明，人的胃及十二指肠溃疡受情绪作用的影响极大。人在生气、恐惧或焦虑时，食欲常会减退，但胃的蠕动加快、胃壁充血、胃液分泌量和酸度增高。这一反应如连续出现，会使胃壁部分受胃酸的侵蚀，而形成溃疡。又如人在愤怒的情况下，血压升高是正常的生理过程。倘若能使愤怒发作出来，那么紧张的情绪就得以松弛，升高的血压也就下降到正常的水平。如果这种愤怒长期受到抑制，不能发作起来，紧张的情绪长期不能平息下来就有可能引起血压调节机制的障碍，形成功能性的高血压症。这一类因长期不良的情绪的作用而导致器官功能的失常或组织的损伤的疾病，现代医学称之为心身疾病。我国古代医学早就提出喜、怒、忧、思、悲、恐、惊七情致病的理论，认为心身是统一的，与近代的心身医学理论有很多相似的地方。

（二）心理健康的标准

1. 心理健康的标准　由于心理疾病的原因比较复杂，而且难以确定，因此，给心理疾病的诊断带来一定的困难，心理健康的标准也没有同一模式。可以说，迄今为止关于心理健康还没有一个统一的概念。一般有四个标准，一是经验标准，即当事人按照自己的主观感受来判断自己的健康，研究者凭借自己的经验对当事人的心理健康进行判定；二是社会适应标准，以社会中大多数人的常态为参照标准，观察当事人是否适应常态而进行心理是否健康的判断；三是统计学标准，依据对大量正常心理特征的测量取得一个常模，把当事人的心理与常模进行比较；四是自身行为标准，每个人以往生活中形成的稳定的行为模式，即正常标准。

2. 大学生心理健康的标准

（1）自我评价正确：正确的自我评价，是大学生心理健康的重要条件。一个心理健康的人，能体验到自己的价值，既能了解自己，也能接受自己。有自知之明，对自己的能力、性格和优缺点都能做出恰当客观的评价。不会高估自己、对自己具有的一些长处和优势沾沾自喜，从而提出不切实际的生活目标和理想；同时，也不会贬低自己，为自己在某些方面存在的不足而自责、自怨、自卑。心理健康的人能接受自己，对别人的评价能做出客观的反映，自我认识稳定，并保持积极的生活态度，努力发展自己的潜能。反之，一个心理不健康的人，不能恰当地认同自己，总存在强烈的心理矛盾冲突，对自己总是不满，缺乏积极的自我态度。总是要求十全十美，然而总是无法达到，因此无法保持平衡的心理状态。

（2）对现实环境的良好适应：良好的适应能力是心理健康的重要特征。心理健康的人能够面对现实，接受现实，并能主动地适应现实，进一步地改造现实。对周围的事物和环境能够做出客观的认识和评价，并能与现实环境保持良好的接触，既有高于现实的理想，又不会沉湎于不切实际的幻想和奢望中。面对不利的现实环境，既不怨天尤人，也不采取逃避的方式，而是敢于面对现实的挑战。

（3）人际关系和谐：和谐的人际关系既是大学生心理健康不可缺少的条件，也是大学生获得心理健康的重要途径。心理健康的人乐于与人交往，在与人交往中总能注意别人的长处，不苛求别人，能为他人所理解和接受。能与他人进行较好的沟通，并保持和谐的人际关系。在集体生活中融为一体，既能与挚友同聚一堂共享欢乐，也能在独处沉思时而无孤独感。交往时，同情、友善、信任、尊敬等积极的态度，总是多于猜疑、忌妒、畏惧、敌视等消极的态度。

（4）热爱生活，乐于学习和工作：心理健康的人能珍惜和热爱生活，积极投身于生活，并在生活中享受人生的乐趣，有积极的人生体验。心理健康的人不在乎生活事件的渺小，总能从中体验到生命的意义，不管是一次朋友聚会，还是独自漫步街头。在工作和学习中，尽可能发挥自己的聪明才智，并从学习和工作的成果中获得满足和激励，把学习和工作看成是乐趣，而不是负担。

（5）保持健全的人格：心理健康的人，其人格结构包括气质、能力、性格和理想、信念、人生观等各方面的发展。人格作为整体的精神风貌能够完整、协调、和谐地表现出来；思考问题的方式是适中的和合理的，待人接物能采取恰当灵活的态度，对外界的刺激不会有偏颇的情绪和行为反应；能够与社会的步调合拍，也能和集体融为一体。

（6）情绪有效地调整：心理健康的人，愉快、乐观、开朗、满意等积极情绪体验总是占优势，虽然也会有悲、忧、愁、怒等消极的情绪体验，但一般不会长久；同时能适度地表达和控制自己的情绪，喜不狂，忧不绝，胜不骄，败不馁，谦而不卑、自尊自重；对于无法得到的东西不过于贪求，争取在社会规范允许的范围内满足自己的各种需要；对于自己能得到的一切感到满意，心情总是开朗、乐观。

（7）心理行为符合年龄特征：心理健康的人的认知、情感、言行举止均应符合其所处年龄段的要求。心理健康的学生表现为精力充沛、勤学好问、反应敏捷、喜欢探索，而过于老成、过于幼稚、过于依赖都是其心理不健康的表现。

3. 心理健康标准的理解和运用　心理健康标准只是为大学生心理健康的自我评价和评价大学生心理健康水平提供了一个参考的尺度，在具体运用这些标准时，应当持辩证的态度。

（1）心理是否健康和不健康的心理和行为表现是不能等同的。心理不健康，是指一种持续的不良状态，一个人偶然出现一些不健康的心理和行为，并不等于其心理不健康，更不等于他患有心理疾病。因此，不能仅仅以一时一事就简单地给自己或他人下一个心理不健康的结论。

（2）心理健康与心理不健康，两者不是泾渭分明的对立面，而是一种连续状态，从良好的心理状态到严重的心理疾病之间还有一个广阔的过渡带。

（3）一个人的心理健康不是固定不变的而是动态变化的过程。随着人的成长、经验的积累、环境的改变，其心理健康状况必然也会随之有所改变。

（三）心理异常的类型

1. 心理问题

（1）定义：是指那些近期发生的、内容比较局限而尚未泛化、反应强度不甚剧烈并未严重影响思维逻辑性的暂时心理紊乱。

（2）表现：学习压力较大、人际关系不协调、家庭关系不和、情绪困扰及失恋等生活矛盾而带来的心理不平衡与精神压抑。

(3) 对策:通过心理咨询人员帮助全面、深刻地认识影响他正常生活的内、外矛盾,积极地加以适应与解决,从而获得内心的和谐,增强自信心和自主能力,更好地适应生活。

2. 心理障碍

(1) 定义:是指初始反映剧烈、持续时间长、内容充分泛化和自身难以克服的精神负担。

(2) 表现:患有异常人格和神经症,如强迫症、恐惧症、焦虑症、疑病症等症状。

(3) 对策:心理咨询人员根据医学心理学原理,帮助患者改变影响其正常生活的行为与思维方式,以消除或减轻患者心理上的痛苦与压抑。

3. 心理疾病边缘

(1) 定义:是指心理紊乱比较严重,已接近心理疾病的边缘,或者它本身就是某种精神疾病的早期阶段。

(2) 表现:注意涣散、偏执、意志薄弱、有强迫症或精神分裂症的局部症状,如幻觉或不系统的妄想,但自知力仍部分保留或基本完整,在精神紊乱的基础上产生某些怪异行为。

(3) 对策:临床心理学家有责任发现早期精神病患者,推荐给精神学家治疗。

(四) 大学生心理健康的价值与意义

1. 心理健康对生理健康具有直接的影响　早在《黄帝内经》中就指出:“怒伤肝、喜伤心、思伤脾、忧伤肺、恐伤肾”。现代生理学研究已证明,积极的心理对生理健康具有促进作用。一个学生如果长期处于一个郁闷或者焦虑的状态下,迟早会憋出病来。所以,要想保持一个健康的身体,除了加强锻炼之外,保持一个良好的心境也是必不可少的。

2. 心理健康是大学生进行正常学习与生活的基本保证　大量调查表明,心理问题和心理疾病成为困扰大学生正常学习、生活的大问题,是大学生休学、退学的主要原因。心理活动通过大脑直接影响智力活动。轻松、愉快、乐观的情绪,使人记忆力增强,反应敏捷,思维活跃;焦虑不安、悲观、苦闷、愤怒等不良情绪,则使人心烦意乱,思维停滞。长期的心理紊乱必然导致大脑功能失调,破坏正常的智力活动。对于以脑力劳动为主的大学生来说,如果心理不健康,就难以继续进行正常学习。

3. 健康的心理是成才的重要保证　具有良好的非智力因素,是心理健康的直接体现。健康的心理有助于积极调动非智力因素的作用,充分发挥智力潜能。一个人即使智力聪慧,如果心理不健康,那么他也可能难以适应社会,难以成就其才。这在现实生活中不乏其例。

三、大学生常见的心理困惑及异常心理

由于大学生心理发展尚未完全成熟,自我调节和自我控制能力还不强,因此他们在处理学习、工作、社交、友谊、爱情以及个人与集体的关系等方面复杂问题时,常引起心理矛盾的激烈冲突,从而造成心理发展中的失调和不平衡,使其心理体验产生不适应感、焦虑感、压抑感。这些心理体验如果长期积累而得不到缓解,就会产生病态心理。而心理的病态则会带来生理功能的一系列的病变,影响大学生德智体诸方面的发展。

大学生的心理健康状况从总体上说,绝大多数是健康的,但是大学生在自身的成长过程中也容易出现这样或那样的问题,这些问题大多是适应性问题,轻微可调适,心理问题较严重的也占有一定的比例。

知识链接

2010年11月30日至2011年2月28日，大学生杂志社、中国大学生网围绕涉及大学生心理困扰产生原因、现状及对策等10个方面的问题，对大学生的心理健康状况进行了网络调查，近万名大学生进行网上投票，中国大学生网发表《2010—2011年度大学生心理健康调查报告》。报告显示随着竞争日益激烈，大学生面临的学习、就业等压力日益增大，从而引发了一些心理健康问题。九成多的大学生有过心理方面的困扰。调查结果显示：27%的大学生认为自己经常有心理方面的困扰，66%的大学生认为自己偶尔有心理方面的困扰，仅有2%的大学生表示自己没有心理困扰，另有3%的大学生选择没有想过这个问题。人际交往压力、就业压力、处理情感问题能力不强是造成大学生心理困扰和心理问题的重要原因。调查结果显示：引起大学生心理问题的原因依次是人际交往带来的压力问题（67%）、就业压力（55%）、自我管理能力不强（51%）、情感问题（48%）、人生发展与职业选择上有困难（48%）、对周围环境的不适应（45%）、学习压力（44%）、经济困难（26%）、不适应大学生活（16%）。另外调查还显示38%的大学生遇到烦心事或感到压抑时不向任何人诉说。调查结果显示：大学生选择倾诉的对象依次是知心朋友（65%）、家人（26%）、男/女朋友（14%）、老师（9%）、学长、学姐（6%）、心理咨询员（5%），而有38%的大学生选择不找任何人。另外，调查显示85%大学生表示自己从来没去过心理咨询室。

大学生心理问题产生的原因是多方面的。人际交往压力、就业压力、自我管理能力不强是在本次调查中反映最为突出的问题，这反映了当代大学生与他人交往的能力欠缺、对未来就业的担心与自身素质的严厉要求。人际交往：人际问题产生原因是多方面的：一些学生自卑、孤僻、害羞等无法和别人较好地沟通或者不同性格气质的同学处理问题的方式的差异也会引起人际交往的不融洽。有的大学生却常常忽视平等、互助这样的基本交往原则，常以自我为中心，自私自利，从不考虑对方的感受，这样的交往必定以失败而告终。就业压力：随着大学的扩招和教育产业化政策的推行，大学生人数大幅增长，高校教育与企业的需要脱节，越来越多的大学生面临严峻的就业难问题。情感问题：大学生情感问题主要是友情、爱情方面的问题。大学生情感困扰主要集中在恋爱困扰。爱情是校园里一个敏感的话题，部分同学通过爱情排解心理压力，有的女同学或者男同学过于腼腆，和异性在一起会觉得不自在，甚至是害怕。正确处理爱情与学业的关系是学生的一门必修课。

（一）大学生常见的心理困惑

1. 学业问题　学习压力大，学习动力不足，学习目的不明确，学习成绩不理想，学习困难等学业问题始终困扰着大学生。主要表现在以下三个方面：

(1) 学习动力不足，学习目的不明确：有的学生学习始终不能进入状态，总感到是在巨大的考试压力下被动地学，而静下来想为什么学时，会感到很苦恼。有的同学进入大学后，沿着中学的惯性学习，尽管成绩还算理想，学习虽然努力却常常感到心力交瘁，学而无所获。

（2）学习困难，成绩不理想：学习困难的学生虽然在大学生群体中占的比例并不大，但他们的负性情绪，对学生的成长是不利的，有的学生上课注意力无法集中，有的学生不适应大学生活，小学、中学都是尖子学生，到大学生后一下子变为普通学生，个人约束力又差，自制力弱，大学期间较为放任，因而学习差了，从而感到很自卑，也十分压抑。

（3）学习动机功利化：市场经济的利益杠杆直接影响着学生的学习，对于学习，学生表现出空前的功利意识。还没有学的课，学生问的第一个问题是“我学习这门课有什么用?”因而出现了专业课、基础课门前冷落鞍马稀，而技能类课程如计算机、外语、股票各种各样的证书班摩肩接踵、门庭若市的明显对比。“考证热”正是学习功利化的直接表现。学生充分了解到市场对各种证书的青睐，因而放弃了专业课的学习去追逐各种有用的证书。

2. 情绪问题　稳定的情绪、积极良好的情绪，是学生成才很重要的因素，也是学生心理健康中值得重视的问题。

（1）抑郁：指个体心中持久的情绪低落为主，常伴有身体不适、睡眠不足等，心情压抑、沮丧、无精打采、什么活动都懒于参加，什么事也提不起精神来，逃避参与。大学生列在第一位的心理不适是抑郁，家庭经济状况差、家庭亲和感差、某种原因如连续的考试失败、失去亲人、失恋、同学感情失和等都是抑郁的直接诱因。“90后”大学生基本都是独生子女，衣食无忧，自我意识很强，不太考虑别人。调查发现，随着父母离婚率上升，不少“90后”小小年纪就尝到了家庭分崩离析的苦痛，有的学生患了抑郁症。

（2）焦虑：是由紧张、焦急、忧虑、担心和恐惧等感受交织而成的一种复杂的情绪反应。它可以在人遭受挫折时出现，也可能没有明显的诱因而发生，即在缺乏充分客观根据的情况下出现某些情绪紊乱。学生焦虑来源并非现实的威胁，而是内心，无明确的客观对象和具体内容。主要表现在考试焦虑与自我焦虑。

（3）情绪失衡：大学生的社会情感丰富而强烈，具有一定的不稳定性与内隐性，表现为情绪波动大，高低不定，喜怒无定。会因一点小小的胜利而沾沾自喜，也易为一次考试失败、情感受挫而一蹶不振，甚至无法控制自己的情绪。特别是负性情绪的控制相对较弱，个体负性情绪表现为情绪高低不定，易怒，难以驾驭自己的情感，不能保持一种常态的情绪，如一次考试失败，有的学生很难从失利的阴影中走出；群体负性情绪又是校园事端的直接制造者。

3. 人际关系问题　社会心理学调查研究表明，良好的人际关系状况是一个人心理正常发展、个性保持健康和生活具有幸福感的重要条件之一。大学生渴望友谊，增强人际交往能力，这是普遍的共识，但在实际交往中，易出现不同的问题。

（1）由于缺乏交往技巧和能力而不敢去交往，产生较强烈的孤独感；学生从校门到校门，缺乏人际交往经验，而自身在人际交往中的不自信又不利于增加自身的人际魅力，妨碍了良好的人际交往圈的形成。

（2）不良个性易造成不能被人理解、经常与人拌嘴怄气、自负等；有大多数的学生感到缺少知心朋友，会因无人倾诉而觉得“莫名空虚”和“无助”。

（3）社交焦虑：随着手机的普及和网络信息技术的不断发展，发短信和打电话、聊QQ成为“90后”大学生人际交往的主要手段，有的学生在现实交往中在别人面前显得不自在，由于别人的审视或评价，或仅仅因为别人在场而引起的心烦意乱和不安。

(4) 社交恐惧:担心遭到攻击或惩罚,或紧紧担心成为偶然伤害或疾病的牺牲品。部分学生缺乏在公众场合表达自己思想的能力与勇气,面对各种各样的活动,充满了兴趣,却又担心失败。

4. 情感问题　爱情、友情、亲情是学生情感方面的三个重要问题。

(1) 爱情的困扰:爱情虽然在大学并非一门必修课,学生仍然从各个方面开始自己的情感之旅,正确处理爱情与学业的关系是学生的一门必修课。爱情是大学校园的永恒话题。男女交往的机会多,比中学更自由,同学间不仅喜欢探讨恋爱的理论问题,也有不少人进入恋爱的实践环节。这是一个非道德问题,但如果不能正确处理,也会带来一些麻烦,如一是情感的迷茫,二是不正确的恋爱观,给大学生带来很多痛苦。

(2) 友情困扰:友情是人生路上的重要方面,校园这种独特的文化氛围与人文氛围滋长着学生各种情感的发展。如果说,进入恋爱阵营已经牵手的并不多的话,那么牵挂则是一种再普遍不过的心态了。

(3) 亲情问题:大学生与家长没有太多的话讲,主要缘于实质性问题如经济供给、物质补充而非情感沟通,从心理上也并不感到有些歉疚,即使通电话,也仅仅是我一切都好,不用牵挂之类的客套话。与此相反,朋友电话越来越频,形成了对比。

5. 生活适应问题　适应大学生活,完成大学生作为"文化人"与"社会人"的培养任务,帮助大学生完成社会化,是大学生活的重要内容。"90 后"大学生自小家长过度保护使他们经济独立意识差,对家庭依赖大,承受挫折能力弱。

(1) 生活能力弱:自立能力弱的情况普遍存在。尽管高校都在倡导大学生"自我教育、自我管理、自我服务"。但作为社会一员,学生普遍不能够很好地处理自己的事务,这不仅表现在独生子女身上,也同样表现在困难学生身上,学生连简单的劳动都不愿从事,衣服找人洗、被子请人洗,有的学生宿舍集体请"钟点工",帮助收拾内务,清洗衣物。困难学生家长感到不能为孩子提供足够的经济支持已经很觉得对不起孩子,作为一种补偿,不让孩子干更多的活,生活能力依旧很弱。部分毕业生面对日益激烈的人才市场,显得思想和心理准备不足,不知所措,等待家里想办法。丢失毕业证书、户粮证明等的事件每年都有发生,从一个侧面反映出学生处理日常事务能力的不足。

(2) 对挫折的心理承受力弱:目前在校大学生,在学校"老师宠着",在家庭"父母捧着"。面临学业、生活、感情方面的挫折,学生显得无所适从,感到失去了生活的意义,甚至怀疑人生。多数学生只能听顺耳话,听不进不同意见,更不用说老师和同学的批评了。困难学生在独立性、未来感、自由感、自信心等方面更容易受挫折。面对就业制度的改革带来的机遇与挑战,学生没有足够的心理准备,担心受挫。

6. 性教育问题　性教育是道德教育、文明教育、健康教育,也是人格教育,基本得到了教育工作者的认同,但性生理与性心理方面的问题并未得到很好的解决。青春期性生理的成熟,必然带来相应的心理变化,渴望获得异性的好感与承认,产生性幻想、性冲动等,这是正常的心理反应,由于性教育的严重缺失,一些学生不能正确认识自我的性反应,产生了堕落感、耻辱感与性罪错感,把性与不洁联系起来。一位大学生因做性梦产生性幻想不能自拔以至于萌发轻生的念头。有的学生由于对自身性生理欲望的放纵,与恋爱对象发生两性行为并不罕见。由于性生理的成熟与性心理的不够成熟的矛盾,性行为引起的后果及产生的心理压力，都是值得引起重视的问题。

7. 特困生心理问题　近年来，特困生的思想教育、生活受到社会各界的广泛关注，学校采取了“奖、贷、勤、免、补”，广开渠道，解决困难学生的生活问题。不容忽视的是，困难学生不仅仅是经济困难，他们的心理问题也值得引起高度重视。经济条件影响与制约着他们的成长，对新生每月生活费的调查显示：“90后”大学生间贫富差距拉大，最低不足300元/月，最高超过2 000元/月；但近半数新生的月生活费在501～1 000元水平。这表明家境十分贫寒的学生仍然存在，也说明高校助学贷款和各种奖学金助学金扶助手段的重要性和必要性。“90后”的大学生更注重与信息化时代的接轨和自己的外在美，但其中娱乐性支出比例较高，也隐含着部分奢侈消费的成分。自卑、过多的自责使部分学生不能走出家庭经济条件的阴影中。一位女大学生说：“因为女生的面子，我不愿写困难补助申请，而拮据的经济又始终困扰着我，我不愿走在校园里像贴上标签一样让同学用特别的目光注视。”尤其是“双困生”，学业成绩不理想，家庭经济又很困难，心理负担很重。

8. 网络成瘾问题　每年因网络成瘾而荒废学业，甚至轻生或走上犯罪道路的大学生日益增多。大学生网络成瘾者的行为主要表现为：网络游戏成瘾行为、网络交际成瘾行为、网络信息超载成瘾行为和其他成瘾行为。网络成瘾者对上网有一种心理上的依赖感。过度沉湎和依赖网络对大学生的学业生涯、人际关系、道德观念、身心健康等多方面造成很大的负面影响。网络成瘾使大学生学习兴趣下降，厌学，逃课。现在的大学生由于应试教育的影响，对学习从小处于被动，好不容易上了大学，有了更多自我分配的时间，对于学习上的压力选择了逃避，沉溺于网络虚拟世界不能自拔。部分大学生为了持续上网，往往不择手段，不惜欺骗父母、偷窃、抢劫，直至实施犯罪。网络成瘾不利于大学生身心健康。大多数网络成瘾者会陷入虚幻中，人格出现异化，道德感弱化。因长时间上网，减少了在现实生活中的人际交往和正常的文娱活动，日常的生活规律被打破，饮食不正常，体能下降，睡眠不足，生物钟失调，身体虚弱，思维出现混乱，引发焦虑症、忧虑症，更严重者甚至导致猝死。

（二）大学生常见的心理异常的类型

1. 神经症　神经症是一种由于心理因素造成的常见病，一般没有任何可以查明的器官性病变，但又确实有心理异常表现，甚至表现得非常严重。神经症是一种非器质性的大脑神经功能轻度暂时失调的疾病。神经症的特点为：一是不表现出精神病常见的妄想及离奇行为；二是心理冲突，精神痛苦，但无器质性障碍，可以治愈；三是患者对自己的疾病有自知力，能够主动求医。神经症包括焦虑症、强迫症、恐惧症、抑郁症等。大学生中的神经症患者占有一定比例。不过病人对自己的病态有充分的自知力，并能主动求医，生活自理能力、社会适应能力和工作能力基本没有缺损。所以，神经症被确定为非器官性的、大脑神经功能轻度失调的心理疾病。神经症在大学生中是一类比较多见的心理疾病，主要包括神经衰弱、焦虑症、强迫症、恐惧症、疑病症、抑郁症、癔症等。值得注意的是，有的学生盲目对号入座而导致心理问题的也屡见不鲜。神经衰弱是脑力劳动者的常见病，特点是：易兴奋、易衰竭、自主神经功能紊乱。焦虑症的特点：是一种慢性（至少持续一个月）弥散性的焦虑，不是来自某种具体的威胁。强迫症表现有：强迫观念、强迫情绪、强迫动作。恐惧症：是对某种客体或情景表现出一种强烈持久的恐惧。常见的恐怖对象有：动物、高处、广场、独居、社交活动。抑郁症：是一种持久的心境低落，常伴有焦虑、躯体不适和睡眠障碍。

2. 人格缺陷与人格障碍

(1) 人格缺陷:是一种人格发展的不良倾向。常见的有自卑、抑郁、怯懦、孤僻、敏感、多疑、焦虑、对人敌视及暴躁冲动等,这些不健康的心理因素会给自身发展带来很大障碍,应及时得到更多的帮助,否则很可能发展为各种人格障碍。

(2) 人格障碍:是指明显偏离正常人格,与他人和社会相悖的一种持久和牢靠的适应不良的情绪和行为反应方式。指自儿童或少年时期发展起来的人格明显偏离正常现象。这种人格异常主要表现为情感和意志行为障碍,感知和智力并无异常。由于人格的偏离,以致不能适应新的生活,甚至贻害公众和自身。常见的有分裂型、偏执型、强迫型、衰弱型、反社会型、依赖型、癔症型、爆发型等人格障碍。人格障碍一般始于童年或青少年,而持续到成年或终生,这些不良方面会严重影响他们的学习、人际关系及自我的进一步完善。大学生中的人格障碍问题常常是人格发展不良或人格偏离,而非异常人格,是受个体心理素质发展的局限所致,大多表现为以自我为中心,不能很好地处理人际关系,与周围环境的协调性差等,严重的会影响到学习、工作及生活。

偏执型人格障碍表现为:固执刻板,好与人争论,常有些超价值观念或坚持一些不甚清楚的细节,遇到有人提建议就会非常小心,生怕损及自身利益,一旦受了委屈就伺机报复;通常比较死板,缺乏幽默感,看起来既不诙谐,也不会享乐;敏感多疑,过分过高地要求他人,但从来不信任他人,认为别人存心不良;夸大自己的重要性,对自己有不切实际的高自我评价,认为自己的能力非凡,应该获得巨大成就;把自己的错误归咎他人;心胸狭窄,既担心别人胜过自己,更喜欢嫉妒他人所取得的成就。

强迫型人格障碍表现为:强烈的自制和自我约束。过分追求完美,常常为达到完美而自我克制和自我关注,伴有不安全感和不完善感,并为此紧张、焦虑和苦恼。他们墨守成规,缺乏应变能力,不会利用时机,自尊心过强,害怕自己出差错。常回忆、自责,于是犹豫不决,十分在意他人对自己的评价。常常要求别人根据自己的思想方式和习惯形式,在与别人交往中一旦有人干扰了其生活规律就会内心充满矛盾,但却很少表现出来。

分裂型人格表现为:退缩、孤僻、胆怯、沉默和怪癖,不爱社交,从不关心别人对他的评价,没有朋友。常做白日梦,沉溺于幻想之中。缺乏进取心,回避竞争,保持漠不关心的形态。

衰弱型人格表现为:缺乏信心和主动精神,被动地服从别人的意愿,感到自己能力低下,精力不足,容易疲劳,常为小事伤感,缺乏生活乐趣。

3. 精神病　指精神功能受损程度已达到自知力严重缺失,不能应付日常生活要求或保持对现实恰当的接触。精神病分为器官性的和功能性的。① 器官性精神病是指有明显器质性病因的一类神经病,包括脑部疾患或外伤引起的器官性精神病,以及躯体症状和中毒性精神病。② 功能性精神病是指目前尚未发现组织结构病变性改变,病因尚不明了的一类精神病,包括精神分裂病、情感性精神病、偏执性精神病及反应性精神病等。

4. 心身疾病　大量事实证明,心理社会因素对健康和疾病都起着极重要的作用。心身疾病是一组躯体疾病,其发病、发展、转归和防治都与心理因素密切相关。大学生中有部分患有心身疾病,诸如:消化性溃疡、支气管哮喘、偏头痛、紧张性头痛、口吃等,这些疾病给他们的学习、生活、人际交往、自我评价等带来了不同程度的损害,心理的平衡受到影响。

四、大学生心理问题的原因

（一）个体因素方面

1. 遗传因素：研究表明，父母常患有某种心理疾病，下一代患同一疾病的可能性达68.1%，如果是父亲或母亲一方患病的，下一代患的可能性则为16. 8%。尤其是抑郁症常来自于高危险家族。

2. 身体健康状况：各种躯体疾病会使人烦恼、敏感多疑，行为控制力下降，尤其是慢性病或久治不愈的疾病更容易导致严重心理障碍的产生。

3. 先天的神经系统的素质：神经系统属于弱型的人，容易受不良因素影响而引起不健康的心理行为。

4. 人格因素：个体人格中的某些不良方面，如性格内向孤僻，急躁、冲动、固执、多疑、偏激等方面都不利于心理健康。有心理障碍的人的性格多数是内向不稳定型。其性格缺陷表现为：内向、心胸狭窄、抑郁性高、神经症、多愁善感又难于表露、自卑感严重、自信心不强、适应性差、活动范围小。

5. 心理素质：心理承受能力低。多数大学生成长比较顺利，进校前多在优越的环境中长大，遇到的挫折少，一旦遇到困难与挫折，易产生各种心理问题。

（二）社会因素的影响

1. 社会期待与压力　社会经济制度的巨大变革，多元化文化价值观念的冲击，社会的竞争激烈，以及知识更新快，成才周期缩短等方面，给大学生带来巨大的心理压力。对大学生来说，社会、家庭寄予很高的期望，这种高期望对大学生的压力也是巨大的。在这些巨大的压力之下，而大学生又常常觉得缺少社会的支持，因此，感到压抑、苦闷、茫然。

2. 校园亚文化

(1) 人际关系的复杂化：大学是集体生活，但一些大学生常以自我为中心，导致为人处世容易造成人际摩擦。另一方面，大学生心理的闭锁性，在寻求友谊中表现出对他人的苛求、交流的被动性等也会造成人际的疏离。在人生观方面流露出消极性，如认为人是自私、虚伪的等，也妨碍着人际交往的进行。

(2) 学习生活的紧张单调使人感到压抑，缺乏生活乐趣，易引发心理问题的产生。

(3) 偶像文化、电子文化，尤其是网络文化的表面化、庸俗化、虚拟化等影响着大学生的心理健康。

3. 家庭状况　家庭的经济状况，与家庭成员的关系，家庭中发生的一些变故以及家长的教养方式等，对大学生的心理也将产生重要影响。

五、大学生心理健康的维护

（一）自我维护

1. 正确掌握心理健康知识

(1) 消除认识上的偏差：大多数人心理健康处于一般水平。也许许多大学生没有心理障碍，但能否自问，自己的心理潜能已经充分发挥了吗？自己属于心理健康最优秀、具备良好的健康个性吗？许多人在心理健康方面存在认识上的偏差：① 对健康定义的片面理解。没有认识到心理健康同样是评价一个人是否健康的重要内容之一，只注意身体健康而忽视心理健康。② 对心理健康标准的片面理解。常认为心理健康就是没有病，只有患精神病的人才有问题，而对其他人则没有必要考虑这个问题。③ 对心理健康水平的片面理解。自认为没有心理烦恼、心理困惑就是健康水平高的人，学不学心理健康知识无所谓，自我感觉良好就行。显然消除以上片面认识是必要的。

（2）认真学习有关心理健康知识：参加课程学习、听有关心理健康的讲座、阅读心理学书籍，从理论上提高自己，将重视心理健康变为自身的自觉行动。大学生通过学习心理卫生知识，能够增进自我了解，提高心理健康意识，自觉维护自身的身心健康。实践证明，系统学过心理卫生知识的大学生比未学过的能够更有效地进行自我心理调节与保健。大学生可以通过听心理卫生课或讲座，阅读心理卫生书刊等途径来接受心理卫生教育，并要注意把知识运用于自己的生活中。

（3）正确运用心理健康知识：① 避免盲目对号入座。② 明确读心理学书刊的目的：战胜内心不安，更好地改变、发展、完善自己，以积极的心态面对世界，面对人生。③ 运用于实践，付诸行动。

2. 积极的自我调整　良好的心理品质是预防心理疾病的天然屏障，而且有助于个体进行积极的自我心理调适。完善自我的心理品质包括建立合理的认知，保持乐观的情绪，提高对挫折的承受力等。

（1）树立正确的人生观和世界观：每个人都有极其复杂、丰富的内心世界，它的核心部分即是一个人的人生观和世界观。正确的人生观、世界观能使人对社会、对人生、对事物持较正确的认识，并能采取适当的态度与行为反应，客观分析处理事物，保持开阔的心胸，提高对心理冲突和挫折的耐受能力。

（2）充分地认识自己、接纳自己：学会从多方面、多途径了解自己，要学会从周围世界提取有关自我的真实反馈，避免由于自己的主观理解所带来的误差。人无完人，每个人身上都存在不足，不要为此而自卑，应接受自己。

（3）积极的人际交往：人际交往的时间与空间范围越大，精神生活就越丰富、愉快。孤独、不合群的人常有更多的烦恼和难以排解的苦闷。在交往时注意不要对他人期望过高，不要盲目与人处处竞争。大学生精力充沛，才智聪明，喜欢争强好胜，但是如果用自己的弱势同他人的优势进行竞争，难免会遭到失败，产生挫折感。

（4）学会调整情绪：大学生情绪常处于不稳定状态，容易感情用事，情绪常大起大落，所以要学会对情绪的自我控制，以及要学会疏导，学会恰当的宣泄方式。当遇到烦恼时找朋友倾诉，减少心理压力，获得情感的支持和理解。积极培养自己的兴趣爱好，参加有益的活动，消除不快，转换心境，振奋精神。

（5）正确运用心理调适：① 自我激励法。用生活的哲理、榜样的事迹或明智的思想行为激励自己，以调整自己的不良心理。“失败是成功之母”，“知足常乐”。② 词语暗示法。词语暗示方式有许多：不出声的内部语言、自言自语、在无人处大声呼喊、写成文字，以便经常看到或想到，不断鞭策自己去做。“忍”、“走自己的路，让别人说去”等暗示词语。③ 迁移法。把注意力从消极方面转移到积极方面，尽量避免或减轻精神创伤，以便从挫折或失败中重新定义目标。④ 行为补偿法。在某一方面不能取得成功，可在自己力所能及的另一方面发挥所长并取得成功，以便“堤内损伤堤外补”。⑤ 分析与转移。面对心理问题，首先要正确归因，认识产生问题的原因。其次，情绪疏导，宣泄负面情绪。再次，寻找积极的替代性的目标。⑥ 认知与行为矫正。通过模仿、强化等方式矫正原来不良的认知与行为，建立新的、健康的认知与行为方式。⑦ 心理调试“四 A 论”，即用四个 A 起头的单词表示对人对事追寻的心路历程。接纳(acceptance)，指接纳自我和自我所在的环境；行动(action)，对自己决定的事情付诸行动并全力以赴；情感(affection)，乐在其中，在工作、学习、生活中得到兴趣和乐趣；成就(achievement)，努力奋斗取得回报。

（二）学校心理健康教育

1. 学校教育中应着重于“五学”教育　即“学会生存，学会生活，学会关心，学会学习，学会发展”。在我们的教育中，存在重道德灌输，轻道德践约；重成才教育，轻成人教育；重知识传授，轻养成教育的倾向。心理健康不是单纯的心理的，也是社会与教育的。学校要培养的是“社会人”与“文化人”，社会人必然是具有健康心理的人。教会学生适应环境，能够妥善处理自身事务，学会遵守社会规范，成为一个适应社会需要的社会人是前提；学会关心，关心国家大事，关心国际局势，关心我们生存的社会，关心朋友，体谅父母，珍惜友谊，善待爱情，以热情、积极、主动的态度介入社会生活中。学会学习就是教会我们的学生不仅学习书本知识，学习观察问题、解决问题的方法与途径，学习将书本知识转化为社会实践的能力。人的发展是永恒的课题，可以说，自我塑造，自我发展、自我完善是人生中非常重要的内容。为学生搭建创新平台，激发学生的创造热情，学校为在校大学生搭建创新平台，发挥学生的创造性，激发学生的创造热情，让他们觉得自己是有价值的，可以增强学生的自信心。

2. 加强心理健康教育网络化　网络世界具有便捷性、新奇性，大学生心理健康教育利用网络开展教育工作，将会极大地提高工作效率。网络心理健康教育，通过组织一些思想性高、教育性强、趣味性好、适应性广的信息资源，将心理健康教育工作从平面走向立体，从单色走向多彩，增强了工作的科学性、生动性、实效性。采用学生喜欢接受的方式进行心理健康教育。由于 90 年代出生的大学生喜欢利用网络获取信息、学习新知识、结交新朋友，我们也可以投其所好，利用网络平台进行心理健康教育，比如可以通过邮件、QQ、飞信、网上留言、博客的方式和学生进行沟通。

3. 扩大个别心理咨询和团体心理咨询范围　团体咨询感染力强，影响广泛。团体咨询效率高，省时省力，可以弥补个别咨询。团体辅导主要针对学生中共性的心理问题进行辅导，内容主要有人际交往训练、自信心培养、挫折训练等。团体辅导这种形式本身有助于学生个体缓解心理紧张与焦虑，有助于学生利用本体资源进行“互补”。个别辅导主要针对学生个体的心理问题进行辅导，包括心理障碍的排除及个体心理发展辅导等。心理咨询和辅导一般都是等待学生主动来咨询，但是很多学生对心理咨询存在误解或者这样那样的因素影响阻止了他们接受咨询，因而显得被动。改变心理咨询中的被动局面，主动关怀学生。当我们了解到一些学生的信息之后就主动地通过辅导员、心理委员进一步了解信息，主动找学生咨询。

4. 心理健康教育课程必修和心理专题讲座补充　开设心理健康教育课程这是心理健康教育的重要途径。发挥课堂教学的优势，知识性、专业性、系统性，让学生全面掌握心理健康知识。同时针对性地对不同群体开设讲座解决他们的现实问题。

5. 加强心理健康档案　建立心理健康档案的作用：一是有利于了解学生的心理健康水平，有助于心理健康教育工作者筛选出不同类型的心理问题，针对性地在学生中开展心理健康教育专题讲座；二是有利于心理健康教育工作者了解不同学生的个性特征，有针对性地进行团体辅导及个别辅导，促进个性的不断完善；三是有利于班主任掌握每个学生的个性特征，为做好学生思想政治教育工作，保证学校的稳定大局打下基础。

6. 建立危机干预三级网络　高校应以心理咨询机构为心理健康教育核心阵地，以高校、辅导员、班主任、心理健康教育教师队伍为依托；以班级中的学生干部为心理咨询协调员作为支撑点，构建学校心理咨询机构的三级网络组织，及时对有心理危机的学生进行干预。

任何一个年代的青年都有自己特点，而这些特点的形成都是社会、家庭、学校和个人等多种因素共同作用的结果。我们应该适当地利用这些特点对他们采取适合他们个性特点的教育方法，试着从他们的角度去理解他们的行为方式，进而产生"同理心"，只有这样才能更好地开展学生心理健康教育工作，促进当代大学生的心理健康成长，提高自我调适能力，解决实际问题的能力。

六、心理测试

《症状自评量表- SCL90》是世界上最著名的心理健康测试量表之一。症状自评量表(Self-reporting Inventory)，又名 90 项症状清单(SCL－90)，也叫做 Hopkin's 症状清单(HSCL)。其作者是德若伽提斯(L. R. Derogatis)，于 1975 年编制。该量表共有 90 个项目，包含有较广泛的精神病症状学内容，从感觉、情感、思维、意识、行为直至生活习惯、人际关系、饮食睡眠等，均有涉及，并采用 10 个因子分别反映 10 个方面的心理症状情况(表 1－1)。本测验适用对象包括初中生至成人。它对有心理症状(即有可能处于心理障碍或心理障碍边缘)的人有良好的区分能力。不适合于躁狂症和精神分裂症。本测验不仅可以自我测查，也可以对他人(如其行为异常，有患精神或心理疾病的可能)进行核查，假如发现得分较高，则表明急需咨询。

(一) 量表特点

1. 心理健康症状自评量表具有容量大、反映症状丰富、更能准确刻画被试者的自觉症状等特点。它包含有较广泛的精神病症状学内容，从感觉、情绪、思维、行为直至生活习惯、人际关系、饮食睡眠等均有所涉及。

2. 它的每一个项目均采取 5 级评分制。

3. 该量表可以用来进行心理健康状况的诊断，也可以做精神病学的研究。

(二) 施测步骤

1. 在开始评定前，先由工作人员把总的评分方法和要求向受检者交代清楚。然后让其作出独立的、不受任何人影响的自我评定，并用铅笔填写。

SCL－90 的每一个项目均采用 5 级评分制，具体如下：

(1) 没有：自觉无该项问题；

(2) 很轻：自觉有该项症状，但对被试者并无实际影响，或者影响轻微；

(3) 中度:自觉有该项症状,对被试者有一定影响;

(4) 偏重:自觉有该项症状,对被试者有相当程度的影响;

(5) 严重:自觉该症状的频度和强度都十分严重,对被试者的影响严重。

这里的"影响"包括症状所致的痛苦和烦恼,也包括症状造成的心理社会功能损害。"轻、中、重"的具体定义,由被试者自己体会,不必做硬性规定。

2. 对于文化程度低的自评者,可由工作人员逐项念给他听,并以中性的、不带任何暗示和偏向地把问题本身的意思告诉他。

3. 评定的时间范围是"现在"或者是"最近一个星期"的实际感觉。

4. 评定结束时,由本人或临床咨询师逐一查核,凡有漏评或者重新评定的,均应提醒自评者再考虑评定,以免影响分析的准确性。

指导语:以下表格中列出了有些人可能有的症状或问题,请仔细阅读每一条,然后根据该句话与您自己的实际情况相符合的程度(最近一个星期或过去),选择一个适当的数字(1—无;2—很轻;3—中等;4—偏重;5—严重)填写在后面的答案框中。

表 1-1　症状自评量表 SCL-90

序号	问　题	选　项
1	头痛	
2	神经过敏,心中不踏实	
3	头脑中有不必要的想法或字句盘旋	
4	头晕或晕倒	
5	对异性的兴趣减退	
6	对旁人责备求全	
7	感到别人能控制您的思想	
8	责怪别人制造麻烦	
9	忘性大	
10	担心自己的衣饰整齐及仪态的端正	
11	容易烦恼和激动	
12	胸痛	
13	害怕空旷的场所或街道	
14	感到自己的精力下降,活动减慢	
15	想结束自己的生命	
16	听到旁人听不到的声音	
17	发抖	
18	感到大多数人都不可信任	
19	胃口不好	
20	容易哭泣	

续表 1-1

序号	问　题	选　项
21	同异性相处时感到害羞不自在	
22	感到受骗，中了圈套或有人想抓住您	
23	无缘无故地突然感到害怕	
24	自己不能控制地大发脾气	
25	怕单独出门	
26	经常责怪自己	
27	腰痛	
28	感到难以完成任务	
29	感到孤独	
30	感到苦闷	
31	过分担忧	
32	对事物不感兴趣	
33	感到害怕	
34	您的感情容易受到伤害	
35	旁人能知道您的私下想法	
36	感到别人不理解您、不同情您	
37	感到人们对您不友好，不喜欢您	
38	做事必须做得很慢以保证做得正确	
38	心跳得很厉害	
40	恶心或胃部不舒服	
41	感到比不上他人	
42	肌肉酸痛	
43	感到有人在监视您、谈论您	
44	难以入睡	
45	做事必须反复检查	
46	难以做出决定	
47	怕乘电车、公共汽车、地铁或火车	
48	呼吸有困难	
49	一阵阵发冷或发热	
50	因为感到害怕而避开某些东西、场合或活动	
51	脑子变空了	
52	身体发麻或刺痛	

续表 1-1

序号	问 题	选 项
53	喉咙有梗塞感	
54	感到前途没有希望	
55	不能集中注意力	
56	感到身体的某一部分软弱无力	
57	感到紧张或容易紧张	
58	感到手或脚发重	
59	想到死亡的事	
61	当别人看着您或谈论您时感到不自在	
60	吃得太多	
62	有一些不属于您自己的想法	
63	有想打人或伤害他人的冲动	
64	醒得太早	
65	必须反复洗手、点数	
66	睡得不稳不深	
67	有想摔坏或破坏东西的想法	
68	有一些别人没有的想法	
69	感到对别人神经过敏	
70	在商店或电影院等人多的地方感到不自在	
71	感到任何事情都很困难	
72	一阵阵恐惧或惊恐	
73	感到公共场合吃东西很不舒服	
74	经常与人争论	
75	单独一人时神经很紧张	
76	别人对您的成绩没有做出恰当的评价	
77	即使和别人在一起也感到孤单	
78	感到坐立不安心神不定	
79	感到自己没有什么价值	
80	感到熟悉的东西变成陌生或不像是真的	
81	大叫或摔东西	
82	害怕会在公共场合晕倒	
83	感到别人想占您的便宜	
84	为一些有关性的想法而很苦恼	
85	您认为应该因为自己的过错而受到惩罚	

续表 1-1

序号	问　题	选　项
86	感到要很快把事情做完	
87	感到自己的身体有严重问题	
88	从未感到和其他人很亲近	
89	感到自己有罪	
90	感到自己的脑子有毛病	

（三）测验的记分

SCL-90 的统计指标主要为两项，即总分和因子分。

（四）总分项目

1. 总分　90 个项目单项分相加之和，能反映其病情严重程度。

2. 总均分　总分/90，表示从总体情况看，该受检者的自我感觉位于 1～5 级间的哪一个分值程度上。

3. 阳性项目数　单项分≥2 的项目数，表示受检者在多少项目上呈有“病状”。

4. 阴性项目数　是指被评为 1 分的项目数，它表示被试“无症状”的项目有多少。

5. 阳性症状均分　（总分—阴性项目数）/阳性项目数，表示受检者在“有症状”项目中的平均得分。反映受检者自我感觉不佳的项目，其严重程度究竟介于哪个范围。

（五）因子分

因子分共包括 10 个因子，即所有 90 个项目分为 10 大类。每一因子反映受检者某一方面的情况，因而通过因子分可以了解受检者的症状分布特点，并可作廓图(Profile)分析。

1. 躯体化　包括 1,4,12,27,40,42,48,49,52,53,56 和 58,共 12 项，该因子主要反映主观的身体不适感。

2. 强迫症状　3,9,10,28,38,45,46,51,55 和 65,共 10 项，反映临床上的强迫症状群。

3. 人际关系敏感　包括 6,21,34,36,37,41,61,69 和 73,共 9 项，主要指某些个人不自在感和自卑感，尤其是在与其他人相比较时更突出。

4. 抑郁　包括 5,14,15,20,22,26,29,30,31,32,54,71 和 79,共 13 项，反映与临床上抑郁症状群相联系的广泛的概念。

5. 焦虑　包括 2,17,23,33,39,57,72,78,80 和 86,共 10 个项目，指在临床上明显与焦虑症状群相联系的精神症状及体验。

6. 敌对　包括 11,24,63,67,74 和 81,共 6 项，主要从思维、情感及行为三方面来反映病人的敌对表现。

7. 恐惧　包括 13,25,47,50,70,75 和 82,共 7 项，它与传统的恐惧状态或广场恐怖所反映的内容基本一致。

8. 偏执　包括 8,18,43,68,76 和 83,共 6 项，主要是指猜疑和关系妄想等。

9. 精神病性　包括 7,16,35,62,77,84,85,87,88 和 90,共 10 项，其中幻听、思维播散、被洞悉感等反映精神分裂样症状项目。

19,44,59,60,64,66及89共7个项目,未能归入上述因子,它们主要反映睡眠及饮食情况。我们在有些资料分析中,将之归为因子10"其他"。

SCL-90包括10个因子,每一个因子反映出个体某方面的症状情况,通过因子分可了解症状分布特点。当个体在某一因子的得分大于2时,即超出正常均分,则个体在该方面就很有可能有心理健康方面的问题。

1. 躯体化　主要反映身体不适感,包括心血管、胃肠道、呼吸和其他系统的不适,和头痛、背痛、肌肉酸痛,以及焦虑等躯体不适表现。

2. 强迫症状　主要指那些明知没有必要,但又无法摆脱的无意义的思想、冲动和行为,还有一些比较一般的认知障碍的行为征象也在这一因子中反映。

3. 人际关系敏感　主要是指某些人际的不自在与自卑感,特别是与其他人相比较时更加突出。在人际交往中的自卑感,心神不安,明显的不自在,以及人际交流中的不良自我暗示,消极的期待等是这方面症状的典型原因。

4. 抑郁　苦闷的情感与心境为代表性症状,还以生活兴趣的减退,动力缺乏,活力丧失等为特征。还表现出失望、悲观以及与抑郁相联系的认知和躯体方面的感受,另外,还包括有关死亡的思想和自杀观念。

5. 焦虑　一般指那些烦躁,坐立不安,神经过敏,紧张以及由此产生的躯体征象,如震颤等。

6. 敌对　主要从三方面来反映敌对的表现:思想、感情及行为。其项目包括厌烦的感觉,摔物,争论直到不可控制的脾气暴发等各方面。该分量表的得分在0～24分之间。

7. 恐惧　恐惧的对象包括出门旅行,空旷场地,人群或公共场所和交通工具。此外,还有社交恐惧。

8. 偏执　主要指投射性思维,敌对、猜疑、妄想、被动体验和夸大等。该分量表的得分在0～24分之间。

9. 精神病性　反映各式各样的急性症状和行为,即限定不严的精神病性过程的症状表现。

10. 其他项目　作为附加项目或其他,作为第10个因子来处理,以便使各因子分之和等于总分。

(六)得分结果的解释

按全国常模结果,总分超过160分,或阳性项目数超过43项,或任一因子分超过2分,或考虑筛选阳性,需进一步检查。

【案例分析】

小王,18岁,某高校大学一年级新生,来自北方某城市。小王是家中的独生女儿,在父母的关爱与呵护中长大。中学时期一直在父母身边,家中的生活琐事均有父母料理,父母只要求她努力学习,不需要承担家中的任何家务劳动,甚至连衣服鞋袜也不用自己洗。进入大学后,非常想家,不适应大学生活,无法安心学习,后悔不该来成都上大学,还产生了转学回家乡的想法。她对所在班级的辅导员说:"我简直待不下去了,成天想家。早上一睁眼就想到不是在自己的家里,真不想起床,不想吃饭。但又怕身体垮了父母着急,便强迫自己起床锻炼、吃饭。在操场上跑步,听见广播里放的音乐里有'妈妈'之类的歌词就要哭，一边跑，一边哭。课间休息和课余在宿舍，到处都听见这本地人的口音，总觉得是被抛弃到异地来的外乡人，总感觉到是别人的地方，好不自在，孤独极了。班上组织出去玩，无论怎么也高兴不起来，反而愈玩愈伤心，觉得到处都不如家乡。而且，看到落叶想到归根，想到归根又想到家。每天晚上熄灯后都在被窝里哭，也不知到什么时候才入睡。周末，看见寝室的本地同学回家了，更伤心，更难过。"对大学生活新环境的严重不适应以及强烈的思想情绪严重地影响了小王在学校的学习和生活状况。

专家分析

小王的情况很典型，属于大学新生对大学生活不适应的一种反映。大学新生适应问题是一个普遍的问题，有的新生随着对大学环境的了解、熟悉以及自我调节，经过一两个月的时间便能基本适应大学生活。但是有的学生由于没有在外独立生活的经验，独立性较差，情感依赖强烈，心理脆弱，适应起来比较困难。如果出现这种情况，应该有意识地克服自己的消极情绪，努力适应新环境和新生活，每个人最终都需要自己独立地面对自己的生活，不可能永远在父母和家人的关爱和呵护中过一辈子。大学生活为我们最终独立走向人生旅途提供了适应和锻炼的机会。当然，如果自己实在无法适应新环境，还应该及时和同学和老师沟通交流，寻求帮助，切忌任由自己沉浸在消极的情绪中不能自拔，严重影响自己的大学生活和学习。针对小王的情况，班级辅导员对她进行了及时的开导和劝慰。辅导员告诉小王新生不适应大学生活是普遍现象，并不是只有她一个人才存在这种心理状况，只是不适应的程度不同而已。重要的是自己努力去认识新环境，适应新生活。在老师和同学们的帮助下，经过一段时间的努力，小王终于逐渐适应了大学生活，还爱上了这所大学和城市，不再要求转学回家，学习进步了，性格也恢复了过去的开朗与活泼。

案例思考：名落孙山以后

一大学优秀毕业生报考某大公司。在公布考试结果时，他名落孙山。得知消息后，他深感绝望，顿生轻生之念。然而由于自杀技术欠佳，只在脖子上留下了一道长长的标记。正当该人神昏意迷之际，忽然传来他被录用的喜讯，原来此人名列榜首，只是统计时出了差错。就在他把喜讯告知朋友、准备庆祝一番之时，又有消息传来，他被公司解聘了。

思考：你认为公司解聘他的理由是什么？你若是公司的负责人，你会录用他吗？为什么？

小结：心理承受能力太差，是一种不健康的表现。心理健康是人的良好素质的一个基本的方面，它对于我们今后的就业与成才有着十分重要的意义。

第二章 大学生自我意识与人格完善

第一节 自我意识概述

一、自我意识的概念

自我意识(self-consciousness)是意识的核心部分,就是对"自我的认知",或者说自己对自己的认知。自我意识是指人对自身以及对自己与客观世界关系的意识,它是个体在社会实践中形成、发展的对于主体自身身心状态、活动及其与外部世界关系的主观反映和由此引起的情感体验及行为意向,对人的心理和行为起着调控作用。

自我意识既是心理活动的主体,又是心理活动的客体,具有认知、情绪和意志三种成分,即所谓的自我认识、自我体验、自我监控。自我认识主要涉及"我是一个什么样的人"、"我为什么是这样的人"等问题,它包括自我感觉、自我观念、自我分析、自我批评等。自我体验属于情绪范畴,它以情绪体验的形式表现出人对自己的态度,主要涉及"我是否接受自己"、"我是否满意自己"、"我是否悦纳自己"等,它包括自尊、自爱、自卑、自弃、自恃、自傲、责任感、义务感、优越感等。自我控制主要表现为人的意志行为,它监督、调节自己的行为,调节、控制自己对自己的态度和对他人的态度,它涉及"我怎样克制自己"、"我如何改变自己"、"我如何成为理想的那种人"。

二、自我意识的内容

自我意识不是单一的心理品质,而是一种多维度、多层次的心理系统。自我是知、情、意的协调统一在每个人身上独特 的结合和表现,是人的意识发展的高级阶段。总之,自我意识是个多维的、复杂的心理系统,主要包含三种形式,即自我认识、自我体验和自我调节。自我认识包括自我感觉、自我观察、自我观念等;自我体验有自责、自尊、自我肯定、自我接纳等,是基于自我认识的情感体验,是人对自身的一种态度体验;自我调控的任务是对自己的心理、情绪、行为进行调节和控制。三者相互作用、相互影响,它们的统一是知、情、意的 统一。可见,自我意识并非单纯的镜子般地映照自我,而是影响着自我的功能。自我设定怎样的理想目标,选择以怎样的方式行动,获得怎样的生命意义,乃至成为怎样的人,都会受到自我意识的深刻影响。

自我意识可以从不同的角度进行分析。我们从知、情、意分为"自我认识、自我体验、自我控制”;从自我本身分为生理自我、社会自我与心理自我(表2-1)。

表2-1　自我意识的分类

分类	自我认知	自我评价	自我控制
生理自我	对自己身体、外貌、衣着、风度、家属、所有物等的认识	英俊、漂亮、有吸引力、迷人、自我悦纳	追求身体的外表、物质欲望的满足,维持家庭的利益等
社会自我	对自己的名望、地位、角色、性别、义务、责任、力量的认识	自尊、自信、自爱、自豪、自卑、自怜、自恋	追求名誉地位,与他人竞争,争取得到他人的好感等
心理自我	对自己的智力、性格、气质、兴趣、能力、记忆、思维等特点的认识	有能力、聪明、优雅、敏感、迟钝、感情丰富、细腻	追求信仰,注意行为符合社会规范,要求智慧与能力的发展

从表2-1中可见,从知、情、意来看,自我意识在“自我认知、自我体验与自我控制”三个层面上展开。

(一) 知、情、意的自我意识

1. 自我认知　自我认知是主观自我对客观自我的评价,包括自我感觉、自我观察、自我印象、自我分析、自我评价等。自我认知解决“我是一个什么样的人”的问题。自我认知层面上还包含现实自我与理想自我的冲突。特别是青年大学生,他们的理想自我一般都比较完美,高于现实自我,在实际中就会出现对现实自我的不满意表现出自卑甚至自弃。进行客观、正确的自我评价是一个复杂、毕生的,人的自我发展也是一个连续的终生的过程,对自我的认识将是人类永恒的话题。“认识你自己”也将是一个终生课题。

2. 自我体验　自我体验是主观自我对客观自我产生的情绪体验,是在自我认知基础之上产生的。自我认知决定自我体验,而自我体验又强化着自我认知,主要集中在“能否悦纳自己”、“对自我是否满意”等方面。自我体验的内容十分丰富,可以包括义务感、责任感、优越感、荣誉感、羞耻感等。在传统的教育中,我们对自我体验的重视与强化不够。事实上,自我体验对成长着的个体而言,具有不可替代的重要作用。有时,同样的事件,他人的体验与自身的体验截然不同。很多从体验中获得的自我远远高于从理性获得的体验。

3. 自我控制　自我控制是对自己行为和思想、言语的控制,以达到自我期望的目标。包括自我激励、自我暗示、自强自律,核心内容是“我将如何规划自己的人生”。自我控制是自我中最高阶段,其核心是“我应该做什么?”“我应该成为什么样的人?”“我可以选择如何做?”我们经常讲的“自制力”其实就是自我控制的能力。心理学研究表明:自我控制与大脑额叶的发展紧密相关,当我们生理正常时,自我认知与自我体验决定了自我控制,大学生通过主观能动性,选择认识角度,转变认知观念,调整自我认知评价体系,感受积极自我。自我控制是自我意识的关键环节,“知”与“行”之间有很长的路,大学生常常“心动而不行动”,事实上心动是一件容易的事,而真正历练意志则需要更多的自我控制力。成功的人都有较高的自我控制力。但并非所有的自我控制都是积极的,有的大学生对自己的要求非常高,自我控制能力强,而在实际中却因为主观或客观原因没有能够达到,容易对自我产生怀疑与否定。

（二）生理、心理、社会的自我意识

从自我意识的活动内容来看，自我意识又可分为生理自我、心理自我与社会自我。

1. 生理自我　是个体对自己身体、生理状态（如身高、体重、容貌）的认识和体验，它是一个人在与他人交往的过程中通过学习而逐渐形成的，它使一个人把自我和非我区别开来，意识到自己的生存是依托于自己的躯体内的。生理自我是与生俱来的，我们只能接受它不能改变，随着自我意识的成长，我们逐渐对生理自我有一个明晰的看法与正确的认识，但由于青年时期的不确定性，有的学生对生理自我产生较高的心理关注，女生关注自己是不是漂亮、迷人、有吸引力，胖瘦高矮甚至脸上的雀斑；男生关注自己的体形与身体高度甚至生理器官、声音的吸引力等。这些都是因为大学生正处于青春期乃至青年初期，生理自我处于高度关注时期。

2. 心理自我　是个体对自己的心理活动、个性特点、心理品质的认识、体验和愿望，包括对自己的感知、记忆、思维、智力、能力、性格、气质、爱好、兴趣等的认识和体验。心理自我也伴随着成长，我们的情感、智力、能力、兴趣、情绪等都与日俱增，我们学会评价自己的心理自我、体验心理自我，如初恋与失恋的体验、成功与失败的体验等。

3. 社会自我　伴随着自我意识的发展，个体的社会角色渐渐浮出水面并占据重要位置，与此相应的责任感、义务感、角色感都在增长的情况下产生。社会自我是个体对自身与外界客观事物关系的认识、体验和愿望，包括个人对自己在客观环境及各种社会关系中的角色、地位、权利、义务、责任、力量等的意识。青年男女常用“我已经长大了”来表达自己的社会自我，期望社会给予积极的肯定与认可。生理自我、心理自我与社会自我是密切联系的、相互影响的，它们都包含着不同的自我认知、自我体验与自我控制，但由于比例和搭配的不同，构成了个体对个体自我意识之间的差异。也使得每个人都有自己的对人、对己、对社会的独特的看法和体验。

三、自我意识的作用

一个人的自我意识对他的感觉、思维、情感和行为具有重大的推动作用，特别是对一个人的自尊心、自信心和自我态度的转变有着巨大影响。

1. 自尊心　是维护自我尊严的一种自我情感体验。自尊心是自我意识的重要成分，它表现为要求尊重自己的人格，尊重自己的荣誉，不向别人卑躬屈膝，也不容许别人歧视和侮辱自己。一个有自尊心的人，与人相处总是严肃认真，既不会因为某种压力而屈从于别人，也不会轻易接受别人的奉承，即使在领导人面前也能够做到不卑不亢。而一个缺乏自尊心的人，则任何批评和表扬对他都不起作用。所以，自尊心又称为自爱心。与自尊心相联系的是羞耻心。羞耻心就是指个体由于发现自己在认识上与行为上的不当，而为自己的缺点和错误感到羞愧。羞耻心还常常与一个人的荣誉感和上进心联系在一起，当一个人失去荣誉而懊恼苦闷的时候，会感到羞耻，当一个人受到压抑和别人侮辱的时候，会感到忧愤。“羞恶之心，义之端也”。羞耻之心是产生自尊心的基础，没有羞耻之心的人，亦无所谓有自尊心。羞耻心对人的成长和进步有很大的关系。一个人如果对自己的缺点和错误，不以为耻，反以为荣，那么他就无法进步和提高。

2. 自信心　是对自己力量的充分估计，它也是自我意识的重要成分。居里夫人有句名

言:“我们应该有恒心,尤其是自信力!”自信力就是自信心,自信心在一个人的成长过程中具有积极的推动作用,它是一个人能否成才的重要心理品质。一个人如果很自卑,看不到自己的力量,认为自己什么都不行,久而久之,就会形成一种心理定势,对生活和工作都会带来消极影响。

3. 自我态度　就是个体对自己的一种自我评价倾向。个体的自我评价并不是一成不变的,它随着客观世界对个体的要求而发生变化。自我态度的改变不能强迫实现,必须通过自觉自愿,否则自我意识将会起阻碍作用。

4. 个人的自我意识　就是具有一种自我控制的功能,也就是说在必要的情况下,自我意识能够控制自己的行为和态度,在一定的场合下,做到委曲求全。例如,在一种社会舆论的压力下,为了避免有失面子,不得不对社会舆论表示服从或顺从,声称自己的态度已经转变,实际上只是一种表面的服从,其实依然“故我”。这就是自我意识对个人行为和态度的一种控制作用。

第二节　大学生的自我意识

一、大学生自我意识的发展过程及特点

(一)自我意识的发生与发展

个体自我意识是在个体生理和心理能力一定程度的成熟基础上发生、发展的,它是个体在与社会环境长期的相互作用过程中形成和发展的,许多社会因素对自我意识的形成和发展起着重要作用。

1. 生理、心理能力的发展与自我意识的发生　自我意识发生或形成主要有物—我知觉分化、人—我知觉分化和有关自我的词的掌握三个标志。在最初的意识发生和发展中,主体意识是先于自我意识而发展的,主体意识是自我意识发生和发展的基础。婴儿必须首先在自己和客体间做出区分,才有可能在客体中区分出物理客体和他人,进而在自我和他人之间做出区分形成自我意识。但在五个月后,当婴儿能对他人微笑时,主体意识和自我意识的发展就开始相互作用,共同发展了。特别是在后来随意性动作与言语的掌握相结合,当婴儿能逐步意识到活动本身的进程和结果,能够意识到自己的主观力量时,主体意识就同自我意识完全融为一体了。总之,自我意识发生、发展与生理的发展密切相关,离开了生理及其相应的心理能力的发展,自我意识就不可能发生、发展。

2. 自我意识在社会互动中形成和发展　生理的成熟和发展只是形成自我意识的前提,并不能必然保证自我意识的形成和发展。心理学的研究表明,自我意识的形成和发展还有赖于个体参与社会生活、与他人相互作用。心理学家库利指出,自我观念是在与他人交往过程中,个体根据他人对本人的反映和评价而发展的,由此产生的自我观念称为“镜中我”。米德指出,我们所属的社会群体是我们观察自己的一面镜子。他对社会互动中自我意识产生的机制和过程作了深入研究,认为自我意识是在社会中通过扮演他人的角色,把自己置于互动对方的位置上而逐步形成的。

3. 影响自我意识的社会因素　影响自我意识形成与发展的社会因素有社会经济地位、社会文化环境、家庭、他人的评价、参照群体等。青年时期自我意识的转变包括：从依靠别人的评价转向独立评价；从评价别人转向自我评价；从具体行动的评价转向运用个性品质评价，从单纯依靠表面现象与行为的效果转向动机与效果统一的评价。

个体自我意识的发展经过三个时期：① 自我中心期：这是自我意识的最原始形态，称生理自我。从出生 8 个月开始至 3 岁左右成熟。② 客观化时期：从 3 岁到青春期，这是获得社会自我的时期。这一阶段个体接受社会文化影响最深，也是学习角色的重要时期。角色意识的建立，标志社会自我观念趋于形成。③ 主观化时期：从青春期到成人的发展过程是个体不断社会化的过程，也是个性特征形成的过程。其成熟标志着个性的形成。自我意识是人的个性结构的重要组成部分，是个性结构中的自我调节系统。

（二）大学生自我意识的特点

大学生的自我意识具有较明显的时代特点。表现为政治方面的改革意识、民主意识、竞争意识；求知方面的成才意识、探索意识、创造意识；思想品德方面的道德意识、审美意识；行为方面的参与意识、社交意识等。与同龄群体相比，由于大学生的生活阅历与学习特点决定了大学生自我意识的独特性，主要表现在以下三个方面：

1. 时间上的"延缓偿付期"　大学并非人生必经时期，对大学生而言，思想上的独立与经济上的依赖，生理上的成熟与心理社会性成熟的滞后存在着深刻的矛盾。从年龄上看，大学生到了应该是自立的、独立承担社会责任的时候，但校园相对单纯的学习生活又使他们应当承担的社会责任从时间上向后延续。这种社会责任的向后延续使学生们处于"准成人"状态。这样也为大学生广泛深入细致地思考自我提供了时间的现实可能性。值得重视的是：大学生现实的责任感的后移并非减轻他们心理上的压力，特别是对于贫困学生。很多学生在作业中写道："每当自己坐在教室里读书时，常常不自觉地想到白发父母，本应当挑起家庭的重担，为父母分忧解难，却还要花父母的血汗钱，想来觉得非常难过，感到很不忍心。一种负罪感悄悄地袭上心头"。

2. 空间上的"自主性"　象牙塔为学生提供了一个多元文化背景下的学习环境，特别是网络更为学生提供了无限广阔的平等自由的学习与交流空间。而东西方文化的交融与发展更为大学生自我意识的发展提供了客观条件。但这种影响是双重的：一方面，大学生来自不同的家庭背景、来自不同的地域文化、有着不同的人生追求，在共同的学习生活中，大家互相影响、互相包容，在这种互动的环境中逐渐形成自己的价值观念，特别是在心灵的沟通与碰撞中建立与尝试新的自我；另一方面，大学生在多种价值体系、多种文化的冲撞面前，原来建立的价值体系、自我观念会受到强烈的冲击，这种冲击有时甚至会使大学生怀疑自己。特别是大学新生，从原来的环境中进入新的环境中，原有的自我价值体系在重建中需要较高的反思能力与自我控制能力，"我是优秀的"可能被期末考试的"红灯"击落得一无是处。这时，调整与反思自我便显得非常重要。

3. 自我意识发展的"不平衡性"　大学生生理、心理与社会自我的发展并非平稳如河川。大学生的主观自我与他观自我往往表现出不一致性，特别是大学高年级学生，一直处于较高的自我意识水平，但随后到来的人才市场职业选择常常使他们长期建立的"高自我意识"与"自我概念"变得摇摇欲坠。一位毕业生说道："长期以来，一直心存优越感，尽管从多种渠道了解到大学生已不再是天之骄子，但在就业市场上的冷遇还是受不了。”高主观自我与他观自我的不平衡，生理、心理与社会自我发展的不平衡都直接影响大学生自我意识发展的水平。造成这种不平衡的主要原因有：大学生的人生观、世界观尚在形成与健全之中，对自我的认识易受环境的影响；大学生自我概念仍在不断地发展变化之中，大一新生到毕业生的自我概念并不一致，只有到大学毕业才能在不断的变化与调整及社会的需求中建立自己的自我概念；三是经历高考，大学生真正开始痛苦的“心理断乳”，适应新环境、新的人际关系必然带来发展着的自我意识与自我概念的不平衡。

二、大学生自我意识偏差及其调适

（一）健全的自我意识的标准

具有健全的自我意识的人，不仅是自己命运的承担者，而且是自己命运的创造者。自我的接纳与反思使自我的发展充满张力，人的生命历程因此值得惊喜和期待。自我意识在人格结构中占有极其重要的地位，人的认知、情感、意识都受到自我意识的影响，因此健全的自我意识是全面发展的重要途径，也是心理健康的有效保证。

健康的自我意识的标准有以下五个方面：

1. 自我意识统一性较高，无明显的自我同一性混乱；
2. 对自我的态度是现实的、客观的、公正的；
3. 自我行动的方式被认为是积极的、协调一致的；
4. 自我与外部世界的关系是和谐一致的或能较快达成一致；
5. 极少自我挫败，较明显的自我激励，自我的发展变化具有积极向上的倾向。

大学生自我意识的总体发展水平较高，大多数大学生的自我评价与别人对他的评价是比较一致的；自我认识、自我体验和自我调控基本是协调统一、同步发展的，自我意识已经成为一个有机的整体。

（二）大学生自我意识的偏差与调试

在大学阶段，正好是我们青年学生积极探索、寻求自我的关键时期，思维活跃的我们不断地尝试，做出各种假设。虽然在这时期自我意识高度发展，但还未完全成熟，积极的探索也会带来各种发展偏差。那么，是不是为了避免出错，我们就停止探索？不，这样做的话，会使我们失去很多精彩、激情的生活，所以我们要多多了解这时期的我们会出现什么样的自我意识偏差，主动积极地调节自己，以获得更加健康的自我。

1. 自我中心　大学时期是年轻人进行自我探索最集中的时期，在自我分化的基础上，总会体验到各种各样成长的烦恼，大学生不断地探索着，不断认识着自我，不断地寻求自己独特的处事风格，不断地进行自我设计，“我”在这过程中，就不知不觉地成为考虑问题的出发点了，学生或多或少地都会有一点自我中心，自我中心与自私不同，自私是人将自己的利益置于最高处，并有意识地不顾一切地去捍卫它，而自我中心的举动往往在我们没有意识的情况下发生。

造成大学生自我中心的原因主要有三个：

（1）缺乏参照系：大多数学生在进入大学之前的十几年都过着紧张而单一的学习生活，上课、各种各样的辅导班以及无穷无尽的习题就是生活的全部了，简单的学习生活就使学生在面对大学相对复杂而独立的学习生活时，有点束手无策，仍然以原先我行我素的方式行事。

(2) 过强甚至有点脆弱的自尊心：当大学生惊喜于自我进步时，很希望和其他人一起分享自己的成果，但有时就不顾其他人是否喜欢，也不考虑用什么方式分享最好。

(3) 对"追求自我"的误解：有些同学对"活得自我"已经超出了正常的限度，影响了其他人的生活。

那么如何克服过度的自我中心呢？

(1) 我们要学会站在他人的角度上思考问题，理解其他人为什么要这样做以及这样做时他人的感受。

(2) 在自我探索的过程中，少一点焦虑，不要担心被反驳和批判，实事求是、恰如其分地评价自己，既不要自吹自擂，也不要妄自菲薄。

(3) 走出自己的小圈子，多参加社会活动，多接触不同的人，了解不同人的需要和生活。

2. 过分追求完美　"我是一个完美主义者。"很多同学都这样评价自己。对自己严格要求固然是好事，因为崇高的理想以及在生活细微处对自己精益求精的要求能激励我们不断地努力，不断地超越自我。我们在追求完美时，实际上是在享受一种成就感和优越感，因为这样的话，我们就与众不同，优于其他人了。然而有的同学会发现他们在追求完美时，体验到的不是优越感，而是无限的挫折感。他们对自己在意的东西都有无限的期望和要求，看重学习的人就会觉得第二名是可耻的失败，追星族就会收集他(她)喜欢的明星所有的海报、歌碟和影碟等，这个明星的一点点过失都会让他(她)无法忍受。

什么原因会使我们过分地追求完美呢？

(1) 很多同学生活在他人的期望之中，多年的习惯已经把这些期望误以为是自己的需要了。有些家长总是要求自己的孩子从小到大都做第一，而这些家长为了孩子的发展，往往做出很大的牺牲，那么这些孩子进了大学后，就会背负很重的思想负担，自己不学好，怎么能对得起自己的父母呢？但衡量自己的标准却随着自己的不断进步，而步步升高。

(2) 有些同学不能及时地调整参照体系。在县城里做状元，是因为与他(她)竞争的对手实力相对有限，而他(她)却习惯了自己光芒压四方的感觉，进了顶尖名牌大学还要次次做第一，其难度当然大，因为现在的竞争对手是无数个状元。

那么从以下方面试试看调整心态：

(1) 在追求远大理想时，对细节不要太过分在意，而且要允许自己可以犯错误。"失败是成功之母！"

(2) 学会在成功与失败中学习，学会总结，为什么成功，又为什么会失败，同样的错误不犯第二次；而且要学会享受过程的快乐，心理学家罗杰斯的一个重要观点是"人生就在于过程。"全身心投入地去实现目标，体会这个过程带来的所有喜怒哀乐，真实地体会生活，那是件很开心的事。同时也要学会在失败时不要过分自责，除了个人努力，决定成功的还有很多外部无法控制的因素，毕竟通过这次努力知道了以这种方式无法成功，这也是很大的收获。

(3) 学会灵活地调整参照体系，仔细分析参照对象的背景的其他条件。而且要学会与自己的相比，大千世界衡量成功的标准太多了，不可能面面俱到，只有确定想要的，做到今天比昨天好，一步一个脚印，才能不断地进步，不然很容易迷失在多重的标准中。

3. 过分自卑 心理学家阿德勒在《超越自卑》一书中曾论述了这样一个观点：追求优越和超越自卑是人发展的最根本的动力，那是因为他所说的“自卑”给予人强大的推动力，推动人超越自己。然而在生活中，我们见到的自卑更多的是消极的，具有破坏性的。在这种消极的自卑作用下，人们总是对自己持有否定的感觉。即使和其他人差不多，他们总能找到很多自己不如他人的地方，别人说，你也具有某某优点啊，他们就会有充足的理由来证明自己不如别人。他们觉得自己是上帝的弃儿，自己理所应当比别人差。

事实上，过分的自卑往往和过强的自尊心联系在一起。他们只有通过相应强度、相反方向的自尊才能抵消过分自卑带给内心的痛苦和折磨。当你体验到这种消极自卑时，也不要担心，给自己多一些时间，鼓足勇气，你会体验到超越自卑的喜悦的。你可以做以下尝试：

（1）勇敢地面对使自己感到自卑的对象，明确究竟是哪些具体方面使自己感到无能为力和退缩，客观地分析哪些是自己通过努力可以达到的，哪些是自己永远都不能改变的；

（2）根据分析，合理地调整自己的期望，确立更加合理的目标；

（3）坦然地面对自己，无条件地接纳自己，多看到自己所感到自卑的“缺陷”的积极方面，比如家境困难的同学相对更独立一些，自我依靠的意识更强一些；

（4）要输得起，以开放的心态面对失败，不要将一切失败的原因都归于自身固有的特点，任何时候都不要放弃希望；

（5）学会积极暗示，经常在脑海中呈现理想“我”的状态，将成功的景象视觉化，并多回味成功的经历，将这种成功的体验泛化到其他方面。

三、大学生自我意识的完善

1. 正确地认识自我 中国有句古话，叫“知人者智，自知者明”。鲁迅先生说：“人贵有自知之明。”现代人虽有很多文化经验、科学知识，但对于自我却知之不多。这是因为，其一，人对自己的心理不能像测量血压、身高一样有一个客观尺度，即使是心理测量，一般人也较难掌握。其二，人对自身的认识往往缺乏一定的积极性和坚持性，容易产生“当事者迷”的情况。下述三种关系的处理，可以为大学生正确地认识自我提供参考。

（1）我与人的关系：他人是反映自我的镜子，与他人交往，是个人获得自我观念的主要来源。我们先从家庭中的感情扩展到外面的友爱关系，进入社会又体验到人与人之间的利害关系。有自知之明的人能从这些关系中虚心向别人学习，获得足够的经验，然后根据需要去规划自己的前途。但是通过与别人比较认识自己，应该注意比较的参照系。第一，跟别人比较的是行动前的条件，还是行为后的结果？大学生如果认为自己来自农村，条件不如别人，开始就置自己于次等地位，自然影响心态和情绪。只有比较大学毕业后的成绩才具有意义；第二，跟别人比较的标准是相对标准还是绝对标准，是可变的标准还是不可变的标准？有的大学生与人比较的是身材、家世等不能改变的条件因而产生自卑感，这种比较没有实际意义；第三，比较的对象是与自己条件相类似的人，或者是个人心目中的偶像，还是不如自己的人？与不同的对象进行比较，会产生不同的心理体验和行为反应。所以，确立合理的参照系和立足点对自我的认识尤为重要。

（2）我与事的关系：从我与事的关系认识自我，即从做事的经验中了解自己。一般人是通过自己所取得的成果、成就及社会效果来分析自己，但却常常受到成败经验的限制。其实任何一种活动都是一种学习，不经一事，不长智。成败得失，其经验的价值因人而异。对聪明又善用智慧的人来说，成功、失败的经验都可以促进再成功，因为他们了解自己，有坚强的人格特征，善于学习，因而可以避免重蹈失败的覆辙；而对于某些自我脆弱的人，失败的经验会再次导致失败，因为他们不能从失败中吸取教训，改变策略，追求成功，而是在失败后形成恐惧心理，不敢面对现实去应付困境和挑战，甚至于失去许多良机；而对于那些自傲自大的人，成功反而可能成为失败之源。因为胜利使他们骄傲自大，这很容易导致失败。因此，一个大学生从成败中获得自我意识时要细加分析和甄别。

(3) 我与己的关系：从我与己的关系中认识自我，看似容易实则难。古人曰："吾日三省吾身。"我们大概可以从以下几个"我"中去认识自己：自己眼中的我。个人实际观察到的客观的我，包括别人眼中的包括身体、容貌、性别、年龄、职业、性格、气质、能力等的我。与别人交往时，由别人对你的态度、情感反映而知觉的我。不同关系的人对自己的反映和评价不同，它是个人多方面对自己进行归纳的统觉。自己心中的我，是指自己对自己的期望，即理想我。对于现代大学生而言，虽然有多个"我"可供认识，但形成统合的自我观念比较困难。因为，现代社会的急剧变化，改革开放后的多元价值观等，增加了大学生自我认识的难度。

2. 积极地悦纳自我　每个人都知道"自我"是最重要的，可总有些人并不真正地尊重自己、爱惜自己。他们可以喜欢朋友、喜欢知识、喜欢自然，却不喜欢自己。悦纳自我就是要坦然地接受自己的一切，好的和坏的，成功的和失败的。并且要培养对自己的价值感、自豪感、愉快感和满足感。学会悦纳自我，应注意以下几点：

(1) 在肯定性与否定性自我体验方面，应以肯定性自我体验为主，如比较喜欢自己，满意自己，有自豪感、成功感、愉快感等。

(2) 在积极与消极的自我体验方面，应以积极性自我体验为主，如开朗、乐观，对生活充满乐趣，对未来充满憧憬。

(3) 在紧张与轻松的自我体验方面，应保持适度紧张和适度轻松。

(4) 在敏感性自我体验方面应保持一定的敏感性，然而又不过分敏感；能够做到冷静而理智地对待自己的得与失；积极地充满信心地认定自己的长处与短处；以愉快的心情接受自己的长处，发扬自己的长处，满怀希望地憧憬自己的未来；既不以虚幻的自我来补偿内心的空虚，又不消极地回避、漠视自己的现实，更不以哀怨忧愁以及厌恶来否定自己。

3. 有效地控制自我　自我控制是人主动地改变自己的心理品质、特征及行为的心理过程。它是大学生健全自我意识、完善自我的根本途径。很多大学生对自我抱有很高的期望，但因为没有足够的自制能力和意志，经受不住挫折和打击，无法实现自我理想。而那些自卑自怨、自暴自弃的大学生更是因为自己无法控制自我的不良情绪使自己偏离了健全的自我意识的轨道。要做到有效地控制自我，应注意以下三点：

(1) 目标确立要适宜：当代大学生应该有崇高而远大的目标，把自己的人生追求与祖国21世纪的发展联系起来。但是，高远的目标并不是好高骛远，而应该把它建立在一个个小目标的基础之上，通过实现一个又一个小而具体的目标，由近及远，由低到高，逐步实现人生的崇高理想。

(2) 实现目标要有恒心和信心：任何一个目标的实现，都需要以坚强的毅力作为保证。如对目标认识的自觉性和主动性，实现目标的恒心和毅力，克服困难的信心和决心，对成功的正确态度和较强的挫折耐受性等。大学生的这些心理品质都处在发展过程中，因此，要特别注意增强自我控制的自觉性、主动性，将社会的需要转化为主观上实现理想我的内部动机。其次，要加强坚持性和自信心，准备为目标的实现做出长期不懈的努力。

(3) 不断完善自我、超越自我：加强自我修养，不断进行自我塑造，达到完善自我、超越自我的境界是健全自我意识的终极目标。健全自我的过程也是一个塑造自我、超越自我的过程。

第三节　人格概述

一、人格的概念

(一) 概念

人格是指一个整体的精神面貌，是具有一定倾向性的和比较稳定的心理特征的总和，是个体在遗传素质的基础上，通过与后天环境的相互作用而形成的相对稳定的和独特的心理行为模式。人格主要是指人所具有的与他人相区别的独特而稳定的思维方式和行为风格。人格是构成一个人的思想、情感及行为的特有的统合模式，这个模式包含了一个人区别于他人的稳定而统一的思想品质。人格是指稳定的行为方式和源于个体内部的人际过程。人格是使个体的行为保持时间的一致性，并且区别于相似情境下的其他个体行为的比较稳定的内部因素。人格是"稳定的"、"内部的"、"一致的"、"区别于"他人的心理品质。人格存在于个体内部并不等于外部行为。

(二) 人格的基本特性

1. 人格的整体性(unity of personality)　人是极其复杂的，人的行为表现出多元性、多层次的特点。人格的组合千变万化。人格虽有多种成分和特质(能力、气质、性格、情感、意志、认知、需要、动机、态度、价值观、行为习惯等)，但在真实的人身上它们并不是孤立存在的，而是密切联系，综合成一个有机组织(organic organization)。也称统合性、统一性。精神分裂症(schizophrenia)是精神内部的分裂，整体性的丧失、精神的内部分裂是此病的本质。

2. 人格的稳定性(stability of personality)　人格的稳定性是指那些经常表现出来的特点，是一贯的行为方式的总和。表现为两个方面：人格跨时间的持续性及人格跨情境的一致性。

3. 人格的独特性(uniqueness of personality)　个体的人格是在遗传、成熟、环境、教育等先后天环境交互作用下形成的。不同的遗传、存在及教育环境，形成了各自独特的心理特点。人与人之间的心理和行为是不相同的，由于人格结构组合的多样性，使每个人的人格都各具特点。

4. 人格的社会性(sociality of personality)　社会化把人这样的动物变成社会的成员，人格是社会的人所特有的。社会化(socialization)：个人在与他人交往中掌握社会经验和行为规范，获得自我的过程。

5. 人格的功能性(fuction of personality) “一个人的性格就是他的命运”,“人格是一种预言”。

二、人格的结构

人格是由不同成分构成的一个结构系统,不同成分从不同侧面反映人格的差异。个性结构主要由个性倾向性、个性心理特征和自我意识三部分组成。个性倾向性是人进行活动的基本动力,是个性结构中最活跃的因素。个性倾向性中世界观在诸成分中居于最高层次,它决定着一个人的总的思想倾向。个性心理特征则表现为一个人稳定的典型特征。自我意识是指人对自己的认识、评价和调节。正因人能意识到自己的个性倾向性和个性心理特征并对其作出评价,所以他能对个性倾向性和个性心理特征的诸成分进行控制和调节,使其形成一个统一的结构系统。

(一) 个性倾向性

它是推动人进行活动的动力系统,是个性结构中最活跃的因素。决定着人对周围世界认识和态度的选择和趋向,决定人追求什么。包括:需要、动机、兴趣、爱好、态度、理想、信仰和价值观。它是个性中的一部分,个性可分为个性倾向性和个性心理特征两大部分。个性倾向体现了人对社会环境的态度和行为的积极特征,对消费者心理的影响主要表现在心理活动的选择性,对消费对象的不同态度体验,以及消费行为模式上。

1. 需要　需要是有机体感到某种缺乏而力求获得满足的心理倾向,它是有机体自身和外部生活条件的要求在头脑中的反映。马斯洛认为人的需求有以下五个等级构成:生理的需要、安全的需要、归属和爱的需要、尊重的需要、自我实现的需要。马斯洛认为这五种需要都是人的最基本的需要。这些需要都是天生的、与生俱来的,它们构成不同的等级或水平,并成为激励和指引个体行为的力量。并且需要的层次越低,它的力量越强,潜力越大。随着需要层次的上升,需要的力量相应减弱。在高级需要出现之前,必须先满足低级需要。

2. 动机　动机是推动人从事某种活动,并朝一个方向前进的内部动力,是为实现一定目的而行动的原因。动机是个体的内在过程,行为是这种内在过程的表现。有根据动机的性质可分为生理性动机和社会性动机。生理性动机有:饥饿、渴、性、睡眠。社会性动机有:兴趣、成就动机、权力动机、交往动机。根据学习在动机形成和发展中的作用分,有原始动机和习得动机;根据动机的意识水平分,有意识动机和无意识动机;根据动机的来源分,有外在动机和内在动机。

3. 价值观　价值观是社会成员用来评价行为、事物以及从各种可能的目标中选择自己合意目标的准则。价值观通过人们的行为取向及对事物的评价、态度反映出来,是世界观的核心,是驱使人们行为的内部动力。它支配和调节一切社会行为,涉及社会生活的各个领域。价值观具有相对的稳定性和持久性。在特定的时间、地点、条件下,人们的价值观总是相对稳定和持久的。价值观取决于人生观和世界观。一个人的价值观是从出生开始,在家庭和社会的影响下,逐步形成的。一个人所处的社会生产方式及其所处的经济地位,对其价值观的形成有决定性的影响。当然,报刊、电视和广播等宣传的观点以及父母、老师、朋友和公众名人的观点与行为,对一个人的价值观也有不可忽视的影响。

(二)个性心理特征

它是个体在社会活动中表现出来的比较稳定的成分,包括能力、气质和性格。个性心理特征的形成具有相对稳定性,例如形成一个人脾气暴躁、性格外向,其含义是通过一段时间的了解、看到这个人的一些行为表现,才产生这样的评价,所以,心理特征在一段时间内具有相对稳定的特性。个性心理特征在个性结构中并非孤立存在,它受到个性倾向性的制约。例如,能力和性格是在动机、理想等推动作用下形成、稳定或者再变化,也需要依赖于动机和理想等动力机制才表现出来。二者相互制约、相互作用,使个体表现出时间上和情景中的一贯性,体现个体行为。

1. 能力 能力是使人能成功完成某项活动所必须具备的心理特征。它与气质和性格的不同表现在:能力必须通过活动才能体现出来,当然活动中也会体现出性格和气质方面的差异,但完成该项活动所必须和必备的心理特征才是能力。例如,完成一幅绘画作品的活动需要具备色彩鉴别能力、形象思维能力、空间想象能力等不同能力的有机组合。需要注意的是,能力并不等同于知识和技能,知识是信息在头脑中的储存,技能是个人掌握的动作方式。解一道数学题时,所用的定义和公式属于知识,解题过程中的思维灵活性和严密性则属于能力。学会骑自行车是一种技能,而掌握该技能的过程中体现出的灵活性、身体平衡性则是一种能力。

2. 气质 气质是个人生来就具有的心理活动的动力特征,可以指个人的性情或脾气,也可以指个人心情随情境变化而随之改变的倾向,亦即个体的反映倾向。气质是指个体表现在心理活动的强度、速度、灵活性与指向性的一种稳定的心理特征。这种特征既决定了个体心理活动的动力特征,又给每个人的心理活动蒙上了一层独特的色彩。

根据巴普洛夫的研究,大脑皮质的神经过程(兴奋和抑制)具有三个基本特性:强度、均衡性和灵活性。强度指神经细胞和整个神经系统的工作能力和界限,均衡性指兴奋和抑制两种神经过程间的相对关系,而灵活性指兴奋过程更迭的速率。根据这三者不同表现,巴普洛夫提出了四种高级神经活动类型:兴奋型、活泼型、安静型和抑制型,分别对应四种气质类型:胆汁质、多血质、黏液质以及抑郁质(表 2-2)。

表 2-2 四种高级神经活动类型

神经类型(气质类型)	强度	均衡性	灵活性	行为特点
兴奋型(胆汁质)	强	不均衡		攻击性强易兴奋、不易约束、不可抑制
活泼型(多血质)	强	均衡	灵活	活泼好动、反应灵活、好交际
安静型(黏液质)	强	均衡	惰性	安静、坚定、迟缓、有节制、不好交际
抑制型(抑郁质)	强			胆小畏缩、消极防御,反应强

其中,抑郁质神经强度弱,神经系统工作能力弱,也就无所谓其均衡性和灵活性,所以,抑郁性神经在均衡性和灵活性上没有具体的表现。个体的气质类型可以完全处于四种类型中的一类,也可以同时表现出混合型气质类型,如胆汁-多血质类型,抑郁-黏液质类型等。

气质也会随环境和自我控制机制的影响而变化。心理学家 J. Rower 研究发现,气质中大部分的稳定成分由遗传决定,而其中大部分的变化则由环境造成。环境对气质的影响主要经过复杂的脑机制和自我控制机制形成。在所有控制机制中，自我概念是其中最重要的控制机制，因为个体想成为什么样的人影响其行为表现。

胆汁质——夏天里的一团火。这类人精力旺盛，直率、热情，行动敏捷，情绪易于激动，心境变换剧烈。这类大学生有理想、有抱负，有独立见解，反应迅速，行为果断，表里如一；不愿受人指挥，而喜欢指挥别人；一旦认准目标，就希望尽快实现，遇到困难也不折不挠，但往往比较精心，学习和工作带有明显的周期性特点，能以极大的热情和旺盛的精力投入学习和工作，一旦精力消耗殆尽时，便会失去信心，情绪顿时转为沮丧而心灰意冷。

多血质——喜形于色，喜怒都在展现中，可塑性强。多血质的人具有活泼好动，反应迅速，情绪发生快而多变，兴趣容易转移等特征。这类大学生易于适应环境的变化，性情活泼、热情，善于交际，在群体中精神愉快，相处自然，常能机智地摆脱困境；他们在学习和工作上肯动脑、主意多，不安于机械、刻板、循规蹈矩，常表现出较强的工作能力和办事效率；对外界事物兴趣广泛，但容易失于浮躁，见异思迁。

黏液质——冰冷耐寒。黏液质的人安静、稳重，反应缓慢，沉默寡言，情绪不易外露，注意稳定位，难于转移，善于忍耐。这类大学生反应较为迟缓，但无论环境如何变化，都能基本保持心理平衡；凡事深思熟虑，力求稳妥，一般不做无把握的事情，在各种情况下都表现出较强的自我克制能力；他们外柔内刚，沉静多思，不易流露内心的真情实感；与人交往时，态度适度，不卑不亢，不爱抛头露面和作空泛的清谈；学习、工作有板有眼，踏实肯干，严格恪守既定的生活秩序和制度。但他们过于拘谨，不善于随机应变，固定性有余而灵活性不足，有墨守成规、因循守旧的表现。

抑郁质——秋风落叶。抑郁质的人孤僻，行动迟缓，情感体验深刻，善于觉察别人不易觉察到的细小事物。这类大学生在生理上难以忍受或大或小的神经紧张，厌恶那些强烈的刺激；他们的感情细腻而脆弱，常为区区小事引起情绪波动；自己心里有话，宁愿自己品味，不愿向别人倾诉；喜欢独处，与人交往时显得腼腆、忸怩，善于领会别人的意图，在团结友爱的集体中，很可能是一个容易相处的人；遇事三思而行，求稳不求快，对力所能及的工作能认真负责地完成。在学习、工作一段时间后，常比别人更感疲倦；在困难面前常怯懦、自卑和优柔寡断。

气质本身无优劣之分，任何一种气质都有其积极和消极的方面，气质也不能决定一个人活动的社会价值和成就的高低。因此，大学生要正确对待自己的气质类型，经常有意识地控制自己气质的消极品质，发扬积极品质，以有利于形成良好的个性。

3. 性格　性格是个人对现实的稳定的态度和习惯化了的行为方式。例如，一个人在任何场合都表现出对人热情、与人为善，这种对人对事的稳定的态度和习惯化的行为方式表现出的心理特征就是性格。

性格的特点：① 性格是一种习惯化的态度和行为方式。一个人偶尔表现的特点不是性格的表现。② 性格主要是后天在与环境的交互作用中形成的。有“环境塑造性格”之说。③ 性格可以在后天发生变化。性格主要在青春期后期渐渐稳定，但也可能因为成人期所遭受的重大事件的影响或者通过主观努力而改变。④ 性格与气质是两个完全不同的概念，但二者具有相互作用。它们同时受到神经类型的影响，但对气质来说，神经类型是其直接的生理基础，而对性格来说，神经类型只是它的生物基础，性格的养成主要受到后天环境的影响。

性格也对气质发生作用,它能影响气质的改变。巴普洛夫指出,性格是神经类型和后天生活环境形成的痕迹,即性格具有某种遗传色彩,也显露出后天生活经历的明显印记。这说明了性格同时具有生物性和社会性的特点。

性格的分类:① 从不同角度和侧面可以对性格类型进行不同的划分,如按照知、情、意在性格中的表现程度,可分为理智型、情绪型和意志型三种。理智型的人以理智支配自己的行动;情绪型的人,情绪体验深刻,举止容易受情绪左右;意志型的人具有较明确的目标,行为主动。② 按照个体的心理倾向,可分为外倾型和内倾型。外倾型的人心理活动倾向于外部,活泼开朗,善于交际,感情易于外露,处事不拘小节,独立性较强,但有时粗心、轻率;内倾型的人心理活动倾向于内部,一般表现为感情含蓄,处事谨慎,自制力强,交往面窄,适应环境比较困难。③ 按照个体独立性程度,可分为独立型和顺从型。独立型的人不易受外来事物的干扰,他们具有坚定的信念,能独立地判断事物,发现问题解决问题,在紧急和困难的情况下不慌张,易于发挥自己的力量,但有时会把自己的意志强加于人,固执己见,不易合群;顺从型的人,随和、谦虚,易与人合作,但独立性较差,易受暗示,容易接受别人的意见,在紧急情况下易惊惶失措。

三、人格理论

1. 奥尔波特的人格特质论　奥尔波特(Gordon Allport,1897—1967)的人格特质论(trait theory),是以个案研究法,从很多人的书信、日记、自传中,分析出各种具有代表性的人格特质。他认为特质是人格的基础,但他反对弗洛伊德虚幻式的人格结构看法。他认为人格特质是每个人以其生理为基础的一些持久不变的性格特征。他将人的特质分为以下三大类:

(1) 首要特质:所谓首要特质(cardinal trait),是一个人最典型、最具概括性的特质。小说或戏剧的中心人物,往往被作者以夸张的笔法,特别突显其首要特质。如林黛玉的多愁善感。

(2) 中心特质:中心特质(central trait)是构成个体独特性的几个重要特质,在每个人身上有 5～10 个中心特质。如林黛玉的清高、聪明、孤僻、抑郁、敏感等,都属于中心特质。

(3) 次要特质:次要特质(secondary trait)是个体不太重要的特质,往往只有在特殊情境下才表现出来。如有些人虽然喜欢高谈阔论,但在陌生人面前则沉默寡言。

2. 卡特尔人格特质理论　1949 年,卡特尔用因素分析法提出了 16 种相互独立的根源特质,并编制了《卡特尔 16 种人格因素测验》(16PF)。这 16 种人格特质是:乐群性、聪慧性、情绪稳定性、恃强性、兴奋性、有恒性、敢为性、敏感性、怀疑性、幻想性、世故性、忧虑性、激进性、独立性、自律性、紧张性。卡特尔认为在每个人身上都具备这 16 种特质,只是在不同人身上的表现有程度上的差异。

3. 艾森克人格结构理论　“三因素模型”,三因素包括:外倾性、神经质、精神质。他认为外内向、情绪性和精神质是个性的三个基本维度。艾森克从特质理论出发,以因素分析方法和传统的实验心理学方法相结合长期研究人格问题,并把研究兴趣从特质转向维度,从而确立了自己的人格理论。艾森克指出维度代表一个连续的尺度,每一个人都可以在这个连续尺度上占有一个特定的位置。

4. 现代五因素特质理论　20 世纪 80 年代以来，人格研究者们在人格描述模式上达成了比较一致的共识，提出了人格五因素模式，被称为"大五人格"(OCEAN)。这五种人格特质是：情绪稳定性：焦虑、敌对、压抑、自我意识、冲动、脆弱。外向性：热情、社交、果断、活跃、冒险、乐观。开放性：想象、审美、情感丰富、求异、智能。随和性：信任、直率、利他、依从、谦虚、移情。谨慎性：胜任、条理、尽职、成就、自律、谨慎。

5. 沟通分析理论　20 世纪 60 年代美国心理学家埃里克·伯恩(Eric Berne)提出的一种性格形成理论。认为人的个性由三种心理状态构成，P(Parent，父母)、A(Adult，成人)、C(Child，儿童)，简称 PAC。PAC 包含有五种自我心态：CP(控制型父母自我)、NP(照顾型父母自我)、A(成人自我)、AC(适应型儿童自我)和 FC(自然型儿童自我)。

四、人格形成的影响因素

1. 生物遗传因素　双生子研究是研究人格遗传因素的最好方法。高特斯曼提出了研究双生子的原则：同卵双生子具有相同的基因，他们之间的任何差异都可归结为环境因素的作用。异卵双生子的基因虽然不同，但在环境上有许多相似性，如出生顺序、母亲年龄等，因此也提供了环境控制的可能性。完整研究这两种双生子，就可以看出不同环境对相同基因的影响，或者是相同环境下不同基因的表现。后来的研究也证明，环境在人格的形成中起了重要作用，但遗传也显示了较大作用(表 2-3)。

根据现有的研究，遗传对人格的作用表现在以下几个方面：

(1) 遗传是人格不可缺少的影响因素。

(2) 遗传因素对人格的作用程度随人格特质的不同而异。通常在智力、气质这些与生物因素相关较大的特质上，遗传因素的作用较重要；而在价值观、信念、性格等与社会因素关系紧密的特质上，后天环境的作用可能更重要。

(3) 人格的发展是遗传与环境两种因素交互作用的结果。

表 2-3　双生子研究

心身特点	同卵性(r)	异卵性(r)
身长	93	65
体重	92	65
头的重量	91	58
智力年龄	86	60
智力指数	85	63
学习情况检查	89	70
情绪检查	56	37
手指运动速度检查	69	38

2. 社会文化因素

(1) 每个人都处在特定的社会文化环境中，文化对人格的影响是极为重要的。社会文化塑造了社会成员的人格特征，使其成员的人格结构朝着相似性的方向发展，这种相似性具有维系社会稳定的功能，又使得每个人能稳固地"嵌入"在整个文化形态里。

(2) 社会文化对人格的影响力因文化而异，这要看社会对顺应的要求是否严格。越严格，其影响力越大。影响力的强弱也要看行为的社会意义，对于社会意义不大的行为，社会容许较大的变异，而对社会意义十分重要的行为，就不容许有太大的变异；如果一个人极端偏离其社会文化所要求的人格特质，不能融入社会文化环境中，就可能被视为行为偏差或患有心理疾病。

(3) 社会文化对人格具有塑造功能，这表现在不同文化的民族有其固有的民族性格。例如，米德等人研究了新几内亚的三个民族的人格特征，这三个民族居住在不同自然环境中，有着不同的社会文化背景。他们在民族性格上的差异，显示了社会文化环境和自然环境对人格的影响。

3. 家庭环境因素　家庭教养方式的影响，一是父母对子女教育的社会责任感；二是父母的教养方式；三是亲子关系；四是家庭氛围；五是出生顺序。研究人格的家庭成因，重点在于探讨家庭的差异和不同的教养方式对人格发展和人格差异的影响。

研究发现：① 在权威型的教养方式下，孩子容易形成消极、被动、依赖、服从、懦弱，做事缺乏主动性，甚至会形成不诚实的人格特征。② 在放纵型教养方式下，孩子多表现为任性、幼稚、自私、野蛮、无礼、独立性差、唯我独尊、蛮横无理、胡闹等。③ 在民主型的教养方式下，孩子能形成一些积极的人格品质，如活泼、快乐、直爽、自立、彬彬有礼、善于交往、富于合作、思想活跃等。由此可见，家庭确实是"人类性格的工厂"，它塑造了人们不同的人格特质。

4. 早期童年经验　"早期的亲子关系定出了行为模式，塑造出一切日后行为"。这是麦肯依有关早期童年经验对人格影响力的一个总结。人格发展的确受到童年经验的影响，幸福的童年有利于儿童发展健康的人格，不幸的童年也会使儿童形成不良的人格。但二者不存在一一对应的关系。溺爱可能使孩子形成不良的人格特点，逆境也可能磨炼出孩子坚强的性格。早期经验不能单独对人格起决定作用，它与其他因素共同决定着人格的形成与发展。

5. 学校教育因素　学校是一种有目的、有计划地向学生施加影响的教育场所。教师、学生、同学、班集体等都是学校教育的元素。教师对学生人格的发展具有指导定向的作用。特别是教师既是学校宗旨的执行者，又是学生评价言行的标准。教师的言传身教对学生产生着巨大影响。研究发现：在性情冷酷、刻板、专横的老师所管辖的班集体中，学生的欺骗行为增多；在友好、民主的教师气氛区中，学生欺骗减少。在专制型、放任型和民主型的管理风格下，学生表现出不同的人格特点。学校是同龄群体会聚的场所，同伴群体对学生人格具有巨大的影响。班集体是学校的基本团体组织，班集体的特点、要求、舆论和评价对于学生人格的发展具有"弃恶扬善"的作用。

6. 自然物理因素　生态环境、气候条件、空间拥挤程度等这些物理因素都会影响到人格的形成和发展。一个著名的研究实例是，巴理关于阿拉斯加州的爱斯基摩人和非洲的特姆尼人的比较研究较好地说明了生态环境对人格的影响。另外，气温也会提高人的某些人格特征的出现频率。如热天会使人烦躁不安，对他人采取负面的反应，发生反社会行为。世界上炎热的地方，也是攻击行为较多的地方。自然环境对人格不起决定性作用，在不同的物理环境中，人可以表现出不同的行为特点。总之，人格是遗传与环境交互作用的结果。在人格的形成过程中，各个因素对人格的形成与发展起到了不同的作用。遗传决定了人格发展的可能性，环境决定了人格发展的现实性，教育是环境因素中最重要的部分。

7. 社会实践　大学生通过广泛的社会实践锻炼自己。在社会生活中广泛学习，学习实践与掌握人格发展的方方面面，必将对大学生人格发展起到积极的作用。

第四节　大学生的人格形成及完善

一、大学生的人格形成及特征

1. 人格形成与发展的三个阶段　人格的形成和发展一般都要经历几个阶段。西方一些心理学家对阶段的划分各抒己见，意见很不统一。我国现代心理学家基本上把人格形成和发展划分为三个阶段，即：萌芽期、重建期和成熟期，每个时期都有不同的特点。

第一阶段为萌芽期。这个阶段是从人一出生到进入青春期之前。这时期的特点是：生理上动作逐步协调，自控能力得到提高，心理上形成了初步的性格及情绪反映方式。在观念上因灌输等而产生了朦胧、机械的道德观、价值观等，缺乏个体的主动性。

第二阶段为重建期。重建期是指从青春期开始到成年期。这个时期的特点是：生理发生显著变化，身体的急剧发育和性成熟，青年在关心自己的身体和探索自己的内心世界的同时，也开始关心他人对自己的评价，在心理方面、气质、性格、情感、态度等都开始向稳定、独立意识等方面转变，确立了自己的世界观与人生观。人格在此阶段得到调整、修正和完善。

第三阶段为成熟期。这个阶段是从成年期到老年期，自我意识比较成熟，在社会中的位置和适应性得到强化，人格特质逐步稳定，心理上若遇到强烈刺激也会趋于平稳，观念上会把青年后期积淀下来的东西消化。开始专注于各自的事业，发挥才干，为社会谋利并进一步实现人生价值。

2. 人格健全特征　对健全人格的理解受人性观、价值取向及方法论的不同而各异。例如马斯洛认为健康健全人格的人应为自我实现的人，而奥尔波特则认为健全人格的人应为一个成熟的人，罗杰斯则认为健全人格的人应为一个充分发挥功能的人等。

综合各学派的观点，找出以下几方面共同的特征：

(1) 客观的自我认识和积极的自我态度。

(2) 客观的社会知觉和建立适宜的人际关系的能力。

(3) 生活的热情和有效解决问题的能力。

(4) 个性结构具有协调性。

人格健全者应该有统一的人生观和世界观，个性倾向的各部分(需要、兴趣、动机、理想、信念和世界观)之间应该能保持一种动态的协调、平衡。而且他的认识、情感和行为之间也应该有协调性。

二、大学生人格发展存在的问题

有些大学生或多或少存在着人格发展的不足：

1. 自卑　自卑感是对自己不满、鄙视、否定的情感。进入大学后，有些大学生发现山外有山，人外有人，尤其是当学习、社交、文体方面显露出某些不足时就会陷入怀疑自己、否定自己之中，产生自卑心理。

2. 害羞　害羞是一个人自我防御心理过强的结果，他们常常过于胆小被动，过于谨小慎微，过于关注自己，自信心不足。

3. 怯懦　怯懦主要表现为缺乏勇气和信心，害怕可能面临的困难和挫折，在挫折、困难面前常常知难而退，甚至不战而败。

4. 懒惰　懒惰是不少大学生为之感到苦恼并难以克服的一种人格发展缺陷，是意志活动无力的表现，懒惰是影响大学生积极进取、张扬青春活力的天敌。处于懒惰状态的大学生也常以此感到内疚、自责、后悔，但又觉得无力自拔，心有余而力不足，这主要是因为他们往往想得多而做得少，缺乏毅力所致。

5. 狭隘　受功利主义影响，大学生中的狭隘现象有增无减。凡事斤斤计较、耿耿于怀、好嫉妒、好挑剔、容不得人等，都是心胸狭隘的表现，即日常说的“气量小”。

6. 拖拉　拖拉是不少大学生的通病。拖拉是指可以完成的事而不及时完成，拖拉一方面耽误学习、工作，另一方面并没有使人因此而轻松些，相反往往会导致心理压力，引起焦虑，总觉得有事情没完成，干别的事也难以安心，还会贻误时机。

7. 抑郁　抑郁是大学生常见的情绪困扰，抑郁的大学生的主要表现是：情绪低落，郁郁寡欢，闷闷不乐，思维迟缓，兴趣丧失，缺乏活力，反应迟钝，干什么都打不起精神，体验不到快乐。抑郁在低年级大学生中更为普遍。所谓的周末综合征在很大程度上即抑郁。

8. 焦虑　被焦虑困扰的大学生常表现出烦躁不安，思维受阻，行动不灵活，身体不舒服等症状。大学生焦虑主要集中在考试和人际关系交往技能差（或自认为差）、自尊心过强等密切相关。

9. 虚荣　虚荣心强的大学生一般性格内向、情感脆弱、多愁善感，虽然自惭形秽，却又害怕别人伤害自己的尊严，过分介意别人的评论与批评，与人交往时总有一种防御心理，不允许有稍微侵犯，且常会千方百计地抬高自己的形象，他们捍卫的往往是虚假的、脆弱的、不健康的自我，以致无暇来丰富、壮大真实的自我。

10. 自我中心　随着自我意识的发展，大学生越来越感到自己内心世界的千变万化、独一无二，他们越来越多地把关注的重心投向自我，尤其是那些有较强自信心、自尊心、优越感、独立感的学生，就比较容易出现自我中心倾向。当这种倾向与一些不健康的思想意识（如个人主义、自私自利思想）和心理特征（如过强的自尊心、唯我独尊等）结合时，就会表现出过分的、扭曲的自我中心。过多自我中心的人往往以自我为核心，想问题、做事情，从“我”出发，不能设身处地进行客观思考，颐指气使，盛气凌人，不允许别人批评，“老虎屁股摸不得”。这种人往往见好就上，见困难就让，有错误就推，总认为对的是自己、错的是别人，因而他们常不能赢得他人的好感和信任，人际关系多不和谐。

三、大学生人格失衡的原因及调适方法

（一）人格失衡的原因

造成人格失衡的原因有很多，如生理疾患，学习和就业压力，情感挫折，经济压力，家庭

变故及周边生活环境等。

1. 激烈的学习和就业竞争是主要原因，大部分学生都曾感到过学习压力，但如果不会释放压力，精神就会长期处于高度紧张的状态下，极可能导致心理疾病出现。

2. 大量个案表明，大学生因为恋爱所造成的情感危机，是诱发大学生心理问题的重要因素，有人因此走向极端，甚至造成悲剧。

3. 家长对独生子女教育不当，使孩子养成任性、自私、不善交际、缺乏集体合作精神等不良习性，不但易使大学生诱发心理疾病，还会使人产生暴力倾向和行为。

4. 很多大学生在高中备受宠爱，可来到大学后就不再受宠了，又没有及时调整心态，就会产生失落、自卑、焦虑、抑郁等心理问题。

5. 在高考重压下，很多学生的需要被降到最低，知识的增长伴随的是人格塑造的缺陷与心理适应能力的欠缺。

6. 家庭经济的压力也是不容忽视的因素，太高的期望或太沉重的经济压力极易引发自卑感，甚至是对生活的绝望。

（二）人格失衡的调节

我们对那些我们无法改变的事无能为力，但我们并非生来就人格失衡，无论我们是否拥有强健的心灵，我们都可以不断努力来完善自己的人格，从而获得更加美好的生活。“种下行为，收获习惯，种下习惯，收获性格，种下性格，收获命运”。正直的人格是生活中的一点一滴积累起来的，只要我们踏踏实实做好，终有一天会迎来好运。以下是一些参考建议：

1. 认识自我，优化人格整合　首先，我们要认识自己，包括自己的优点和缺点。无论在寂寞地独处，还是在喧闹的人群中，我们都能看到真正的自我，只要留心，我们会慢慢了解自己，也了解自己的潜能和局限，进而明确自己的目标和即将为之付出的努力，而不会因高估或低估自己而痛苦。我们的人格存在美好的一面，也有阴暗的角落，因此我们要注意优取劣汰，也就是要不断加强我们优秀的一面，比如正直、乐观、坚强、富有爱心等，克服劣质的一面，如自卑、虚荣、悲观、怨天尤人等。

2. 努力学习科学文化知识　荣格有句名言：“文化的最后成果是人格”。学习科学文化知识，增长智慧的过程也是优化人格整合的过程。事实上，有不少人格发展缺陷源于无知，如无知容易使人自卑、粗鲁，而丰富的知识则使人自信、坚强、理智等。各学科的全面发展是人格健全发展的智力基础，因为各学科的知识同处于一个庞大的系统中，其间既相互联系，又能在各自的发展中相互迁移、相互促进，可以说，有了智力基础，人格发展的速度与质量才有保证。对此，培根的论述很深刻：“读史使人明智，读诗使人灵秀，数学使人周密，科学使人深刻，伦理学使人庄重，逻辑修辞之学使人善辩，凡有所学，皆成性格。”受应试教育影响，许多理工科大学生缺乏人文知识，文科大学生缺乏科学精神，这对于人格的健全发展是不利的，当代大学生应做到科学与人文并重。重理轻文，是我们目前学校教育的现状，也是整个社会的倾向，可是人文精神的缺失很可能导致大学生精神的空虚，致使他们难以走出心灵的困境，导致人格品质的失衡。大学的教育功能不仅是教育培训、培养专门人才，更在于造就人，养成健全的人格、训练独立思考的能力，让大学生的思维能够与人类文明所取得的共同成果保持同一方向的联系。人文精神本质上是一种自由、自觉、批判的精神。大学是人文精神的一面旗帜，是大学生“精神成人”的摇篮。

3. 积极参加实践活动，从小事做起 实践是人格发展的必由之路。无论是知识的获取、能力的形成，还是意志的磨炼都离不开实践。诸如一个人的勤奋、坚韧、乐观、细致等人格特征都是长期实践锻炼的结果。大学生应积极参加各种有益身心健康的实践活动，如近年来校园内兴起的青年志愿者活动对于大学生人格的发展与塑造就很有意义。一个人的一言一行往往是其人格的外化，反过来一个人日常言行的积淀成为习惯就是人格，例如个人有刷牙、梳头、洗手、勤换衣服、常剪指甲等习惯，就反映了他具有"清洁"这一人格特质。因此，优化人格整合要从眼前的小事做起，无数良好的小事可"积沙成塔"，最终构建成优良的人格大厦。

4. 发展良好的人际关系，融入集体 人格发展、塑造的过程是个体实现社会化的过程，是个体与他人、集体、社会相互作用的过程。人格是在行为中表现的，健全的人格也只有在与人交往中才能体现出来。塑造健全人格，必须发展良好的人际关系：尊重社会习俗、关心他人的需要、真诚地赞美、不作无建设性的批评、多与他人沟通意见、保持自尊和独立等。

5. 锻炼身体，强健体魄 人格发展的过程是体质、心理因素与智力因素协同作用、相互促进的过程，健康的体质是人格健全发展的物质基础。一个体弱多病的人是难以发展健全人格的，拖拉、懒惰、急躁、怯懦等人格发展缺陷与不坚持体育锻炼明显有关。

6. 防止"过犹不及" 凡事都有"度"，人格发展和表现的"度"是十分重要的，人格塑造过程中应把握辩证法，掌握好度，否则就会"过犹不及"，适得其反。具体说来，应该是：自信而不自负，自谦而不自卑，勇敢而不鲁莽，果断而不冒失，稳重而不犹豫，谨慎而不怯懦，豪放而不粗俗；好强而不逞强，活泼而不轻浮，机敏而不多疑，忠厚而不愚昧，干练而不世故等。

7. 学会自我调节 包括调节自己的情绪，自我教育，自我约束，通过自我暗示，转移注意力等方法调节好自己的情绪。

8. 加强心理教育 高校应当加强心理教育，介绍西方先进的人格理论和人格失衡的矫正途径，塑造健全人格人文氛围，引导学生形成积极乐观的人生态度。另外，可成立心理辅导中心，及时解决学生的心理问题，帮助学生找到自己健康的心灵空间。

四、自我意识的测试与训练

（一）自我意识发展与心理健康测试

下面是一些个人对自己看法的陈述，填答时，请您看清每句话的意思，然后圈选一个数字(1 代表该句话完全不符合您的情况，2 代表比较不符合您的情况，3 代表不确定，4 代表比较符合您的情况，5 代表完全符合您的情况)以代表该句话与您现在对自己的看法相符合的程度，每个人对自己的看法都有其独特性，因此答案是没有对错的，您只要如实回答就行了。1—完全不符合；2—比较不符合；3—不确定；4—比较符合；5—完全符合。

1. 我周围的人往往觉得我对自己的看法有些矛盾；
2. 有时我会对自己在某方面的表现不满意；
3. 每当遇到困难，我总是首先分析造成困难的原因；
4. 我很难恰当表达我对别人的情感反应；
5. 我对很多事情都有自己的观点，但我并不要求别人也与我一样；
6. 我一旦形成对事物的看法，就不会再改变；

7. 我经常对自己的行为不满意；

8. 尽管有做一些使得自己不愿意的事，但我基本上是按自己意愿办事的；

9. 一件事好是好，不好是不好，没有什么可含糊的；

10. 如果我在某件事上不顺利，我就往往会怀疑自己的能力；

11. 我至少有几个知心朋友；

12. 我觉得我所做的很多事情都是不该做的；

13. 不论别人怎么说，我的观点决不改变；

14. 别人常常会误解我对他们的好意；

15. 很多情况下我不得不对自己的能力表示怀疑；

16. 我朋友中有些是与我截然不同的人，这并不影响我们的关系；

17. 与朋友交往过多容易暴露自己的隐私；

18. 我很了解自己对周围人的情感；

19. 我觉得自己目前的处境与我的要求相距太远；

20. 我很少去想自己所做的事是否应该；

21. 我所遇到的很多问题都无法自己解决；

22. 我很清楚自己是什么样的人；

23. 我很能自如地表达我所要表达的意思；

24. 如果有足够的证据，我也可以改变自己的观点；

25. 我很少考虑自己是一个什么样的人；

26. 把心里话告诉别人不仅得不到帮助，还可能招致麻烦；

27. 在遇到问题时，我总觉得别人都离我很远；

28. 我觉得很难发挥出自己应有的水平；

29. 我很担心自己的所作所为会引起别人的误解；

30. 如果我发现自己某些方面表现不佳，总希望尽快弥补；

31. 每个人都在忙自己的事，很难与他们沟通；

32. 我认为能力再强的人也可能遇上难题；

33. 我经常感到自己是孤独无援的；

34. 一旦遇到麻烦，无论怎样做都无济于事；

35. 我总能清楚地了解自己的感受。

评分说明：

各分量表的得分为其包含的项目分直接相加，三个分量表包含的项目为：

1. 自我与经验的不和谐：1，4，7，10，12，14，15，17，19，21，23，27，28，29，31，33；

2. 自我的灵活性：2，3，5，8，11，16，18，22，24，30，32，35；

3. 自我的刻板性：6，9，13，20，25，26，34。

将自我的灵活性反向计分，再与其他两个分数相加。得分越高自我和谐度越低。在大学生中，低于74分为低分组，75～102分为中间组，103分以上为高分组。

（二）自我意识训练

1. 总体目标

(1) 增加学生对自我的觉察；

(2) 提供机会使学生重新认识自己、悦纳自我、发展自我；

(3) 帮助学生学会欣赏他人、关心他人、信任他人，正确处理与他人的关系。

2. 对象　大学一年级学生，6～8 人为一小组。

3. 团体活动步骤

第一阶段：初始阶段

目标：① 增进彼此认识；② 促进相互信任。

活动内容：

(1) 滚雪球：学生开始在教室里自由走动，遇到同学就停下来，微笑握手，然后继续走动，尽可能与每位同学握手。自由走动约 4 分钟后，每位同学对面的人就成为他今天的朋友，两人互相介绍。

互相介绍。接着四人为一组，最后合并成八人小组，连环介绍，每人用一句话介绍自己。话中必须包括姓名、个人特征、家乡。如第一位说“我是来自甘肃平凉的性格内向的王涛”，下位则说“我是来自甘肃平凉性格内向的王涛旁边的来自北京丰台的活泼的刘静”。以此类推，每个人都必须从第一位说起。介绍完毕，各小组推荐一个代表，把全组成员向全班一一介绍。同学们一方面看到了自己的潜力，另一方面团体向心力开始出现并不断增强。

(2) 信任之旅：介绍完毕后，让全体同学站成一圈，按“1、2”依次报数。报“1”(或报“2”)的同学向前一步，同时，要求全体同学从此刻起保持绝对安静。内圈的同学扮盲人，用布条、眼罩或其他物品蒙住眼睛，然后原地转三圈。“盲人”体会此时感受，然后由剩下的扮演“向导”的同学每人任选一位“盲人”，带领他走出教室去“旅行”，但两人不能有任何言语交流。约十分钟后回到教室，摘下眼罩，二人充分交流各自感受约 3 分钟。然后，互换角色，而且也要换同伴，重复之前的活动。

活动完毕，班主任或者辅导员带领大家讨论以下几个问题：

(1) 蒙上眼睛后有什么感受？你想到了什么？

(2) 你对你的“向导”满意吗？为什么？你对自己或他人有什么新发现？

(3) 作为“向导”，你是怎样理解你的伙伴的？你是怎样设法帮助他的？这使你想起什么？

班主任或者辅导员总结：此次活动的目的在于促进同学间的信任，只有自己先做出使对方信任的行为才能相互信任。在交流中，只有不断调整、多体会、多反馈，沟通才能顺利。重要的是，使同学们体会到同情心的意义与功能。

第二阶段：自我探索

目标：① 促进自我认识、接纳自我；② 认识他人特点，接纳他人。

活动内容：

(1) 热身：自做名片。恢复最初的八人小组，每人制作一张“名片”，贴在胸前。“名片”上写下自己最想让别人叫的昵称，然后，每个人按“名片”，依次叫一遍其他人的昵称。

(2) 性格、气质量表测验：组织同学做性格、气质量表，班主任或者辅导员解释结果。解释时应使组员理解，每个人的气质都不同，并没有好坏优劣之分。

(3) 小小动物园：每位小组成员选择一种最能代表自己的动物写在卡片上，如兔子、狗、小鸟等，写完后大家同时出牌，看都有哪些动物，哪些与自己相似，哪些不同，你在其中有什么感受。然后，成员轮流说明为什么会选择这个动物。介绍时，其他成员可以有不同的回应，以促使当事人进一步思考。以上活动，在于促进成员更全面认识自己，增进成员间的了解，学习接纳每个人的独特性。

第三阶段：自我探索及自我成长

目标：① 深入探索自我；② 学会尊重他人，打破自我中心。

活动内容：

(1) 热身：心有千千结。小组成员手拉手围成圈，认清自己左右的人。然后，成员在圈内随意走动，辅导员或者班主任喊“停”，大家停在原地。站在原地后，拉住原左右边人的手，不能松开，要求成员设法解开这个“结”。

(2) 我的T恤衫：请组员为自己设计一件有特色的T恤衫，看会选择什么样的图案。画完后，贴在墙上让其他成员观摩。然后，请每位设计者讲自己的考虑，其他人可以提问以促进设计者进一步思考，比如：色彩、内容、构图等，想表达什么？想展现什么？

(3) 设身处地：请组员列出曾经怨恨过的人，然后扮演对方的角色，从对方的立场出发，为他或她找理由，试着原谅对方。

第四阶段：自我成长

目标：① 使成员得到进一步的成长；② 解答成长中的困惑；③ 为结束活动做准备。

活动内容：

(1) 生命线：请每位成员画条线段，左端为出生时间，右端是预测的死亡年龄（根据本人健康状况、家族健康状况、生活地区的平均寿命进行预测），再找出你今天所在的位置。画完后思考下面两个问题：过去对你影响最大或最令你难忘的三件事；今后你最想做的三件事或最想实现的三个目标。想好后写在一张纸上，然后与其他成员一起分享交流。交流中边看边展示边说明，注意自己与他人内心的反应。

(2) 自我探索：给每位成员发几张白纸，请每组成员写出三个“我”：理想中的我、现实中的我、别人眼中的我。然后请愿意分享自我的同学读出自己的三个“我”，同组中人给予回应，帮助该名同学共同探索和纠正对自我的认识，促进个人的成长。

(3) 热座：给每位成员发几张白纸条，每张纸条写上自己的名字和一个最困扰、最想得到帮助的问题，问题必须是相同的。然后把纸条发给其他成员，请他们回答。回答者应认真思考，根据自己的经验，怀着真诚的心态回答，没有对错之分，只要写出自己真实的看法，不用署名。回答完毕，将纸条放进署有相应名字的信封。成员取回自己的信封，阅读纸条。最后，每个人谈自己读完意见后的感想。

第五阶段：结束

目标：① 自然结束活动；② 对活动进行评价性反馈。

活动内容：

(1) 大家都来说：全体同学坐在一起，依次轮流发言。发言前，班主任或者辅导员发言，“这是最后一次活动，你会用什么话来描述你对活动结束的感受”或者“你对自己在活动中的进步与改变的满意程度如何？”

(2) 填写团体成员主观评估量表。

(3) 留出时间让同学们自由结合，自由交谈。

五、自信心的测试与训练

(一) 自信心测试

请如实回答下列各题，选择是或否：

1. 一旦你下了决心，即使没有人赞同，你仍会坚持做到底吗？
2. 参加晚宴时，即使很想上洗手间，你也会忍着直到宴会结束吗？
3. 如果想买性感内衣，你会尽量邮购，而不亲自到店里去吗？
4. 你认为自己是个较完美的人吗？
5. 如果店员的服务态度不好，你会告诉他们的经理吗？
6. 你不常欣赏自己的照片吗？
7. 别人批评你，你会觉得难过吗？
8. 你很少对人说出你真正的意见吗？
9. 对别人的赞美，你持怀疑的态度吗？
10. 你总是觉得自己比别人差吗？
11. 你对自己的外表满意吗？
12. 你认为自己的能力比别人差吗？
13. 在聚会上，只有你一个人穿得不正式，你会感到不自在吗？
14. 你是个受欢迎的人吗？
15. 你认为自己很有魅力吗？
16. 你有幽默感吗？
17. 目前的工作是你的专长吗？
18. 你懂得搭配衣服吗？
19. 危急时，你很冷静吗？
20. 你与别人合作无间吗？
21. 你认为自己只是个寻常人吗？
22. 你经常希望自己长得像某某人吗？
23. 你经常羡慕别人的成就吗？
24. 你为了不使他人难过，而放弃自己喜欢做的事吗？
25. 你会为了讨好别人而打扮吗？
26. 你勉强自己做许多不愿意做的事吗？
27. 你任由他人来支配你的生活吗？
28. 你认为你的优点比缺点多吗？
29. 你经常跟人说抱歉吗？即使在不是你错的情况下
30. 如果在非故意的情况下伤了别人的心，你会难过吗？
31. 你希望自己具备更多的才能和天赋吗？
32. 你经常听取别人的意见吗？
33. 在聚会上，你经常等别人先跟你打招呼吗？

34. 你每天照镜子超过三次吗?

自信心测试常模计分方法,依下表计算你的分数:

1、4、5、11、12、14、15、16、17、18、19、20、29、30、31、32、33 选是得 1 分;

2、3、6、7、8、9、10、13、21、22、23、24、25、26、27、28、34、选否得 1 分。

评分说明:

如果你的分数在 25～40,说明你对自己自信心十足,明白自己的优点,同时也清楚自己的缺点。不过,在此警告你一声:如果你得分将近 40 的话,别人可能会认为你很自大狂傲,甚至气焰太甚。你不妨在别人面前谦虚一点,这样人缘才会好。

如果你的分数在 12～24,说明你对自己颇有自信,但是你仍或多或少缺乏安全感,对自己产生怀疑。你不妨提醒自己,在优点和长处各方面并不输人,要强调自己的才能和成就。

如果你的分数在 11 以下,说明你对自己显然不太有信心。你过于谦虚和自我压抑,因此经常受人支配。从现在起,尽管不要去想自己的弱点,多往好的一面去衡量;先学会看重自己,别人才会真正看重你。

(二) 自信心训练

1. 理论分析　自信心、责任心、爱心的培养,是一个人成功的必备条件,多数人的自信心是在不断尝试的过程中获得的,其中存在的重要问题就是人们有时候不太相信自己,本课的学习主要是激发学生的兴趣,在训练的过程中体验成功的快乐,找到自信的方法,增强学生的自信心。

2. 课前准备　课件、优点卡、椅子等。

3. 教学过程　热身:放松训练。

创设情境——寻找自信心(灯神)

教师引入传说——《一千零一夜》里《神灯》的故事,请学生讲述。教师:现在老师有一个问题想问大家,你们想不想像阿拉丁一样,拥有这样一位灯神呢? 学生活动:自由发言。用课件演示一封灯神发来的 E-mail 引题,让学生明确:只要过两道关口,就可以见到灯神了。

训练开始——运用、培养自信心

(1) 教师:现在给大家 2 分钟的时间来考虑一下自己的优点,然后写在纸条上,一会我们进行小组交流。

每个小组按顺时针的方向传递纸条,现在开始,每个成员都要了解到你们组其他成员有哪些优点。教师组织:对学生的评价进行简评,组织抽签,同时要求其他同学边听边想,除了他自己说的优点外,你还发现他有哪些优点和长处自己没发现或者没有说出来,一会儿补充。

学生活动:学生发言。

教师过渡:现在我们请你来谈谈被评价过的感受。

学生活动:结合实际,学生谈自己的感受。

教师评价总结:通过刚才的活动,我们发现其实每个人身上都有很多优点和长处,而且当我们得到别人的肯定之后,内心都会产生一种备受鼓舞的感觉。问题在于我们经常忽视这些优点，就像我们在回忆一张试卷的时候，首先想到的是我们做错的那些题，而把大部分做对的题给忽视了一样，通过这个过程，我们得到的启示就是，我们不但应该善于发现自己的优点和长处，而且要敢于肯定自己的优点和长处，把这些优点和长处充分地发挥出来。

（2）教师：好，现在我们来回顾一下，寻找灯神，也就是寻找自信心的过程当中，我们都运用了哪些培养自信的方法？

请学生说，引导揭示：① 自我激励；② 他人激励；③ 练习当众发言的方法；④ 练习正视别人；⑤ 挑显著的位置坐或站；⑥ 使用我的语句。

教师总结：另外，在同学们说自己成功的故事当中提到了，体育锻炼可以增强自信心，自我暗示也可以增强自信心。除此之外，老师还要推荐给大家一种方法，就是准备这样一个日记本，我们给它起了名字叫：自信心成长日记，把你的优点和长处，把你的成功故事，把你现在每一天所取得的进步都记在这里面，如果这个日记本能伴随你走完大学，那个时候我想你的人生一定会与众不同。

自信是成功的第一秘诀。自信就是我们心中的灯神，只要我们有足够的自信，我们就能实现任何一个我们想实现的愿望。下面让我们用一首歌来结束我们今天的活动。课件演示：《相信自己》，学生起立齐唱。

六、自我心态测试

表 2 - 4 为自我心态测试表，请你在符合你的题号上打“√”，在不符合你的题号上打“×”。

表 2 - 4　自我心态测试

序号	问　题
1	讨厌他人不遵守时间
2	能够理解他人
3	对任何事喜欢反复考虑
4	有许多想尝试的事
5	在乎他人情绪
6	严格遵守各种规章制度
7	时常会想帮助他人把事情做得更好
8	分析事物以事实为基础
9	善于转换情绪
10	做事情总是喜欢从众
11	我认为当一个人犯错后他应该从错误中吸取教训，决不重蹈覆辙
12	当他人讲话时，有耐心听
13	做事后喜欢反思为什么
14	经常笑
15	经常后悔
16	喜欢挑剔他人或自己
17	对他人所犯的错误，总是会谅解

续表 2-4

序号	问　题
18	理智重于情绪
19	具有旺盛的好奇心
20	做事情容易看对方脸色
21	希望别人去做他们应该做的事情
22	希望赠送他人礼物
23	做事情有判断和决策的能力
24	凡事均向好的方向着想
25	就算有不愉快的事也会压抑在内心里
26	已决定的事非得要坚持到最后才肯罢休
27	经常对他人表示关怀和照顾
28	预测结果并着手准备
29	喜欢恶作剧
30	在乎他人如何看待自己的所作所为
31	当别人正在以错误的方式做事情时，我会批评他这样做不对
32	当别人感到沮丧忧虑时，我会对其表示关切
33	能很实际地处理生活上的问题
34	喜欢新奇的事物
35	做事对自己缺乏勇气及信心
36	说过的事情总是要兑现的
37	对他人打招呼真诚
38	遇到不懂的事，总会想办法弄懂
39	喜欢幻想未来或愉快的事
40	做事情喜欢依赖他人
41	对不正当的事毫不妥协
42	看到有困难的人总想伸出援手
43	做事情有计划性
44	具有丰富的兴趣
45	容易受到周围人的意见所左右
46	不会原谅没有责任心的人
47	善待孩童或比自己年幼的人
48	能客观地分析他人或事情
49	经常享受生活
50	做事总渴望能得到别人赞同

计分：

选对(√)计 1 分，选叉(×)得 0 分，分 5 个因子分别计分，

CP 计算 1,6,11,16,21,26,31,36,41,46 十项得分

NP 计算 2、7、12、17、22、27、32、37、42、47 十项得分

A 计算 3、8、13、18、23、28、33、38、43、48 十项得分

FC 计算 4、9、14、19、24、29、34、39、44、49 十项得分

AC 计算 5、10、15、20、25、30、35、40、45、50 十项得分

大学生常模资料见表 2 - 5。

表 2 - 5　大学生自我心态常模

类型	男(n=221)M±SD	女(n=325)M±SD
CP	6.25±1.94	6.94±1.62
NP	7.24±2.11	7.53±1.84
A	6.75±2.12	6.40±2.00
FC	6.47±1.97	6.63±2.05
AC	5.49±2.25	5.80±2.31

CP(控制型父母自我、批评的父母自我,Critical Parent):常想控制别人、批评别人、替别人界定人生与现实是什么。用自己的思考去想别人。一般以理想、良心、责任感及偏见等严格的价值判断和道德伦理观为主。但是也具有维持社会秩序及追求理想等肯定的一面。

CP 高的人既有好的一面也有不好的一面:好的一面表现为:志向远大、信念坚定、道德观念强、有责任心、领导能力强、爱憎分明、遵守纪律等。不好的一面表现为:好高骛远、固执己见、对人苛刻、攻击排挤他人等。

CP 低的人通常表现为:缺乏远大的理想、缺乏责任心、容易妥协、软弱无力、优柔寡断等。

NP(照顾型父母自我、教养的父母自我,Nurturing Parent):具有认同感、照顾关怀别人,及包容别人、倾听别人的话语、觉得别人的需要比自己的需要重要。亲身关怀,用亲切言语同理关照别人,也常褒奖别人,具有深切同情心。这可从人的语调、姿态手势等显示出来。

NP 高的人既有好的一面也有不好的一面。好的一面表现为:亲切、友善、和蔼、仁慈、助人为乐、富有爱心、体谅他人、具有自我牺牲精神等。不好的一面表现为:过于干涉、唠叨、溺爱孩子、操心过度、感情用事等。

NP 低的人通常表现为:冷漠、不体谅他人、不关心他人、自私、人缘不好等。

A(成人自我,Adult):以客观、理智的思考做决定、评估社会。如电脑般处理事务,从各个不同角度收集资料作为参考,以冷静的计算和推理,来作为事情的决断。

A 高的人既有好的一面也有不好的一面。好的一面表现为:聪明能干、善于思考、实事求是、客观冷静、做事有条理、考虑问题周全等。不好的一面表现为:斤斤计较、缺乏人情味、生活单调、考虑问题机械等。

A 低的人通常表现为:不善于思考分析、缺乏客观性、缺乏严密性和准确性、做事无计划、得过且过、敷衍了事等。

FC(自然型儿童自我、自由的儿童,Free Child):它具有一个人心底的婴儿特性——年轻、冲动、天真、富于表情等,当需求满足时,表现欢乐的情绪;当需求未能满足时,表现愤怒的情绪。如:饿了就吃、累了就睡……又如一个老人坐在公园凳子上,兴奋地舐着冰淇淋;或

者一个中年妇女兴奋地沿着海滨跳跃。常常发出"哇！真好。""真是高兴。"之类的感叹，能哭能笑，充分表达自我感情。这些都是FC的呈现。

FC高的人既有好的一面也有不好的一面。好的一面表现为：开朗、活泼、爽快、幽默、热情、兴趣广泛、好奇心强、富有想象力和创造力、思路开阔等。不好的一面表现为：喜怒无常、任性、顽皮、自我中心、好出风头、缺乏毅力和耐力等。

FC低的人通常表现为：缺乏激情和热情、没有朝气、生活单调乏味等。

AC(适应型儿童自我、顺从的儿童，Adapted Child)当年幼时为了使自己生存的环境过得更好，以某种方式适应外界权威所规定的应该，以达到存活的目的，渴求别人的赞同，减低畏惧外在世界的焦虑感。就以被老板派去上课的情形来说，你们就处于AC，因为你们坐在这里，听老师上课、做笔记。

AC高的人既有好的一面也有不好的一面。好的一面表现为：老实纯朴、协调性强、适应能力强、遵守纪律、服从领导、谦虚诚实、有毅力等。不好的一面表现为：缺乏积极性和主动性、没有主见、依赖性强、沉默寡言、害羞、缺乏挑战精神等。

AC低的人通常表现为：争强好斗、不服从领导和管教、不听劝、协调性差等。

【案例分析——消沉的自我】

君是大一男生，经常感到不明原因头痛。他自从来到这个学校就一直都不快乐，觉得生活没有任何意义，整天不知在做什么，浑身上下无劲。在高三时的一次体育课时，他不小心从双杠上摔下来，头朝下栽下来，当时没感觉多严重，只是当跑步或踢球时会感到脖子和头疼痛，一个月后父母带他到医院检查颈椎有点毛病，后休学一年到处咨询，咨询后医院检查一切正常，于是他又参加高考，进入大学。虽说医院检查都正常，但他总是感到颈椎、肩部经常酸痛，有时轻、有时重，这影响了他的学习生活。最近头痛、脖子酸痛更加厉害，晚上睡觉都睡不好，什么都不想做。所以来咨询。电话预约时，他说，"老师，我想找您谈谈。我感到很迷茫、困惑。浑身没劲，脖子、肩部老酸。"下午4:00，他如约而来，穿了一身天蓝色运动服，松大的衣服显得他格外瘦小，平头、戴着一副眼镜，斯斯文文，他说了一声"老师好"，就坐在沙发椅上，眼睛望着天花板，好像在思索什么。

经SCL－90症状量表测试，阳性症状总均分＞3分，躯体症状、强迫症状、抑郁症状和其他症状＞3分(图2－1)。

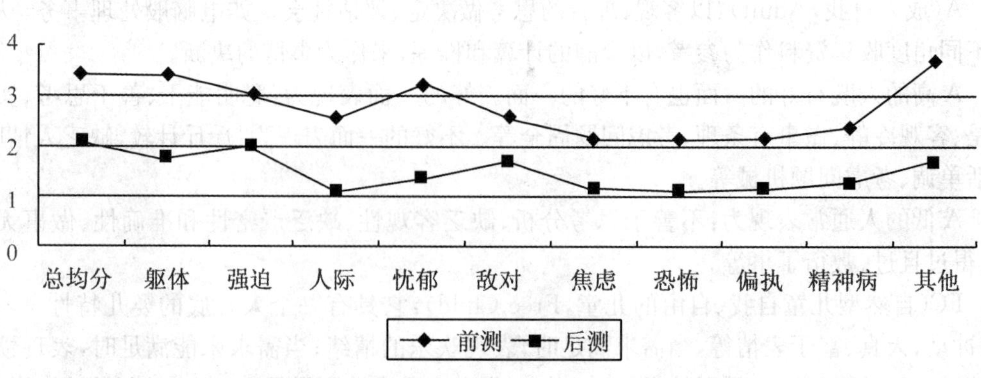

图2－1　个案咨询前后SCL－90分数比较曲线图

君的自我意识与自我认同的发展受到童年经历的影响。君的父母自小对其要求非常严，仿佛他的人生脚本是父母设计的，他从不会安排时间，不会计划什么，设计他自己的人生。从小他就被塑造成被动的、行为端正的、彬彬有礼的儿童。君认为如果他什么都不去做，就没有思考、行为的争吵。这次他认为应该不能这样下去了，他认为应该接受心理咨询。这是他的第一个约定：需要咨询。这保证他每周能来接受咨询。

TA 理论认为，在人的发展中，无论是正常或不正常的发展，主要是受到父母式自我和儿童式的交互关系和行为所影响。同时，由于这种交互作用，人会为自己作选择并努力来肯定自己的选择。然而许多人是因为自己所作的选择和相应出现的生活脚本导致了许多不适当的行为和生活方式，以致蒙受痛苦，遭受折磨，出现不适应，因而需要咨询员的帮助。

君问我能否改变，我说只要他愿意就可以改变。

经过自我心态图测试，君呈现出典型的 V 型：矛盾人生型（图 2 - 2）。我和他一起分析他的自我心态图。向他讲解沟通分析理论，了解现在的自我结构，找出不太健康的自我状态，分析对目前生活及行为的影响。他的成人意识较低，反映他客观分析事物的能力较低，自由性儿童心态最低，反映他不会释放自己的情绪，压抑自我。

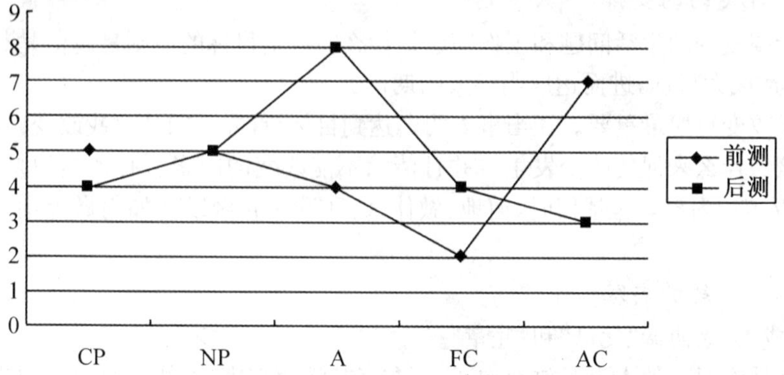

图 2 - 2 个案咨询前后自我心态图分数比较曲线图

建议他要先改变现在的消沉状态，重新定向，使其舍弃不良的行为方式，将其行为反应或生活计划导向更合理、合乎现实的方向或目标。

他的第二个约定：学习成绩进步；快乐一点；酸痛减轻。提高自己的成人意识是至关必要的。锻炼自己用成人意识思考交流。他开始建立他的成人意识。

第二次咨询，他说酸痛减轻了一些，心情比以前好了一些，我问他这几天的情况，第一、二天坚持按计划，可第三天忘了。这次他又重新制定契约：身体恢复健康，走出抑郁低谷的心理状态，尽最大努力通过考试。并制定了具体的生活学习计划。6:30 起床；6:50 锻炼；7:10读英语；7:40 早餐；8:00 上课；9:30 图书馆看书；10:30 教室学习；11:40 午餐；12:10 午休；13:40 起床；14:00 上课；16:30 打球；17:20 晚餐；18:00 学习；21:00 活动；21:30 看课外书；22:30 睡觉。这是获得自信和希望的重要途径。第三次咨询，他制定了约定：我要让自己拥有轻松的心情，恰当地鉴别、体验、表达自己的情感。我帮助他去除儿童意识的混淆。用我的儿童意识与他的儿童意识交流。第四次咨询时，他一进门就露出微笑，他告诉我，他已经有相当多的成人意识，他的儿童意识也已进行了有意义的修饰。他恢复了自信，他有着较出色的数学才能、能打一手不错的乒乓球、象棋下得好、硬笔书法不错、历史知识渊博、喜欢看书、做事较执著、逻辑思维较强、记忆好、富有同情心等优点，他感到行为会改变心理。他坚持自己的计划，用成人意识指挥自己的生活学习。

一个月后，他来测量自己的自我心态和心理健康水平，结果比较理想，成人意识显著提高，心理健康水平也得到很大改善。

点评

沟通分析咨询乃是基于咨询关系的一种“成人”对“成人”的平等契约关系，由咨询者和当事人共同达成咨询目标，然而咨询者只是催化者，真正行动者则是当事人本身。强调明确的“契约”是沟通分析对心理咨询的重要贡献。以一种成人对成人(Adult to Adult)的共识基础所订立的一种“同盟”关系，契约中有明确的目标及达成的标准，意味着当事人在咨询中必须负起的责任及主动性。沟通分析的契约式咨询法的基础是：期望当事人集中心力在目标上并对之承诺，强调责任的分派及提出各人各有所司的观点。

TA咨询的契约关系中之原则如下：当事人究竟要得到什么帮助必须清晰、明确；咨询者不能强迫当事人去做当事人不愿意的选择。

(一) 心理契约的安排

1. 我希望改变的生活问题和工作问题是什么？订定目标的原则是越清楚越好，由小目标一步一步达成大目标，进而达成当事人的期待。

2. 自我改变意愿最重要。让当事人明白达到目标，首先必须从自我改变做起。

3. 我该做什么来促使改变发生？并且清除不能改变的因素。心理契约是一个人的行动计划，所以契约内容要包括何时、何地、做什么、和谁一起做以及如何做等细节，以利行动实现。

(二) 心理契约的内容

1. 用“成人”来协调“父母”和“儿童”。

2. 用互补沟通与他人更开放地沟通，而在互补沟通有害时，能适时地运用交错沟通。

3. 在时间利用上，尽量将大部分的时间运用在“活动”和“亲密”上，避免过度的“消遣”和盲目的“仪式”，并很快地摆脱“心理游戏”。最后，借着心理契约的订定，咨询者将带领当事人一起走向“我好，你也好”的境界。

在这个充满压力的现代社会里，大学生当中有不少学生会感到疲倦、无力学习，对什么都不感兴趣，消沉，出现生活能源降低的状态，我们可以通过契约，帮助他们解决问题，提高生活的兴趣，顺利完成大学学业。

七、团体辅导方案——自我成长探索

(一) 活动的目的

促进自我发现与自我成长；改变缺乏信任、封闭和畏惧的人际关系，培养对别人更具有开放性和善于表达自己的人际关系；抒发压抑的思想和情感，促进自我实现和自我发现，学习理解和接纳别人。

(二) 活动的理论依据

20世纪40年代罗杰斯建立了非指导性咨询方法，他相信只要成长条件适宜的话，当事人都有能力向着建设性的方向转变，寻求成就和实现的能力和趋势。

（三）活动的内容与方式

第一个环节：先确定一个与自我成长有关的话题，话题最好是当时当地人们所熟悉和关心的问题，能引起参与者的兴趣；招募和组织 8～12 名成员，选择一个安静的地方，成员围成环形相对而坐，并进行简短的热身游戏，催化团体气氛。

第二个环节：组织者对活动进行简短的说明和动员，宣布成员在整个活动中的情绪和态度必须遵守的几项规则：

(1) 发言规则：按经历—感受—结论的顺序说话。发言者在发言时必须以“我记得一次……”这样的句式先讲述自己的某次真实经历，然后以“当时我心里觉得……”这样的句式谈论自己在当时的感受；叙述者态度要真诚，不许撒谎，除去面具和伪装地表露自己。

(2) 接纳规则：成员间不辩论，不相互指责；无条件地积极关怀、尊重和接纳，不以任何理由对对方产生哪怕一点点的排斥心理。

(3) 同理和倾听规则：即要用“心”来听，不仅要听懂对方话语的内容，还要尽量理解话语背后的潜台词和情感含义；能完全站在对方的角度和立场上思考问题和完全设身处地地体会对方的心情，仿佛自己变成对方一样地感人之所感，思人之所思。

(4) 自主性规则：即能在倾听对方或自己进行回忆的时候能积极自主地对自己的内心世界做认真的审视和反思，不断地发现自己、解剖自己、总结自己和提升自己，而不是在自身之外寻求指导和帮助。

第三个环节：会心交往。用抽签的方式决定每次发言的人选，然后开始会心的交谈过程。由于团体成员在团体中开展了比日常生活中一般情境更为亲近、更为友好、更为直接的人际交往，逐渐建立了真诚的人与人之间的关系，在这种较少需要自我防卫的团体氛围中体验到越来越容易表达自己的情感、思想和行为风格，性格和行为变得更具有开放性，他们变得更相信自己，也感到被别人信任，同时还逐渐学会了更深刻地体验别人的情感，和怎样更好地与别人共处。

经验表明，参加会心团体训练的成员的互动往往会从训练期间的关系向团体活动之外的互动关系发展，从而为最终向真实社会生活的情境的发展过渡。

（四）注意事项

1. 在训练的开始阶段，一些成员对团体的可信任度抱有怀疑，害怕或不愿意暴露自己的内心世界，不关痛痒地描述过去的体验和情感，催化者可作为一个适当的榜样进一步催化团体的安全和信任气氛。

2. 有时，一些成员说得太多而倾听得太少，对别人缺乏关注和同理心。

3. 催化者应放弃控制权力和专家的形象，不要对成员的言行作出解释性的评价，因为这些评价会使成员压抑自我意识，减缓团体历程，但可以表达自己对现时所发生的事情的感受。

4. 最好由参加团体的成员集体来决定聚会的一些规则，如怎样保证每一个成员完整地参加团体聚会，控制对新成员的接受、确定结束团体的方法，以及聚会的时间（一般每周不定期地聚会 2～3 小时，或者在周末密集式地聚会）与地点等。

第三章　大学生学习心理与创造力培养

第一节　学习心理概述

一、学习的概念

有机体的学习：学习是有机体在后天生活过程中经过练习或经验而产生的行为或内部心理的比较持久的变化的过程。学习是指通过练习而促使行为发生相对持久变化的过程。不能把个体的一切行为变化都称为学习，如疲劳、感觉适应、生病、生理成熟等虽然引起人的行为变化，但不是通过练习而产生的，就不能称为学习。

人类的学习：学习是在社会生活实践中，以语言为中介，自觉地、积极主动地掌握社会和个体经验的过程。

学生的学习：学习是在教师的指导下，有目的、有计划、有组织地掌握系统的科学知识和技能，发展各种能力，形成一定世界观和道德品质的过程。

二、学习的类型

1. 联系学习(association learning)　联系学习是指机体与外界事物间建立新的联系，以更好地适应环境。这是最简单、最基本的学习方式，它可分为经典条件反射和操作条件反射。

(1) 经典条件反射(classical conditioned reflex)：由俄国心理学家巴甫洛夫(Pavlov，1923)提出。狗进食时会分泌唾液，这是非条件反射。如果给狗以铃声刺激，狗不会分泌唾液，因为铃声与食物无关。但如每次在狗进食前给予铃声刺激，然后再给食物，这样多次训练以后，当铃声一出现狗就会分泌唾液，这就是经典条件反射。强化是形成这种条件反射的基本条件。强化是指条件刺激(铃声)与非条件刺激(食物)在时间上的相结合过程。条件反射建立以后，如果反复应用条件刺激而放弃非条件刺激，即不给强化，那么已建立的条件反射就会消失，称为消退。掌握条件反射的形成和消退的规律，有助于理解行为的产生和变化。

(2) 操作条件反射(operate conditioned reflex)：由美国心理学家斯金纳提出。他设计了一个被称为“斯金纳箱”的装置，将一只饥饿的老鼠放入箱内，老鼠在箱内乱窜乱跳，当它偶然压下箱内杠杆时，就得到一粒食物。经过多次的重复经历，再把老鼠放入箱内。

它就会主动压杠杆来获取食物，这样操作性条件反射就形成了。在这个实验中，食物作为奖励与操作（压杠杆）在时间上的结合，成为正强化；如果同样的实验中，只是使老鼠在压杠杆时给予电击，那么它将不再压杠杆，已建立的条件反射消失，这便是消退，则电击惩罚与操作（压杠杆）的结合成为负强化。操作条件反射形成的关键也是强化，但斯氏强化的定义已和巴氏强化的定义不同。斯氏强化是指强化物（食物或电击）对某一操作行为（压杠杆）的反馈作用或两者的结合。凡强化物对操作行为起正反馈或增加作用称正强化；反之，称负强化。

2. 认知学习（cognitive learning）　认知论学者认为，学习是掌握事物之间关系的过程，是在刺激与刺激之间建立联系，它的性质是突然的诚悟，例如苛勒（W. Kohler）的顿悟实验：当猩猩发现悬挂的香蕉与箱子之间的关系后，它可立即去搬弄箱子，将箱子放在香蕉的下边，然后攀上箱子取下香蕉，这说明猩猩在解决问题的过程中将认知参与到学习中。有什么样的认知，就会产生相应的行为表现。因此，认知心理学家认为，人之所以产生不良行为习惯和心理障碍，就因为人们对外界环境歪曲错误的认知。而要改变不良行为习惯，治疗心理障碍，就必须矫正其错误的认知，形成正确的认知和合理的信念。

3. 复杂学习（complicated learning）　人类对知识、技能的学习过程比联系学习和认知学习等简单学习复杂得多，比如弹琴、操作电脑，以及对各种理论知识的学习等。按照刺激-反映理论，也可以把复杂学习看成是具有条件反射特点的动力定型。受各方面条件的影响，复杂学习的进度是不均衡的，即初期较快→平台状态→再次提高。

三、学习理论

学习理论是探究人类学习本质及其形成机制的心理学理论。它重点研究学习的性质、过程、动机以及方法和策略等。

（一）联结学习理论

联结学习理论认为，一切学习都是通过条件作用，以刺激S和反应R之间建立直接联结的过程。强化在刺激-反应联结的建立中起着重要作用。在刺激-反应联结之中，个体学到的是习惯，而习惯是反复练习与强化的结果。习惯一旦形成，只要原来的或类似的刺激情境出现，习得的习惯反应就会自动出现。

1. 桑代克的尝试-错误学说　美国实证主义心理学家桑代克用科学实验的方式来研究学习的规律，提出了著名的联结学说。桑代克认为所谓的学习就是动物（包括人）通过不断地尝试形成刺激—反应联结，从而不断减少错误的过程。他把自己的观点称为试误说。桑代克根据自己的实验研究得出了三条主要的学习定律。

（1）准备律：在进入某种学习活动之前，如果学习者做好了与相应的学习活动相关的预备性反应（包括生理和心理的），学习者就能比较自如地掌握学习的内容。

（2）练习律：对于学习者已形成的某种联结，在实践中正确地重复这种反应会有效地增强这种联结。因而就小学教师而言，重视练习中必要的重复是很有必要的。另外，桑代克也非常重视练习中的反馈，他认为简单机械的重复不会造成学习的进步，告诉学习者练习正确或错误的信息有利于学习者在学习中不断纠正自己的学习内容。

（3）效果律：学习者在学习过程中所得到的各种正或负的反馈意见会加强或减弱学习

者在头脑中已经形成的某种联结。效果律是最重要的学习定律。桑代克认为学习者学习某种知识以后，即在一定的结果和反应之间建立了联结，如果学习者遇到一种使他心情愉悦的刺激或事件，那么这种联结会增强，反之会减弱。他指出，教师尽量使学生获得感到满意的学习结果显得尤为重要。

2. 巴甫洛夫的经典条件反射　俄国著名的生理学家巴甫洛夫通过用狗作为实验对象，提出了广为人知的条件反射。

(1) 保持与消退：巴甫洛夫发现，在动物建立条件反射后继续让铃声与无条件刺激(食物)同时呈现，狗的条件反射行为(唾液分泌)会持续地保持下去。但当多次伴随条件刺激物(铃声)的出现而没有相应的食物时，则狗的唾液分泌量会随着实验次数的增加而自行减少，这便是反应的消退。教学中，有时教师及时的表扬会促进学生暂时形成某一良好的行为，但如果过了一些时候，当学生在日常生活中表现出良好的行为习惯而没有再得到教师的表扬，这一行为很有可能会随着时间的推移而逐渐消退。

(2) 分化与泛化：在一定的条件反射形成之后，有机体对与条件反射物相类似的其他刺激也作出一定的反应的现象叫做泛化。比如，刚开始学汉字的孩子不能很好地区分“未”跟“末”，或“日”跟“曰”。而分化则是有机体对条件刺激物的反应进一步精确化，那就是对目标刺激物加强保持，而对非条件刺激物进行消退。比如在体育教学中，教师帮助学生辨别动作到位和不到位时的肌肉感觉，从而使动作流畅、有力。

3. 斯金纳的强化学说　继桑代克之后，美国又一位著名的行为主义心理学家斯金纳用白鼠作为实验对象，进一步发展了桑代克的刺激—反应学说，提出了著名的操作条件反射。斯金纳按照强化实施以后学习者的行为反应，将强化分为正强化和负强化两种方式。正强化是指学习者受到强化刺激以后，加大了某种学习行为发生的概率。如由于教师表扬学生做出的正确行为，从而使学生能在以后经常保持这种行为。负强化是指教师对学习者消除某种讨厌刺激以后，学习者的某种正确行为发生的概率增加。如教师取消全程监控的方式以后，良好的学习习惯能够保持。

4. 加涅的信息加工理论　1974年，加涅利用计算机模拟的思想，坚持利用当代认知心理学的信息加工的观点来解释学习过程，展示了学习过程中的信息流程。

加涅认为，任何一个教学传播系统都是由“信源”发布“消息”，编码处理后通过“信道”进行传递，再经过译码处理，还原为“消息”，被“信宿”接收。该模型呈现了人类学习的内部结构及每一结构所完成的加工过程，是对影响学习效果的教学资源重新合理配置、调整的一种序列化结构。在这个信息流程中，加涅主要强调了以下几点：① 学习是学习者摄取信息的一种程式。学习者从环境中接受刺激从而激活感受器，这是学习的第一步。② 学习者自发的控制和积极的预期是制约课堂教学有效性的决定因素。③ 反馈是检验教学效果的手段。

5. 班杜拉的社会学习理论　美国心理学家班杜拉在反思行为主义所强调的刺激—反应的简单学习模式的基础上，接受了认知学习理论的有关成果，提出学习理论必须要研究学习者头脑中发生的反应过程的观点，形成了综合行为主义和认知心理学有关理论的认知—行为主义的模式，提出了“人在社会中学习”的基本观点。班杜拉把儿童的观察学习的过程分成了四个阶段。① 注意阶段：有机体通过观察他所处环境的特征，注意到那些可以为他所知觉的线索。一般而言，儿童往往更倾向于选择那些与自身条件相类似的或者被他认可为优秀的、权威的、被得到肯定的对象作为知觉的对象。② 保持阶段：有机体通过表象和言语两种表征系统来记住他在注意阶段已经观察到的榜样的行为，并用言语编码的方式存储于自身的信息加工系统中。③ 复制阶段：有机体从自身的信息加工系统中提取从榜样情景中习得并记住的有关行为，在特定的环境中模仿。这是有机体将观察学习而习得的不完整的、片段的、粗糙的行为，通过自行练习而得到弥补的过程，最终使一项被模仿的行为通过复制过程而成为有机体自己熟练的技能。④ 动机阶段：有机体通过前面三个阶段已经基本上掌握了榜样的有关行为，但在现实生活中，个体却并不一定在任何情景中都会按照榜样的行为去采取自己的反应，班杜拉认为这主要由于“机会”或“条件”不成熟，而“机会”或“条件”的成熟与否则主要取决于外界对此行为的强化程度。

（二）认知学习理论

认知学习理论认为，学习不是在外部环境的支配下被动地形成刺激-反应（S－R）联结，而是主动地在头脑内部构造认知结构；学习不是通过练习与强化形成反应习惯，而是通过顿悟与理解获得期待；有机体当前的学习依赖于他原有的认知结构和当前的刺激情境，学习受主体的预期所引导，而不受习惯所支配。

1. 苛勒的完形—顿悟说　格式塔学派心理学家苛勒曾在 1913—1917 年间，对黑猩猩的问题解决行为进行了一系列的实验研究，从而提出了与当时盛行的桑代克的尝试—错误学习理论相对立的完形—顿悟说。苛勒指出：“真正的解决行为，通常采取畅快、一下子解决的过程，具有与前面发生的行为截然分开来而突然出现的特征。”这就是所谓的顿悟，而顿悟学习的实质是在主体内部构建一种心理完形。

2. 布鲁纳的认知结构学习理论　布鲁纳的主要教育心理学理论集中体现在 1960 年出版的《教育过程》一书中。对于布鲁纳在教育心理学方面作出的卓越成就，美国一本杂志曾这样评价，他也许是自杜威以来第一个能够对学者和教育家谈论智育的人，这足以看出布鲁纳在学术界的崇高威望。布鲁纳主要研究有机体在知觉与思维方面的认知学习，他把认知结构称为有机体感知和概括外部世界的一般方式。布鲁纳始终认为，学校教育与实验室研究猫、狗、小白鼠受刺激后作出的行为反应是截然不同的两回事，他强调学校教学的主要任务就是要主动地把学习者旧的认知结构置换成新的，促成个体能够用新的认知方式来感知周围世界。① 重视学科基本结构的掌握。② 提倡有效学习方法的形成。③ 强调基础学科的早期教学。④ 主张学生的发现学习。

3. 奥苏伯尔的认知同化理论　奥苏伯尔是美国的认知心理学家，他对教育心理学的杰出贡献集中体现在他对有意义学习理论的表述中。他在批判行为主义简单地将动物心理等同于人类心理的基础上，创造性地吸收了皮亚杰、布鲁纳等同时代心理学家的认知同化理论思想，提出了著名的有意义学习、先行组织者等，并将学习论与教学论两者有机地统一起来。奥苏伯尔学习理论的核心是有意义学习。奥苏伯尔学习理论的基础是知识的同化。

4. 建构主义学习理论　建构主义强调学习者是以自己的经验为基础来建构现实，或者至少说是在解释现实，认为：“学习过程不是先从感觉经验本身开始的，它是从对该感觉经验的选择性注意开始的。任何学科的学习和理解总是涉及学习者原有的认知结构，学习者总是以其自身的经验，包括正规学习前的非正规学习和科学概念学习前的日常概念，来理解和建构新的知识或信息。建构一方面是对新信息的意义的建构，同时又包含对原有经验的改造和重组。"因此，他们更关注如何以原有的经验、心理结构和信念为基础建构知识，更强调学习的主动性、社会性和情境性。

（三）人本主义学习理论

人本主义是20世纪50年代末60年代初在美国出现的一种重要的教育思潮，主要的代表人物是马斯洛、罗杰斯、凯利等。

1. 以人性为本位的教学目的观　人本主义认为：人性本质是善的，人生而具有善根，只要后天环境适当，就会自然地成长；人所表现的任何行为不是由外在刺激引起或决定的，而是发自内在、出于当事人自己的情感与意愿所作出的自主性与综合性的选择；人的学习是个人潜能的充分发展，是人格的发展。马斯洛指出学习的本质是发展人的潜能，尤其是那种成为一个真正人的潜能；学习要在满足人最基本的需要的基础上，强调学习者自我实现需要的发展；人的社会化过程与个性化的过程是完全统一的。因而，许多人本主义教育家认为，教育的根本目标是帮助发展人的个体性，帮助学生认识到他们自己是独特的人类并最终帮助学生实现其潜能。人本主义者强调学校教师在教学中应重点帮助学生明确学习的目标和学习的内容，创设能促进学生学习的良好的心理氛围，保证学生在充满满足感、安全感的情境中通过教师安排的合适的学习活动，发现学习内容的价值、意义，使学习者成为充分发展的人。

2. 彰显主体的教学过程观　人本主义认为，在教学过程中，应以"学生为中心"，这是其"自我实现"的教育目的的必然产物，教学以学习者为中心，让学生成为学习的真正主体。马斯洛认为，健康的儿童是乐于发展、前进，乐于提高技术与能力，乐于增强力量的。人本主义强调在教育教学过程中应重视学生的认知、情感、兴趣、动机、潜能等内心世界的研究，尊重每个学生的独立人格，保护学生的自尊心，帮助每个学生充分挖掘自身潜能、发展个性和实现自身的价值，并力图证明："外部的学习要求与每个人具有的生长趋势是一致的，学习可以带来即时的娱乐和兴奋的源泉，而不是作为与别人竞争或保证一个人在未来社会中的地位和工具，学习的手段和目的应该是统一的，同时，认为每个人具有先天性的友爱、求知和创造等潜能，这些潜能必须发挥出来，人的自我实现则是人的潜能不断得到发挥的一种动态的、形成的过程。教育的主要功能是创造最好的条件促使每个人达到他所能及的最佳状态，帮助个体发现与他的真正的自我更相协调的学习内容和方法，提供一种良好的促进学习和成长的气氛。"因而，教师在教学过程中尤其要重视学生的情感体验，设身处地地从学生的角度去理解学习的过程和学习的内容，帮助学生了解学习的意义，建立学习内容与学习者个人之间的联系，指导学生在一定的范围内自行选择学习的材料，激发学生从自我的倾向性中产生学习倾向，培养学生自发、自觉的学习习惯，实现真正意义上的有意义学习。

四、学习动机

（一）定义

学习动机是激发个体进行学习活动、维持已引起的学习活动，并使学习行为朝向一定目标的一种内在过程或内部心理状态。

1. 学习动机(learning motivation)是学习活动的推动力　学生的学习活动是由不同的动力因素组成的整个系统所引起的。其心理因素包括学习的需要、对学习的必要性的认识及信念;学习的兴趣、爱好或习惯等。从事学习活动,除要有学习的需要外,还要有满足这种需要的学习目标。目标与需要成为学习动机的重要构成因素。

2. 学习动机是与满足人的需要密切相关的学习行为的内部动力　它可以引起学习行为活动使学生在学习活动中朝着能满足自己需要的方向积极努力,并将这种行为活动连续地维持下去。学习动机的性质,一方面决定着学习的方向和进程,另一方面影响着学习的效果。已有研究探讨了学习动机对学生学习激励作用和对学业成绩的影响,研究表明学习动机与学业成绩是密切相关的。学习动机和学习效果在一般情况下是一致的。优等学生的学习动机内容较广,水平较高,他们往往既有远大目标,也有切近的具体目标,这两种目标结合得较好;而差学生的学习动机内容比较窄,水平较低,往往只有切近的具体目标,或只有空泛的远大目标,这两种目标是常常脱节的。学习动机是影响学习行为、提高学习效果的一个重要因素。

3. 学习动机是点燃渴望求知的火花　学习旅程从好奇开始,人类从呱呱落地开始,来到了一个全新的环境。在这个陌生而又新奇的环境中,充满了各种新鲜的事物,人类就是从对新事物的好奇开始了他的学习历程。

(二) 学习动机理论

学习动机理论目前主要有强化理论、成就动机理论、归因理论和自我实现理论四种。

1. 强化理论　它把学习动机看成是由外部刺激引起的一种冲动力量,并特别重视用强化来证明动机的引起与作用。班杜拉将强化分为三种:直接强化,即通过外部因素对学习行为予以强化,如奖励与惩罚便是学习中常用的两种强化形式;替代性强化,即通过一定的榜样来强化相应的学习行为或学习行为倾向;自我强化,即学习者根据一定的评价标准进行自我评价和自我监督来强化相应的学习行为。这三种强化的结合运用,能激发、形成和维持学习者的学习动机与主动性。

2. 成就动机理论　它是在人的成就需要的基础上产生的,激励着个体在自己认为重要的或有价值的工作中去以意志力求获得成功的一种内在驱动力。成就动机有两种不同因素或相反倾向组成:一种称为力求成功的动机,即人们追求成功和由成功带来的积极情感的倾向性;另一种是避免失败的动机,即人们避免失败和由失败带来的消极情感的倾向性。奥苏伯尔认为成就动机有三个方面的内驱力:认知的内驱力,这是一种要求获得知识、技能以及善于发现问题或解决问题的需要。它常常以好奇心、求知欲、探索、操作等心理因素表现出来。自我提高的内驱力,这是一种把学业成就看作赢得相应地位的需要。它往往以自尊心、荣誉感、自信心、胜任感等心理因素表现出来。附属的内驱力,这是一种为了获得他人赞许和认可而努力学习的需要。它表现为一种依附感。

3. 归因理论　韦纳从三个维度把归因分为:内部的和外部的,稳定的和不稳定的,可控制的和不可控制的;又把人们活动成败的归因,即行为责任主要归结为四个因素,即能力高低、努力程度、任务难易、运气好坏等。归因理论是从结果来阐述行为动机的,有助于了解心理活动发生的因果关系,有助于根据学习行为及其结果推断出个体的稳定心理特征和个性差异,有助于从特定的学习行为及其结果预测个体在某种情况下可能产生的学习行为。

4. 自我实现理论　马斯洛认为,人的基本需要有五种,它们由低到高依次排列成一定层次，即生理的需要、安全的需要、归属和爱的需要、尊重的需要、自我实现的需要。自我实现是前面四种需要基础上产生的一种最高级需要。从学习心理的角度看，人们进行学习就是为了追求自我实现，即通过学习使自己的价值、潜能、个性得到充分完备的发挥、发展和实现。

五、学习策略

(一) 学习策略

1. 学习策略概念的界定　学习策略(learning strategies)是指在学习情境中，学习者根据自己的特点，对学习任务的认识、对学习方法的调用和对学习过程的调控。对学习者来讲，学习策略是学习执行的监控系统，它贯彻学习过程的始终。学习者使用学习策略的主观愿望是为了用较少的“能源消耗”，有效地完成学习任务。研究学习策略的根本目的也就是为了帮助学习者实现他们的这种主观愿望。

2. 学习策略的基本特征

(1) 学习策略是伴随着学习活动的展开而形成的。如果不学习，也就根本谈不上有学习策略。学习策略不是先天形成的，而是在具体的学习过程中，为提高学习的效率而逐步形成和发展起来的。

(2) 学习策略是帮助学习者对学习方法和学习内容进行沟通的操作系统。任何形式的学习都是要运用一定的学习方法的。学习策略的作用就是在学习的过程中，帮助学习者将学习方法具体地应用起来。这也就是说，学习策略将学习方法和学习内容沟通起来，并随时进行调节和控制。

(3) 个体的学习策略会随着学习者对学习目标期望和学习内容的难易程度的改变而发生变化。人们在学习的过程中会形成许多学习策略，这些学习策略在具体的学习过程中并不是机械地运用的。对于学生来讲，在具体的学习过程中，他们会根据学习内容的特点和期望的学习目标灵活地选择、应用和调整学习策略。

(二) 元认知

学习策略主要由元认知知识和元认知体验、元认知监控(即学习的调节和控制)和学习方法等三个层面的要素组成。

元认知定义　所谓元认知是指对认知的认知。元认知包括元认知知识、元认知体验和元认知监控等三个方面的内容。

(1) 元认知知识：元认知知识是个体关于自己或他人的认识活动、过程、结果以及与之有关的知识。弗拉维尔认为，它是人们获得与认知活动有关的那部分知识。它大致可分为人、作业和策略三方面的知识。

(2) 元认知体验：元认知体验是个体伴随着认知活动而产生的认知体验或情感体验。对于这些体验，学生可能完全意识到而且能够表达出来，也可能是模糊不清而不容易表达出来。学生伴随着认知活动而产生的认知体验或情感体验可长可短，可简可繁，可能发生在认知活动展开期间的任何时刻。元认知体验的出现与学生在认知活动中的位置、已经取得的进展和可能取得的进展有关。一般认为，它常产生在学生期望对自己的认知活动进行有意识的调节和控制的时候。学习的成功与否，在很大的程度上取决于学生对认知活动本身及其认知活动的质量进行大量的反思或体验。

（3）元认知监控：元认知监控即个体在认知活动进行的过程中，对自己的认知活动积极进行监控，并相应地进行调节，以达到预定的目标。弗拉维尔将它列入元认知体验之中。在学习活动的展开期间，元认知监控表现为学生在认知过程中将自己正在进行的认知活动作为意识对象，并不断地对其进行积极和自觉的调节和控制，具体的内容包括制订认知计划、实际控制认知过程、及时检查认知结果和及时调整认知计划和在认知活动偏离认知目标时采取补救措施等。显然，在实际的学习过程中，学习者在元认知体验的作用下，针对具体的学习内容，实施对学习方法的调用，主要是通过元认知监控来实现的。因此，我们认为，在学习的情境中，元认知监控也就是学习者对学习的调节和控制。关于这方面的内容我们在下一部分中将详细论述。

六、影响学习的非智力因素

影响学习的主要非智力因素有需要、动机、态度、目标期望、归因、态度与价值观、自我效能感、习得性无力感等（图 3-1）。

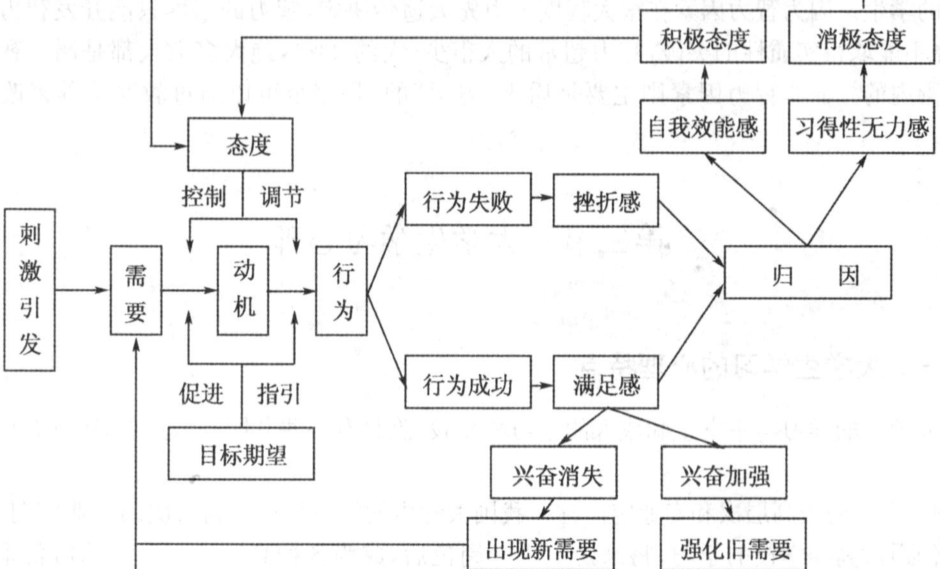

图 3-1　影响学习的非智力因素活动模型

图 3-1 显示出非智力因素影响学生学习的规律。当环境中的内外刺激引发学习者的各种需要时，学习者会根据自己的态度和价值观对这些需要作出评判，确定哪些重要、哪些具有实现的可能、哪些符合自己追求的目标。当断定某种需要有价值、可以实现且符合自己追求的目标时，这种需要便转化为动机，推动学习行为发生；同时，学习者还会对学习行为的结果产生某种预期，产生目标期望。目标期望产生后，不仅能反过来促进需要向动机转化，而且指引行为的方向。态度和价值观也是影响需要向动机转化的重要变量，而且还会对目

标行为进行调节，使其不偏离目标价值。动机驱使行为，而目标则启动行为，行为最终的结果无非有两种可能：目标达成或没有达成。目标如果达成，行为成功，产生需要满足后的满足感。满足感产生后又会出现两种情况：一种是当层次较高的需要满足后，兴奋性增强，原有的需要继续得到强化，行为持续进行；另一种是当层次较低的需要满足后，兴奋性消失，原有的需要弱化和新的需要出现，原有的行为停止或被新的行为所取代。同理，目标若没有达成，行为失败，出现挫折感。无论行为成功还是失败，学习者都要对自己的行为进行归因。对成功给予积极归因的产生自我效能感，对失败给予消极归因的产生习得性无力感；自我效能感使人对今后自己的行为产生积极的态度，习得性无力感则使人对自己今后的行为产生消极态度，不管是自我效能感还是习得性无力感，两者都会对自己今后的行为产生重大的影响。

学习心理学的理论表明，学习是一个综合系统的过程，需要学习者学习动机、学习态度、学习方法、迁移能力等多种因素的参与。影响学生学习状况的因素是多方面的，其中最主要的是学生的智力因素和非智力因素，而非智力因素又往往起决定性作用。一谈到智力我们就会很自然地想到智商(IQ)，高智商的人反应快记忆强，学习起来显得很轻松。但是智商高就一定学习成绩好吗？当然不见得。学习成绩优秀的大多是那些智力中上而非智力因素较好的学生。因为智力因素在很大程度上由先天遗传决定，智力的培养只能开发智力的潜能，并不能取得实质性的突破，智力超常的人很少(大约 2%)，绝大多数人都是属于智力正常范围内的。而非智力因素则主要是后天“习得”的，是完全可以通过教育培养来改善提高的。

第二节　大学生学习心理

一、大学生学习的心理特点

大学生的学习与中学生和成人的学习相比较，除具有一些共同的特点外，还具有自己的特点。

1. 学习的较高层次和专业定向性　我国大学生的学习具有较高层次的职业定向，即要求他们通过高等学校的学习，将来走上工作岗位后，成为各种高级专门人才的后备军。因此，大学生学习与中学生学习明显不同的一点是，中学是基础教育阶段，中学生是不区分专业的，学生主要是按年级划分的，各年级开设的主要课程基本相同。而大学是专业教育阶段，学生首先是按专业划分的，大学生在入校前或入校后一段时间内必须根据自己的兴趣、爱好及特点等选择一定的专业。专业一经确定，也就基本明确了今后的职业定向。各专业之间的课程设计、教学内容以及培养目标上存在较大差异。各专业的课程设置将影响大学生的知识结构和智力结构，影响他们将投入实际工作的适应性。

2. 学习具有较大的主观能动性　大学生的学习以自学为主，课堂教学为辅，使他们的学习具有更大的自主性。首先，有更多的自由支配时间。一般大学生除上课外，约有 40% 左右的时间可用于自由支配。在自由支配时间内，大学生要阅读各种参考书和文献，扩大并补充在课堂上所学的知识，或听自己喜欢的选修课等。其次，学习内容有较大的选择性。除了公共必修课和基础课之外，大学生对于学校所开设的选修课，可以根据自己的需要、兴趣、特长等有取舍选择的自主权。

3. 学习目标选择的多样性　每个大学生在进入大学后的一定时间内，都会自觉或不自觉地根据自己的兴趣、发展方向、对老师的感情等诸多因素和条件来确定自己学习所要达到的目标。比如，有“学痴”一类的，以高分为目标，考第一名，体现自我价值；又如现在流行的“考研帮”，皆把目标投在考研的课程上，英语、政治、专业课自然是他们花精力的课程；还有诸如考公务员、实践型之类等。

4. 学习形式的多样性　课堂教学虽然还是大学生学习的主要途径，但已不像中学生那样几乎是唯一的途径了，大学学习已不再是单纯的教与学、讲与背、堆积如山的课后作业了，大学教师通过开展各种形式的讲授，充分调动学生学习的积极性和主动性，如课堂讨论、精彩的辩论赛、写论文、做实验等各种方式的活动等并不鲜见。考试也逐渐向口试、论文、开卷、实践操作等方向过渡。除了校内查资料、协助教师科研工作、听各种学术讲座和报告、参加学生会工作等学习形式外，走出校门的社会调查及咨询服务等，也都是大学生学习的重要途径。

5. 学习具有研究和探索的性质　大学生的学习具有研究和探索的性质，这不仅表现在他们完成毕业论文(设计)，参加学术报告会、讨论会和学会活动上，还表现在所学课程上。大学生已逐步养成良好的科研习惯，有的还参与了教师的科研项目，或独自进行了一些科研，取得了一定的科研成果。

二、大学生学习能力的培养

(一) 大学生学习动机的培养

1. 通过大学生学习目的的教育，启发学生学习专业的自觉性　学习目的教育是一项经常的重要工作，进行学习目的的教育，从而形成长远的、间接的动机，产生正确的学习态度，提高学习热情与学习自觉性。教育工作者可采用适合大学生心理发展水平的、生动活泼的方式，把学习目的与生活目的教育联系起来，可成功培养学习动机。在进行正面教育时，也要结合学生的实际表现对某些不正确的学习动机和学习态度予以否定，使学生头脑中产生新旧动机的斗争，帮助他们克服弱点，逐步形成积极的学习动机和学习态度。

2. 培养大学生强烈的求知欲和浓厚的认识兴趣　培养大学生的求知欲，不仅意味着使大学生认识到知识对社会和自己的意义而产生学习的需要，还意味着在从事活动的过程中产生愉快的情绪体验，从而产生进一步学习的需要。首先，要明确知识对大学生事业的意义是形成认识兴趣的重要条件；其次，要创设一定的任务条件，使大学生面临某种实际任务。

3. 组织大学生参加实践活动，在实践活动中不断满足和引起学习的需要和学习的兴趣　学生在实验课中以及参加各种科研小组、志愿者服务活动中，由于进一步体会到知识的实践意义，深感自己知识的不足，从而引起新的学习需要，增强了学习动机。

(二) 大学生学习习惯的培养

习惯是人在较长时间内形成的规律性的行为方式，一旦形成便难以改变。长期有规律地安排学习的人，便可以养成良好的学习习惯。有利于通过生物钟、通过条件反射自动提醒你自觉地去做应该做的事。有利于发挥下意识的作用。有利于调动潜意识为学习服务。

1. 耐心发动，逐渐加速　一个人培养习惯也是如此，要循序渐进。一开始先朝着理想目标动起来。一次行动的价值要超过一百句口号，一千次决心。一个学生，在前进的道路上，如果能说到做到，便很了不起。久而久之，便习惯成自然了。俗话说："有志者，立长志；无志者，常立志"。为何常立志？原因是：很想好好做，就是做不好。因此，要养成良好的学习习惯，第一步就要说到做到，坚定不移。

2. 控制时空，约束自己　人的行为，很大程度上受情景因素的影响。因此，在习惯形成的过程中，在自己的自制力还不十分强的情况下，应从控制自己的活动时间和活动空间入手来约束自己的行为。

3. 偶有偏离，及时调整　培养习惯，就像走路一样，发现走的路线不对，及时调整到对的轨道上去，久而久之，一条小路便踩出来了。

4. 进入轨道，自由飞行　按照良好学习习惯的要求去努力，先是慢慢启动，继而逐渐加速，在行进中不断调整，最后进入轨道。这就像卫星一样，一旦进入轨道，就再也不会走走停停了，就会沿着轨道不停地飞行。进入轨道以后，你就仿佛进入了自由王国，你再不必着意约束自己，而是顺其自然，你是在做惯性运动。这时你还需要注意两件事：一是要消除外部干扰，二是要排除内部故障。

三、大学生常见的学习心理障碍及调适

（一）学习情绪障碍及对策

1. 学习情绪障碍类型

（1）学习焦虑型：学生在学习过程中遭受失败，害怕成绩不好受到老师、父母的批评、责备，造成学习中精神紧张，比如害怕老师提问，害怕测验、考试，更因此整天处于惶惶不安的焦虑、紧张状态及不可自拔之中。

（2）学习自卑型：反复的失败，使他们在学习上对自己渐渐丧失信心，总感到自己比别人笨，一切比不上别人，因此学习上缺乏赶上去的勇气，自甘落后，不愿做出任何努力。长此以往，情绪低落，思维迟钝，学习上的缺漏也就越积越多。

（3）学习消极型：这类学生因缺乏学习动力，学习情绪始终处于低潮，对学习活动不感兴趣，对自己又漠不关心，经常不做作业或抄别人的作业应付了事，对学习成绩也抱无所谓的态度。

2. 学习情绪障碍的对策

（1）正确评价自己，不要只看到自己学习成绩的不足，也要看到自己在其他方面的优点和长处，这样不仅能转移、弱化他们的自卑情绪，而且能够引导他们把在其他方面所显示出的能力，迁移到学习上。

（2）建立切合自己实际的期望目标，过高期望目标容易使人因无法达到而灰心、失望。

（3）要注意加强学习方法，特别是应考技巧的指导，提高他们的应考能力，这样可以减轻甚至消除其对考试的紧张与焦虑情绪。

（4）不要强调分数的重要性，以免把他们的注意只集中于学习的结果，而应把他们的注

意引向学习内容与学习过程中，找出原因，解决问题。

(5) 进行鼓励性评价，不要拿自己同别人作横向比较，而应在自己原有基础上的不断提高和进步，以恢复他们学习上的自信心，并逐步消除自卑情绪。

(6) 训练意志力，激励努力克服学习中的困难。

(二) 大学生考试心理与调适

考试是大学生学习生活中非常重要的一部分，每个人对考试的态度和感受都不尽相同。对考试的态度直接会影响学生的考试成绩、学习的积极性，甚至影响学生的身心健康。

考试焦虑是指因考试压力引起的一种心理障碍。主要表现在迎考及考试期间出现过分担心、紧张、不安、恐惧等复合情绪障碍，还可伴有失眠、消化功能减退、全身不适和自主神经系统功能失调症状。这种状态影响考生的思维广度、深度和灵活性，降低应试的注意力、记忆力，使复习及其考试达不到应有的效果，甚至无法参加考试。

1. 考试焦虑者的心理特征　并不是所有参加考试的人都会出现考试焦虑，但有些人特别容易产生考试焦虑。

研究发现，具有以下心理特征的人较容易产生考试焦虑：① 自我意识强烈，经常认为别人都在注视、议论自己，越是人多和陌生的地方，越觉得不自在，一举手、一投足都顾虑重重的人；过多地注意别人对自己的评价，希望得到别人赞扬，关心自我在别人心目中的形象的人。② 具有内向性格，习惯于进行内心活动，而不擅长表露自我的人。③ 自卑感较重，对考试取胜缺乏信心的人。

其实，考试时过于担心自己会怯场、晕倒，这是没有必要的。如果总是这样想："我会晕倒的，我会晕倒的……"那么你的脑子可能会真的发晕，这是由于不良的自我暗示的缘故。如果外界的不良刺激和自己的不良感受与暗示同时作用于大脑，脑细胞就会产生不适宜的兴奋或抑制，从而影响神经系统的活动，产生不适宜的情绪，影响人的正常的活动。

2. 考试焦虑的原因　考试焦虑实际上是由以下三种基本成分交织而成的一种复杂的情绪反应。

(1) 考试焦虑的认知成分：它是以担忧为特征，由消极的自我评价或他人评价所形成的意识体验。比如有的同学在考试前，总是反复地想考不好怎么办；还有的同学则一听说考试就不由自主地想起过去考试失败的情景，如此种种。这些意识体验继续下去，多次强化，就会形成习惯化的思维定势，在认识上维持了焦虑状态，从而干扰正常水平的发挥。

(2) 考试焦虑的生理成分：即同自主神经系统活动增强相联系的特定的情绪性反应。例如，心率加快、呼吸加剧、肠胃不适、尿频多汗、头痛失眠等生理现象。这些生理反常会导致焦虑加深、情绪更加浮躁。

(3) 考试焦虑的行为成分：它是通过防御或逃避所表现出来的一定的行为方式。如在考场上惶恐不安，多余动作或思维活动增加，或者胡乱答完卷子早早离开考场，或者干脆坐在位子上脑子一片空白，答不了题坐等收卷，严重时甚至逃避考试。

3. 考试焦虑学生的心理状态　大致有三种情况。

(1) 把考试的成败看得太重：在临考前，如果你觉得这场考试将会决定你个人的成败，甚至是决定你将来的命运，那么你心中的压力必然会加大；相反，如果你认为考试成绩好坏对自己没什么影响，自然也不会有过多的担心。换言之，考试前精神上的紧张焦虑在很大程度上是因为你把考试成败对自己的影响看得太重的缘故，过度的紧张和焦虑由此而生。也有些同学，特别是平时成绩比较好的同学，过分看重考试成绩和名次，对失败缺乏"免疫力"，无法忍受任何偶然失误或小小退步，总是担心万一考砸了，怎么有脸面对老师、父母和其他同学？所以每次考试都"如临大敌"，高度紧张。总之，对考试的期望值过高，精神负担过重，就会人为地造成超负荷的心理压力。

（2）对考试心里没有把握：有些同学在考前准备的过程中，如果对所考的各门课程掌握得不是很熟练，临考时心里总是没底，不知道自己是否能够应付考试，情绪当然会紧张。这是因为他们本身的能力相对较弱或学习效果较差，对所学的知识掌握得不够熟练，所以缺乏考试的信心勇气。还有些学习成绩尚可，甚至较好的同学（尤其是女同学），本来学习能力较强，水平也较高，但却缺少自信，错误地估计自己的能力和知识水平，总是担心自己准备不够充分，对能否取得理想成绩也心中没底。

（3）平时不良学习习惯和方法的影响：部分同学的考试焦虑有平时学习习惯和方法方面的根源。比如，有的同学可能上课不爱做笔记课后又从不及时复习，每次都是考试前临时抱佛脚，头痛医头，脚痛医脚，手忙脚乱，越是考期临近，越觉得来不及准备。也就越容易产生高度焦虑。

心理学家认为，长期处于紧张状态会使大脑连续高速度运转，休息时间减少，睡眠不安，心理上产生沉重感、压迫感、失落感、抑郁感和不安感，并对身体发生着缓慢的危害性影响。许多临床研究证实，当人们处于紧张状态时，交感神经兴奋，肾上腺素和去甲肾上腺素大量分泌，从而可引起血压和血糖升高，易造成高血压、冠心病等心血管系统疾病；另一方面，长期心理紧张也会使人的自主神经系统功能失调，降低人的免疫抗病能力，从而引起诸如胃肠溃疡、便秘、腹泻、过敏性结肠炎、糖尿病、多汗症、脱发症、偏头痛、肌肉痛、神经性呕吐、神经性厌食、甲状腺功能亢进等心身疾病，增加患癌的机会或导致神经衰弱、心因性反应症、精神分裂症等多种心理疾病。Cannon（1929）在他的经典名著《痛、空腹、恐怖、怒》一书中介绍了他的实验结果：在高难度的考试之后，大学生尿中糖量增加。前苏联鲁利亚（1932）也注意了考试状态中学生的言语和运动的混乱，叙述过考试焦虑高的学生情绪不安定，是神经质的。

4. 辩证地分析考试焦虑　并非所有的焦虑对学习都是有害的。焦虑是一种复合性情绪状态，包括焦虑反应、过度焦虑和焦虑症等三个由轻到重的层次。焦虑反应是人们对一些即将来临的紧张事件进行适应时，在主观上产生的紧张、不安、着急等期待性情绪状态；焦虑症是神经症的一种，主要特点是紧张、不安等症状比较严重，但对产生这些不适的原因不很明确。考试焦虑介于两者之间，属于过度焦虑，其特点是焦虑已明显地影响正常学习和生活，但患者对引起焦虑的原因十分明确，考试一旦解除，多能迅速恢复。

许多研究业已证明，绝大多数考生在临考前都有一定程度的紧张或焦虑，它属于焦虑反应，是正常现象。适度紧张可以维持考生的兴奋性，增强学习的积极性和自觉性，提高注意力和反应速度等，也就是说，在考试及其准备过程中，维持一定程度的紧张是有必要的。但是，考试焦虑与学习效率并非都是呈正相关的。有人发现，紧张的动机和学习成绩呈"倒U形曲线"，即焦虑水平过低、动机过弱不能激起学习的积极性，学习效率在一定范围内随着焦虑的增强而提高，但过强的动机表现为高度焦虑和紧张，反而引起学习效率的降低。这一规律被称之为"耶克斯-多德森定律"。

可见考试焦虑并非完全有害。我们只有结合自己的情况，找出具体的原因，才能把考试焦虑慢慢消除掉。考试焦虑的产生是内因和外因相互作用的结果。外因来自于学校、家庭和社会；内因与个体的个性、抱负、早年经历、认知水平和心理承受能力等有关。考试焦虑是后天习得的心理障碍，它是个体在不良的教育环境下主客观因素共同作用而形成的，多数是因为家长和老师有意或无意对小孩的学习提出过高要求，超越了小孩的承受能力并形成了过度的心理压力。

5. 考试焦虑防治

(1) 减轻压力，放下包袱：有效地降低考试压力是防治考试焦虑的首要措施。考试焦虑与考试密切相关，它常常随着考试的结束而迅速消失，但由于对学生来说不能避免考试，因而应优先考虑在影响正常学习情况下减压。考试压力是考生主观认知在客观条件下作用的结果，教师和家长负有相当的责任。教师和家长应该对考生的学习能力、自觉性和心理承受能力有一个恰当的估计，改变那“压力越大，效率越高”的错误观念。引导考生恰当地估计自己的能力，降低过高的学习目标，保持考生恰当的压力，重视学习过程而不要太计较考试结果，养成将考试当作业、作业当考试的习惯。

(2) 端正动机，改变认知：考试焦虑是考生对考试事件在认知上的歪曲，导致情绪上的紊乱和行为上的异常。他们对自己的要求过高且常常绝对化，以偏概全或糟糕透顶，即认为考试失败会导致可怕的后果。因此，要帮助考生改变对考试和考试焦虑之间关系的错误认知，使他们意识到自我认识和评价是造成压力的关键，帮助他们分析为什么在同样的迎考中，大多数学生没有过高的考试焦虑，通过改变其不合理的思维方式，放下包袱，树立正确的学习动机。

(3) 劳逸结合，有张有弛：大多数考试焦虑患者在处理学习与休息的关系上存在缺陷，他们在学习上投入的时间太多，且生活安排单调，不注意休息和文体活动，即使在娱乐时也在想着学习，使自己的大脑老是处于紧张状态，不能通过文体活动，达到生理与心理上的完全放松，导致神经系统的兴奋与抑制调节功能紊乱。因此，指导考生合理用脑，讲究方法，注意营养，劳逸结合，维护神经系统的正常功能，是防治考试焦虑的重要措施。

(4) 心理分析，揭示原因：心理动力学认为，考试焦虑与早年考试的创伤性经验和个性缺陷有关。心理咨询的实践也证实，多数患者在小学阶段常因考试受挫受到父母或老师的过度惩罚，他们大多性格内向，过分追求完美。本例在心理医生帮助下，回忆在小学一年级时，一次考试在90分以下，便被父母打骂，考卷被撕毁，后来因无法向老师交代而产生严重的心理创伤。这种痛苦的经历沉淀于内心深处而不会磨灭，导致考试焦虑的发生。运用心理分析疗法追寻考生童年时代的创伤性经历，使考生对考试焦虑的原因及其因果关系有一个正确的认识，并注意培养健全的人格，是一种有效的治疗方法。

(5) 学会放松：考试焦虑患者缺乏在特定情景下控制自己的能力，因而有必要帮助他们进行这方面的行为再造。使他们在紧张时能够运用意念控制、调整呼吸等多种方法松弛躯体，转移注意力，抑制交感神经过度兴奋，以达到调整心理状态的目的。在心理医生的指导下进行放松训练更为有效。

(6) 树立自信心：自信是成功的第一秘诀，无数事实证明，在其他条件大致相同的情况下，谁能树立必胜信心，谁就能取得更大的成功。在考前，应客观评估自己的水平，相信自己的能力能得到充分的发挥。在考试中便能保持这种自信心，消除自卑感和忧虑感，“不管风吹浪打，胜似闲庭信步”，以泰然自若的心情去应付各种考卷、各道试题，有条不紊地复习强化所学的知识，不要到临考前夜还在开夜车，拼体力，扰得大脑乱糟糟的。如果精神不振，情绪不稳定，由此引起心理波动，在考场上就难以把握住自己，影响考试成绩。

（三）学习效率问题

学习效率不高往往由多因素造成。较低的学习兴趣、不良的学习习惯、身体的疾病等都能影响学习效率。下面，我们对此进行综合考察。

每一个学习不良者并不一定真的了解自己的问题之所在，要想对症下药，解决问题，对学习问题进行自我评价便尤其显得重要了。

对学习问题可主要从如下几方面进行自我评价：

1. 时间安排问题　学习不良者应该反省下列几个问题：

(1) 是否很少在学习前确定明确的目标，比如要在多少时间里完成多少内容。

(2) 学习是否常常没有固定的时间安排。

(3) 是否常拖延时间以至于作业都无法按时完成。

(4) 学习计划是否是从来都只能在开头的几天有效。

(5) 一周学习时间是否不满 10 小时。

(6) 是否把所有的时间都花在学习上了。

2. 注意力问题

(1) 注意力完全集中的状态是否只能保持 10 至 15 分钟。

(2) 学习时，身旁是否常有小说、杂志等使人分心的东西。

(3) 学习时是否常有想入非非的体验。

(4) 是否常与人边聊天边学习。

3. 学习兴趣问题

(1) 是否一见书本头就发胀。

(2) 是否常需要强迫自己学习。

(3) 是否从未有意识地强化自己的学习行为。

4. 学习方法问题

(1) 是否经常采用题海战来提高解题能力。

(2) 是否经常采用机械记忆法。

(3) 是否从未向学习好的同学讨教过学习方法。

(4) 是否从不向老师请教问题。

(5) 是否很少主动钻研课外辅助读物。

一般而言，回答上述问题，肯定的答案（回答“是”）越多，学习的效率越低。每个有学习问题的学生都应从上述四类问题中列出自己主要毛病，然后有针对性地进行治疗。例如一个学生毛病是这样的：在时间安排上，他总喜欢把任务拖到第二天去做；在注意力问题上，他总喜欢在寝室里边与人聊天边读书；在学习兴趣上，他对专业课不感兴趣，对其他系的某些课却很感兴趣；在学习方法上主要采用机械记忆法。这位学生的毛病一列出来，我们就能够采取有效的治疗措施了。

第三节　创造性思维与学习

近几年,创造教育已成为素质教育的一个重要组成部分,是素质教育的一个比较高级的形式,而创造能力的开发在学生时代尤为重要。我国著名教育家陶行知先生曾大声呼吁“要解放学生的创造力”,号召教育要“向着创造之路迈进”,为培养跨世纪的创造型人才做出贡献。

一、创造性思维的特点

创造力(creative　ability)是指根据一定目的和任务,运用一切已知信息,开展能动思维活动,产生出某种新颖、独特、有社会或个人价值的产品的智力品质。这里所指的产品是以某种形式存在的思维成果。它既可以是一种新观念、新设想、新理论,也可以是一项新技术、新工艺、新产品。创造性思维是人脑最高层次的功能,创造性成果是人类成就的巅峰。

创造性(creativeness)是指有利于成功的从事创造的个性特点,包括创造性人格特点和创造性能力特点。

1988 年斯腾伯格提出了“创造力三维模型理论”,即创造力的智力维度;创造力智力方法维度;创造力的价格维度。1993 年他又与洛巴特根据许多人的研究,提出了“创造力多因素理论”,认为创造力与 6 种因素有关:① 智力;② 知识;③ 认知风格;④ 人格特征;⑤ 动机;⑥ 环境。这 6 种因素互相影响,以综合效果发挥作用。

按照美国心理学家吉尔福德的看法,发散思维当表现为外部行为时,就代表了个人的创造能力。其行为表现有 3 个特征:

1. 变通性　思维能随机应变,举一反三,不易受功能固着等心理定势的干扰,因此能产生超常的构想,提出新观念。

2. 流畅性　反应既快又多,能够在较短的时间内表达出较多的观念。

3. 独特性　对事物具有不寻常的独特见解。聚合思维在创造能力结构中同样具有重要作用。所谓聚合思维是指利用已有定论的原理、定律、方法,解决问题时有方向、有范围、有程序的思维方式。发散思维与聚合思维二者是统一的、相辅相成的。人们在进行创造性活动时,既需要发散思维,也需要聚合思维。任何成功的创造性都是这两种思维整合的结果。

二、影响创造性思维的因素

1. 年龄是影响创造力发展的因素之一　迄今为止,较为一致的观点是:随着年龄的增长,创造力的发展同个体整体发展一样是一个有限的扩展系统,当这个系统扩充、积累,达到一定程度(最高峰)后,其能量流动开始和水流动一样,从高到低逐渐衰退。

1936 年莱曼从一部化学史中,搜集到 244 位化学家的 993 项重要贡献,然后将每项重要贡献与当时的年龄相对照,研究结果显示最多产的年龄是在 30～39 岁之间,39 岁以后,其贡献就急剧减少。他用同样的方法研究了物理学家、数学家、天文学家、发明家、诗人和作家等,也获得了同样的研究结果。以后,又有很多人做了此项研究,结果基本一致,科学家创造力鼎盛时期是在 30～40 岁之间。罗斯曼的研究结果是:科学家首次发明的年龄是 21 岁,完成一生中最重要的发明年龄是 38 岁。

2. 动机是激发和维持个体的活动，并使活动朝向一定目标努力的内部心理倾向或内部动力。创造动机是其中的一种，它在创造活动中有 3 种作用：① 激活功能；② 指向功能；③ 维持和调整功能。

创造的原动力是什么呢？最具代表性的有 4 种理论：

(1) 弗洛伊德的里比多升华说：生的本能是一种表现为个体生命的、发展的和爱欲的本能力量，代表着潜伏在生命自身中的一种进取性、建设性和创造性的活力，它是人类一切文明创造、文学艺术创造的原动力。

(2) 阿德勒的自卑超越说：认为人的自我意识中存在着“自卑”和“优越”两极，自卑感使人产生对优越的渴望，越是自卑的时候，对优越和完美越是渴望，它是个人成就后面的主要推动力。

(3) 荣格的无意识动机理论：生命能量是创造性的能量，它为个人的心理发展提供能源。

(4) 马斯洛的自我实现说：认为人具有不断发展和生长的内在本性，激励它们的是需要的作用，包括生理需要、安全需要、归属需要、自尊需要、自我实现需要。自我实现的本质特征是潜力与创造性的发挥，在创造中人可以体验到高峰体验和终极体验的满足与快乐。其间是一个点点滴滴、随时随地地实现潜能的过程。

3. 创造力人格特质　美国学者怀尔斯研究认为，具有创造力的人都具有以下特质：较能接受各种新事物，做事较专注，乐于接受各种挑战，勇于面对各种困难。美国心理学家托兰斯经过研究列出 28 项创造力人格特质：① 冒险性；② 好发问；③ 尝试困难的工作；④ 完全投入困难中；⑤ 好奇；⑥ 坚定，不退缩；⑦ 果断的；⑧ 假设、猜测；⑨ 独立的判断；⑩ 独立的思维；⑪ 勤奋、忙碌；⑫ 富于直觉、顿悟；⑬ 喜欢独自工作；⑭ 富于兴趣；⑮ 贯彻始终；⑯ 喜欢复杂性的工作；⑰ 孩子气，喜欢嬉戏；⑱ 记忆力好；⑲ 独断；⑳ 自信；㉑ 主动；㉒ 幽默；㉓ 诚恳；㉔ 追求高远目标；㉕ 要求证据；㉖ 富于幻想；㉗ 勇于冒险；㉘ 为了真理，宁可造成伤害。

4. 创造力与智力　创造力与一般能力有一定的关系，研究表明，智力是创造能力发展的基本条件。① 低智商不可能具有高创造性；② 高智商可能有高创造性，也可能有低的创造性；③ 低创造性的智商水平任意；④ 高创造性必须有高于一般水平的智商。

三、创造性思维的培养

大学生的创造性培养需要个人与环境共同的努力。个人因素应具备强烈的好奇心和求知欲、联想的独特性和新颖性、个性的独立性、知识的有效性、不怕犯错误、正确的价值观。环境因素主要是指为大学生的创造活动提供良好的环境与条件，解除专业的约束与紧张的压力，提倡集体合作、自由讨论、尊重科学的学术气氛，运用启发式教学方法等。

(一) 激发创造动机

动机是激发和维持个体的活动，并使活动朝向一定目标的内部心理倾向和动力。人类的任何行为、活动的产生和维持都离不开动机，创造活动同样需要创造动机来激发和维持。创造动机将直接决定个体从事创造活动的期待，对结果的评价和体验，进而影响其从事创新活动的积极性和创造能力的发展。情境教学十分重视在教学过程中创设探究性问题情境，这就为学生创造动机的激发提供了契机。

创造动机在创造活动或创造学习过程中具有内在的推动力量。学习和实践活动是目的性行动，是否有创造性，首先取决于有否创造动机，即是否“想创造”。杜甫作诗，“语不惊人誓不休”，才有选词炼句，字斟句酌的精雕细琢。同样，学生的作文、解题如果有独出新意的动机，就会推动他去放弃习惯做法，破除思维定势，寻求与众不同的思路。创造动机的直接诱因是创造需要、求新意识等，间接动因则是自我实现需要与报效国家相结合产生的事业抱负。

只有渴望创造才有可能创造，创造动机是创造能力的先决条件。为此，首先要激发学生的需要。教师在教育教学时，要引起学生学习某种知识的需要，然后进行教育教学；或者根据学生的需要来决定学习的活动。其次，让学生明确目标。教师的任务之一就是要帮助学生制订既鼓舞人心又切实可行的目标，给学生造成期待的心理，激发他们的欲望，调动他们的全部力量来实现目标。目标实现，再确定新的目标，推动学习的周而复始、循环上升，学生的创造动机才能不断进化。再次，开展竞赛，鼓励竞争。竞赛在激励方法中占有很重要的地位，它的作用是激励优秀，促进落后，使教育的效果普遍提高。

（二）培养创造意志

我国目前独生子女多，家庭教育方法欠当，对学生过于溺爱导致他们自制能力差，依赖性强，意志脆弱，因此，在教学中，进行开放式教育，鼓励学生大胆参与，建立良好的课堂氛围，建立新型的师生关系，逐步培养他们敢于大胆质疑，敢于发表自己的见解和不同意见，敢于与众不同，不怕冒险，不怕失败，逐步培养学生的竞争意识，形成富有挑战的性格，同时注意磨炼他们的意志，因为意志是人们改造客观世界和主观世界，发展能力的重要心理因素，是支配和调节自己行为的强大力量。只有具备这种坚强的意志，才能经受任何困难和挫折，创设必要的困难障碍环境，有意识地磨炼他们的意志，使他们在挫折面前不气馁，永远保持高昂的斗志。

要培养学生具有良好的心理素质和承担能力，既能承受顺境，又能承受逆境。能自觉地沿着所制订的创造目标，克服困难，不达目的不罢休。创造意志集中表现在创造活动中的自觉性、果断性、坚韧性和自制力四个方面。

1. 培养学生的自觉性　自觉性是指一个人对自己行动目的的正确性、重要性有明确而深刻的认识，从而自觉地去行动，以达到预定目的的品质。目的越高尚，理想越远大，则行动中意志越有高度的表现。“合抱之木，生于毫末；九层之台，起于垒土。”要让学生在日常生活和各种实践活动中经受锻炼和考验，一步步地朝着自己的目标迈进。

2. 培养学生的果断性　果断性是指一个人善于迅速估计情况，下定决心和付诸行动的品质。但这绝不是草率从事，而是经过深思熟虑，当机立断地作出正确判断。教师在教育教学中，要抓基础知识的掌握和基本技能的训练，这是形成果断性的基础和前提；抓解决问题的敏捷性训练，重点要放在解决问题思路的训练上。

3. 培养学生的坚韧性　坚韧性是指为了实现目的能不屈不挠、坚持不懈地克服各种困难的品质。意志在克服困难中表现，也在经受挫折和战胜困难中发展，困难是培养学生意志力的“磨刀石”。因此，在教育教学中要经常有意识地给学生安排适当难度的问题，让他们付出一定的努力，在独立思考中解决问题，体验到战胜困难后的愉悦。

4. 培养学生的自制性　自制性是指一个人有善于控制自己的情感，约束自己言行的品质。一个人在行动中如能严格要求自己，行动之后能经常进行自我检查、自我评价、自我教育，有助于发扬优点、克服缺点，逐渐形成自制力。教师在教育教学中要十分重视从预习、听课、复习、检查四个环节上入手，培养学生获得知识和运用知识的能力，养成独立钻研、一丝不苟的良好学习习惯。对学生的不良行为习惯，要及时教育、予以纠正，还要教会学生合理利用时间，提高学习效率。

四、学习动机测验

你的学习动机如何？请对下面题目做出“是”或“否”的回答。

1. 如果别人不督促我，我极少主动地学习。
2. 当我读书时，需要很长的时间才能提起精神来。
3. 我一读书就觉得疲劳与厌烦，只想睡觉。
4. 除了老师指定的作业外，我不想多看书。
5. 如果有不懂的地方，我根本不想弄懂它。
6. 我常想自己不用花太多的时间成绩也会超过别人。
7. 我迫切希望自己在短时间内就大幅度提高自己的学习成绩。
8. 我常为短时间内成绩没能提高而烦恼不已。
9. 为及时完成某项作业，我宁愿废寝忘食，通宵达旦。
10. 为了学好功课，我放弃了许多感兴趣的活动，如体育锻炼、看电影与郊游等。
11. 我觉得读书没有意思，想去找个工作做。
12. 我常认为课本上的基础知识没啥好学的。
13. 只在我喜欢的科目上下工夫，而对不喜欢的科目放任自流。
14. 我花在课外读物的时间比花在教科书上的时间要多得多。
15. 我把自己的时间平均分配在各科上。
16. 我给自己定下的学习目标，多数因做不到而不得不放弃。
17. 我几乎毫不费力就能实现自己的学习目标。
18. 我总是同时为实现几个学习目标忙得焦头烂额。
19. 为了对付每天的学习任务，我已经感到力不从心了。
20. 为了实现一个大目标，我不再给自己制订循序渐进的小目标。

计分与评价：假设选“是”记1分，选“否”记0分，将各题得分相加得到总分。学习动机测验评价表见表3－1。

表3－1　学习动机测验评价表

总　分	学习动机
14～20分	说明学习动机上有严重问题和困扰，需调整
6～13分	说明学习动机上有一定问题和困扰，可调整
0～5分	说明学习动机上有少许问题，必要时可以调整

五、考试焦虑度测验

下面有33道题，每道题都有四个选择答案，请根据自己的实际情况，在题目后面圈出相应字母，每题只能选择一个答案。

A——很符合自己的情况　　B——比较符合自己的情况

C——较不符合自己的情况　　D——很不符合自己的情况

1. 在重要的考试前几天，我就坐立不安了。
2. 临近考试时，我就泻肚子。
3. 一想到考试即将来临，身体就会发僵。
4. 在考试前，我总感到苦恼。
5. 在考试前，我总感到烦躁，脾气变坏。
6. 在紧张的温课期间，常会想到："这次考试要是得到个坏分数怎么办？"
7. 越临近考试，我的注意力越难集中。
8. 一想到马上就要考试了，参加任何文娱活动都感到没劲。
9. 在考试前，我总预感到这次考试将要考坏。
10. 在考试前，我常做关于考试的梦。
11. 到了考试那天，我就不安起来。
12. 当听到开始考试的铃声，我的心马上紧张地急跳起来。
13. 遇到重要的考试，我的脑子就变得比平时迟钝。
14. 看到考试题目越多、越难，我越感到不安。
15. 在考试中，我的手会变得冰凉。
16. 在考试时，我感到十分紧张。
17. 一遇到很难的考试，我就担心自己会不及格。
18. 在紧张的考试中，我却会想些与考试无关的事情，注意力集中不起来。
19. 在考试时，我会紧张得连平时记得滚瓜烂熟的知识一点也回忆不起来。
20. 在考试中，我会沉迷在空想之中，一时忘了自己是在考试。
21. 考试中，我想上厕所的次数比平时多些。
22. 考试时，即使不热，我也会浑身出汗。
23. 在考试时，我紧张得手发僵，写字不流畅。
24. 考试时，我经常会看错题目。
25. 在进行重要的考试时，我的头会痛起来。
26. 发现剩下的时间来不及做完全部考题，我就急得手足无措，浑身大汗。
27. 如果我考了个坏分数，家长或教师会严厉指责我。
28. 在考试后，发现自己懂得的题没有答对时，就十分生自己的气。
29. 有几次在重要的考试之后，我腹泻了。
30. 我对考试十分厌烦。
31. 只要考试不记成绩，我就会喜欢进行考试。
32. 考试不应在像现在这样的紧张状态下进行。

33. 要是不进行考试，我就能学到更多的知识。

计分与评价：统计你所圈各个字母的次数，每圈A得3分、B得2分、C得1分、D得0分。请用下列公式算出你的总得分：

总得分＝3×圈A的次数＋2×圈B的次数＋圈C的次数

评价表见表3-2。

表3-2 考试焦虑度测验评价表

总　分	焦虑水平
0～24	镇　定
25～49	轻度焦虑
50～74	中度焦虑
75～99	重度焦虑

六、创造力测验

测验说明：1～49题选项为：A是，B不确定，C否。

请你根据自己的态度选择字母，回答必须明确，符合实际。

1. 我不做盲目的事，也就是我总是有的放矢，用正确的步骤来解决每一个问题。
2. 我认为，只提出问题而不想获得答案，无疑是浪费时间。
3. 无论什么事情，要我发生兴趣，总比别人困难。
4. 我认为，合乎逻辑的，循序渐进的方法，是解决问题的最好方法。
5. 有时，我在小组里发表的意见，似乎使一些人感到厌烦。
6. 我花费大量时间来考虑别人是怎样看待我的。
7. 做自认为是正确的事情，比力求博得别人的赞同要重要得多。
8. 我不尊重那些做事似乎没有把握的人。
9. 我需要的刺激和兴趣比别人多。
10. 我知道如何在考验面前，保持自己的内心镇静。
11. 我能坚持很长一段时间解决难题。
12. 有时我对事情过于热心。
13. 在无事可做时，我倒常常想出好主意。
14. 在解决问题时，我常常单凭直觉来判断“正确”或“错误”。
15. 在解决问题时，我分析问题较快，而综合收集的资料较慢。
16. 有时我打破常规去做我原来并未想到要做的事。
17. 我有收藏癖。
18. 幻想促进了我许多重要计划的提出。
19. 我喜欢客观而又理性的人。
20. 如果要我在本职工作之外的两种职业中选择一种，我宁愿当一个实际工作者，而不当探索者。

21. 我能与自己的同事或同行们很好地相处。
22. 我有较高的审美感。
23. 在我的一生中,我一直在追求着名利和地位。
24. 我喜欢坚信自己的结论的人。
25. 灵感与获得成功无关。
26. 争论时,使我感到最高兴的是,原来与我观点不一样的人变成了我的朋友。
27. 我更大兴趣在于提出新的建议,而不在于设法说服别人接受这些建议。
28. 我乐意独自一人整天“深思熟虑”。
29. 我往往避免做那些使我感到低下的工作。
30. 在评价资料时,我觉得资料的来源比其内容更为重要。
31. 我不满意那些不确定和不可预言的事。
32. 我喜欢一门心思苦干的人。
33. 一个人的自尊比得到他人敬慕更为重要。
34. 我觉得那些力求完美的人是不明智的。
35. 我宁愿和大家一起努力工作,而不愿意单独工作。
36. 我喜欢那种对别人产生影响的人。
37. 在生活中,我经常碰到不能用“正确”或“错误”来加以判断的问题。
38. 对我来说,“各得其所”、“各在其位”是很重要的。
39. 那些使用古怪和不常用的词语的作家,纯粹是为了炫耀自己。
40. 许多人之所以感到苦恼,是因为他们把事情看得太认真了。
41. 即使遭到不幸、挫折和反对,我仍然能够对我的工作,保持原来的精神状态和热情。
42. 想入非非的人是不切实际的。
43. 我对“我不知道的事”比“我知道的事”印象更深。
44. 我对“这可能是什么”比“这是什么”更感兴趣。
45. 我经常为自己在无意中说话伤人而闷闷不乐。
46. 纵使没有报答,我也乐意为新颖的想法而花费大量时间。
47. 我认为,“出主意没什么了不起”这种说法是中肯的。
48. 我不喜欢提出那种显得无知的问题。
49. 一旦任务在肩,即使受到挫折,我也要坚决完成之。
50. 在下列形容词中选出10个能够说明你的性格的词(表3-3)。

表3-3　说明性格的形容词

精神饱满	机灵	容易动感情
实事求是	足智多谋	性急
虚心	好交际	谨慎
自高自大	有主见	实干家
工作效率高	乐于助人	坚强
有远见	脾气温顺	有朝气

续表 3-3

热情	时髦	自信
好奇	不满足	苛求知识
有预见性	孤独	善良
严于律己	精干	讲实惠
严格	一丝不苟	谦逊
不拘小节	铁石心肠	有说服力
思想比较复杂	有献身精神	有克制力
观察力敏锐	有组织力	束手束脚
比较拘泥于形式	柔顺，听话	有独创性
对很多事都漫不经心	临危不乱，泰然自若	老练
无畏	思路清晰	感觉敏锐
不屈不挠	有理解力	善于创新

参考答案见表 3-4。

表 3-4 创造力测验参考答案

	A	B	C		A	B	C
第 1 题	0	1	2	第 26 题	−1	0	2
第 2 题	0	1	2	第 27 题	2	1	0
第 3 题	4	1	0	第 28 题	2	0	−1
第 4 题	−2	1	3	第 29 题	0	1	2
第 5 题	2	1	0	第 30 题	−2	0	3
第 6 题	−1	0	3	第 31 题	0	1	2
第 7 题	3	0	−1	第 32 题	0	1	2
第 8 题	0	1	2	第 33 题	3	0	−1
第 9 题	3	0	−1	第 34 题	−1	0	2
第 10 题	1	0	3	第 35 题	0	1	2
第 11 题	4	1	0	第 36 题	1	2	3
第 12 题	3	0	−1	第 37 题	2	1	0
第 13 题	2	1	0	第 38 题	0	1	2
第 14 题	4	0	−2	第 39 题	0	1	2
第 15 题	−1	0	2	第 40 题	2	1	0
第 16 题	2	1	0	第 41 题	3	1	0
第 17 题	0	1	2	第 42 题	−1	0	2
第 18 题	3	0	−1	第 43 题	2	1	0
第 19 题	0	1	2	第 44 题	2	1	0

续表 3-4

	A	B	C		A	B	C
第 20 题	0	1	2	第 45 题	−1	0	2
第 21 题	0	1	2	第 46 题	3	2	0
第 22 题	3	0	−1	第 47 题	0	1	3
第 23 题	0	1	2	第 48 题	3	1	0
第 24 题	−1	0	2	第 49 题	3	1	0
第 25 题	0	1	3				

第 50 题答案见表 3-5。

表 3-5　第 50 题答案

下列每个形容词得 2 分：		
精神饱满	足智多谋	观察力敏锐
有主见	有独创性	柔顺，听话
感觉敏锐	有献身精神	有朝气
无畏	善于创新	热情
好奇	不屈不挠	严于律己
下列每个形容词得 1 分：		
机灵	虚心	有远见
自信	一丝不苟	不拘小节
坚强		
其余的形容词得 0 分。		

测试结果评价见表 3-6。

表 3-6　创造力测验评价表

累计得分	创造力水平
110 分～140 分	创造力非凡
85 分～109 分	创造力很强
56 分～84 分	创造力强
30 分～55 分	创造力一般
15 分～29 分	创造力弱
−21 分～14 分	无创造力

如果你有很高创造力，请你尽情享受创造为你带来的乐趣，如果你的创造力不是很强，请你不要泄气，因为创造力不是天生的，也不是一成不变的。通过训练，可以提高自己的创造力。

【案例分析】

学生李平，学习勤奋刻苦，每天早晨5:30起床，晚上10点多才回到寝室。经常最先到教室，上课十分用心，他的笔记在同学们中广泛传阅。期中考试以前，同学们都认为他的成绩肯定会在班级名列前茅。但是在同学自己组织的期中考试当中，他的高等数学和无机化学均考了不到40分的成绩。同学们十分惊讶，他也感到十分意外。但却仍然不知道自己的毛病出在哪，认为还是付出不够。

张力，上课时注意力不集中，老师讲课总是听不进去，总想着课外的事情，比如学生会招新了，什么面试了，班级还要准备什么材料等。课程落下很多，可一到自习室就不自在，不能集中精力去写作业，感觉很苦恼。

专家分析

从中学到大学，是人生的重大转折，大学学习生活的特点表现在：生活上要自理，管理上要自治，思想上要自我教育，学习上要求高度自觉。尤其是学习的内容、方法和要求上，比起中学的学习发生了很大的变化。因此要想真正学到知识和本领，除了继续发扬勤奋刻苦的学习精神外，还要适应大学的教学规律，掌握大学的学习特点，选择适合自己的学习方法，这些对于大学生来讲，尤为重要。一般来讲，有些学生不能适应大学学习生活主要有以下原因：第一，学习方法沿袭高中的老路子，认为搞题海战术就能把课本掌握得很好，而且所学的知识是在做题中总结的，忽视了教材在学习中的重要作用，忽视从教材中理解并且应用知识的能力。第二，团队协作意识不强。自己独来独往，喜欢自己钻研，死抠问题，往往在一个问题上浪费很多时间，不善于与同学交流。第三，上课时间没有利用好。大学的课堂教学往往是提纲挈领式的，教师在课堂上只讲难点、疑点、重点或者是教师最有心得的一部分，其余部分就要由学生自己去攻读、理解、掌握。同学们平时复习只看自己的笔记，对笔记盲目崇拜，忽视了课本内容的整体性，所学的知识不能够连贯起来，融会贯通。第四，缺乏学习的积极性和主动性。

七、团体辅导：提高你的记忆力

（一）活动分析

任何一件实践活动、心理的发展、知识的增长都离不开记忆，有些学生常常为自己的记忆不好而发愁，因此如何开发学生的大脑记忆功能十分重要，过人的记忆力会使学习产生事半功倍的效果，同时对于学生思维能力的提高也能起到一定的促进作用。本活动旨在指导学生掌握记忆的方法，遵循记忆规律，增强记忆力。

（二）活动目标

活动目标一是通过活动与训练，让学生掌握良好的记忆方法；二是使学生了解自己的记忆力状况。

（三）活动准备

将训练材料、记忆常识、方法等知识制成课件。

（四）活动过程

引入课题

在大屏幕上呈现20个名词：信封　纽扣　杯子　碗　邮票　线　茶叶　勺　糨糊　剪刀　碟　水壶　信纸　针　炉子　筷子　笔　衣服　火柴　酒杯

1. 不做任何解释，一分钟后，要求同学们在纸上默写，看看能写多少。

2. 要求在两分钟之内记住，看看能写多少。

3. 让学生比较两次的差异，找出原因。

板书：（要有目的性，要有紧迫感。）

4. 再看大屏幕，能否找出事物之间的联系。找得分高的同学谈一谈记忆的经验。（联系生活知识，找到了20个词的内在联系，理解了事物的意义，按事物的用途分为四类：与喝茶有关的：杯子、茶叶、水壶、炉子、火柴；与缝纽扣有关的：纽扣、剪刀、线、针、衣服；与吃饭有关的：碗、勺、碟、筷子、酒杯；与通信有关的：信封、信纸、笔、邮票、糨糊）。

板书：（要在理解的基础上记忆）

记忆方法的介绍与训练

教师：记忆的方法多种多样，有些方法我们在学习中经常使用，只不过不知道它们的名称。今天，就介绍几种常用的记忆方法：

1. 重复记忆：重复识记是记忆之母。"应该用不断的复习来防止遗忘，不要等遗忘以后再重新去记忆。"（俄——乌申斯基）

2. 过度记忆：花的时间为应需要的150%。

3. 联想记忆：家人→爸爸、妈妈，学校→老师、同学。下面讲的谐音记忆法也是联想记忆的一种。

4. 归类记忆法：将同一类型、同一特征的事件或东西归并在一起（请同学们自己举例）。例如：可以把同一年发生的历史事件归为一类，如重庆谈判、抗战胜利都是在1945年。如在记英语单词中字母oo的发音时，大部分同学对长短音分不清，而它们又没有明显的规律，这时我们就可以把初中阶段发[u]音的单词归纳出来，结果发现，除了字母组合ook中oo发短[u]音外，其他单词根据汉语意思变成一句话：好[good]脚[foot]站[stood]在木头[wood]上。这样，四个常见的发短[u]音的单词就记住了。

5. 谐音记忆法：例如：575829（我吃鱼八两酒）；7791188（吃吃酒摇摇摆摆）；马克思的生日是1818年5月5日（马克思左一巴掌右一巴掌把资本家打得呜呜直哭）或（一巴掌一巴掌打得呜呜响）；3.1415926535897932384626（山巅一寺一壶酒，尔乐苦煞吾，把酒吃，酒杀尔，杀不死，乐尔乐）。

小结：我们应开动脑筋，首先要理解知识的意义，然后通过各种方法，例如谐音法，或者编口诀，或者联系生活中的事件，巧妙地帮助自己记忆。当然，记忆的方法还有很多，同学们可以在今后的学习中去慢慢发现它、运用它甚至创造它。同学们，在你的学习中是否有这样的情形：对于学过的知识，不管是公式、定义、概念，还是英语单词、历史年代等，当堂记住了，等到老师第二天检查时却答不上来，可是自己明明背了。这是为什么呢？对已经记住的内容，隔了一段时间后，就会遗忘很多，这是为什么呢？因为遗忘过程有它自己的规律。德国心理学家艾宾浩斯对遗忘现象进行了研究，根据遗忘曲线能得出如下结论：① 遗忘的速度先快后慢。② 最大量的遗忘，是在学习后一天内发生的。③ 遗忘在前 4 天内，仍然相当显著。④ 遗忘在一星期后放慢，但那时已没有太多的记忆保存。

第一次复习——学习新知识后及时复习，比如下课前，老师做归纳时，用最精练的语言回想课堂学习内容的框架、要点，发现有不清楚的地方及时查对笔记和课本。

第二次复习——在第一次复习的同一天晚上，看看课本或笔记，用自己的话复述要点，或背诵已记忆的内容，也可以像放电影一样回想当天学习的各科知识，发现问题，第二天早晨及时复习。

第三天复习——每周一次，将本星期学习的主要内容复习一遍。

第四次复习——每月一次，将以前所学的知识全部复习。

这样及时间隔复习，就会收到好的记忆效果。有系统地间隔复习可持久地保持记忆；而不及时复习，记忆的保持率已不足 20%，差不多等于从头再学，成绩如何是可想而知的。

复习方法的介绍与训练

教师：复习方法也同记忆方法一样也是多种多样，下面就介绍两种：回忆法和讲解法。

1. 回忆法　就是在背记的过程中，采用自己复述，自己默写的方式，例如背英语单词时，可以看着英文默写中文，可以看着中文默写英文，然后加以对照，把不对的更正过来。背课文时，可以不断地尝试自己背，或请别人帮助抽背，背得不好，再看再记。

2. 讲解法　许多同学可能有这样的体会：当你耐心地给你的同学讲完一道题后，就会发现自己对这道题的理解更深刻，甚至过去自己似是而非的问题也弄清楚了，从而使你的记忆更深刻了，这就是孔子说的“教学相长”。

老师：不少同学在学习时，一遍遍看书，很少合起书来回忆一下书中的要点、思路或公式，结果一看书就懂，一放下书就忘，如果在学习时不断地尝试回忆，那么记忆效果会更好。

回放 20 个词分类记忆表：纽扣、杯子、碗、邮票、线、茶叶、勺、糨糊、剪刀、水壶、碟、信纸、针、炉子、筷子、笔、衣服、火柴、酒杯。用以上的复习方法复习两分钟，再默写，与前两次比较。

结　束

1. 思考几个问题　如何利用记忆方法来提高自己的记忆力？如何避免遗忘？如何看待平时作业、小考？

2. 教师　除掌握记忆的规律和方法外，你的自信心、目的性、动机、兴趣和情绪等非认知因素对记忆也有重要的影响。在这里老师找来了关于记忆的十个要诀，供同学们参考：

记忆的十要诀：

背诵——记忆的根本；

理解——记忆的基础；

趣味——记忆的媒介；

应用——记忆的动力；

卡片——记忆的仓库；
争论——记忆的益友；
重复——记忆的窍门；
联想——记忆的捷径；
简化——记忆的助手；
整理——记忆的措施。

3. 教师总结　相信通过这节课的讲授与练习，会对提高和增强大家的记忆力有很大的帮助，但是大家要知道："冰冻三尺，非一日之寒"，大家一定要持之以恒地去运用，你的记忆力才能有所增强，你才能有更大的收获。

第四章　大学生人际交往与心理和谐

第一节　人际交往概述

一、人际交往与人际关系

（一）人际交往与人际关系的涵义

人际交往包括两个方面的涵义：从动态的角度说，人际交往是指人与人之间一切直接或间接的相互作用，但都不会超出信息沟通和物品交换的范围；从静态的角度说，人际交往是指人与人之间已经形成起来的关系，即通常所说的人际关系。

人际关系的成分包含着认知、情感和行为三种心理因素的作用。认知成分包括对他人和自我的认识，是人际知觉的结果。情感成分是指交往双方相互间的在情绪上的好恶程度及对交往现状的满意程度，还包括情绪的敏感性及对他人、对自我成功感的评价态度等。行为成分主要包括活动的结果、活动和举止的风度、表情、手势以及言语。在这3个因素中，情感因素起着主导作用，制约着人际关系的亲密程度、深浅程度和稳定程度。可见，情感的相互依存关系则是人际关系的特征。

（二）人际关系类型

人际关系是人际交往的结果，反映了人与人之间相互影响的作用的具体状态，由人际交往形成的人际关系对进一步的交往产生促进或阻碍作用，成为人际交往的起点与依据。根据李维奇的研究，把人际关系分为以下八种类型：

1. 主从型　其特点是：一方处于支配地位，另一方处于从属地位。这是人际关系类型中最基本的一种，几乎所有的人际关系都有主从性因素。

2. 合作型　其特点是：双方有共同目标，为了达到这一目标，彼此能配合和容忍对方。

3. 竞争型　其特点是：双方为实现各自目标常常竭尽全力，因而充满活力；由于竞争时间长，又使人感到筋疲力尽。

4. 主从—竞争型　这是一种混合型的人际关系。双方相处中，有时是主从型、有时是竞争型的人际关系，这种变换使双方难以适应，往往无所适从。这是难以相处的人际关系。

5. 主从—合作型　这是一种互补与对称的混合型人际关系，双方在其中能和谐共处。如果其中合作因素超过主从因素，则关系更为融洽。

6. 竞争—合作型　双方在这种人际关系中，时而竞争，时而合作。为维持这种类型的人际关系，双方需要保持一定的心理距离，避免交往过频。

7. 主从—合作—竞争型　这种混合型的人际关系兼有三者的特点，矛盾较多，双方易于陷入困境。

8. 无规则型　这种人际关系较为少见。特点是：双方关系毫无规则，不清楚要做什么。

二、人际交往的理论

美国学者舒茨以人际需要为主线提出人际关系的三维理论，他称自己的理论是基本人际关系取向(FIRO)理论。其要点是：个体都有三种基本的人际需要：包容需要（与他人接触、交往、相容）；支配需要（控制他人或被他人控制）；感情需要（爱他人或被他人所爱）。

——包容需要。如果儿童与双亲交往少，会出现低社会行为，如倾向内部言语，与他人保持距离，不愿参加群体活动等；如儿童对双亲过分依赖则会形成高社会行为，如总是寻求接触，表现忙乱，要求给予注意；如果儿童与父母适宜地沟通、融合，会形成理想的社会行为，无论群居或独处都会有满足感，并能根据情境选择自己的行为方式，人际关系较好。

——支配需要。如果双亲对儿童既有要求又给他们一定自由，使之有某种自主权，会使儿童形成民主式的行为方式；双亲如果过分控制，则易于形成专制式行为方式，如儿童倾向于控制他人，易独断独行；或者形成拒绝式行为方式，表现顺从，不愿负责，拒绝支配他人；或者儿童焦虑过重，防御行为明显。

——感情需要。如果儿童在小时候得不到双亲的爱，经常面对冷淡与训斥，长大后会出现低个人行为，如表面友好但情感距离大，常常担心不受欢迎，不被喜爱，从而避免有亲切关系；如果儿童生活在溺爱关系中，长大后会表现出超个人行为，如强烈寻求爱，希望与人建立亲密的情绪联系；如果儿童能获得适当的关心、爱护，就会形成理想的个人行为，长大后既不会受宠若惊，也没有爱的缺失感，能恰当对待自己。

舒兹的三维理论在解释群体形成与群体分解中提出群体整合原则，即群体形成的过程开始是包容，而后是控制，最后是情感。这种循环不断发生。群体分解的原则是反其序，先是感情不和，继而失控，最后难于包容，导致群体分解。

人际关系需要决定个体与其社会情境的联系，如不能满足可能会导致心理障碍及其他严重问题，如精神崩溃。对于这三种基本的人际需要，人们有主动表现和被动表现两种形式，二者互补。童年期的人际需要是否得以满足以及由此形成的行为方式，对其成年后的人际关系有决定性影响。

三、人际关系的重要意义

人际关系即人与人之间心理上的直接关系，也就是情感上的关系。表现为双方发生好感或恶感，对别人的行为容易接受或无动于衷、积极的交往或闭关自守、心理上与他人相容或不相容等。它反映在群体活动中，人们相互之间的情感距离和相互吸引与排拒的心理状态。和谐、友好、积极、亲密的人际关系都属于良好的人际关系，对于一个人的工作、生活和学习是有益的；相反，不和谐、紧张、消极、敌对的人际关系则是不良的人际关系，对一个人的工作、生活和学习是有害的。

1. 人际关系是人的基本社会需求　幸福感研究表明，结婚的人或有朋友的人，他们生活得更幸福些，原因可能是他们所获得的人际关系发生了作用。人际交往是人类社会中不可缺少的组成部分，人的许多需要都是在人际交往中得到满足的。如果人际关系不顺利，就意味着心理需要被剥夺，或满足需要的愿望受挫折，因而会产生孤立无援或被社会抛弃的感觉；反之则会因有良好的人际关系而得到心理上的满足。

2. 人际关系可用以自我检定社会心理是否健康　心理上的疾病往往由紧张所引起。研究表明，社会支持可减少或防止心理紧张所造成的心理伤害。有些设计精巧的研究表明，社会支持与心理健康的联系是由于人际关系对心理健康发生了作用。在绝大多数场合下，社会支持和高度的自我尊重可以保有一个健康的心理世界。

3. 正常的人际交往可促进个性发展　心理学家研究表明，如果一个人长期缺乏与别人的积极交往，缺乏稳定的良好人际关系，那么这个人往往有明显的性格缺陷。心理学的研究结果表明，儿童与其照看者之间通过积极的交往形成的稳定的亲密关系，是其心理乃至身体正常发展不可缺少的条件。与此同时，如果儿童缺乏与成人的正常交往及由此建立起来的亲密关系，不仅性格发展会出现问题，连智力也会出现明显障碍。例如孤儿院里的孩子被普通家庭收养后，心理交往的状况发生根本改变，其智力发展很快赶上正常孩子。

4. 人际交往可影响心理健康　在心理健康教育实践中，我们也注意到，绝大多数大学生的心理危机与缺乏正常人际交往和良好人际关系相联系的。在同宿舍里，同伴之间的心理交往状况，往往决定了一个大学生是否对大学生活感到满意。那些生活在没有形成友好、合作、融洽的人际关系的宿舍中的大学生，常常显示压抑、敏感、自我防卫、难于合作的特点，情绪的满意程度低。在融洽的宿舍里生活的大学生，则以欢乐、注重学习与成就、乐于与人交往和帮助别人为主流，可见，人的心态与性格状况，直接受到与别人交往和关系状况的影响。

心理学家曾从不同角度做过大量研究结果表明：健康的个性总是与健康的人际交往相伴随的。心理健康水平越高，与别人的交往就越积极，越符合社会的期望，与别人的关系也越深刻。心理学家奥尔波特发现个性成熟的人，都同别人有良好的交往与融洽的关系，他们可以很好地理解别人，容忍别人的不足和缺陷，能够对别人表示同情，具有给人以温暖、关怀、亲密和爱的能力。人本主义心理学家亚伯拉罕·马斯洛发现高水平的"自我实现者"，对别人有更强烈、更深刻的友谊与更崇高的爱。还有的研究结果表明，那些高心理健康水平的优秀者，往往来自于人际关系良好的家庭，这也从一个侧面提供了人际交往状况影响个体心理健康的佐证。

四、人际关系建立与发展的过程

整个人际关系的建立与发展过程，实际上是一个情感卷入和交往由浅入深的过程。在这个过程中，交往双方通过采用自我暴露的方式来增加相互间的接纳性和信任感。人际关系深度的标志，就是交往双方自我暴露的水平。自我暴露水平越高，人际交往的水平越深。

奥尔特曼和泰勒(D. A. Taylor，1973)认为，良好的人际关系的建立和发展，根据交往双方的情感卷入水平、自我暴露水平的不同，从交往由浅入深的角度来看，一般需要经过定向、情感探索、感情交流和稳定交往四个阶段。将人际交往分为定向、情感探索、感情交流和稳定交往四个阶段。

1. 定向阶段　这一阶段包含着对交往对象的注意、选择和初步沟通等多方面的心理活动。注意这是自发的选择，反映着某种需要倾向。选择谁作为交往对象，并与之保持良好的人际关系，需要经过自觉的选择过程。人们往往只选择那些在价值等方面对自己有意义的人作为交往的对象。初步沟通是在选定一定的交往对象之后，试图与这一对象建立某种联系的实际行动。对于社交主动型的人来说，就会表现为主动与已经选定的交往对象打招呼，并与之攀谈。

2. 情感探索阶段　这一阶段的目的是探索双方在哪些方面可以建立真实的情感联系。随着双方交往的深入，双方的沟通也会越来越广泛。在这一阶段，人们的话题仍然避免别人的私密性领域，自我暴露也不涉及自己的根本方面。

3. 感情交流阶段　双方的人际关系安全感已经确立，谈话开始广泛涉及自我的许多方面，并有较深的情感卷入。

4. 稳定交往阶段　交往双方的心理相容性进一步增加，自我暴露更广泛深刻。人们已经可以允许对方进入自己的高度私密性领域，分享自己的生活空间和财产。

五、人际关系的影响因素

现实中，人与人的关系有远近亲疏之分，有的人我们可能一见如故，有的人天天见面，却互不理睬，形同路人；有的从偶然相识发展到莫逆之交，有的形影不离，却反目成仇。人际关系发展到什么水平，交往到什么程度，取决于多方面的原因。概括起来有两类，即主观因素与客观因素，或环境因素与心理因素。

1. 客观因素　包括交往双方社会背景差异及交往外部条件不良等。

(1) 社会背景差异：指交往双方在社会地位、经济条件、家庭出身、职业、经历及所在地区上的差异。一般来说，社会地位相差较大的人之间交往的可能性较少。而经济条件往往直接影响一个人的生活态度，经济条件好的与差的难以在一起交往。一个人的出身、职业、经历、文化程度等对于他的生活态度、价值观念、处世原则及兴趣爱好等，有着极大的影响。这些方面的差别必然影响着人际交流。所谓“道不同，不相谋”，“物以类聚，人以群分”就是这个意思。

(2) 外部条件不良：指交往双方缺乏良好的信息传递方式，交流场所与交际工具，这些外部条件缺乏或运用不当，都会影响人际交往的正常运行，使交往双方发生误会，引起矛盾，导致人际关系的障碍。如不同地域的人，会因为地方性语言的不同、生活习惯的差异，给人际交往造成不便与隔阂。

2. 主观因素　包括认知因素、情感因素和人格因素。

(1) 认知因素：首先是对自己的认识会影响人际交往中的自我表现，如低估自己引起自卑，高估自己产生自负。自卑与自负都是人际交往的心理障碍。其次是对他人的认知，对他人的认知过程中，往往受各种心理效应的影响，如晕轮效应、首应效应、近因效应、刻板印象等。这些效应的消极方面的作用，容易造成在人际交往中对他人片面、绝对化的认知，从而影响人际交往的深入。再次对交往本身的认知，交往过程是彼此满足需要的过程，如果只考虑自己的需要而忽视对方的需要，就会引起交往障碍。

(2) 情绪因素：人际交往中情绪展现应是适时适度的，并随客观情况的变化而变化。情绪反应过于强烈，让人觉得过于感情用事；情绪反应过于淡漠，则会被人认为无情、麻木，这些不良情绪反应都会影响交往。

(3) 人格因素：人际交往中，人格因素至关重要。不良人格特征容易给人以不愉快的感受乃至一种危险感。常见不良特征有虚伪、自私、报复心强、嫉妒心强、猜疑心重，苛求于人、过分自卑、骄傲自满、孤独固执等。

第二节　大学生人际交往

一、大学生人际关系及其交往特点

(一) 大学生人际关系的种类

1. 按照交往的范围分类　可分为三类：① 个体与个体之间，如同学关系、朋友关系、师生关系和亲子关系；② 个体与群体之间的关系，个体与家庭、学生与班级之间的关系；③ 群体与群体之间的关系，如班级与班级之间。

2. 按照社会学的分类　人际关系则分为血缘关系、地缘关系与业缘关系　① 血缘关系指父母与子女的关系，兄弟姐妹之间的关系及由此衍生出的亲戚关系。目前家庭教养方式与大学生的相关研究得到充分重视，家庭中的人际关系显得相当重要。② 地缘关系指居住在共同的地区而产生的人际关系，如同乡关系、邻里关系等，这种关系因共同的乡土观念、相似生活方式、相同的语言文化带来更多的心理相容性，特别是大学新生初次离家求学，老乡在一定程度上起着心理稳定剂的作用，非正式群体中的老乡会始终不灭于校园。③ 业缘关系是指共同的事业、爱好而结成的关系，如师生关系、师徒关系等。大学里的师生关系也有别于中学，师生关系以平等的身份，以学术为纽带而建立的看似疏淡实则志同道合。

(二) 大学生人际关系的特点

大学生人际关系(交往)其实质是一种特定的社会现象，一般具备以下几方面特点。

1. 交往的主动性　人们在交流沟通的过程中，不是一方领导另一方，而是双方都是活动的主体。在日常生活中，我们常可碰到这样的情况，如你上街购物，虽然你可主动地选择某品牌的商品，但营业员也可主动向你介绍相关品牌的商品信息，供你选择。这就是说在人际交往过程中，每一方都是积极活动着的主体，所不同的是所处地位有主次而已。但即使处于次要地位的一方，也不是被动地接受信息，机械地作出反应，而是根据自己的要求、兴趣去理解和分析对方的信息并作出反馈，调整自己的言行，达到信息交流之目的。如在就医过程中，医生与病人之间的关系来说，在诊治方面医生虽然是主动地下诊断开处方，但病人也并非是被动的，他也可向医生反映自己的病情，以及用何药甚至何剂量适合自己，医生根据病人的反馈来调节自己的诊治。

2. 交往的互益性　单个个体的各种活动，虽然可能与外界有密切的关系，但不能称之为人际交往。人际交往必须是在两个以上的个体之间进行的相互作用的活动。一方发出信息会引起另一方在心理和行为上的反应，这种反应反过来成为新的信息作用于前者。如一位护士对一位慢性病人讲："这个病你比我有经验，所以还得多听听您的意见。"病人听后会自然作出积极的反应。所以，人们在影响他人的同时，也接受着他人的影响。

3. 交往的条件性　人际交往中，首要的条件是双方所使用的符号必须相同或相通，这是交往发生的必备条件。可以是语言符号，也可以是非语言符号。如符号不同可闹出许多笑话。例：一个外国人与本国人交往时，必须使用同一种或彼此都能理解的语言，或其他符号，否则易产生歪曲、误解。

4. 交往需要的有限性　我们在探讨了人际交往的重要性后，也不能不重视另一个命题的存在，即交往需要的有限性。研究结果表明，当人们感到孤独，缺乏感情依赖和理解时，没有足够的人际关系支持时，会为人际关系的缺乏而烦恼；当人们交往过多时，难于把精力集中在学习上时，人们又会为过多的交往与复杂的人际关系感到不安。这是因为，一方面，人需要获得明确的自我价值感和安全感，需要进行社会比较；另一方面，人也需要内省的经验，有无拘无束、自由表现自己的机会，因此又需要暂时远离和逃避别人。因为任何与我们交往的人都会对自己构成一种评价压力，与此同时，个体必须对社交生活的行为进行检点，这也意识着某种限制。因此，维持交往需要与独处需要的平衡，是建立良好人际关系的必要前提。大学生人际关系也呈现这个规律，新生之间团队较强，都是一个宿舍集体行动，到二年级以后，通过人际关系的调整与整合后，出现了亲疏，逐渐成为三三两两，进而形成较为稳定的交往群体。大学生交往中存在不容忽视的一个问题是，大家渴望友谊与交往，有着人际交往的迫切需要，常有“心里话儿对谁说”的苦恼，有的个体又存在心灵闭锁的不良倾向，有什么不适不愿意向周围的同学讲起，而是深深埋在心底，长期的积郁，再加上学业负担的压力，使学生的人际调适力下降。

二、大学生人际关系的影响因素

1. 个人才能　人对有能力的人的态度往往出人意料。表面上似乎在其他条件相等的情况下，一个人能力越高，越完善，就越能受到欢迎。研究结果表明，实际上在一个群体中最有能力，最能出好主意的人往往不是最受喜爱的人(E. Aronson)。在工作实践中，我们常常遇到这样的学生，因为他的出类拔萃反而失去了同学的喜欢与信任，这是因为，一方面人都希望自己周围的人有才能，有一个令人愉快的人际关系圈，但如果别人的才能使人们可望而不可即，则会产生心理压力。这也有中国人所讲的“木秀于林，风必摧之”。显然，才能与被人喜欢的程度在一定范围内成正比，超出这个范围，可能会产生逃避或拒绝，任何一个人，都不愿意选择一个总是贬显自己无能和低劣的对象去喜欢。因此，一个才能出众但偶尔有点小错误的人在一定程度上比没有错误的人更受欢迎。近年来的“毛泽东热”也从一个侧面说明这个问题。

2. 外貌的辐射作用　大量的研究表明，外貌魅力会引发明显的“辐射效应”(radiating effect)，使人们对高魅力者的判断具有明显的倾向性。大学生组织的集体活动中，那些最先受到关注的学生总是在同等条件下具有外貌吸引力的人，但值得重视的是，人们对美貌的人的其他方面会给予积极评价，但如果人们感到有魅力的人在滥用自己的美貌时，反过来倾向于对其实施严厉制裁。

3. 个性品质　表4-1为美国心理学家安德森1968年所做的一项调查中得出的。由此可见，排在序列最前面，受喜爱程度最高的6个个性品质中，包括真诚、诚实、理解、忠诚、真实、可信等都或多或少、间接或直接与真诚有关。而排在序列最后的受喜欢程度低的几个品质如说谎、装假、不诚实、不真实等都与虚伪有关,真诚受人欢迎,虚伪令人讨厌。一个人要想赢得别人,与别人保持良好的交往,真诚是必需的品质。因此,建立学生良好的人际关系,真诚是必不可少的。

表 4-1　美国心理学家安德森的调查

最积极的品质	中间品质	最消极品质
真诚	固执	古怪
诚实	刻板	不友好
理解	大胆	敌意
忠诚	谨慎	饶舌
真实	易激动	自私
可信	文静	粗鲁
智慧	冲动	自负
可信赖	好斗	贪婪
有思想	腼腆	不真诚
体贴	易动情	不善良
热情	羞怯	不可信
善良	天真	恶毒
友好	不明朗	虚假
快乐	好动	令人讨厌
不自私	空想	不老实
幽默	追求物欲	冷酷
负责	反叛	邪恶
开朗	孤独	装假
信任	依赖别人	说谎

三、大学生人际交往原则

1. 相互性原则　人际关系的基础是彼此间的相互重视与支持。任何个体都不会无缘无故地接纳他人。喜欢是有前提的,相互性就是前提,我们喜欢那些也喜欢我们的人。人际交往中的接近与疏远、喜欢与不喜欢是相互的。从心理学上讲,每个人都是天生的自我中心者,个体都希望别人能承认自己的价值,支持自己,接纳自己,喜欢自己。由于这种寻求自我价值被确认和情绪安全感的倾向,在社会交往中,更重视自己的自我表现,注意吸引别人的注意,希望别人能接纳自己,喜欢自己。阿伦森的研究表明,人际关系的基础是人与人之间的相互重视、相互支持。对于真心接纳我们、喜欢我们的人,我们也更愿意接纳对方,愿意同他们交往并建立和维持关系。

福阿夫妇(1975 年)研究表明，任何人都有着保护自己心理平衡的稳定倾向，都要求自身同他人的关系保持某种适当性、合理性，并依此对自己与他人的行为得以解释。这样，当别人对我们表示出友好，表示接纳和支持时，我们也感到应该对别人报以相应的友好，这种“应该”的意识会使我们产生一种心理压力，接纳别人，否则我们的行为就显得不合理。与此同时，如果我们的友好的行动别人接纳后，我们也希望别人作出相应的回答，如果别人的行动偏离了我们的期望，我们会认为别人不通情理，从而产生一种不愉快的情绪体验，对对方产生心理排斥。我国古人所讲的“爱人者，人恒爱之”，“己所不欲，勿施于人”是有其心理学基础的。

2. 交换性原则　人际交往是一个社会交换过程。交换的原则是：个体期待人际交往对自己是有价值的，即在交往过程中的得大于失，至少等于失。人际交往是双方根据自己的价值观进行选择的结果。心理学家霍曼斯(1961)提出，人与人之间的交往本质上是一个社会交换过程，人们希望交换对自己来说是值得的，希望在交换过程中至少等于失，不值得交换是没有理由去实施的，不值得交互的关系也没有理由维持，所以人们的一切交往行动及一切人际关系的建立与维持都是根据一定的价值观进行选择的结果。对于那些对自己来说值得的，或得大于失的人际关系，人们倾向于建立和保持，对自己来说不值得，或失大于得的，人们就倾向于逃避、疏远或终止。

我国心理学家研究发现，随着人们的价值观倾向不同，人际交往中存在着不同的社会交换机制。对重内在情感价值的人而言，他们在人际交往中个人情感卷入更多，因而有明显的重情谊、轻物质的倾向，与别人的交换倾向于增值交换过程。他们在人际交往中感到欠别人的情分，因此在回报时，往往也超出别人的期望，这种过程的循环往复，就导致了卷入交往双方都感到得大于失。与此同时，对重外在物质利益的人而言，他们在人际交往中重物质利益意识多于个人情感的卷入，因此倾向于用物质来衡量自己的得失，在人际交往中处于减值交换。

3. 自我价值保护原则　自我价值是个体对自身价值的意识与评价；自我价值保护是一种自我支持倾向的心理活动，其目的是防止自我价值受到否定和贬低。由于自我价值是通过他人评价而确立的，个体对他人评价极其敏感。对肯定自我价值的他人，个体对其认同和接纳，并反投以肯定与支持；而对否定自我价值的他人则予以疏离；此时可能激活个体的自我价值保护动机。自我价值保护(Self-value)指个人对自身价值的意识与评判；自我价值保护指人为了保持自我价值的确立，心理活动的各个方面都有一种防止自我价值遭到否定的自我支持倾向。

人在任何时期的自我价值感，都是既有的一切自我支持信息的总和。自我价值支持的变化无非来自两方面，一方面是符合人们意愿，自我支持力量的增加；另一方面，与人们的期望相反，使人们面临自我价值威胁，因而必须进行自我价值保护的消极变化，即自我价值支持力量的失去或自我面临新的攻击。特别是我们面临肯定的人转向否定时，我们面临两种选择：一是承认别人转变的合理性，否定我们自己，贬低自我价值；二是进行自我价值保护，尽可能维护自我价值的不变，降低所失去的自我价值对自己的重要性。许多研究表明，自我价值否定是非常痛苦的，因此当面临自我价值威胁时的优先反应不是否定自身，而是尽可能保护自己。

4. 平等原则　在人际交往中总要有一定的付出或投入，交往的两个方面的需要和这种需要的满足程度必须是平等的，平等是建立人际关系的前提。人际交往作为人们之间的心理沟通，是主动的、相互的、有来有往的。人都有友爱和受人尊敬的需要，都希望得到别人的平等对待，人的这种需要，就是平等的需要。

5. 相容原则　相容是指人际交往中的心理相容，即指人与人之间的融洽关系，与人相处时的容纳、包涵、宽容及忍让。要做到心理相容，应注意增加交往频率；寻找共同点；谦虚和宽容。为人处世要心胸开阔，宽以待人。要体谅他人，遇事多为别人着想，即使别人犯了错误，或冒犯了自己，也不要斤斤计较，以免因小失大，伤害相互之间的感情。只要干事业、团结有力，做出一些让步是值得的。

6. 信用原则　信用即指一个人诚实、不欺骗、遵守诺言，从而取得他人的信任。人离不开交往，交往离不开信用。要做到说话算数，不轻许诺言。与人交往时要热情友好，以诚相待，不卑不亢，端庄而不过于矜持，谦逊而不矫饰作伪，要充分显示自己的自信心。一个有自信心的人，才可能取得别人的信赖。处事果断、富有主见、精神饱满、充满自信的人就容易激发别人的交往动机，博取别人的信任，产生使人乐于与你交往的魅力。

上述这些人际交往的基本原则是处理人际关系不可分割的几个方面。运用和掌握这些原则是处理好人际关系的基本条件。

四、大学生人际关系困扰及调适

处于青年期的大学生，思想活跃，精力充沛，兴趣广泛，人际交往的需要极为强烈。他们力图通过人际交往去认识世界，获得友谊，满足自己物质上和精神上的各种需要。因此，青年期的大学生希望被人接受、理解的心情尤为迫切。然而对大学生而言，他们对人际关系的追求往往带有较多的理想化色彩，无论是对同龄朋友，还是对师长，往往是以理想色彩看待交往，希望交往不带任何杂质，同时他们也常常以理想的标准要求对方，一旦发现对方某些不好的品质就深感失望。其实大家渴望友谊和交往，有着人际交往的迫切需要，但有一些还是不愿意想和周围同学说，而是深深埋在心底，长期的积郁，再加上学习负担的压力，使大学生的人际适应力下降。因此，和其他人群相比大学生人际关系的挫折感较强，容易由于交往受挫引发心理障碍。

(一) 克服社会知觉中的偏差

1. 首应效应与近因效应　我们通常所说的印象实际上指第一印象(First impression)或最初印象(primary effect)，社会心理学中，由于第一印象的形成上最初获得的信息比后来获得的信息影响更大的现象，称为首应效应(primary effect)，也称为最初印象，与首应效应相比，在总的印象形成上，新近获得的信息比原来获得的信息影响更大，称为近因效应(recency effect)或称为最近效应。

建立良好第一印象的方法是善于表现自己，给别人留下良好、深刻的印象。社会心理学家艾根 1977 年根据研究得出同陌生人相遇时，按照 SOLER 模式表现自己，可以明显地增加别人对我们的接纳性。S 表示坐或站要面对别人；O 表示姿势要自然放开；L 表示身体微微前倾；E 表示目光接触；R 表示放松。从描述中我们可以得出“我很尊重你，对你很有兴趣，我内心是接纳你的，请随便。”轻松良好的第一印象。

卡内基在其名著《怎样赢得朋友，怎样影响别人》一书中，总结了给人留下良好第一印象的六条途径：真诚地对别人感兴趣，微笑，多提别人的名字，做一个耐心的听者，鼓励别人谈自己，谈符合别人兴趣的话题，以真诚的方式让别人感到自己很重要。

2. 晕轮效应　人们从已知的特征推知其他特征的普遍倾向概化为晕轮效应。其正面效应是通过某一方面建立有关别人的印象，最迅速、最经济，帮助人们尽快适应多变的外部世界；其消极的一面在于以偏概全，使人们对别人的印象与本来面目相去甚远。人们习惯于按照自己对一个人的一种品质的存在推断出他还具有一些品质是一种普遍的倾向，如知道某人是正直的，则容易把这人想象成刚直不阿、真诚可信、办事认真、可信赖等甚至爱屋及乌。外表的吸引力有着明显的晕轮效应(halo effect)，当一个人的外表充满魅力时，其与外表无关的特征，也会得到更好的评价。

3. 刻板效应　有些人习惯于机械地将交往对象归于某一类人，不管他是否表现出该类人的特征，都认为他是该类人的代表，而总是将对该类人的评价强加于他，从而影响正确认知，特别是当这类评价带有偏见时，会损害人际关系。如有的大学生认为南方人小气、自私，家庭社会地位高的学生傲气、不好相处等，这种刻板印象容易形成先入为主的定势效应，妨碍大学生正常人际关系的形成。

4. 定势效应　定势效应是指人们头脑中存在的某种固定化的意识，影响人们对人和事物的认知和评价。当我们与他人接触时，常常会不自觉地产生一种有准备的心理状态，用一种固定了的观念或倾向进行评判。如我国成语的“邻人偷斧”是定势效应的例子。

5. 投射效应　人际关系中的投射效应，即“以小人之心，度君子之腹”，指与人交往时把自己具有的某些不讨人喜欢、不为人接受的观念、性格、态度或欲望转移到别人身上，认为别人也是如此，以掩盖自己不受人欢迎的特征。如自私的人总认为别人也很自私；而那些慷慨大方的人认为别人对自己也应不小气，由于投射作用的影响，人际交往中很容易产生误解。

（二）塑造良好的个人形象，增进个人魅力

社会交往中，个体的知识水平与涵养直接影响着交往的效果，良好的个人形象应从点滴开始，从善如流，“勿以善小而不为，勿以恶小而为之”。优化个人的社交形象。

1. 提高心理素质　人与人的交往，是思想、能力与知识及心理的整体作用，哪一方面的欠缺都会影响人际关系的质量。有的学生在人际交往中存在社交恐惧、胆怯、羞怯、自卑、冷漠、孤独、封闭、猜疑、自傲、嫉妒等不良心理，都不易建立良好的人际关系。加强自我训练，提高自身的心理素质，以积极的态度进行交往。

2. 提高自身的人际魅力　应该说，每个个体都有其内在的人际魅力，他是一个人综合素质在社交生活中的体现。这就要求在校的大学生丰富自己的内心世界，从仪表到谈吐，从形象到学识，多方位提高自己。心理学研究表明，初次交往中，良好的社交形象会给对方留下深刻的印象，而随着交往的深入，学识更占主导地位。特别是大学生的个性培养，拓展自己的内涵。

（三）善用交际技巧

1. 换位思考　这对建立良好的人际关系很重要。如果我在他的位置上，我会怎样处理？经常站在对方的角度去理解和处理问题，一切就会变得简单多了。一般而言，善于交往的人，往往善于发现他人的价值，懂得欣赏他人，愿意信任他人，对人宽容，能容忍他人有不同的观点和行为，不斤斤计较他人的过失，在可能的范围内帮助他人而不是指责他人。懂得“你要别人怎样对待你，你就得怎样对待别人。”懂得“己所不欲，勿施于人。”懂得“得到朋友的最好办法是使自己成为别人的朋友”。懂得别人是别人而不是自己，因而不能强求，与朋友相处应求大同，存小异。真诚被认为是人际关系的核心。

2. 善用赞扬和批评　心理学家认为，赞扬能释放一个人身上的能量调动人的积极性。“赞扬能使羸弱的身体变得强壮，能给恐怖的内心以平静与依赖，能让受伤的神经得到休息和力量，能给身处逆境的人以务求成功的决心”。真心真意，适时适度地表示你对别人的赞扬，赞扬要对人也对事，能够增进彼此的吸引力。能够落落大方地说谢谢。我们经常认为特别亲近的人不需要说谢，太小的事不需要说谢，我们在生活中不太愿意直接表达我们的感谢，而是愿意记在心中。事实上，真诚的发自内心的感谢闪烁着人性的光辉。与赞扬相对的是批评。一般情况下，应多作赞扬，少用批评，批评是负性刺激。通常只有当用意善良、符合事实、方法得当时，才有可能产生积极的效果，才能促进对方的进步。批评时应注意场合与环境，应对事不对人，不能对一个人产生全盘否定，这样会挫伤对方的积极性与自尊心，应就现在的一件事而不是将以前的事重新翻出来，措词与态度应是友好的、真诚的。

3. 主动交往　对一个风华正茂的大学生来说，都需要有丰富的人际关系世界，并在这个世界上帮助与被帮助、同情与被同情、爱与被爱、共享欢乐与承受痛苦。在社会交往中，那些主动始发交往活动，主动去接纳别人的人，在人际关系上较为自信。主动交往的稀少源于两方面的原因。一是缺乏自信，担心遭到拒绝，担心别人不会像自己期望的那样理解、应答，从而使自己处于窘迫的局面，伤害了自己的自尊。事实上，问题远没有我们想象的那么严重，因为人际关系中，双方都需要适应，需要人际关系支持陌生情境。二是人们在人际关系方面有许多误解，如先同别人打招呼，在别人看来低人一等，“那些善于交往的人左右逢源，都有些世故，有些圆滑”，“我如此麻烦别人，别人会认为我无能，会讨厌我”等。大学生的主动交往也很重要，特别是当面临人际危机时，主动解释，消除误解，重新建立良好的人际关系非常重要。

4. 移情　人际关系的本质是人与人之间情感的联系与沟通，情感的沟通越充分，双方共同拥有的心理领域就越大，人际关系就越亲密。移情不是同情，而是交往双方内心情感的共通与同一。人是经验主义者，对别人理解高度依赖于自己的直接经验，因此，自我经验的丰富，是理解与移情的必要前提。

5. 帮助别人　心理学家们发现，以帮助与相互帮助开端的人际关系，不仅良好的第一印象容易确立，而且人与人之间的心理距离可以迅速缩短，使良好的人际关系迅速建立起来。日常生活中的患难之交正说明这点。

五、大学生人际交往能力的培养

现代社会中，人们越来越意识到，人际交往已成为人自身不可忽视的能力。它既是人们生存、发展的重要手段，也成为现代人才必备的素质之一。

1. 对情绪的认知与调整　喜怒哀乐等各种情绪伴随于人的活动中，人际关系也不例外。生活中,有的大学生在人际交往中一受挫就容易失去理智,或者无端地把自己的情绪迁怒于他人,这样常常妨碍了与他人的交往,导致了人际关系的不协调,还可能对自己的身心健康造成不利。因此,作为交往主体来说,应学会对自我情绪的了解、表达和监控。

(1) 了解自我的情绪:一是自我省察。在多数情况下情绪只有自己最清楚,因此,要真正了解自己的情绪,就要注意随时反省,看看自己此时此地的境况如何。有些基本情绪,如快乐和悲哀等,我们能够意识到,但有些时候,我们也可能当局者迷。二是接受反馈。当我们处于情绪低潮,或被各种复杂情绪所困扰时,我们的言行举止都会染上情绪色彩,别人对此是会有所反应的。我们只要观察别人的情绪反应,如对自己的态度等,就可以帮助我们觉察自己的情绪,以便自己及时调整。

(2) 恰当地表达自我的情绪:受传统文化的影响,我们往往不善于用“喜怒不形于色”、“含而不露”的修养来限制自己的情绪,这种对自我真实情绪的刻意掩饰往往会带来诸多不良后果,影响人与人之间真情的交流,对负性情绪的否认和压抑还可能使人际关系表面一团和气,内心却积蓄着不满。因此,在了解自我情绪的基础上,学会恰当地表达情绪是非常必要的。要恰当表达情绪,就要承认自己的真实感受。喜怒哀乐乃人之常情,要敢于承认,敢于在别人面前表露自己的真实体验,让他人了解一个真实的你。当然表达情绪要恰当,要注意方式方法。

(3) 有效地调控自我情绪:意大利著名的皮衣商安东尼·迪比奥与美国《时代》周刊的记者谈到自己的成功体验时,不无感慨地说:“其实,我并不是个天生的成功者,从小到现在许多人都比我更聪明,更有才华,我唯一比他们强的只不过是我更容易控制自己的情绪罢了。我很冷静,从不为那些情绪化的事情浪费时间和精力。”要学会对自我的情绪(尤其是不良情绪)加以调控,方法很多,如:合理认知,学会辩证思维;注意宣泄与转移;通过言语来激励自己等。在交往中,除了认识与把握自我的情绪外,还必须学会了解他人的情绪,并在可能的情况下,影响或调节他人的情绪,这两方面的内容缺一不可,都是成功交往的重要基础。

2. 克服人际交往的障碍　人际交往中,不良的人格品质,如羞怯、自卑、猜疑、嫉妒等是人际交往中的最大心理障碍。善于交往的人往往具有许多良好的人格品质。大学生培养良好的人格品质,有助于提高人际交往能力,改善人际交往的质量。成功交往的人格品质包括真诚友善、热情、自信、理解、宽容等。人际交往中,真诚通常被认为是人际关系中最有价值、最重要的一种品质。美国心理学家列出555个描写人品的形容词,让大学生指出其中哪些人品他们最喜欢,哪些最不喜欢,结果在8个评价最高的形容词中,有6个和真诚有关,即真诚、忠诚、真实、信得过和可靠;评价最低的品质中,虚伪居首位,大学生普遍认为无真诚便无友谊可言。正如布鲁诺所说:有真才美,只有真才可爱,虚伪永远无聊乏味,令人生厌。

3. 学习人际沟通的技巧　讲究语言艺术,是培养人际交流能力的重要内容。首先,应正确运用语言,学会用简练、清晰、生动的语言准确表达自己的思想,养成礼貌用语的习惯。其次,学会有效倾听,耐心倾听对方讲话,并表达对对方的尊重、理解。再次,把握谈话技巧。一是交流中的话题内容和语言表达形式应适合对方的知识范围及经验,合乎对方的兴趣、需要,善于运用赞扬批评的技巧,使交往的氛围和谐、友善。注意语言的委婉、含蓄,具有幽默感等。二是学会利用非语言的沟通,指注重语调、语速、声音的高低、面部表情、体态动作等。语言在沟通中的作用是显而易见的,而非语言行为对准确反映出话语的真正思想和情感是不可或缺的，非语言行为在沟通中起支持、修饰、否定语言行为的作用，有时可以直接代替语言行为，甚至表达出语言难以表达的情感内容。因此，在讲话时不仅要注意语气、声调、节奏等，还要注意表情、体态动作的运用。

六、人际关系测试

人际关系就是指人与人之间及其交往的关系。这不仅属于社会学和管理学的课题，同样也是保健学的重要课题。良好的人际关系，与人和睦相处，是一种行之有效的养生之道，一项研究结果表明，有着良好的社交网络的人其发生心绞痛的可能仅为没有良好社交网络者的六分之一。和睦相处、相互包容，良好的人际关系有助于健康长寿。相反，敌视、仇恨那样紧张的人际关系则有损健康，使人减寿。

请根据自己的实际情况填写下表，选择是或否，测试一下自己的人际关系怎样。

1　与自己兴趣爱好不同的人在一起，你并不感兴趣索然无话可谈。

2　如您住在楼上，您会向楼下倒水丢废纸。

3　您常会指出别人的不足，要求别人改进。

4　您是否关心和常谈论别人的私事？

5　您善于和老年人谈他们关心的事。

6　您讲话时常会出现一些不文明的口头语。

7　您是否时而做出一些言而无信的事？

8　当别人对你谈事时，您是否经常觉得很难聚精会神听下去？

9　当您处在新单位，觉得交新朋友很容易。

10　您是个愿意慷慨招待同伴的人吗？

11　您向别人吐露自己的抱负、挫折及种种个人事情吗？

12　在告诉别人一件事时，您是否试图把事情的细节都交代得很清楚？

13　遇到不顺心的事，您会精神沮丧、意志消沉，或把气出在别人身上。

14　您是否经常不假思索随便发表意见？

15　赴约前您不吃大蒜、大葱并避免身带酒气。

16　您是否经常发牢骚？

17　在公共场所你会随便称呼别人的绰号。

18　您关心社会媒体中的社会新闻吗？

19　跟别人约会时，您是否经常让别人等自己？

20　闲暇时，您喜欢与别人聊天。

21　当发现自己无意间做错事伤害别人时，您会很快承认错误并道歉？

22　您是否有时会与别人谈论些自己感兴趣而别人未必感兴趣的话吗？

23　您有逗小孩的小手法吗？

24　您平时告诫自己不要说虚情假意的话吗？

总得分(将实际得分相加)：1、5、9、10、11、15、18、20、21、23、24 选是得 1 分，选否 0 分；2、3、4、6、7、8、12、13、14、16、17、19、22 选否得 1 分，选是 0 分。

结果解释：得分越高，您的人际关系越好。低于 12 分：表示您的人际关系不好，需要努力克服自己某些不足，改善自己的人际关系。

【案例分析】

案例一

蔚子现在是大二的一名女生，现在的状况是容易紧张。蔚子只要看到别人做一些不好的事情或行为，她就难受、紧张、不舒服。按她的话说，“大一时，宿舍有两个同学总是不考虑他人，经常做一些损害他人利益的事情，搞得整个宿舍非常冷淡。现在好多了，可是有一个女生经常在宿舍里唱歌、影响别人休息，有时故意咳嗽，搞得我那么紧张，好像我做错什么，她还总是对另外一个女生非常不好，经常欺负她，我看不惯，心里不舒服就紧张。还有，大教室有人咳嗽，我也紧张，觉得别人在注意我，咳嗽是针对我的。碰到这些事，我就紧张。其实我也不怕人，有次找家教，我帮同学找到了一个，开始那个家长说已经找了一个，可经过我的劝说，同意让我同学去试试。我当时一点都不紧张。”

蔚子从小就具有强烈的竞争心态，各方面要求很高，也是一个自以为是的人。她上小学时，因父母工作忙，把她送到姥姥家。她在城市长大，到了县城，姥姥一家和周围的人都由着她，什么都听她的，她也自认为自己什么都是对的。周围的小伙伴对她的权威深信不疑。后来上高中时，父母将她接回城市。

在第一次咨询时的对话：T 代表咨询者，C 代表来访者

T　你在儿时最崇拜的人物是谁？

C　初中时的，武则天。

T　你最尊重的是哪类人？

C　有教养的人。

T　你最轻蔑的人？

C　道貌岸然的人，伪君子。

T　你的人生梦想是什么？

C　做什么事情都成功。

T　你认为人生中最需要什么？

C　学习。

T　对你而言什么是理想的生活？

C　具有丰富的知识，道德高尚，专心事业，社交场合应付自如。

T　如果让你写一篇作文，“如果有可以实现的愿望，那是什么？”

C　我的愿望很多，也经常变。

T　就这一学期时间内考虑是什么？

C　学习上真正掌握老师所讲授的知识。

T　如果让你写一篇作文，“如果没有那件事的话，我会是什么样？”

C　如果没有那件事，我也许还会考上这样的学校，但是我不会像现在这样容易紧张，对人敏感，我会很快乐。

T　那件事是什么？

C　那是我和高中老师的事。他让我们每人都要买贺卡，我和几个同学都不想要，

就退给发贺卡的同学，发卡的同学给扔了。老师上课问我们对贺卡的事有什么看法，同学们都不发言，我在班里经常站起来说话，这次也不例外，我问老师为什么一定让我们买？老师让我坐下什么都没说，事后，老师还是照样收每个人的钱，我不交，我说已退给发贺卡的，可是发卡的同学不承认，他说没有。这件事以后，老师和我就疏远了，我碰到他就紧张。而且与人交往时也容易紧张。

T　你的父母亲属于什么样的人？

C　我和父亲关系非常好，什么都能说。母亲太严厉，我和她说什么，她总是批判我。

T　你是独生子女吗？

C　不是，还有个弟弟。我总是批评他，教育他。现在想想，真觉得对不住他。

T　年幼时周围人对你怎么评价？

C　大家认为我很能干，都喜欢听我的建议，听从我的安排。

T　你最中意自己的是哪一点？

C　勇敢。

T　你最讨厌自己的是哪一点？

C　没有。我的缺点我都能接受，不好的，我也会改正。

专家分析

她的自我心态图是明显的反 N 型，即自我主张型，也叫我行我素型（图 4－1）。一般都会呈现出 CP 与 FC 高，而 NP、A、AC 低的结果。这种模式是由 CP 与 FC 较高，因此会产生出混合两种自我状态的强烈自我主张。故而具有一丝不苟的顽固的父母批判性心态的性格与崇高的理想，再加上具有好奇心的自由性儿童心态的性格，一旦发现目标就会勇往直前。然而由于 A 得分结果低，因此不善于客观地掌握现实，具有凡事无法冷静做出客观的判断，容易陷入混乱之中的缺点，再加上 AC 得分结果低，因此不善于听取他人意见或者配合他人。总之，独来独往的个性，缺乏反省而形成思想偏激的结果，容易制造出与自己为敌的问题。这类型的人本身并不会烦恼，真正困扰的是周围的人群。由于自我主张的人具有强烈的自己才是正确的意识，因此总是难以觉察出自己的缺点。当发生困扰时，即使发现自己的缺点也无法虚心予以认同。

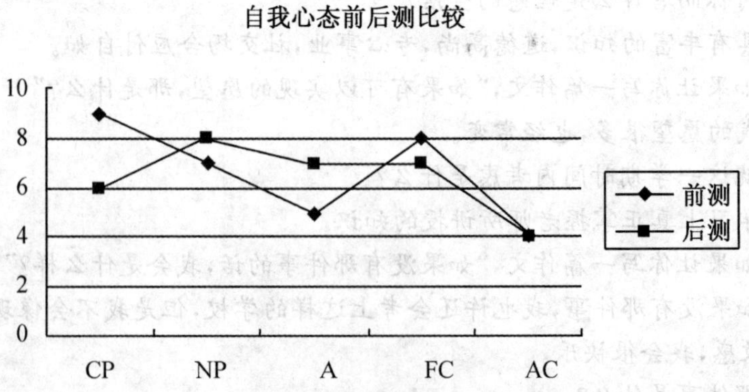

图 4－1　个案咨询前后自我心态图分数比较曲线图

为了建构良好的人际关系，减少以批判性父母心态出现，多以理性的成人心态与人沟通，努力认同他人的存在，听取他人意见。经过三周咨询，她的自我心态图已有明显改观。批判性父母心态降低，成人意识增强，不再那么紧张了。

点评

自我状态间有互相重叠或干扰的现象，我们称之为“污染”，它是个人产生问题或不适当行为的重要原因之一；例如“偏见”是父母自我状态污染成人自我状态的结果，“妄想”则是儿童自我状态污染成人自我状态。本个案中蔚子的成人状态严重被父母状态污染，形成偏见。因此，本案的重点就是去除蔚子的自我心态中的偏见，即“去污染”，就是让当事人了解到自己受污染的状况，并指出何者在污染、如何污染，以达到去污染的效果。换言之，当当事人的反应、感觉或对事物的看法有偏差、曲解或混淆时，咨询员要及时指出他的成人受到何者的污染，并藉认知的剖析，修正当事人的现有状态，以重建当事人及谐和流畅的自我状态。

大学校园中有个别的我行我素的大学生，他们往往听不进别人的意见，并喜欢指手画脚，引起人际紧张。人际适应上的困难，正显示出我们沟通上已出现了障碍，或沟通形态、方式上的僵固与自限。人是多么在乎别人及受别人影响。当感到人际紧张时，甚至影响到一般社会适应与学业，届时就不得不正视人际冲突所衍生后续问题的严重性。当我们在对自己人际冲突原因做反省与分析时，或许前述所谓早年的经验，以及得自于父母的沟通方式，可能是人际问题的本源，像这样的观点，虽不必然如此，但对于提供我们另类思考的空间，却相当有其参考价值。

案例二

杨萌是某理工大学的大二学生，成绩优秀，但她近年来感到异常苦恼。长期以来，她一直经受着心理障碍的困扰和折磨，时至今日，仍旧无法摆脱这个阴影。它已经给她的生活和学习造成了很大的损失。

杨萌从小性格内向、胆小、孤僻。父母对她要求极严甚至苛刻。父亲动起怒来特可怕。父母很正统、很古板，对杨萌的禁忌很多，不准她和陌生孩子交往。父亲认为女孩子在外蹦蹦跳跳、打打闹闹是不正经的，还容易上坏人的当。所以除了学校和家，杨萌很少在外玩耍。

谈到不愉快的经历，杨萌还记得：初中时，一向成绩很好的她，一次提问没答好，老师当众批评她、挖苦她，她难过得直流眼泪。再就是大一时，同室一位同学S来自农村，家境不好，杨萌就经常主动帮助她，可这样反而伤了S自尊似的，S不但不把杨萌当朋友，反而时常挑剔她、指责她、刁难她，故意当她的面和其他同学亲亲热热，冷落她、孤立她。这使杨萌委曲极了，难过极了。她恨自己，自责自己是不受欢迎的人。

不知不觉地杨萌就怕和人接触了，愈来愈害羞了。她认为自己是个怪人，怪毛病就是害羞。一年多来，她从不多与人讲话，与人讲话时不敢直视，眼睛躲闪，像做了亏心事。一说话脸就发烧，低头盯住脚尖。心怦怦跳，肌肉起鸡皮疙瘩，好像全身都在发抖。她不愿与班上同学接触，觉得别人讨厌自己，在别人眼中自己是个“怪人”。

对老师也害怕，上课时，只有老师背对学生板书时才不紧张。只要老师面对学生，就不敢朝黑板方向看。常常因为紧张，对老师所讲的内容不知所云。更糟糕的是，现在在亲友、邻居面前说话也“不自然”了。由于这些毛病，极少去社交场所，很少与人接触。自己曾力图克服这个怪毛病。

分析诊断

杨萌患的是一种常见的心理障碍——社交恐惧症。面对人群时，不但觉得害羞，还感到害怕，而且对自己以外的世界有着强烈的不安感和排斥感，这种对社交生活和群体的不适应而产生的焦虑和社交障碍称为社交恐惧症，它是最困扰大学生的心理问题之一。

施治方案

对社交恐惧症的治疗，一般通过心理分析和心理治疗。对于前面案例中的杨萌，施治方案可采取认知领悟疗法，放松训练法。

首先，让她回顾一下所经历过的不愉快事件，分析一下自己性格形成的过程，以找出造成她现在这种情况的真正原因。从叙述中可以知道：① 杨萌的内向、孤僻、胆小的性格特征是影响人际交往的内在因素。② 父母对她交往中的禁忌意识，使她的性格中形成了较强的羞耻心，这对人际交往起着阻碍作用。③ 少儿时，父亲发怒导致的恐惧反应和老师当众的批评、挖苦所产生的羞辱反应在她的心灵深处留下了负性心理印痕。这种印痕会由于日后的负性生活事件而被激活，对心理障碍的产生和发展起作用。④ 在与同学相处中感到“好心未得好报”，反被误解，恶意相待，于是委屈、怨恨、愤激；又由于心理防御机制的作用，这些挫折反应在潜意识中被转换为对那位同学的压抑的敌意和回避反应导致杨萌产生了泛化心理现象（即由对某一人的敌意、回避发展为对周围的人都产生了戒备心和回避反应）；另一方面，自责、自怨加重了杨萌性格中的羞耻心和胆怯。所以，人际矛盾这桩负性生活事件是导致她对人恐惧的直接的、现实的诱因。⑤ 当杨萌出现对人恐惧反应后，便批评、督促自己该怎样怎样，控制自己不要怎样怎样，这就产生了一种暗示、强化“症状”的作用。再加之她愈感到“不自然”、“狼狈”、“难堪”，头脑中就愈多地出现“想象观念”。这进一步导致了她的自我感觉恶化。如此恶性循环，“症状”便日益严重了。她在这种想改变又未能改变，想摆脱又无力摆脱的困境中，早年的负性心理印痕被激活了，与现实问题交织在一起，产生了综合作用。

当杨萌意识到的社交恐惧症是怎样形成的之后，可以采纳以下一些建议：① 设身处地地站在那位被她帮助而又对她不友好的同学的角度想一想，理解并宽容她。同时检查自己是否存在过敏、多疑等不利于交往的心理。以此，逐渐解除压抑的敌意。② 正确认识人与人间的正常交往，认识人是需要通过交往来表现自我的，摒弃旧的羞耻感，尊重自己的正当意愿。③ 找两位关系较好的女生了解一下她们对你在与人交往中的反应，如脸红、发抖、目光恍惚等“不自然”状态是否确实。目的是让她通过调查，克服“想象观众”的作用。

总结

社交恐惧症相对来说是后天形成的，也就在于社交能力不是与生俱来的。一方面固然需要通过人际交往掌握社交技巧，以扩大社交面，一方面要具备健全的人格发展，才可能进行人际交往。因此，社交恐惧实际上是人格发展过程中，尤其是大学生难以避免的。不过，还是个人人格发展的不健全才导致了习惯性的社交恐惧，从而形成社交恐惧症，影响着正常的学习与生活。所以增强自信、参加集体活动是战胜社交恐惧的关键。

七、团体辅导：人际交往训练

(一) 学习人际交往技能

1. 教学目的　理解、掌握人际沟通中正确的态度和方法技巧。

2. 教学重点　在体验与分享中掌握人际沟通的方法与技巧。

3. 教学难点　人际沟通方法与技巧的有效运用。

4. 教学形式　讲授、行为训练、游戏活动、故事、心理体验、讨论交流。

5. 教学时间　40分钟。

6. 教学内容与步骤。

课前准备

1. 学生分组：全班分成7个6人小组。

2. 多媒体演示课件。

3. 轻松柔和的背景音乐。(课前播放)

4. A4白纸42张。

课前组织(1分钟)

热身活动：请同学们站起来，我们一起做运动：伸出你的双手，1左手掌放在右手掌上面，2左手放回原位，3右手掌放在左手掌上面，4右手放回原位。请跟着节奏一起做，1、2、3、4……节奏越来越快。大家加快点，发现其实这是一个鼓掌运动。好，让我们一起来鼓掌，欢迎大家来上心理健康活动课。

注：通过简单而有趣的热身活动活跃课堂气氛，放松学生心情，拉近师生距离，为后面的学习提供良好的情绪铺垫。

课题引入(5分钟)

1. 自画像分析　呈现四幅以"人际沟通"为主题，学生用投射的方法画的自画像。请若干位学生来做一次小小心理咨询师，分析一下这些自画像反映出同龄人怎样的沟通状态，并简要谈谈自己在沟通中曾经出现过的矛盾和烦恼。

2. 教师导语　人际沟通是需要学习的，没有人天生就是沟通大师，每个人在与人沟通中都会遇到这样或那样的问题、困惑，这是非常正常的事情。重要的，是通过不断的实践和学习，来提高自己的沟通素养和水平。世界著名成功学大师、心理学家卡耐基说："一个人的成功，15%靠专业知识，85%靠人际关系和处世技巧。"就像"人"这个字，是由一撇一捺这两笔构成的，一撇是自己，一捺是别人，这一捺你写好了吗？下面，我们通过一个游戏活动来检测一下。

人际沟通的方法与技巧(31分钟)

1. 相互信任，主动交往(8分钟)

(1) 游戏活动《倒下与接住》

游戏规则:根据场地的大小,组织学生两两对应站好,前面一排的同学站在离地面一定的高度,合起双臂抱于胸前,向后直倒;注意脚不可以踩下面一级的楼梯或地面,身体尽可能平直。后面的同学距离前面的同学大约半个身位,要用力接住。依次换位进行。

要求:尽可能多的同学参加这个游戏(加强内心真实感受)。

(2) 教师导语

① 倒下的那一刻你害怕吗?你相信其他同学会稳稳地托住你吗?倒下的时候你的身体是弯曲的还是挺直的?

② 你现在的感觉是什么?

③ 你从这个游戏中学到了什么?

(3) 学生感受。

(4) 教师归纳:通过刚才活动的体验和亲身感受,我们可以悟出一个道理——人与人之间要互相信任。能放心倒下去的人是信任别人的人,而接住别人的人是被人信任的人。要想被人信任,首先应信任别人。这种相互信任还可以延伸到与人交往的方方面面。在人际交往中,我们有一个共同的期望,那就是希望别人能喜欢自己,接纳自己,支持自己,承认自己。但是任何人都不会无缘无故地喜欢我们、接纳我们。别人喜欢我们是有前提的,那就是我们首先要喜欢他们。要想被人尊重,首先应尊重别人;要想被人关心,首先应关心别人……对于交往的同学,我们首先主动敞开心扉,接纳、肯定、喜欢他们,保持在人际关系中的主动性,这样别人才会接纳、肯定、支持、喜欢我们。

(5) 教师引导:"人际交往中可以通过哪些方式来主动表达对别人的喜欢和肯定?"

(6) 学生讨论。

(7) 教师总结:根据学生的讨论和小组发言,教师概括出若干与人主动交往的方式,如主动向别人问好、打招呼,主动向别人点头、微笑,主动关心别人,主动约别人一起出去玩等。

你希望别人怎样对待你,你就应该首先这样对待别人,相互信任、主动交往,这是我们人际沟通永久不变的终身受用的黄金法则和沟通技巧。

2. 互相帮助,助人助己(6分钟)

(1) 故事《天堂和地狱》

故事概要:有一个人想知道天堂和地狱的区别,就去找上帝。上帝带他去地狱看,地狱里有一口装满食物的大锅,可这里的人却都饿得要命,因为他们每个人都拿着一个长柄的勺子,柄太长,食物送不到嘴里,所以他们吃不到食物。上帝又带他去天堂,结果遇到了同样的装满食物的大锅,同样的长柄的勺子,所不同的是人们生活得很幸福、快乐,根本不存在饿肚子的情况。

(2) 教师引导:同样的装满食物大锅,同样的带着长柄的勺子,天堂和地狱的景象却有天壤之别,这究竟是为什么?

(3) 学生讨论:原来天堂的人们用长柄的勺子互相将食物喂到对方的嘴里,生活在互帮互助互爱的世界里,这是人们建立和维护人际关系的基础与前提。

启示 快乐并不在于勺子有多长,而在于你如何去用它。

(4) 教师小结:在我们的生活、学习及人际交往中,我们都喜欢热情、乐于助人的人,能得到别人的帮助是幸运和幸福的;而帮助别人,最大的回报就是快乐!(助人为乐)帮助别人就是帮助自己。

3. 学会倾听(9 分钟)

(1) 现场随机演示

情景创设:请一位学生讲讲在班上哪位同学最受欢迎,他哪些方面值得自己学习?学生在讲话时,老师东张西望,似乎在寻找什么物品,或打断对方说话,或是到同学中间处理问题,学生讲完了,老师追着问:“你刚才讲什么?”

问题讨论:刚才,我扮演的这个角色是不是一个合格听众?为什么不是一个合格听众?有哪些地方做得不对?

分析引导:请这位学生谈谈自己的感受。引导学生分析不合格听众的表现:如不看对方、不感兴趣、做其他事情、不断插嘴、不耐烦等。指出在倾听时,除了耳朵之外,还要学会用眼睛、表情、动作、语言告诉对方你在真诚、认真地倾听。

(2) 倾听训练:请学生听一篇名为《花雨》的文章。文章中多次出现“花朵”和“雨滴”这两个名词。每当听到“花朵”时,女同学起立,听到“雨滴”时,男同学起立。如果连续听到两个相同的名词,则站立不动。站立的同学要等另一组同学起立后才可坐下。

《花雨》:当花朵最需要雨滴的时候,雨滴适时而来,在我们的故乡,称此时的雨滴为“花雨”,此时的花朵为“雨花”,因为只有这个时候,花朵才最艳丽动人,雨滴才最晶莹光彩。怎样才能描述两者“结合”的情景?曾经让我苦苦思索。近读台湾一位诗人的新作,才让我惊喜读懂了我所理解的诗美:花朵是雨滴的最佳归宿,雨滴是花朵最爱恋的宝贝。雨滴流进了花朵,自己充满了花的欢笑,花朵迎进了雨滴,焕发着雨滴的晶莹。雨滴感染了花朵的颜色,花朵呈现了雨滴的光泽,他们共同映见了天光,并使天光与它们的颜色结合,雨滴进入了花朵,成了花的一部分,花朵融入了雨滴,它的生命是由雨滴构成。

教师表扬那些在倾听训练中反应既快又准,没有出现错误或出错较少的学生,告知大家反应既快又准的前提就是认真倾听。

(3) 教师总结:在人际沟通中,要成为一个受欢迎的人前提就是要学会倾听。不仅要表达自己的意见、想法,更重要的是要用心听对方所传达的信息,才能真正达到沟通的目的。这种倾听的能力,既是一种尊重人的态度,也是一种可以训练的、十分有效的人际沟通的方法和技巧,在人际交往中灵活运用倾听的技巧,将会拥有更多的朋友,赢得好人缘。

4. 双向沟通(8 分钟)

(1) 折纸游戏

游戏规则:请大家拿出一张长方形的纸,然后根据老师的提示进行。操作过程中第一组同学面对面,可以商量,也可询问老师;其他六组同学背对背,不能相互商量,也不能询问老师,独立完成。

游戏过程:

① 折一折:a. 把这张纸上下对折;b. 再把它左右对折;c. 在右上角撕掉一个等腰三角形;d. 然后把这张纸左右对折;e. 再上下对折;f. 在左下角撕掉一个等腰三角形。

② 看一看:做完后,请将这张纸展开来看一下,它的形状是什么?比较第一组与其他六组同学撕的“作品”,发现,第一组同学的作品形状一样或接近,而其他 6 个组的同学撕出来纸的形状差别很大。

③ 议一议:为什么同样的材料、同样的指令,其他 6 个组的同学撕出来的“作品”形状会如此“千差万别”?

学生讨论。教师概括学生的讨论结果,如“没有交流”、“不能问老师”、“不能看别人的”等,肯定同学们的看法。

(2) 教师小结:第一组同学在折纸过程中,因为可以与同学、老师不断进行信息交流和感情沟通,不断反馈修正结果,取得的效果自然很好。其他组的同学因为不能实现双向、多向沟通,作品自然千差万别。一个小小的游戏尚且因为理解不同又无法沟通而出现了这么多的结果,要是我们的人际交往中缺乏理解交流或者理解偏差可能会造成什么后果。产生误解,人际关系紧张等常常是因为你所表达的并不一定就是别人所理解的,你所听到的未必就是别人想表达的。人际交往从来都不是一厢情愿的,它是一个双向的互动的过程。我们要有意识地增加双方的信息交流和感情沟通,不断反馈、调节沟通方式,才能达到沟通的最佳效果,实现人际交往愉快,人际关系融洽。

教师总结提升,引导学生做人际沟通的拓展练习(3 分钟)

通过同学们参与体验和讨论交流,我们了解掌握了相互信任、主动交往,互相帮助、助人助己,学会倾听,双向沟通这四个人际沟通方法和技巧,下面请大家在熟悉的歌声中,运用本节课学到的这几个十分有效的人际沟通方法与技巧,用表示友好的各种动作、语言(如握手、微笑、问好、招手、鼓掌、拥抱、点头、拉手、击掌等)来表达我们与老师、同学主动交往的心愿,体验与人交往带来的快乐,相信这一路走来,欢笑伴随你,友情伴随你。

多媒体显示主题音乐《朋友》,引导大家面带微笑,与组里的每一位成员热情地握手、打招呼、问好,并争取与老师、与更多其他小组的同学握握手,打个招呼、问声好。鼓励同学们越主动越好,交往人数越多越好。

在歌声、欢笑声中结束课程。

(二) 角色扮演情景剧

人际交往体验——转身拥抱阳光

故事简介:赵雨是一个贫困的大学生,她自卑,却又有着强烈的自尊心,这使她显得很清高,她的内心开始远离真实的自己,变得冷漠孤僻,细心的室友在相处过程中逐渐注意到她这种心理,安排了一次生日会,化解她们之间的种种误会。

人　物:A 赵雨(贫困大学生)　B 王悦然　C 李欣　D 张可可

道　具:椅子,书本,馒头,饭盒,电话,洗面奶护手霜等用品,蛋糕,字条

第一幕

音乐起(3 秒后旁白起)

旁白:伴随大学生活的来临,同学们也进入了新的环境,远离了父母,远离了家乡,远离了熟悉的一切,孤独寂寞的情愫油然升起。

王悦然(边哼着歌边上):啊……就我一人来了啊。(有点惆怅,坐下,继续听歌)

(3 秒后李欣上台)

王悦然:Hi,你好啊。你叫什么名字啊?

李欣:你好,我叫李欣,你呢?

王悦然：王悦然，哎，听说你是来自淮安的，那儿的肉圆蛮好吃的，我一直都想去尝尝。

李欣：好啊！好啊！随时欢迎，包你吃个够！

（赵雨走进寝室）

李欣：你好啊！

（赵雨低头不语走到自己的床铺整理东西）

王悦然：（凑到李欣耳边）她怎么不说话啊？

李欣：算了，也许陌生，过一阵子就好了，你是从安徽来的，那黄山你一定去过咯？

王悦然：那是，那里的风景漂亮着呢！

（张可可进）

张可可：你们都在啊，我叫张可可，江西人，以后请多多关照啊！

王悦然：（故作严肃）王悦然，女，安徽人。

李欣：（跟着故作严肃）李欣，女，重庆人。

（接着笑成一片，赵雨仍旧做着自己的事情）

张可可：我刚去逛了下学校，挺漂亮的，现在差不多到吃饭的时间了，我们一起去吧！

王悦然，李欣：（一起说）好啊好啊！

张可可：（转向赵雨）你不去吗？

赵雨：（小声说）我叠好了被子再去，你们先去吧。

张可可：好吧，那我们先走了。

第二幕

（食堂）

王悦然：唉，到了这里才知道妈妈做的菜是最好吃的！

李欣：那还用说，家乡菜永远是最好吃的！

张可可：怎么，你们才来就想家了呀？

李欣：嘿嘿，寝室就是我们的家了，等会回去就是了，还用想吗？

（李欣无意中看到赵雨独自坐在不远处）

李欣（指着赵雨）：你们看，那不是赵雨么？

王悦然：她怎么一个人坐那儿啊，我去叫她过来一起吃吧。（走到赵雨身边）赵雨，你什么时候来的？怎么一个人在这吃啊？

赵雨（吓了一跳）：啊？我饿了就来了啊。

王悦然（看着她手上的馒头）：你午饭不吃，怎么啃馒头啊？

赵雨：馒头好吃啊，我不喜欢吃饭。（故作轻松地咬了一口馒头）

王悦然：可是中午应该多吃一点啊，一个馒头怎么够啊？

赵雨（不耐烦）：我爱吃什么就吃什么，和你有什么关系，你不去吃饭来这里研究我吃馒头干什么！

王悦然：我没别的意思啊，我是想叫你跟我们一起去吃饭呢，你……

赵雨（打断王悦然的话，非常不耐烦）：行了行了，你回去吃饭吧，我不过去了。

（王悦然一脸郁闷地回到自己的位置）

李欣：怎么了？她好像不高兴啊！

王悦然：她不想过来，大概闻到饭香也会吐吧！

张可可：到底怎么回事啊？

王悦然：算了，我多管闲事，不说了，我们吃饭。

（李欣、王悦然对看了一眼，便低头吃饭，气氛好像被破坏了）

第三幕

（第二天，在学校的林阴道上，王悦然、李欣、张可可有说有笑地边聊天边走路，赵雨一个人走在前面）

张可可：赵雨，不要走那么快啊，我们一起走嘛！

赵雨：哦。（放慢了脚步，跟其他三个人并排走着）

李欣：听说我们的辅导员很幽默呢！

张可可（花痴样）：是吗？长什么样子啊？帅不帅？多大了？

王悦然（笑）：哈哈，你花痴啊，是个女的啦！

（除了赵雨，她们都笑得前俯后仰，赵雨渐渐地落在了后面）

（下课后）

张可可：听那些学姐学长们说这里的图书馆好大，有很多书呢，一起去看看吗？

王悦然：好啊，我也一直很想见识一下！

李欣：嗯，叫上赵雨吧（四周看了一下）咦？她人呢？怎么一下课就不见了？

王悦然：估计叫了也不会去吧，我们自己先去好了。

张可可：那走吧！

（赵雨其实是在教学楼的门口等她们出来，而王悦然她们已经从另一边去了图书馆，等了一会儿，赵雨便独自回到了寝室）

（寝室里）

旁白：寝室的空间并不大，赵雨却感觉这是一座偌大的空城，她独自站在这中央，站在这快要让人窒息的寂静中，空城里再没有其他人，只充斥着她的寂寞，她的孤独，和她因寂寞和孤独突然感觉到的恐惧……

（赵雨坐下，拿起电话，拨了家里的号码，良久）

（电话接线员：您拨打的用户暂时无法接通，请稍后再拨。）

（赵雨失落地放下电话，拿起书随意地翻着，这时候李欣她们三个回来了）

李欣：你已经回来了啊，刚下课后你去哪了呀？

（赵雨无力地摇了摇头，似乎懒得说话了）

王悦然（拉过李欣）：算了，她一直都这样，不想说话就算了。

（赵雨起身离开，一转身撞到手里拿着饭盒的张可可，里面的菜汤把张可可溅了一身）

张可可：啊！！我的衣服，这个好难洗的！

王悦然：怎么回事，你怎么那么不小心啊！

赵雨（手足无措）：对不起！对不起！我不是故意的……

李欣：先去把衣服换掉吧！

（王悦然三人下场，赵雨独自站在那里愣着）

旁白：接下来的那几天，赵雨仍旧保持着她特有的沉默，其他三人也很识趣地不再主动去找她，路上熙攘的人群中总是看见她一个人低头走着自己的路，似乎她是来自另一个世界的……

第四幕

（寝室内，赵雨在翻书，王、李、张提着一大堆东西进来）

王悦然：好重啊，买太多了。

李欣：我们来看看自己的成果吧。

张可可：还成果呢，手都提肿了，叫你们下次买偏不听。

王悦然：这不是提回来了吗？

李欣：唉，那服务员说这款洗面奶是新上市的，洗过之后脸上会一片清爽。我想试试这效果如何。

张可可：花那么多钱买一瓶新上市的洗面奶多不值啊！我这件衣服才实惠呢。

（拿出衣服）

看，是不是既大方又漂亮。

王悦然：不错啊。你们都没买防晒霜、晒后护理、洗面奶之类的吗？这里紫外线这么强，要保护好呀！

李欣：对啊，我都给忘了。下次吧。

张可可：下次记得叫上我，我还想多买几件短袖呢！

王悦然：赵雨，你怎么不去超市买些东西呢？女生可要提早做好夏天的防护工作啊。

我发现你好象什么都没买呢！

赵雨：你们买了，我就一定要跟着你们一起买吗？我才不屑用那些东西呢！

王悦然：我又没这么说，只是一番好意而已，你有必要这么冲吗？

赵雨：好意？我看你们就是讽刺。

李欣：赵雨，你不能这么啊。

赵雨：怎么不能呀，你们以为用了这些东西就能变成天仙吗，有钱又怎么样啊。

王悦然：赵雨，你这是什么态度啊？我已经忍你很久了。为什么你总是这种态度呢，要是看不惯我们你就直说啊！

赵雨：我就是看不惯你们，没事装阔，虚伪，（冷笑）什么东西都要炫耀，有意思吗？

王悦然：你别太过分了，你以为你是谁啊？我们买东西还就犯法了？

赵雨：我不管你们买什么东西，你们也别管我买不买什么东西，我的事情不用你们来管！

王悦然：好，你行，你拽，我们吃饱了撑着了才跟你说！

张可可：王悦然、赵雨，你们俩别吵了。干吗为了一点小事吵呢？

王悦然：我受不了了。她一直都这样自命清高，一副高高在上的样子，让人无法忍受，了不起啊。

赵雨：是啊，你们这些有钱人怎么会和我这个穷人在一块！！（转身走了）

（王、李、张怔住了）。

张可可：原来她家真的很贫困。

李欣：悦然，你刚刚说话确实太冲了点……

王悦然：是她先这样说话的好吧？我说话根本就没有带讽刺的，她自己要想那么多我能怎么办?!

张可可:我知道,她确实敏感了些,但这也不能怪她啊,家里没钱,我们又这样,她自然会有些自卑了,我们要谦让嘛。

李欣:话虽如此,但是也不能这样总让着,这样我们不好受她也不会开心的。

(李欣和张可可都看着王悦然)

王悦然:嗯,好吧,刚刚我确实有些不对,但是她这种性格也不行,我不想天天对着一个定时炸弹过日子,我们想想办法吧!

张可可(露出笑容):这样就完美了,我已经有计划了。

第五幕

旁白:赵雨回到寝室,发现寝室里没有开灯,她觉得自己是彻底地被这个世界遗弃了,那些幸福的欢笑永远都不会属于她,她还能奢望什么呢? 妈妈还在家里洗衣服吗? 她应该也在思念着这个今天刚满18岁的女孩吧……

(赵雨打开灯,惊讶地发现自己的桌上摆着一个蛋糕,还有一张字条:祝赵雨18岁生日快乐!

(王悦然三人从门后走出)

王悦然、李欣、张可可:生日快乐!

赵雨(惊异):你们……

张可可:嘿嘿,我们知道今天是你刚满18岁的生日,在外面不比在家里,只有我们帮你庆祝咯,你就将就下吧!

赵雨:可是我今天……

王悦然:赵雨,对不起,今天是我不对,我这人说话就是不经过大脑,希望你不要介意。我们从来都没有因为你的贫困而歧视你,当然也没有同情,我们是用平等的眼光去看你,贫困并没有什么,财富是靠自己的双手创造出来的,其实真正该觉得惭愧的是我们自己,我们用着父母的钱,却如此挥霍,也不为他们想想赚钱的辛苦……呵呵,总之希望我们以后能互相谅解,你也不要总拒人于千里之外嘛!

赵雨:嗯,我也有不对的……

李欣:没事啦,对啦,我一直有个问题想问你呢,你衣服怎么洗那么干净,都像新的一样!

赵雨(不好意思):呵呵,我也发现你们洗衣服的方法不对,等会我教你们吧!

张可可:哈哈,皆大欢喜了!

(王悦然三人唱起了生日快乐歌,赵雨感动得热泪盈眶,唱歌的声音渐渐变小,旁白在歌声中响起)

旁白:在这一首发自内心唱出来的生日快乐歌中,赵雨觉得自己的心理被什么触动了,不再那么僵硬,连呼吸都变得顺畅,她突然觉得,原来她还有一个家,原来她并不孤独,原来生活并没有遗弃她。

(话外音:人生一世,白云悠悠;飘走的是 多少沧桑与眼泪。

岁月苦短,汜水流尽;沉淀的又是多少往事与回忆。

人生真的很难,

会遇到许多沟沟坎坎,会遇到许多挫折与打击,孤独无助时真心希望有人来帮我们一把。

然而，在人生旅途上，有许许多多的看客从我们生命的驿站匆匆而过，

不作任何停留，也没有带走一丝云彩。

只有那些命里注定的人会在我们身边停下，

与我们相识，相知，相惜，

与我们成为朋友，

共同搏击人生长河里的激浪。

朋友们，也许你的眼前是一片无止境的阴霾，

也许你常常在孤独中感到绝望和无助，

但是，请回头看看，你会发现有一大片的阳光在等着你转身去拥抱！）

第五章　大学生情绪管理与调适

第一节　情绪概述

一、情绪的概念

在现实生活中，人们有时会感到高兴和喜悦，有时会感到悲伤和忧虑，有时会感到气愤和憎恶，有时会感到爱慕和钦佩，有时会感到孤独和恐惧等。这些都是人的情绪过程。情绪是极其复杂的心理现象，它有着独特的心理过程。

（一）情绪的概念

情绪是人对客观事物是否符合自身需要而产生的态度体验。情绪同认识活动一样，也是人脑对客观现实的反映。情绪反映的是一种主客体的关系，是作为主体的人的需要和客观事物之间的关系。例如，长期遭受旱灾的地区降了一场大雨，这场雨显然符合人们的主观需要，人们会对之采取肯定的态度，产生满意、愉快等内心体验；相反，已经遭受洪涝灾害的地区仍然降雨不止，造成更大的损失，降雨显然违背了人们的主观需要，人们对之持否定的态度，产生不满、愤怒甚至憎恶等内心体验。情绪以主观态度体验的方式来反映客观对象，并伴随有身体的行为表现和生理变化。情绪最基本的4种表现：快乐、愤怒、恐惧、悲哀。

（二）情绪的过程

美国心理学家伊扎德(C. E. Izard)认为，情绪包括生理层面上的生理唤醒、认知层面上的主观体验、表达层面上的外部行为。当情绪产生时，这三种层面共同活动，构成一个完整的情绪体验过程。情绪与有机体的需要联系紧密，它是以需要为中介的一种反映形式。客观世界的某些刺激并不全都能引发人的情绪，只有与人的需要有直接或间接联系的事物，才使人产生情绪。通常，那种能满足人的某种需要的对象，会引起肯定的情绪体验(例如满意、愉快、喜悦等)；反之，那种妨碍与干扰需要得到满足的东西，就会引起否定的情绪体验(例如不满意、痛苦、忧愁、恐惧、愤怒等)。

1. 生理唤醒　人在产生情绪反应时，常常会伴随着一定的生理唤醒。例如，激动时血压升高，愤怒时浑身发抖，紧张时心跳加快，害羞时满脸通红……脉搏加快、肌肉紧张、血压升高及血流加快等生理指数，是一种内部的生理反应过程，常常是伴随着不同情绪产生的。

2. 主观体验　情绪的主观体验是人的一种自我觉察，即大脑的一种感受状态。人有许多主观感受，如喜、怒、哀、乐、爱、恶、惧等。人们对不同事物的态度会产生不同的感受。人对自己、对他人、对事物都会产生一定的态度，如对朋友遭遇的同情、对敌人凶暴的仇恨、事业成功的欢乐、考试失败的悲伤等。这些主观体验只有个人内心才能真正感受到或意识到，例如，我知道"我很高兴"，我意识到"我很痛苦"，我感受到"我很内疚"等。

3. 外部行为　在情绪产生时，人们还会出现一些外部反应过程，这一过程也是情绪的表达过程。例如，人悲伤时会痛哭流涕，激动时会手舞足蹈，高兴时会开怀大笑等。情绪所伴随出现的这些相应的身体姿态和面部表情，就是情绪的外部行为。它经常成为人们判断和推测情绪的外部指标。由于人类心理的复杂性，有时人们的外部行为会出现与主观体验不一致的现象。例如，在一大群人面前演讲时，明明心里非常紧张，还要做出镇定自若的样子。

生理唤醒、主观体验和外部行为作为情绪的三个组成部分，只有三者同时活动，同时存在，才能构成一个完整的情绪体验过程。例如，当一个人佯装愤怒时，他只有愤怒的外在行为，却没有真正的内在主观体验和生理唤醒，因而也就称不上有真正的情绪过程。因此，情绪必须是上述三方面同时存在，并且有一一对应的关系；一旦出现不对应，便无法确定真正的情绪是什么。这也正是情绪研究的复杂性，以及对情绪下定义的困难所在。

（三）情绪和情感的区别与联系

1. 情绪和情感的区别　我们一直将情绪和情感作为一个统一的心理过程来讨论，但从产生的基础和特征表现上来看，二者是有所区别的，这体现在以下几方面。

（1）从需要的角度看差异：情绪更多的是与人的物质或生理需要相联系的态度体验。例如，当人们满足了饥渴需要时会感到高兴，当人们的生命安全受到威胁时会感到恐惧，这些都是人的情绪反应。情感更多地与人的精神或社会需要相联系。例如，友谊感的产生是由于我们的交往需要得到了满足；当人们获得成功时会产生成就感。友谊感和成就感就是情感。

（2）从发生早晚的角度看差异：从发展的角度来看，情绪发生早，情感产生晚。人出生时会有情绪反应，但没有情感。例如，婴儿一生下来，就有哭、笑等情绪表现，而且多与食物、水、温暖、困倦等生理性需要相关。情感是在幼儿时期，随着心智的成熟和社会认知的发展而产生的，多与求知、交往、艺术陶冶、人生追求等社会性需要有关。因此，情绪是人和动物所共有的，而情感是人所特有的，它是随着人的年龄增长而逐渐发展起来的。例如，人刚生下来时，并没有道德感、成就感和美感等，这些情感反应是随着儿童社会化的过程而逐渐形成的。

（3）从反映特点看差异：情绪和情感的反映特点不同。情绪具有情境性、激动性、暂时性、表浅性与外显性。例如，当我们遇到危险时会极度恐惧，但危险过后恐惧会消失。情绪常由身旁的事物所引起，又常随着场合的改变、人和事的转换而变化。所以，有的人的情绪表现会喜怒无常，很难持久。人在情绪左右下常常不能自控，高兴时手舞足蹈，郁闷时垂头丧气，愤怒时又暴跳如雷。情感则具有稳定性、持久性、深刻性、内隐性。例如，大多数人不论遇到什么挫折，其民族自尊心不会轻易改变。父辈对下一代殷切的期望、深沉的爱都体现了情感的深刻性和内隐性。情感可以说是在多次情绪体验的基础上形成的稳定的态度体验。例如，对一个人的爱和尊敬，可能是一生不变的。正因为如此，情感特征常被作为人的个性和道德品质评价的重要方面。

2. 情绪和情感的联系　情绪和情感虽然不尽相同，却是不可分割的。因此，人们时常把情绪和情感通用。一般来说，情感是在多次情绪体验的基础上形成的，并通过情绪表现出来；反过来，情绪的表现和变化又受已形成的情感的制约。当人们干一件工作的时候，总是体验到轻松、愉快，时间长了，就会爱上这一行；反过来，在他们对工作建立起深厚的感情之后，会因工作的出色完成而欣喜，也会因为工作中的疏漏而伤心。由此可以说，情绪是情感的基础和外部表现，情感是情绪的深化和本质内容。情感是在情绪的基础上形成的，反过来情感对情绪又产生巨大的影响。它们是一种心理活动过程的两个不同侧面，既相互转化，又相互依存。

从情绪和情感的表现来看，一方面，具有一定社会内容的情感，可能以强烈、鲜明的情绪形式表现出来，又能表现为深沉而持久的情操；另一方面，与生理性需要相联系的情绪，都可能由所赋予的社会内容而改变它的原始表现形式，从而表现为情感。

二、情绪和情感的类型

（一）情绪的分类

情绪本身是非常复杂的，因此要对情绪进行准确的分类就显得尤为困难。许多研究者对此进行了长期的探索，其中有两种分类方法颇具代表性。

1. 依据情绪的性质分类

(1) 快乐：快乐是盼望的目的达到后，继之而来的紧张解除时的情绪体验。快乐的程度取决于愿望满足的意外程度。快乐的程度从满意、愉快到大喜、狂喜。快乐是一种追求并达到目的时所产生的满足体验。它是具有正性享乐色调的情绪，使人产生超越感、自由感和接纳感。

(2) 愤怒：愤怒是由于受到干扰而使人不能达到目标时所产生的体验。目的和愿望不能达到，一再受到阻碍，从而积累了紧张，最终产生愤怒。特别是所遇到的挫折是不合理的或是被人的恶意所造成的时候，愤怒最容易发生。当人们意识到某些不合理的或充满恶意的因素存在时，愤怒也会骤然发生。愤怒的程度依次是：不满、生气、愠怒、愤、激愤、大怒、暴怒。

(3) 恐惧：恐惧是企图摆脱、逃避某种危险情景时所产生的情绪体验。恐惧往往是由于缺乏处理、摆脱可怕情景的力量和能力而造成的。引起恐惧的重要原因是缺乏处理可怕情景的能力与手段。

(4) 悲哀：悲哀与失去所盼望、所追求的东西和目的有关，是在失去心爱的对象或愿望破灭、理想不能实现时所产生的体验。悲哀情绪体验的程度取决于对象、愿望、理想的重要性与价值。悲哀的程度依次是：遗憾、失望、难过、悲伤、哀痛。悲哀所带来紧张的释放会产生哭泣。

在以上四种基本情绪之上，可以派生出众多的复杂情绪，如厌恶、羞耻、悔恨、嫉妒、喜欢、同情等。

2. 依据情绪状态分类

(1) 心境：心境是一种使人的一切其他体验和活动都染上情绪色彩的情绪状态。它是持续的、微弱的、平静的。心境的特点是弥漫性。人逢喜事精神爽，生活中的事件，例如事业的成败，工作的顺利与否，与周围人的关系好坏，机体状态如健康程度、疲劳、睡眠情况等都影响心境。有些影响心境的原因人们不一定认识到。心境是一种具有感染性的、比较平稳而持久的情绪状态。当人处于某种心境时，会以同样的情绪体验看待周围事物。例如，人伤感时，会见花落泪，对月伤怀。心境体现了“忧者见之则忧，喜者见之则喜”的弥散性特点。平稳的心境可持续几个小时、几周或几个月，甚至一年以上。

(2) 激情：激情是一种爆发快、强烈而短暂的情绪体验。例如，在突如其来的外在刺激作用下，人会产生勃然大怒、暴跳如雷、欣喜若狂等情绪反应。在这样的激情状态下，人的外部行为表现比较明显，生理的唤醒程度也较高，因而很容易失去理智，甚至做出不顾一切的鲁莽行为。因此，在激情状态下，要注意调控自己的情绪，以避免冲动行为。处在激情状态下，人的认识活动范围往往会缩小，仅仅指向与体验有关的事物；理智分析能力减弱，往往不能约束自己的行为，不能正确地评价自己行为的意义和后果。激情持续的时间较短。激情通常由一个人生活中的重大事件、对立意向(要求)的冲突、过度抑制和兴奋等因素引起。激情也有积极和消极之分。积极的激情可以成为人们积极行动的巨大力量。

(3) 应激：应激是出乎意料的紧张状态所引起的情绪状态。在突如其来的或十分危险的条件下，必须迅速地、几乎没有选择余地地作出决定的时刻，容易出现应激状态。当人面临危险或突发事件时，人的身心会处于高度紧张状态，引发一系列生理反应，如肌肉紧张、心率加快、呼吸变快、血压升高、血糖增高等。例如，当遭遇歹徒抢劫时，人就可能会产生上述的生理反应，从而积聚力量以进行反抗。当驾车出现危险情景的时刻，在遇到巨大自然灾害的时刻，这时就需要人们根据自己的知识经验，集中意志力，迅速地判明情况，果断地作出决定。在应激状态下，人可能有两种表现：一种是目瞪口呆，手足无措，陷入一片混乱之中；一种是头脑清醒，急中生智，动作准确，行动有力，及时摆脱困境。对付应激状态是可以训练的。但应激的状态不能维持过久，因为这样很消耗人的体力和心理能量。若长时间处于应激状态，可能导致适应性疾病的发生。

(二) 情感的分类

情感是同人的社会性需要相联系的态度体验。人的社会性情感主要有道德感、理智感和美感。

1. 道德感　道德感是用一定的道德标准去评价自己或他人的思想和言行时产生的情感体验。不同的时代有不同的道德标准，我们社会主义国家崇尚爱国主义、集体主义、见义勇为和互帮互助等。在青年期，随着世界观的初步形成和人生理想的确立，人的情感也更为独立和稳定，并对人的行为有一种持久而强大的推动力。当一个人的行为符合自己的理想和价值追求时，就会感到自尊、自重，有一种自豪感；当一个人的所作所为同自己坚持的理想和价值标准相违背时，就会感到痛苦、懊悔，甚至丧失自尊心。显然，这种情感体验具有明显的自觉性，能对自己的行为产生调控和监督作用。

2. 理智感　理智感是在智力活动中，认识和评价事物时所产生的情感体验。例如，人们在探索未知事物时表现出的兴趣、好奇心和求知欲，在科学研究中面临新问题时的惊讶、怀疑、困惑和对真理的确信，问题得以解决并有新的发现时的喜悦感和幸福感，这些都是人们在探索活动和求知过程中产生的理智感。人们越积极地参与智力活动，就越能体验到更强烈的理智感。理智感是人们从事学习活动和探索活动的动力。当一个人认识到知识的价值和意义，感到获得知识的乐趣以及追求真理过程中的幸福感时，他就会不计名利得失，以一种忘我的奉献精神投入到学习和工作中。居里夫妇在提炼镭的艰辛历程中以及发现镭的那一刻，所体验到的理智感不是一般人所能有的。

3. 美感　美感是用一定的审美标准来评价事物时所产生的情感体验。在客观世界中，凡是符合我们的审美标准的事物都能引起美的体验。一方面，美感可以由客观景物引起，例如，桂林山水的秀丽、内蒙古草原的苍茫、故宫的绚丽辉煌、长城的蜿蜒壮美，可以使人体验到大自然的美和人的创造之美；另一方面，人的容貌举止和道德修养也常能引发美感，甚至一个人身上善良、纯朴的性格，率直、坚强的品性，比身材和外貌更能体现人性之美。人在感受美的时候通常会产生一种愉快的体验，而且表现出对美的客体的强烈的倾向性。所以，美感体验有时也能成为人的行为的推动力。在生活中，由于人的价值追求和审美情趣的多样化，对美的见解也多有不同。例如，有的人喜欢花好月圆的美，有的人却以丑木、怪石为美；有的人喜欢绚丽和精致的美，有的人却喜欢悲壮和苍凉之美。美感受社会生活条件的限制。不同民族、不同阶层的人们对美的评价标准不尽相同，对美的体验也自然不同。随着社会的进步和观念的开放，人们接触到越来越多的异域风俗和文化。我们应该教育学生在坚持本民族文化传统中正确的审美观念的同时，去鉴别和吸收别国文化中积极、健康的审美情趣。

三、情绪产生的理论

(一) 情绪的早期理论

1. 詹姆斯-兰格理论　詹姆斯-兰格情绪学说是有关情绪的生理机制方面的第一个学说。19 世纪的美国心理学家威廉·詹姆斯和丹麦生理学家卡尔·兰格(C. Lange)，分别于 1884 年和 1885 年不约而同地提出了同一种关于情绪的生理机制的观点。

一般人认为人是先害怕后逃跑，詹姆斯认为是先跑后怕；一般人认为是先怒后斗，詹姆斯则认为是先斗后怒。他认为情绪的主观体验(即主观上觉得的那种心理状态)只是情绪的生理变化的结果，而情绪的生理变化才是情绪产生的原因。詹姆斯认为，通常的说法正是把这个因果关系弄颠倒了。詹姆斯认为，在情绪这件事上，心理变化不是身体变化的原因。怕是什么？怕是心理活动。跑是什么？跑是身体活动。心理活动不是身体活动的原因。

兰格是医生，他的情绪理论与詹姆斯的说法基本一致，不过兰格特别强调血液循环系统的变化，例如心跳等。而詹姆斯所说的生理变化，则是全部内脏的变化再加上肌肉的收缩。例如，眼睛看见老虎，耳闻虎吼，于是，老虎的形象和声音通过我们的眼睛和耳朵这两种感觉器官传到大脑皮层，使我们产生了对于老虎的认识，即知道这是老虎，又联想到老虎是野兽、很厉害、可能会吃人等(詹姆斯认为这时候人还没有情绪，只是认识)。于是，由大脑皮层的外导神经通路引起肌肉的收缩(一般人见到老虎就逃跑或上树，这些都是肌肉收缩)。另外，还出现心跳和呼吸加快、肾上腺素分泌增加、唾液分泌减少等生理变化，这些变化通过内导神经通路传回大脑皮层，使人产生一种主观的体验，这就是情绪。也就是说，由感觉器官到大脑皮层(例如看见老虎，知道是老虎，联想到老虎可能吃人等)，这只是认识，而由此引起的一系列生理变化通过内导神经再传回大脑皮层，才有了情绪的体验或情绪的意识，这就是所谓的先跑后怕的具体过程。

该理论基于情绪状态和生理变化的直接联系，提出情绪是对机体变化的感知，是机体各种器官变化时所引起的感觉的总和。詹姆斯认为，情绪就是对身体变化的知觉。当一个情绪刺激作用于感官时，立刻会引起身体上的某种变化，激起神经冲动，传至中枢神经系统而产生情绪。兰格认为，情绪是内脏活动的结果，强调情绪与血管变化的关系，情绪决定于血管受神经支配的状态、血管容积的改变以及对它的意识。詹姆斯和兰格在情绪产生的具体描述上虽有不同，但他们的基本观点是相同的，他们都认为情绪刺激引起身体的生理反应，而生理反应进一步导致情绪体验的产生。詹姆斯-兰格情绪学说强调生理变化对情绪的作用，强调自主神经系统在情绪产生中的作用。这有其合理的一面。但是它片面夸大了外围性变化对情绪的作用，忽略了中枢对情绪的主导作用，因而引起了很多的争议。美国生理学家坎农(W. B. Cannon，1927)首先反对詹姆斯-兰格理论，并提出了自己的理论。

2. 坎农-巴德学说　坎农对詹姆斯-兰格理论提出了三点疑问，并据此建立了与之不同的情绪理论。对詹姆斯理论的疑问：① 机体上的生理变化在各种情绪状态下差异不大，很难作为依据去分辨各种不同的情绪；② 机体的生理变化受自主神经系统支配，变化缓慢，不能说明情绪的骤变；③ 机体的某些生理变化可由药物引起，但药物只能使生理状态激活，却不能产生某种情绪。

坎农认为，情绪的中心不在外周神经系统，而在中枢神经系统的丘脑。由外界刺激引起感觉器官的神经冲动，通过内导神经传至丘脑；再由丘脑同时向上向下发出神经冲动，向上传至大脑，产生情绪的主观体验，向下传至交感神经，引起机体的生理变化，使个体进入应激状态。因此，情绪体验和生理变化是同时发生的，它们都受到丘脑的控制。

坎农的情绪学说得到巴德(P. Bard)的支持和发展，所以后人称坎农的情绪理论为坎农-巴德学说。

(二) 情绪的认知理论

1. 阿诺德的评定-兴奋说　美国心理学家阿诺德(M. B. Arnold)在20世纪50年代提出的情绪的评定-兴奋学说，强调来自外界环境的影响要经过人的评价与估量才产生情绪，这种评价与估量是在大脑皮层上产生的。例如，在森林里看到一只熊会引起惧怕，在动物园里看到一只关在笼子里的熊却并不惧怕，这就是个体对情境的认识和评价在起作用。阿诺德给情绪下的定义是：情绪是趋利避害的一种体验倾向。他认为情绪反应包括机体内部器官和骨骼肌的变化，也认为对外围变化的反馈是情绪的基础。阿诺德认为皮层兴奋是情绪的主要机制。

阿诺德的评定-兴奋说有三个主要观点。① 刺激情境并不直接决定情绪的性质，从刺激出现到情绪的产生，要经过对刺激的估量和评价，情绪产生的过程是刺激情境—评估—情绪。② 情绪的产生是大脑皮层和皮下组织协同活动的结果，大脑皮质的兴奋是情绪行为的最重要的条件。③ 情绪产生的理论模式是，作为引起情绪的外界刺激作用于感受器，产生神经冲动，通过内导神经经丘脑传到大脑皮层，刺激情境在此得到评估，形成一种特殊的态度。这种态度通过外导神经将皮层的冲动传至丘脑的交感神经，将兴奋发放到血管或内脏，所产生的变化使其获得感觉。这种从外周来的反馈信息，在大脑皮层中被估价，使纯粹的认识经验转化为被感受到的情绪。

2. 沙赫特的两因素情绪理论　美国心理学家沙赫特(S. Schachter)和辛格(J. Singer)于20世纪60年代初提出，对于特定情绪而言，有两个必要因素：一是个体必须体验到高度的生理唤醒，例如心率加快；二是个体必须对生理状态的变化进行认知性的唤醒。为了检验情绪的两因素理论，他们进行了实验研究。其支持实验如下。

被试：大学生三组。

程序：注射药物，告诉被试为维生素，实际是肾上腺素（使被试处于生理激活状态）。向被试说明注射后的不同反应，第一组是注射激素的正确反应（心悸、手颤抖等），第二组是会发抖、手脚有点儿麻等，对第三组不做说明。分别进入两种环境，一种惹人发笑，另一种惹人发怒。

结果：第二、三组被试在愉快环境中愉快，在愤怒环境中愤怒。第一组没有愉快或愤怒的表现和体验。

结论：人对生理反应的认知和了解决定了最后的情绪体验。

该理论并不否定生理变化和环境因素对情绪产生的作用。事实上，情绪状态是认知过程（期望）、生理状态和环境因素在大脑皮层中整合的结果，但人对生理反应的认知和了解决定了最后的情绪体验。情绪唤醒模型的核心部分是认知，通过认知比较器对当前刺激的知觉分析和过去的经验进行比较，当知觉分析与认知加工间出现不匹配时，认知比较器就产生信息，动员一系列的生化和神经机制，释放化学物质，改变脑神经的激活状态，使身体适应当前情景的要求，从而唤醒了情绪。

该理论将对当前刺激的知觉分析和记忆系统中过去的经验通过认知比较器联系在一起，更加符合人类情绪产生的过程。

3. 拉扎勒斯的认知-评价理论　拉扎勒斯（R. S. Lazarus）认为情绪是人与环境相互作用的产物。在情绪活动中，人不仅反映环境中的刺激事件对自己的影响，同时要调节自己对于刺激的反应。按照他的观点，情绪是个体对环境事件知觉到有害或有益的反应。因此，在情绪活动中，人们需要不断地评价刺激事件与自身的关系。具体来讲，有三个层次的评价，包括：① 初评价，是指人确认刺激事件与自己是否有利害关系，以及这种关系的程度；② 次评价，是指人对自己反应行为的调节和控制，它主要涉及人们能否控制刺激事件以及控制的程度；③ 再评价，是指人对自己的情绪和行为反应的有效性和适宜性的评价。

（三）情绪维度的理论

1. 三维理论　冯特认为情绪是由三个维度组成的，即愉快-不愉快、激动-平静、紧张-松弛，并且每一种具体情绪分布在三个维度的两极之间的不同位置上。这一理论具有突出的贡献：① 维度的确定对于情绪测量有重要意义，通过它才能对情绪体验作出较为准确的评价；② 冯特的情绪三维理论为情绪的维度理论奠定了基础。

施洛伯格（H. Schloberg）根据面部表情的研究，提出情绪的维度有愉快-不愉快、注意-拒绝和刺激-激活水平三个维度。他建立了一个三维模式图：椭圆切面的长轴为快乐维度，短轴为注意维度，垂直于椭圆面的轴则是激活水平的强度维度，三个不同水平的整合可以得到各种情绪。

2. 四维理论　伊扎德认为情绪有愉快度、紧张度、激动度和确信度四个维度。愉快度表示主观体验的享乐色调。紧张度表示情绪的生理激活水平，包括肌肉紧张和动作抑制等成分的激活水平。激动度或冲动度表示个体对情绪、情境出现的突然性，即个体缺乏预料和缺乏准备的程度。确信度表示个体胜任承受感情的程度：在认知水平上，个体能报告出对情绪的理解程度；在行为水平上，个体能报告出自身动作对情境适宜的程度。

四、情绪的功能

（一）信号功能

情绪的信号功能是指在人际交往中，人们除借助言语进行交流之外，还通过情绪的流露来传递自己的思想和意图。情绪的这种功能是通过表情来实现的。表情具有信号传递作用，属于一种非言语性交际。人们可以凭借一定的表情来传递情绪信息和思想愿望。在社会交往的许多场合，人们之间的思想、愿望、态度、观点，仅靠言语无法充分表达，有时甚至不能言传，只能意会，这时表情就起到了信息交流的作用。其中，面部表情和体态表情更能突破一些距离和场合的限制，发挥独特的沟通作用。

心理学家在对英语国家人们的交往状况进行研究后发现，在日常生活中，55%的信息是靠非言语表情传递的，38%的信息是靠言语表情传递的，只有7%的信息才是靠言语传递的。表情是比言语产生更早的心理现象，在婴儿不会说话之前，主要是靠表情来与他人交流的。表情比语言更具生动性、表现力、神秘性和敏感性。特别是在言语信息暧昧不清时，表情往往具有补充作用，人们可以通过表情准确而微妙地表达自己的思想感情，也可以通过表情去辨认对方的态度和内心世界。所以，表情作为情感交流的一种方式，被视为人际关系的纽带。在许多影视作品中，人们用情绪的表露代替了语言的表达，具有“此时无声胜有声”的效果，更具感染力。

（二）动机功能

情绪具有激励作用。情绪能够以一种与生理性动机或社会性动机相同的方式激发和引导行为。有时我们会努力去做某件事，只因为这件事能够给我们带来愉快与喜悦。从情绪的动力性特征看，情绪分为积极增力的情绪和消极减力的情绪。快乐、热爱、自信等积极增力的情绪会提高人们的活动能力，而恐惧、痛苦、自卑等消极减力的情绪则会降低人们活动的积极性。有些情绪同时兼具增力和减力两种动力性质，如悲痛可以使人消沉，也可以使人化悲痛为力量。

个体的情绪表现还常被视为动机的重要指标。由于情绪可能与动机引发的行为同时出现，情绪的表达能够直接反映个体内在动机的强度与方向，因此情绪也被视为动机潜力分析的指标，即对动机的认识可以通过对情绪的辨别与分析来实现。

动机潜力是在具有挑战性的环境下所表现出的行为变化能力。当个体面对一个危险的情境时，动机潜力会发生作用，促使个体做出应激的行为。对动机潜力的分析可以由对情绪的分析获得。当面对应激场面时，个体的情绪会发生生理的、体验的以及行为的三方面的变化，这些变化会告诉我们个体在应激场合动机潜力的方向和强度。当面临危险时，有的人头脑清晰，沉着冷静地离开；而有些人则惊慌失措，浑身发抖，不能有效地逃离现场。这些情绪指标可以反映出人们动机潜能的个体差异。

（三）健康功能

人对社会的适应是通过调节情绪来进行的，情绪调控的好坏会直接影响到身心健康。作为心理因素的一个重要方面，情绪同身体健康的关系早已受到人们的关注。情绪对健康的影响作用是众所周知的。积极的情绪有助于身心健康，消极的情绪会引起人的各种疾病。我国古代医书《内经》中就有“怒伤肝，喜伤心，思伤脾，忧伤肺，恐伤肾”的记载。有许多心因性疾病与人的情绪失调有关，例如溃疡、偏头痛、高血压、哮喘、月经失调等。有些人患癌症也与长期心情压抑有关。一项长达30年的关于情绪与健康关系的追踪研究发现，年轻时性情压抑、焦虑和愤怒的人患结核病、心脏病和癌症的比例是性情沉稳的人的4倍。

美国心脏病学会将易患上心脏病的人群定义为A型性格人群，认为这类人群的特征是生活压力过大，自我要求过高，性情暴躁，易发脾气。一些临床医学研究也证明，长期受不良情绪困扰，会导致各种身心疾病。因此，对不良情绪进行控制、引导，代之以积极乐观的情绪，不但能提高生活质量，也能有效地防治身体疾病。所以，积极而正常的情绪体验是保持心理平衡与身体健康的条件。曾经有人说过，一个小丑进城胜过一打医生。这句话非常形象地说明了情绪对人身体健康的影响。

第二节　大学生的情绪管理

一、大学生的情绪特点

（一）丰富性和复杂性

从人的生理发展分段来看，大学生正处于青年期(18～25岁)，这一时期是人生面临多种选择时期，学习、交友、恋爱等人生大事基本在这一阶段完成。大学生作为特殊群体，生理基本成熟而心理尚未完全成熟，处于心理断乳期，易受到外界的干扰。对人、事、社会等各种现象特别关注，对友谊与爱情执著追求，对新鲜事物十分好奇，对学业和未来充满信心，朝气蓬勃、积极进取，拥有许多积极情绪(增力情绪)。但大学并不是伊甸园，也有竞争与压力。考试不及格、朋友误解、恋爱失败甚至天气变化等都可以导致消极情绪(减力情绪)的产生。可以说大学生情绪极其丰富又极其复杂。

（二）波动性和两极性

社会、家庭、学校及生活事件，都会对大学生的情绪产生影响。社会的变迁、体制的变革，社会面临新与旧的更替，正义与邪恶的较量，在社会转型过程中，大学生面对复杂的社会现象易产生困惑和迷茫，价值的判断，认知的取舍，前途的选择，心理会有许多矛盾；家庭的变故，家庭成员关系的亲疏以及学习、交友等个人生活事件都会影响大学生情绪。使大学生情绪摇摆不定、跌宕起伏，时而热情激动、时而悲观消沉，表现出极大的波动性。这种情绪的极端形式就是情绪的两极性，从一个极端跳到另一个极端。

（三）激情性和冲动性

由于知识水平和认知能力的提高，大学生对自己的情绪能够有所控制，但大学生群体兴趣广泛，对外界事物较为敏感，加之年轻气盛和从众心理，因而在许多情况下，其情绪易被激发，犹如急风暴雨不计后果，带有很大的激情性和冲动性。如果这种激发结果是积极的，有利于大学生成才，如见义勇为，或是听英模报告会等，都会奏响正义的凯歌；如果激发是消极的，甚至是反面的，如为了哥们义气或小团体利益不惜违反校规校纪甚至犯罪，就会成为愚蠢的举动。

（四）阶段性和层次性

大学阶段由于不同年级培养目标和培养重点不同，教育方式和课程设置有所区别，各个年级面临的问题不同，情绪、情感特点也不同，呈现出阶段性和层次性特点。大学新生所面临的是环境适应、学习方法的改变、新的交往对象熟悉、了解以及新的目标确立等问题。新生自豪感和自卑感混杂，放松感和压力感并存，新鲜感和恋旧感交替，情绪波动大。二三年级经过了一年级的适应过程，能够融于校园生活中，情绪较为稳定。毕业班学生面临毕业论文（毕业设计）及择业等多方面的重大问题，压力大、情绪波动大，消极情绪多。即使同年级的学生，由于社会、家庭及自身要求、期望不同，能力、心理素质的差别，也会体现着不同的情绪状态，表现层次区别。

（五）内隐性和外显性

大学生很多情绪是一眼就能看出的，考试第一名或赢得一场球赛，马上就能喜形于色。但大学生在成长过程中，面临学习、交友、恋爱和择业等具体问题，切痛体肤的影响，往往深藏不露，具有很大的内隐性。

二、大学生不良情绪的表现

大学生情绪问题，一般是指大学生消极情绪（减力情绪）或称负情绪，是积于不幸事件而引起的悲伤、痛苦长时间持续不能消除的状态。另外情绪问题也不排除因高兴事件引起的高度兴奋，对身心造成危害。两个方面合称劣性情绪。劣性情绪对人的身心健康危害极大，过度的情绪、情感体验会引发生理的病变，导致高血压、冠心病及消化系统疾病，在人体免疫力下降情况下，还容易患各种传染性疾病。

（一）焦虑

1．概念　焦虑是一种类似担忧的反应或是对自尊心受到潜在威胁的担忧的反应倾向，是个体主观上预料将会有某种不良后果产生的不安感，是紧张、害怕、担忧混合的情绪体验。焦虑是人常见的情绪状态，焦虑对人的影响是复杂的，既可以成为大学生成才的内驱力，起促进作用，也可以起阻碍作用，考克斯实验表明：中等焦虑水平者比低焦虑和高焦虑水平者更能取得好成绩。一般来讲，中等焦虑能使学生维持适度的紧张状态，注意力高度集中，促进学习。焦虑水平过高，使人处于高紧张状态，束缚了人的认知能力。一般不良情绪状态的焦虑都是指高焦虑。

2．焦虑的症状及表现　① 主观的焦虑体验，焦虑者无缘无故地紧张、不安，总是担心什么事情要发生，心情沉重，似乎压着一块石头。② 外显行为，注意力不集中，无特定目标的不安和惶恐，反应迟钝。

（二）抑郁

1．概念　是精神受到压抑而产生的较持久、消极的情绪状态。一般而言，性格内向孤僻，多疑多虑，不爱交际，生活遭遇挫折，长期努力得不到报偿的人易陷入此状态。林黛玉是最典型的代表，对在校学生进行 SCL－90 测试，体现最多的就是此项。

2. 表现 情绪低落，思维迟钝，郁郁寡欢，兴趣丧失，食欲减退，失眠。

（三）愤怒

愤怒是喜、怒、悲、恐四大原始情绪或基本情绪之一，是对不愉快刺激的自然反映，是一种反抗准备。一件不愉快的事、一句不中听的话、一场输掉的比赛，都可以惹发愤怒，甚至强烈的攻击行为。学生违纪打架多是源于此。有人说："愤怒是以愚蠢开始，以后悔结束"。

（四）嫉妒

嫉妒是他人在某些方面胜过自己引起的不快甚至是痛苦的情绪体验。西班牙作家塞万提斯说"嫉妒是万恶的根源，美德的蟊贼"。嫉妒表现为：心胸狭窄，不能容人。有一则漫画：武大郎开店，容不下比他高的。金庸小说《天龙八部》描写丐帮马副帮主夫人康敏是运用现代心理学最有震撼力的人物。集仇变、情变和孽变于一身，决心占有一切好东西，小时候看到邻家女孩花衣服，就给人剪坏，在洛阳百花会上，乔峰少看了他两眼，就让他当不成帮主。很大问题在于嫉妒。

（五）恐惧

恐惧是一种担心、害怕的情绪体验。一朝被蛇咬，十年怕井绳。杯弓蛇影。现实生活的恐高、恐惧、怕黑、怕鬼等。报纸报道：报社实习女记者因恐惧考试，每次采访都如临大敌，后不堪忍受而自杀。

三、大学生情绪问题产生的原因

1. 社会因素的影响 社会因素的影响表现为当今社会变革的影响与多元价值观的冲击。随着社会主义市场经济的建立和发展，竞争机制的引入，生活节奏的加快使人际关系日益复杂，传统观念受到冲击，价值体系坐标需要重新选择。转型时期社会腐败、职工下岗、社会治安和贫富差距加大等社会问题出现，这些社会刺激在短时间内以连续不断的方式作用于大学生，一些学生社会阅历浅，心理应对和承受能力弱，极易引发学生心理与行为严重失调，产生不良情绪。

2. 学校环境影响 目前高校改革正在不断深化，招生不断扩大，由此带来了高校办学的一系列变化，教育产业化实行的上学交费制度、奖学金制度、考试淘汰机制及择业制度的变更、完善，无不牵动着每一个大学生，冲击着当代大学生动荡不稳的心理，影响着大学生的情绪。另外校园文化的偏差和心理健康教育的落后也是影响学生情绪的重要因素，校园文化作为亚文化对青年学生情绪健康的影响深远而直接。近年来，由于学业负担沉重和就业压力加大，校园文化出现气氛不浓、品味不高、频度不足、质效不佳现象，许多学生社团组织名存实亡，校园人际关系也变得庸俗化和难以协调。理想与现实的反差使不少学生产生心灵孤独感、寂寞感和不适应感，甚至产生抵触情绪。在此情况下学校心理健康教育滞后，忽视对学生情绪能力的培养，导致情绪问题在大学生群体中日益严重。

3. 家庭因素的影响 家庭是人才成长的启蒙学校，可以说，一个人良好情绪状态培养最重要的在于幼时家庭教育，家庭经济状况，家长教育态度、内容与方式，家庭成员之间的亲疏关系，其中任何一个方面出问题都会影响学生情绪、情感水平。目前生活节奏加快，对家庭的冲击较大，单亲家庭、下岗家庭等问题家庭增多，90年代初独生子女大学生增多，目前高校近80%是独生子女家庭学生，经研究表明独生子女具有这一切都会影响大学生情绪。

4. 大学生自身因素影响　大学生自身因素导致的不良情绪主要有以下几个方面：一是角色转换适应不良。从中学到大学学习和生活及人际交往的不适，不能正确转换角色，引起孤独、自卑和紧张。二是认识上的偏差，表现出"社会人"的实用心态，"时代人"的浮躁心态，"复杂人"的困惑心态，"无关人"的冷漠心态，"多余人"的悲观心态，"独立人"的逆反心态。三是理想与现实的冲突。每个学生入学前都有过辉煌和骄傲，但大学校园群英集聚，强者的地位被更强者淹没，理想和现实的反差使许多学生易产生失落感。四是缺乏对情绪准确的知觉和分析。许多大学生都缺乏必要的心理健康知识，不能很好地分析自己的情绪，更不能有效控制情绪，使劣性情绪自由泛滥，长此以往，导致情绪问题加剧。

四、大学生情绪调适与管理

情绪管理(Emotion Management)是指通过研究个体和群体对自身情绪和他人情绪的认识、协调、引导、互动和控制，充分挖掘和培植个体和群体的情绪智商、培养驾驭情绪的能力，从而确保个体和群体保持良好的情绪状态，并由此产生良好的管理效果。情绪管理就是善于掌握自我，善于调节情绪，对生活中矛盾和事件引起的反应能适可而止地排解，能以乐观的态度、幽默的情趣及时地缓解紧张的心理状态。情绪的管理不是要去除或压制情绪，而是在觉察情绪后，调整情绪的表达方式。有心理学家认为情绪调节是个体管理和改变自己或他人情绪的过程。在这个过程中，通过一定的策略和机制，使情绪在生理活动、主观体验、表情行为等方面发生一定的变化。这样说，情绪固然有正面有负面，但真正的关键不在于情绪本身，而是情绪的表达方式。以适当的方式在适当的情境表达适当的情绪，就是健康的情绪管理之道。

"情绪管理"即是以最恰当的方式来表达情绪，如同亚里士多德所言："任何人都会生气，这没什么难的，但要能适时适所，以适当方式对适当的对象恰如其分地生气，可就难上加难。"据此，情绪管理指的是要适时适所，对适当对象恰如其分表达情绪。

1. 心理暗示法　从心理学角度讲，就是个人通过语言、形象、想象等方式，对自身施加影响的心理过程。这个概念最初由法国医师库埃于1920年提出，他的名言是"我每天在各方面都变得越来越好"。自我暗示分消极自我暗示与积极自我暗示。积极自我暗示，在不知不觉之中对自己的意志、心理以至生理状态产生影响，积极的自我暗示令我们保持好的心情、乐观的情绪、自信心，从而调动人的内在因素，发挥主观能动性。心理学上所讲的"皮格马利翁效应"也称期望效应，就是讲的积极的自我暗示。而消极的自我暗示会强化我们个性中的弱点，唤醒我们潜藏在心灵深处的自卑、怯懦、嫉妒等，从而影响情绪。与此同时，我们可以利用语言的指导和暗示作用，来调适和放松心理的紧张状态，使不良情绪得到缓解的方法。心理学的实验表明，当个人静坐时，默默地说"勃然大怒"、"暴跳如雷"、"气死我了"等语句时心跳会加剧，呼吸也会加快，仿佛真的发起怒来。相反，如果默念"喜笑颜开"、"兴高采烈"，"把人乐坏了"之类的语句，那么他的心里面也会产生一种乐滋滋的体验。由此可见，言语活动既能唤起人们愉快的体验，也能唤起不愉快的体验；既能引起某种情绪反应，也能抑制某种情绪反应。因此，当我们在生活中遇到情绪问题时，我们应当充分利用语言的作用，用内部语言或书面语言对自身进行暗示，缓解不良情绪，保持心理平衡。

2. 注意力转移法　注意力转移法，就是把注意力从引起不良情绪反应的刺激情境，转移到其他事物上去或从事其他活动的自我调节方法。当出现情绪不佳的情况时，要把注意力转移到使自己感兴趣的事上去，如：外出散步，看看电影，电视，读读书，打打球，下盘棋，找朋友聊天，换换环境等，有助于使情绪平静下来，在活动中寻找到新的快乐。这种方法，一方面中止了不良刺激源的作用，防止不良情绪的泛化、蔓延；另一方面，通过参与新的活动特别是自己感兴趣的活动而达到增进积极的情绪体验的目的。

3. 适度宣泄法　当遇到各种矛盾冲突，引起不良情绪时，应尽早进行调整或适度宣泄，使压抑的心境得到缓解和改善。宣泄的较好方法是向你的挚友、师长倾诉你的忧愁、苦闷，使不良情绪得到疏导。在倾诉烦恼的过程中，可以获得更多的情感支持和理解，获得认识和解决问题的新思路，增强克服困难的信心。也可通过打球、爬山等运动量较大的活动，消除压抑心理，恢复心理平衡，但应注意场合、身份、气氛，注意适度，要采取正确的方式，选择适当的场合和对象，以免引起意想不到的不良后果。

4. 自我安慰法　自我安慰法又称自我慰藉法，关键是自我忍耐。当一个人遇有不幸或挫折时，为了避免精神上的痛苦或不安，可以找出一种合乎内心需要的理由来说明或辩解。如为失败找一个冠冕堂皇的理由，用以安慰自己，或寻找的理由强调自己所有的东西都是好的，以此冲淡内心的不安与痛苦。这种方法，对于帮助人们在大的挫折面前接受现实，保护自己，避免精神崩溃是很有益处的。因此，当人们遇到情绪问题时，经常用"胜败乃兵家常事"来进行自我安慰，可以摆脱烦恼，缓解矛盾冲突，消除焦虑、抑郁和失望，达到自我激励，总结经验、吸取教训之目的，有助于保持情绪的安宁和稳定。在择业中大学生常常会遇到挫折，当经过主观努力仍无法改变时，可适当地进行自我安慰，以缓解动机的矛盾冲突，解除焦虑、抑郁、烦恼和失望情绪，这样有助于保持心理稳定。在因挫折而情绪困扰时，可用"亡羊补牢，未为晚也"，"塞翁失马，焉知非福"等话语来做自我安慰，以解脱烦恼。

5. 自我激励法　自我激励法主要指用生活中的哲理、榜样的事迹或明智的思想观念来激励自己，同各种不良情绪进行斗争，坚信未来是美好的，因为失败、挫折已经成为过去，要勇敢地面对下一次，尽可能地把不可以预料的事当成预料之中的，即使遇到意外事件出现或择业受挫，也要鼓励自己不要惊慌失措，冲动，急躁，而是开动脑筋，冷静思考，寻找对策。大学生在择业过程中，要相信自己的实力，通过自我激励，增强自信心，消除自卑感，保持良好的情绪和心态。

6. 交往调节法　某些不良情绪常常是由人际关系矛盾和人际交往障碍引起的。因此，当我们遇到不顺心、不如意的事，有了烦恼时，能主动地找亲朋好友交往、谈心，比一个人独处胡思乱想、自怨自艾要好得多。因此，在情绪不稳定的时候，找人谈一谈，具有缓和、抚慰、稳定情绪的作用。另一方面，人际交往还有助于交流思想、沟通情感，增强自己战胜不良情绪的信心和勇气，能更理智地去对待不良情绪。

7. 合理情绪疗法　合理情绪疗法认为，人们的情绪困扰是由于不正确的认知即非理性信念所造成的，因此，通过认知纠正，以合理的思维方式代替不合理的思维方式，就可以最大程度地减少不合理的信念给人们的情绪带来的不良影响。例如，有的大学生择业不顺利就怨天尤人，认为"人才市场提供的岗位太少"，"用人单位要求太高"，其原因就在于他只从客观上找原因，认为"大学生择业应当是顺利的"，"社会应该为大学生提供充足的岗位"等。正是由于这些不正确的认知信念，造成了他的不良情绪，而这种不良情绪恰恰来自于他自己，所以，如果能改变这些不合理的观念，调整认知结构，不良情绪就能得到克服。大学生运用合理情绪疗法时要把握三点：第一，要认识到不良情绪不是源于外界，而是由于自己的非理性信念所造成的；第二，情绪困扰得不到缓解是因为自己仍保持过去的非理性信念；第三，只有改变自己的非理性信念，才能消除情绪困扰。

自我调适的方法还有很多，如环境调节法、自我静思法、广交朋友法、松弛练习法、幽默疗法等。这些都是应变的一些方法，但最主要的是毕业生要树立正确的择业观，对择业要充满信心，要注意磨炼自己的意志，培养乐观豁达的态度，不要惧怕困难、挫折，要始终保持积极向上的精神状态和健康的心理。

在上述方法都失效的情况下，仍不要灰心，在有条件的情况下，去找心理医生进行咨询、倾诉，在心理医生的指导、帮助下，克服不良情绪。

五、情绪稳定测试

对下列题目作出："是"或"否"的回答：

1. 尽管发生了不快，仍能毫不在乎地思考别的事情。
2. 不计小隙，经常保持坦率诚恳的态度。
3. 习惯于把担心的事情写在纸上并进行整理。
4. 在做事情时，往往具体规定有可能实现的目标。
5. 失败时仔细思考，反省其原因，但不会愁眉不展，整天闷闷不乐。
6. 具有悠闲自娱的爱好。
7. 常常倾听众人的意见。
8. 做事有计划地积极进行，遇挫折也不气馁。
9. 无路可走时，能够改变生活方式和节奏，以适应生活。
10. 在学业上，尽管别人比自己强，但仍保持"我走我的路"的信条。
11. 对自己的进步，哪怕只是一点点，都会高兴地表示。
12. 乐于一点一滴地积聚有益的东西。
13. 很少感情用事。
14. 尽管很想做某一件事，但自己估量不可能时也会打消念头。
15. 往往理智、周密地思考和判断，不拘泥于细枝末节。

测试结果：

每题选择"是"记 1 分；"否"不记分。然后将各题得分相加，算出总分：

0～6 分：你的情绪不是很稳定，经常患得患失，又不能很好地生活。常常拘泥于一些小事情，无论做什么事情都过分认真，总是忙忙碌碌，耗费心机。难于做出重大的决策，一丝不苟反而使自己感觉迟钝。

7～9 分：情绪一般稳定。

10～15 分：你的情绪很稳定，大多擅长于处理事物的方法、判断及思考等，不拘泥于细微小节，能积极大胆地处理一些事情，在各种困难面前毫不动摇。

【案例分析】

小林以当地第一名的成绩考入北京某重点高校，第一学期期末，本来踌躇满志准备获取奖学金的她未能如愿。她的情绪从此一落千丈，变得郁郁寡欢，无心学习，也无法处理好与同学的人际关系，还整夜失眠。最后不得不去医院精神科检查，结果诊断她是患了抑郁症。

专家分析

在大学生中有抑郁现象的比较多，究其主要原因，是由于自我价值没有得到很好的体现，对自己进行了一些否定。一般这样的学生情绪都比较低落、不稳定，不爱搭理人，做事情没有兴致，时间长了，容易造成心理情绪积聚，对学习、生活肯定会造成影响，严重的则会患上抑郁症。如果没有找到正常渠道发泄，可能会沉迷于一些自己觉得是正确的事物上面，比如网络。这就需要周围的人群关注他们，给他们温暖，生活中有这种情绪的大学生也要多和身边的朋友谈心、交流，释放出自己的压力，以缓解这些症状，从而恢复到正常状态。

六、团体辅导:情绪管理

(一) 活动背景

大学生的情绪发展正处于一个不成熟不稳定的时期。他们很容易因人际交往或学业成绩等方面的不尽如人意而陷入负面的、消极的情绪中。他们又正处于一个自我意识逐渐成熟的时期，负面情绪的不能及时消除，很容易使他们否定自己，形成消极的自我认同。其实，在情绪上，每个人都有“天使”和“魔鬼”的两面(积极情绪和消极情绪)，情绪无对、错之分。学生所遇到的种种烦恼，既是成长的“危机”，也是成长的“生机”，人生不能越过“这一段”而跃进到“下一段”，有如“不经历风雨怎能见彩虹”。可以说，“烦恼”是生命成长中的“礼物”，尽管这个礼物的包装有时不那么漂亮。那么，怎样让学生正确认识“成长中的烦恼”，增强面对烦恼时的自信心呢?

本节课的设计理念来自叙事疗法。叙事疗法以其活泼、温暖的问话风格，外化、解构、重写问题的技巧，和形成个人良好自我认同的终极目的，可能更适合学生。叙事疗法认为:每个人都是自己生命中的主人，是面对问题的专家。学生们在实际生活中，有丰富的成长体验和应对烦恼的方法，这些都是“成长中的珍宝”，需要和学生一起挖掘出来。借用叙事疗法中“搭建鹰架式”的会话方式，设计了10个问题，每个问题均作用于学生的“最近发展区”，由理清烦恼事件，到认识烦恼对自己的影响，到调动学生原有的积极体验，一步步抽丝剥茧般地，带学生走进自己的内心世界。同时通过给“烦恼”起名字，和给应对烦恼的“内心力量”起名字的形式，使“烦恼”和“内心的力量”以外化的形式被看到，从而解构、重写了学生对烦恼的认识，也极大增强了学生应对烦恼的信心，增强了学生良好的自我认同。

(二) 活动目标

1. 认识、体验烦恼事件中的积极因素。
2. 增强应对烦恼的信心。
3. 形成对成长中的自己新的良好的自我认同。

(三) 活动方法

小游戏、音乐、故事、纸笔问答、交流分享。

（四）活动过程

1. 课前热身

（1）指导学生闭眼，放松，默数可以同时听到周围哪几种声音。

【设计意图】 处于烦恼中的学生，因为年龄特点，容易陷进负面情绪中，过分关注自我。这个游戏可以使学生更全面细微地体验自己的感觉，从过分关注自我的自我隔绝中解放出来，感受到与周围世界的融合，达到很好的放松和静心效果，为课程的展开作铺垫。

（2）播放班得瑞的音乐《春野》，循环播放，做讲课的背景音乐。

【设计意图】 好的音乐，也是一种治疗。优美、舒缓的音乐可以使学生放松、静心；同时也是一种暗示，可以使学生感受到成长、希望等。

2. 邀请玩游戏——《驱散烦恼的乌云》

解释课题：一般人当被烦恼的乌云困住的时候，很容易只看到乌云，只感到自己整个是被烦恼包围的，是沮丧的、灰暗的和没有力量的，而这节课我将邀请大家去看到自身的力量，让这个力量发出光来，从而驱散乌云。

强调游戏规则：可能我问的问题有时会让你觉得奇怪，没关系，想到什么就写什么，重要的是用心去体验；注意保密，不经同意，不许随便看同桌写了什么。写完后可以分享，可以交给我看，也可以自己保存。

【设计意图】 用邀请玩游戏的形式，比较容易调动起学生参与的热情和兴趣；课题的解释，已经带入了“外化”的精神。用“乌云”一词来形容烦恼，本身已经在为烦恼命名，使“烦恼”与人分开。而且用“乌云”来形容烦恼，很形象可感，可以激发学生的想象力和创造力；游戏规则的强调，也是为了学生在安全的氛围下，更自由地宣泄，和自己的内心世界接轨。

3. 纸笔问答

（1）你现在面临的最主要的烦恼是什么？

（2）给这个烦恼取个名字，可拟人化。比如，自卑兄弟、害怕大老虎、黄金先生（大便）、讨厌的家伙或那个东西也可以。可以给这个烦恼画个图像，看那个家伙对你说了什么话？

讲《汤姆和黄金先生的故事》启发学生，同时提醒学生不要笑，而要感谢汤姆的愿意分享。（把外化的技巧带进来，外化那个烦恼，这是整节课的关键。）

（3）烦恼的乌云，或那个家伙，你起了名字的那个东西，在什么时候，与什么人在一起时，比较容易找上你？

（4）那个家伙如何影响你的生活？如何影响你和父母、和老师、和同学、和朋友或其他人的关系？它如何影响你对自己的看法？

（5）什么时候，那个家伙对你的影响比较小，它显得比较没有力量，而你似乎把它很好地控制住了，或者把它打败了，让它没有影响力了？好好想想，一定会有这样的时候。

（6）你是怎么做到的？具体说说。

（7）驱散烦恼的力量从哪里来？

（8）这是哪一种力量？给它取一个名字，什么名字最适合这种力量？举例：有一个动画片叫《希瑞公主》，每当遇到危急关头，希瑞就高举着宝剑说：“请赐予我力量吧，我是希瑞！”于是宝剑就发出光来，带给她很多的力量。要是让我给那个力量起名字，我可能就会叫它“宝剑之光”。你喜欢叫它什么呢？

(9) 带着这个力量，你再看原先烦恼的那个家伙，你和它的关系发生了怎样的变化？对自己的生活、和父母、和老师、和同学、和朋友的关系有没有变化？

(10) 这个游戏带给你哪些东西，你喜欢这个游戏吗？想象一个星期或十几天后的自己，有什么感谢的话要对今天的自己说？用第二人称“你”或称呼自己的名字，直接说。有什么感谢的话要对那个烦恼说？

【设计意图】 纸笔问答的形式，使学生可以用不同于口语的书面语形式来书写自己的故事。而且，“书写能够累积成为智慧”，“能够记录种种发现”，“书写的资讯内容比较高等，比较无法预测”，“促成思想的独立”。

10个问题的设计采用“搭建鹰架式”的结构，每个问题均作用于学生的“最近发展区”，由理清烦恼事件，到认识烦恼对自己的影响，到调动学生原有的应对烦恼的积极体验，使学生认识到自己所拥有的正向力量。给“烦恼”和“内心的力量”起名字的形式，把这两者标记出来，使它们更容易被认出；而借用一个星期或十几天后的自己的眼睛来看现在的自己，更是用了叙事里“时空互证”的技巧，来见证自己的成长变化。到最后一个问题答完时，学生可能会有豁然开朗的感觉，禁不住要感谢自己和曾经的“烦恼”了。

4. 交流分享 每个人的故事都是宝贵的。我们把故事讲出来，一方面把自己的成长体验和大家分享，一方面也相当于请听的人为我们的成长做了一个见证，所以不管是讲故事的人还是听故事的人，都应该被感谢。在互相交流和见证中，不同的想法互相碰撞激发，那么我们对烦恼的体悟可能就更丰富了。所以大家尽可以敞开交流，当然，如果有顾虑，你可以选择先在好朋友或小组中交流。

小组交流后，班级交流。下面是一个班级交流的例子，感谢这位同学的分享。

(1) 考试卷发下来的时候，成绩不好，是我最大的烦恼。

(2) 觉得什么事情都无所谓，可是做完事情后就后悔。

(3) 在我和别人交流的时候，或和我的朋友在一起时，我会说：别问我借东西、说话。

(4) 它使我总是对别人发脾气，令人讨厌，使别人都不喜欢我，说我是一个自卑、不自信、乱发脾气的人。因为一点儿小事情就老是对父母发脾气，觉得别人的一举一动都是错的，我的举动是对的，事情过后想起来，觉得自己做得很离谱。

(5) 还有一次，妈妈唠叨我，我想对妈妈大发脾气，可是想想妈妈对我的好，就没有发脾气。

(6) 我是以别人为主，以自己为次，想想别人对我的好。

(7) 别人对我的爱，在召唤我内心深处的爱。

(8) 爱会战胜烦恼，让它在我心中消失，让我很好地和别人相处，让我的生活充满快乐。

(9) 哈，烦恼好像不再是烦恼了，原来它是来帮助我的。谢谢！

5. 小结 烦恼是上天送给我们的“礼物”，尽管有时这个礼物的包装不是那么漂亮，但是只要你懂得打开包装，你会发现，里面的珠宝熠熠生辉。

6. 作业 根据课堂上的问答，创作一篇小故事，题目：××(给自己取一个喜欢的名字，可以用小名或网名)和××(烦恼的名字)的故事。

教学后记：这节课后，我收到的几乎每份答卷都说喜欢这节课。学生们给自己烦恼起的名字那样形象，感悟也那样深刻。比如：一位同学给考试起了个名字叫“恶魔”，他把考试画得如一个幽灵，而自己却很弱小。简单的画面，却可以传达出考试给他的压力。他说：“恶魔”在考试后的一段时间里，会把我的生活变得乱七八糟。试后的三五天、两三周，使我和家长的关系僵化。他给最后发现的力量起名字叫“上帝”，并且说“没事，雨后总会见彩虹，恶魔终会被上帝抓捕。”另一位同学也给考试起名字叫“魔鬼先生”。画中的人物是“考试”，“考试”瞪着眼睛，浑身长满了毛，并且说：“别人叫我魔鬼先生，别人很害怕我的，包括一切的学生。”她给后来发现的力量起名字叫“美少女”，并且说：“我和那位魔鬼先生说再见，和我心爱的美少女结为了好朋友，使我的生活焕然一新……还有位同学因为丢了五百块钱，和妈妈沟通不畅，烦恼了一周。她把那个烦恼起名字叫“误会姐姐”。她说：“这节课让我一周来的烦恼消失了。通过这节课，我认识到，信任很重要，遇到问题要主动沟通。”这些道理是他们自己从烦恼中，从应对烦恼的体验中领悟来的，所以对他们来说是最深刻，最宝贵的。这样的领悟带给他们的是可以掌控的力量感和自信心，也让他们认识到，问题是历练他们的考验，从中可以得到学习和锻炼。所以，以后再遇到烦恼，他们就不会那样慌乱和否定自己了。学生们在答卷的最后热情地表达了他们对这节课的喜欢，从中也可看出，只要关注他们的积极体验，他们应对烦恼的信心和创意就会源源不绝。这张图也许可以比较理性地代表学生们的想法：新的认识、好玩——这是他们喜欢这节课的主要原因。

仅有一位同学反应不佳，他说：虽然在后来的交流中也受到了触动，但在起初的纸笔问答时却不知所措。所以，开始时的引导至关重要，它决定着后面学生能否进入状态。第一个问题，可以补充一句：或者你曾经面临怎样的烦恼？这样就使纸笔问答的过程变成对学生应对烦恼的经验的一个见证和强化，使学生更有信心。

第六章　大学生压力管理与挫折应对

随着社会的发展，生活节奏不断加快，生存竞争日趋激烈，给当代大学生带来了全新的挑战，也带来了强大的心理压力，不可避免地将会导致大学生的心理问题的发生，心理压力和大学生的心理健康二者之间存在着越来越高的相关性。

第一节　压力与挫折概述

一、压力与挫折

（一）定义

压力分精神与物理两个领域的定义。物理定义具有客观属性，是指垂直作用于流体或固体界面单位面积上的力；而从心理学角度看，压力是心理压力源和心理压力反应共同构成的一种认知和行为体验过程。

挫折是指人们在有目的的活动中，遇到无法克服或自以为无法克服的障碍或干扰，使其需要或动机不能得到满足而产生的障碍。心理学指个体有目的的行为受到阻碍而产生的紧张状态与情绪反应。个人在实际目标过程中，动力性行为会有三种不同的结果：一是无须特别努力即可达到目标，需要很容易满足；二是遇到干扰和障碍，但经过努力或采取某种方法仍可达到；三是遇到干扰和障碍使目标不能达到，需要不能满足。在心理学上，把个人遇到的第三种情况称之为挫折。

（二）挫折产生应具备的条件

1. 有行动动机和明确的行动目标　动机是推动个体去行动以达到一定目标的内在动力，没有一定的动机和目标，挫折的产生也就无从谈起。

2. 有满足动机和达到目标的手段或行动　个体所感受到的现实的挫折是在他采取一定的手段，为满足一定的需要、实现预期目标的实际行动中产生的。没有满足需要和达到目标的手段与行动，即使目标再高远，动机再强烈，也不会产生挫折感，或只能产生想象中的挫折感。

3. 有挫折的情境发生　在实现目标的道路上受阻，不能逾越，但又必须达到某目标，没达到是情境，只是尝试没达到不构成情境。

4. 主体必须对目标受阻有知觉　是指个体在实现目标的行为受到阻碍而产生挫折时，必须有所知觉和认识。否则，就不会构成挫折情境，产生挫折反应。

5. 必须有对知觉和体验产生紧张状态和情绪反应　从条件中不难看出挫折有两个含

义:挫折情境,即阻碍个体实现目标,满足需要的情境状态和条件。挫折反应,即个体伴随着挫折认知,对于自己的需要不能满足而产生的情绪和行为反应,如愤怒、紧张、焦虑、攻击等。一般来说,挫折情境越严重,挫折反应就越强烈;反之,挫折反应就轻微。但是,只有当挫折情境被主体所感知时,才会在个体心理上产生挫折反应。如果出现了挫折情境,而个体没有意识到,或者虽然意识到了但并不认为很严重,那么,也不会产生挫折反应,或者只产生轻微的挫折反应。因此,挫折反应的性质、程度主要取决于个体对挫折情境的认知。

挫折反应和感受是形成挫折的重要方面,个体受挫与否,不取决于旁观者意见,而在于当事者对自己的动机、目标与结果之间关系的认识、评价和感受。对某人构成挫折的情境和事件,对另一人不一定构成挫折,这就是个体感受的差异。正如巴尔扎克所说:"世上的事情,永远不是绝对的,结果完全因人而异。苦难对于天才来说是一块垫脚石,对于能干的人是一笔财富,而对于弱者是一个万丈深渊。"

(三) 影响挫折感的因素

1. 需要迫切感和动机的强烈度　需要越迫切、动机感越强烈,受到阻碍后,挫折感越强。

2. 自我认知偏差　对任何事物的自我认知与现实都可能有一定的差距,如果不从实际出发,只考虑主观愿望,人为拉大二者之间关系,就会产生挫折感。表现有三种情况:① 期望值绝对化:自己只有成功,不允许失败。② 过分概括化:以偏概全,只见树木不见森林,即使是喜忧参半的事情,看到的只是消极的一面。③ 悲观引申:因小失大,一方面失败了,就对自己全盘否定。

3. 归因不当　对某种行为的原因进行解释推测,而归结出与事实不符的原因,易产生挫折感。在学校,大学生之间没有太大的利益冲突,对大学生来说最大的不公平感有可能来自于评优和入党,横向比较不得当,易心理失衡,产生挫折感。

4. 个人抱负水平的高低　抱负水平是指按达到目标规定的标准。抱负水平高的人比抱负水平低的人易产生挫折感。常遇情况:甲、乙、丙三名同学考试都是 80 分,甲非常满意;乙觉得和自己预料差不多;而丙同学感到失败。丙同学抱负水平最高,乙次之,甲相比较最低。

5. 挫折阈限　心理学上的阈限值说明人的感觉能力。人体接受刺激是有一定限度的,太弱和太强都不会产生感觉。挫折感,也有一个范围。把引起挫折感的最小刺激点叫做"绝对挫折阈限"、"下限"。相应地,一个人能承受的挫折感的最高限度叫做挫折适应极限,即挫折感范围的上限,也称上阈。绝对挫折阈限与挫折感成反比关系。绝对挫折阈限越低越容易受到挫折,绝对阈限越高对挫折越不敏感。一般来讲,抑郁气质和 A 型性格的人容易超过挫折适应极限。

二、压力与应激

(一) 定义

压力(stress)是一个外来词,有"紧张、压力、强调"等意思,在机械物理学上,该词译为"压力";而在生物学或心理学领域,该词译为"应激"。有机体在生理或心理上受到威胁时,引起机体与刺激直接相关的特异性变化外,还引起一系列与刺激性质无关的非特异性适应反应。可见于人类及其他高等脊椎动物。应激是加拿大病理生理学家 Hans Selye 于 1936 年首先提出的。塞里提出:每一种疾病或有害刺激都有相同的、特征性的和涉及全身的生理生化反应过程。他将其称作“一般适应证候群”(general adaptation syndrome,GAS),认为GAS是机体对有害刺激所作出防御反应的普遍形式,可分为警觉(alarm)、搏斗(resistance)和衰竭(exhaustion)三个阶段。警觉期:交感神经兴奋,促进新陈代谢,释放储存的能量。博斗期:生理指标表面恢复正常,内在心理及生理资源被大量消耗,个体变得敏感脆弱、易激惹。衰竭期:能量几乎耗尽,无法继续抵抗压力。

应激是个体面临或察觉(认知、评价)到环境变化,压力源对机体有威胁或挑战时,作出的适应和应对的过程。心理学家认为,生理学的应激观不够全面与完整,应激还包括心理方面,是个体的整体反应。可指:① 造成紧张的刺激物,即应激源;② 特殊的身心紧张状态;③ 对应激源的生理和心理反应。

(二) 心理应激源

心理应激源是指环境对个体提出的各种需求。经个体认知评价后可以引起心理生理反应的刺激或情绪。心理应激源可分为四类。

1. 躯体性应激源　指直接作用于躯体的理化与生物学刺激物,是Selye早年提出的生理应激源,最初只是把这些刺激物看做是引起生理反应的因素。现在则认为刺激物可导致心理反应。

2. 心理性应激源　包括人际关系的冲突。个体的强烈需求或过高期望、能力不足或认知障碍等。

3. 社会性应激源　可以概括为两大类。

(1) 客观的社会学指标:指经济、职业、婚姻、年龄、受教育水平等差异。

(2) 社会变动性与社会地位的不合适:包括世代间的变动(亲代与子代的社会环境变异);上述社会学指标的变迁;个人的社会化程度、社会交往、生活、工作的变化;重大的社会政治、经济的变动等。

4. 文化性应激源　指因评议、风俗、习惯、生活方式、宗教信仰等引起应激的刺激或情境。如迁居异国他乡;语言环境改变等“文化性迁移”。

(三) 中介机制

刺激转变为反应需要有中介机制,包括心理中介与生理中介两种(图6-1)。

1. 心理中介机制　察觉或认知评价是决定个体对环境刺激是否引起防卫和抵抗的关键。在心理学中,它们都涉及对信息处理的智力水平。这个水平既取决于气候、饮食、药物、家庭关系及特异环境等外部条件,也受遗传、既往经历等内在因素的影响。每个人都以自身的不同方式来察觉环境刺激,这就是各人对同一应激源会引起不同反应的原因。Selye(1975)认为这也是几种不同形式的环境刺激引起同样的一般适应综合征或成套生理反应的原因。Selye将个体对应激的认知评价分为两种:① 积极的应激(eustress);② 消极的应激(distress)。积极的应激给人以力量并提高个体识别与作业的能力;消极的应激则耗费能量储备,并以维护和防卫的形式增加机体系统的负担。Selye把维持生命的能量储备称为“适应能”(adaptiveenergy)。消极的、适应不良的应激反应最终将使这种生理意义上有限度的适应能耗尽而导致死亡。

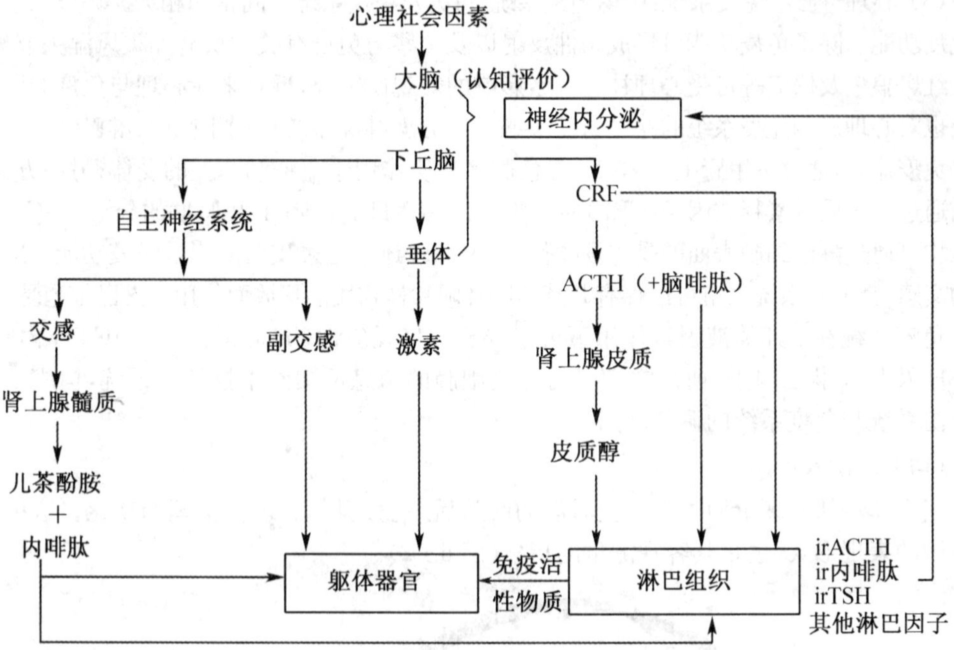

图 6－1　应激的心理及生理中介机制

2. 生理中介因素　对“观念的”心理社会因素如何转变为“物质的”生理反应的关键部位及详细机制尚未完全明了。但是，现有的生理学研究已经在脑与行为、心理-神经-内分泌—免疫等领域累积了不少资料。

(1) 脑与行为：在这个领域里，新皮层与古皮层的联系：大脑的情绪结构-边缘系统，下丘脑等方面积累的资料有助于了解生理机制。① 感觉皮质-边缘系统联系：感觉信息通过这种联系将“外部世界”与边缘系统主管的情绪与内驱力的“内部世界”相互沟通；已发现从枕叶发出的视觉联合纤维向前经中、下颞回到达颞极，再回到杏仁核。杏仁核被认为是感觉皮层及下丘脑之间的闸门或交换站。② 额叶-皮层系统联系：运动前区与额前区是大脑皮层的联合区之一，运动前区参与不同感觉通道传入的信息的整合来决定行为。额前区参与运动活动中的动机性准备。另外，眶内侧及背外侧前额区与下丘脑及脑干有双向联系。因此，额叶不仅能监控而且还能调制脑干的自主神经活动。③ 边缘系统—新皮层联系：边缘系统的内侧颞叶有直接(经钩束)及间接(经丘脑背内侧核)两条路径到达前额区；海马及杏仁核有弥散性的投射系统到达新皮质；边缘前脑区的神经元变性可致 Alzheimer 氏痴呆。④ 下丘脑：多种核团组成，是高级中枢自主神经功能的最后公路，并对垂体起调节作用，还有许多结构参与内驱力的表达及生理是稳态维持，它是心理-内分泌、心理-免疫机制的核心结构。

(2) 心理-神经-内分泌系统：肽类激素、单胺类递质与肽类在突角前末梢的共存以及它们对复杂行为可产生长期影响等事实促进了心理-神经-内分泌学说的发展。抑郁可以伴有多种神经—内分泌异常，如：① 皮质醇增加并失去正常的昼夜节律变化；② 削弱生长激素对胰岛素引起的低血糖的反应；③ 使促甲状腺素(TSH)对促甲状腺素释放激素(TRH)的反应钝化。另外，精神疾病时内分泌功能也有变化。

(3) 心理-神经-免疫系统：中枢神经系统、行为及免疫系统之间密切相关。环境因素可影响免疫功能。除了免疫功能可形成条件反射以及一些与免疫有关的疾病如类风湿关节炎、系统性红斑狼疮及癌症等可受心理社会应激影响的宏观研究外，近年来在心理与免疫的微观研究上也对心理影响免疫系统的路径有所突破。一方面神经系统作用于胸腺、淋巴结、骨髓、脾脏等免疫器官，通过去甲肾上腺素、5-羟色胺等递质作用于免疫细胞上的受体；另一方面，下丘脑通过促皮质激素释放因子(CRF)使垂体释放 ACTH 并伴随 β-内啡肽的分泌。ACTH、内啡肽均可通过淋巴细胞表面的受体发挥作用；ACTH 还可通过皮质醇影响免疫功能。应激引起的交感-肾上腺系统兴奋可以伴有儿茶酚胺及阿片样物质的释放而作用于淋巴细胞受体。

免疫系统在上述体液因素作用下可以释放免疫反应性(ir)激素。如 irACTH 内啡肽、irTSH 及其他淋巴因子，通过它们又将免疫细胞的信息反馈到中枢神经系统，构成了神经内分泌系统与免疫系统的调节环路。

(四) 应激反应

当个体经认知评价而察觉到应激源的威胁后，就会引起心理与生理的变化。这种反应是应激的表现形式，也是其客观测量的指标(图 6-2)。

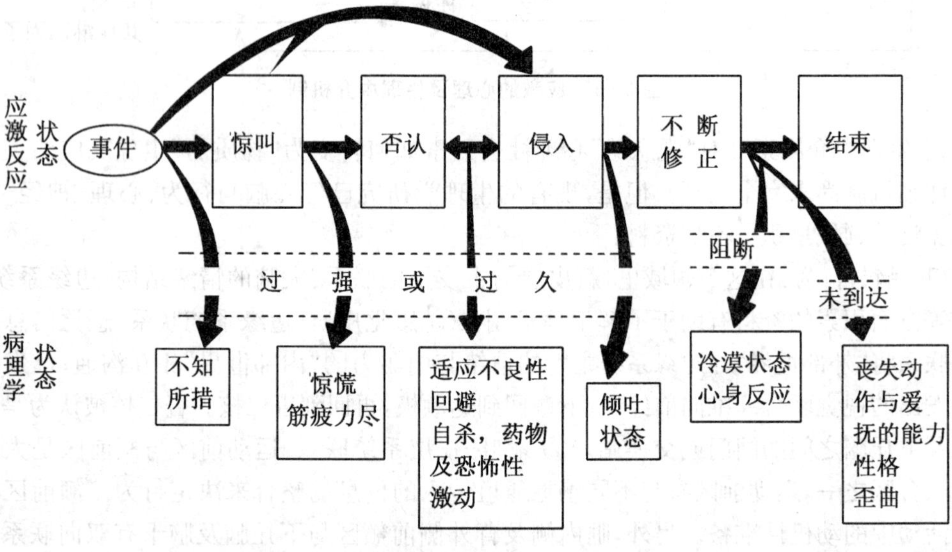

图 6-2 应激状态的时相(Horowitz,1981)

1. 应激引起的心理反应 可分两类：一类是积极的心理反应；另一类是消极的心理反应。积极的心理反应是指适度的皮层唤醒水平和情绪唤起；注意力集中；积极的思维和动机的调整。这种反应有利于机体对传入信息的正确认知评价、应对策略的抉择和应对能力的发挥。消极的心理反应是指过度唤醒(焦虑)、紧张；过分的情绪唤起(激动)或低落(抑郁)；认知能力降低；自我概念不清等。这类反应妨碍个体正确地评价现实情境、选择应对策略和正常应对能力的发挥。

应激的心理反应可以分期。进入时相的顺序及每一时相的持续时间和临床表现都有较大的变动性。影响变动的因素有：事件发生前对应激程度及持续时间的预期、个人经历及性格类型等。一般的顺序是：惊叫、否认、侵入、不断修正、结束。临床上最常见的是否认与侵入两个时相,其余时相可以不出现或不明显,时相顺序也可以变换。这种应激时相的划分在急性应激下较为明显,在慢性应激时则不太明显。对应激的反应并不一定都属异常,只是在反应过度时才属病理性的。

惊叫常发生于未曾预料的事件信息的突然冲击时,可表现为哭泣、尖叫或昏倒。否认则是情绪麻木、概念回避及行为束缚相结合的时相。情绪麻木是缺乏正常对刺激作出反应的感觉;概念回避是有意不涉及应激情境的概念,行为束缚是个体活动范围变窄,表现为专心致志地从事一般的重复动作而不顾周围。侵入是应激性事件的直接或信号性行为以及自发的观念性或情感性折磨再现,包括有关应激事件的梦魇、反复的自发印象,或由其他事件而派生的吃惊反应。不断修正是机体动员应对机制适应的过程,若应对成功就进入结束,如受阻或未获成功则可能转入病态。

2. 应激引起的生理反应　Cannon 从动物在紧急事件面前表现出的“搏斗或逃跑”反应中发现,这种机制涉及同化(副交感、胆碱能)功能的抑制和异化(交感,肾上腺能)功能的激活(图 6-3)。这两个过程的结合保证了动物在遭遇紧急情况时能量的需要,从而提出了交感—肾上腺髓质系统在应付剧变时“移缓济急”的生理原则,与此有关的各种内脏及躯体活动变化都遵循这一原则。

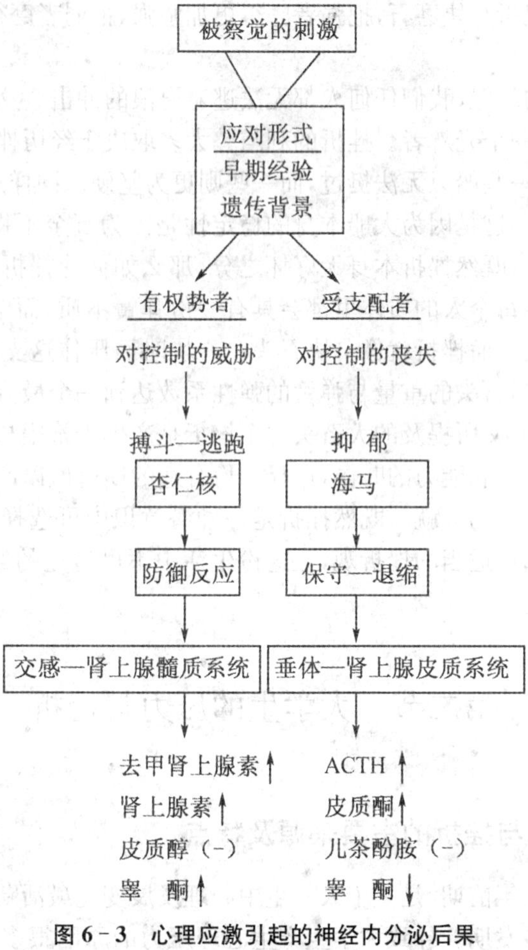

图 6-3　心理应激引起的神经内分泌后果

心理应激的神经内分泌后果是因人而异的(与所处情境、社会角色、群体中的地位相关),因害怕丧失控制是产生的"战斗—逃跑"的启动与杏仁核有关;而受到与群体隔离或行动受挫而致抑郁时,可能与海马及肾上腺皮质功能有关。

三、压力与挫折对人生的意义

心理压力是由个体在生活适应过程中的一种身心紧张状态是由于环境要求与自身应对能力不平衡而来。这种紧张状态倾向于通过非特异的心理和生理反应表现出来。完全没有心理压力的情况是不存在的。我们假定有这样的情形,那一定比有巨大心理压力的情景更可怕。换一种说法就是,没有压力本身就是一种压力,它的名字叫做空虚。无数的文学艺术作品描述过这种空虚感。那是一种比死亡更没有生气的状况,一种活着却感觉不到自己在活着的巨大悲哀。有压力才有动力,但压力太大超出负荷对人就有负面影响。

挫折是一种心理的落差,它产生于个人在面对挑战或者竞争时,在前期对自身的期望值和后期结果所产生的落差而导致的失望感。遭受严重挫折后,个人会在情绪上表现抑郁、消极、愤懑;在生理上,会表现血压升高、心跳加快易诱发心血管疾病;胃酸分泌减少、会导致溃疡、胃穿孔等。

如何看待挫折。挫折是块磨石,把强者磨得更加坚强,把弱者磨得更加脆弱。可以看出挫折是双刃剑。

人生就像海浪中的航船,我们任何人都无法逃避海浪的冲击。这就是挫折,它能摧毁一个落败者,却也能成就一个光辉者。挫折的利与弊大多取决于经历挫折的个体的本质强弱,同样巨大的风浪,为何一些船只无法挺过,而一些则更为坚硬。同样炽热的烈火杂质被融化了,而真金却更为闪亮。这是因为大船本身的稳定性是因为真金不畏烈火的与生俱来的本质。既然挫折无法逃避,既然挫折本身无好坏之分,那么如何让挫折变得对我们自己有利,这就显得尤为重要了。每个人的质体里都会具有一份弹簧本质,而个人成就的高度就是弹簧能伸展到的最高高度。而挫折就像一块石头。一块时而压住这支弹簧的大石头,那么存在这么一个问题,只有当石头的重量与弹簧的弹性系数达到一个最恰当的比值时,弹簧才会达到一个新的高度,而上文所提及的大石头这个挫折是产生于希望与结果的落差,那么只要我们了解了自身的承受力和能力的时候,选择一份合适的期望值以产生一块合适的石头,这样很大程度上能提高个人的成就。既然挫折是一种潜意识中可选择的期望落差,我们就可以根据自己的特点来选择适当的挫折观,让这份生活中不可避免的经历帮助我们人生的巨轮走得更远,更辉煌。

第二节　大学生的压力与挫折

一、大学生压力与挫折的主要来源及特点

大学生普遍处于青年前期,是一个人一生中心理发展变化最活跃的时期,也是一个人心理矛盾和心理压力的多发期。导致大学生产生心理压力的原因很多:一方面与他们当前所

处的竞争激烈的社会环境有关。例如，上大学经济费用的攀升、学业竞争压力的沉重和就业前景的艰难给大学生带来的心理冲击比任何一个时代都要强烈；另一方面与其所处年龄阶段的身心发展特点有关。在进入大学后，他们面对环境的突然变化所带来的各种压力缺乏自我调节和应对能力，这就使得其中的一些人很容易产生焦虑、抑郁、烦躁和失眠等身心症状。大学生面对各种压力所产生的内心矛盾和冲突，正是引发种种不良心理反应，导致心理问题和心理障碍发生率高的主要原因。

（一）大学生的心理压力感来源

压力源（stressor）是指引起压力反应的因素，包括生物性压力源、精神性压力源、社会环境性压力源。生物性压力源直接阻碍和破坏个体生存与种族延续的事件，包括躯体创伤和疾病，饥饿、性剥夺、睡眠剥夺、感染、噪声、气温变化等。精神性压力源直接阻碍和破坏个体正常精神需求的内在和外在事件，包括错误的认知结构，个体不良经验，道德冲突以及长期生活经历造成的不良个性心理特点（易受暗示、多疑、嫉妒、处责、悔恨、怨恨等）。社会性压力源直接阻碍和破坏个体社会需求的事件，包括纯社会性的（重大社会变革、重要人际关系破裂等）和由自身状况造成的人际适应问题（如社会交往不良）。造成心理问题的压力源绝大多数是综合性，在分析求助者的心理问题的根源时，必须把三种压力源作为有机整体来加以考虑。往往在生物性或社会性压力源的背后，还隐藏着深层的精神性压力源。

1. 学习压力　大学生在学业方面的压力依然是心理压力感的主要来源。作为一个学生，学业成败将直接关系到他的切身利益，包括来自于同学和老师的称赞、奖学金、毕业证，这些东西甚至会决定个人将来的前途和命运，所以学生对学业压力的感受最强。大学生作为学生，学习是天职。专业课考试，英语四六级，计算机等级以及方兴未艾的考研热、考博热、出国热，等等这些大小不一的考试让他们又回到了为考试而奔波的时代，特别是如今学分制的普遍流行，重修以及随之而来的重修费成为了广大大学生谈虎色变的问题，特别是英语四六级计算机等级等今后就业的过门招牌成为众人追逐的目标，本科就业前景不佳、考研热的不断升温又给处于学习压力中的学子加上了一个沉重的包袱。

2. 就业压力　近些年一方面是大学的不断扩招扩建，一方面是企事业单位的不断精简缩员，下岗失业现象不断，去年还没找到工作的大学生急于赶上这趟原本拥挤的班车，今年成百万新毕业的大学生又一拥而入的涌进人才市场，旧问题没有解决新情况蜂拥而至，使得这个原本负荷重重的弹丸之地又要承受新的冲击，可没办法毕业了就得就业，用人单位不断抬高招聘要求又使得原本困难重重的大学生雪上加霜。

3. 人际压力　人际交往作为生活的一个重要方面，良好的人际关系能让人学习、生活各方面都如鱼得水左右逢源，相反，没有一个良好的人际关系常常让人感到局促不安，不自信甚至自责，愈是这样就愈容易退缩以致进入一种恶性循环而不能自拔。所以大学生都有意无意地要加强自己的人际交往能力，可是鉴于自身的性格习惯不可能每个人都能应用自如，人际交往上的一些错综复杂的关系网难免让人感觉扑朔迷离不知所措。大学里宿舍是个集体生活的场所，来自五湖四海大江南北的人聚集在一起，由于民族风俗、生活习惯甚至语言等的不同，在日常的相处中难免磕磕碰碰，小矛盾在所难免，如何处理好这点常使处于这一关系中的大学生都要为着能左右平衡而努力而渐感压力。

4. 情感压力　大学生从生理和心理上都已经趋于成熟，情感生活不可避免地要影响到他们的生活，大学生接触生活相对较少，初涉感情之河，对他们来说难免感到有点局促、紧张，对自己的不自信，对对方的不他(她)信，经济上的拮据，精力上的不充裕，感情和学业的冲突，感情的出路问题，老师同学的看法，父母的不赞成或者反对等都不同程度地影响着他们的恋爱心理，使得处在恋爱中的大学生进退为难；而没有进入感情的单身一派却也是不甘寂寞，在为自己的感情构思着千百种不期而遇的可能，感情对他们来说似乎是想拿不敢拿或者是拿不起，而心理又放不下这难解的结，时刻为感情奔赴的人同样是左右为难！这其中的压力不言而喻。

5. 自我认知压力　有的大学生在自我认知，自我定位上存在压力。站在自我的角度看待自身难免会有失偏颇，感情与理性到底谁占上风就因人而异了，而要客观地给自己一个准确的自我定位不是件容易的事情。大学生没有就业之前普遍会对自己有个过高的估计，一旦真正进入了社会站在就业大军的队伍当中就会感到明显的实力不足，这种落差多少会造成心理上的紧张。

(二) 大学生心理压力感存在的特点

1. 年级发展特点　压力随着年级增长。从大学一年级到大学四年级，越是高年级的学生越是普遍感到了更大的压力，一年级学生对压力的分寸掌控得相对较好，因为他们才刚刚步入大学校门，还带有某种高考成功带来的优越感。而四年级的学生压力感最大，尤其是有极大压力感的人群明显高于其他年级，他们面临着的压力困扰包括择业与就业的彷徨、激烈的竞争、复杂的人际关系甚至是爱与性的困扰。

2. 性别特点　男大学生在自身方面的压力感比较大，具体包括家庭、恋爱、身体健康、适应和挫折方面的压力；而女大学生在求职择业和学业方面的压力感高于男生。这种种差异与男女性别角色的社会期望有关。社会更多地赋予男性要承担“主外”的重任，所以男生承担的家庭责任、社会适应和成就竞争任务更重，自然心理压力感更大，而女生则因面对当前社会择业形势上明显的男女差别，更多地感受到学业和择业的心理压力。

3. 独生子女与非独生子女特点　在社会环境方面，非独生子女大学生的压力感显著高于独生子女大学生，在家庭压力、择业压力、学校环境压力和学业压力方面非独生子女都显著高于独生子女。独生子女大学生是中国特有的一个社会群体，他们在社会环境方面(包括家庭、择业、学校环境和学业)的压力显著低于非独生子女。这可能是由于非独生子女在家庭中从小就不像独生子女那样具备独一无二的家庭地位，较早地就意识到与兄弟姐妹融洽相处的重要性，所以对自己的要求和期望值比独生子女更高，从而感受到的心理压力也更大。但具体原因还有待进一步考察和分析。

4. 城乡来源学生特点　农村学生的压力感也要比城市学生强烈得多。来自农村的大学生在家庭、求职择业和学校环境方面的压力感显著高于城市学生，这与农村大学生从小接触的家庭经济环境和文化氛围有关。进入大学后面对来自城市的大学生时，他们的家庭压力感较大，对求职择业缺乏信心，对大学校园的学习环境和生活环境适应性差，因而心理压力感比较强烈。

二、大学生产生挫折的原因

（一）客观原因

1. 自然环境因素　自然环境因素是指非人力所能及的一切客观因素，例如自然灾害、台风、地震、酷热、洪水、疾病、事故等。对于大学生来说大学生疾病、家庭遭自然灾害导致贫困等都可以导致挫折。

2. 社会环境因素　社会环境影响表现为当今社会变革的影响与多元价值观的冲击。随着社会主义市场经济的建立和发展，竞争机制的引入，生活节奏加快，人际关系日益复杂，现代西方各种思潮汹涌而来，人们面临传统观念的变革，价值体系坐标的重新选择，新的生活方式的适应等一系列问题。对于青年学生来说，正处于人生最活跃、最丰富多彩的时代，但社会阅历浅，心理应对和承受能力普遍较弱，而且往往一叶障目，不见泰山。各种各样的社会刺激如果在短时间内连续不断地以激烈的方式作用于青年学生，又缺乏引导和解脱，则极易引发青年学生心理与行为的严重失调。当前社会腐败问题，职工下岗问题，社会治安，贫富差距过大等问题对青年学生产生不良影响。

在社会转型期，西方文化价值观念的渗入使长期积淀下来的我国传统文化价值观念受到前所未有的冲击，形成文化移入压力。文化心理学家霍兰威尔提出，在某些情况下，文化移入压力对心理健康具有非常有害的影响。这是因为，当一种文化移入另一种文化时，由于文化刺激的泛滥，会造成价值体系的重新认知和整合。青年学生身处东西方价值观并存互相冲突的复杂环境中，难以依据自己已有的认知经验，合理而又准确地选择和认同一种社会价值观念系统，从而陷入无以参照、无以归附的境地，也容易产生心理失调和挫折感。

3. 学校环境的影响　学校环境的影响主要表现为校园文化的偏差与思想教育的滞后。学校文化作为亚文化对青年学生心理健康的影响直接而深远。近年来由于学业负担的沉重和就业压力的加大，校园文化出现气氛不浓、品味不高、频度不足、质效不佳的现象，许多学生社团组织名存实亡，校园人际关系也变得庸俗化和难以协调，特别是有些教师对学生的认同层次较低，直接导致学生对自身要求的降低。理想与现实之间的反差，使不少学生心理难以平衡，产生心灵的孤独感、寂寞感与强烈的不适应感，导致挫折的出现。

高校教育改革正在不断深化，奖学金和贷学金制度的改革，上学交费制度的实施，淘汰机制的推行，“双向选择、自主择业”毕业分配政策的完善，无不牵动着每一个大学生，冲击着当代青年学生动荡不稳的心理。在社会主义市场经济条件下，高校学生思想政治工作面临严峻的挑战，及时解决学生面对市场经济蓬勃兴起与传统社会相撞击而产生的各种困惑是刻不容缓的重要任务。学校思想教育的严重滞后不能不说是造成当代青年学生心理受挫的重要原因。

4. 家庭环境影响　家庭环境影响表现为家庭生活经历的失范与角色转换的冲突。家庭是人才的启蒙学校，可以说，一个人心理的奠基阶段就在于幼时家庭教育。家庭的教育方式，家长的教育态度与内容，家庭成员间的关系亲疏，对青年学生的心理状况都有重要影响。有关研究表明，青年学生的不少心理问题是与家庭生活的不良背景、早期不良家庭生活经历联系在一起的。大学生中独生子女人数在逐渐增多。他们在家里被视为掌上明珠，受到父母过分的纵容和溺爱，长期接受“包办制”服务，大多生活自理能力缺乏，自我服务意识淡薄，依赖他人的惯性过强。由于缺乏必要的生活实践磨炼，在由接受他人服务向自我服务、服务他人的角色转换过程中，他们大多无法完全依靠自己的力量来处理好一系列复杂的实际问题，陷入极端的苦恼和矛盾冲突中。

此外，家庭经济状况对学生的心理也形成一定的影响。上学交费制度的实施，使一些本来家境贫寒的农村家庭陷入困境。即使是城市家庭的学生，近年来由于国有企业不景气，政府机构改革，下岗职工增多，家庭的经济来源同样受到很大的压力。

（二）内部因素的影响

内部因素是指大学生自身能力与认识的方面引起的因素。青年学生在由不成熟趋向成熟的心理发展过程中，由于心理发展的不平衡性、两面性和两极性的特点，造成心理上的不平稳状态，因而他们常常强烈地体验到内心所发生的种种矛盾和冲突。我国心理学家张增杰把这些自我矛盾归结为：闭锁性所导致孤独感与强烈交往需要的矛盾，独立性与依赖性的矛盾，强烈求知欲与识别力低的矛盾，情绪与理智之间的矛盾以及愿望、幻想与当前现实的矛盾。这些矛盾统一的方向将决定青年学生的心理发展方向。但青年学生在出现这些心理矛盾和冲突时，会感到极大的不平衡和痛苦，长期的内心矛盾或内心矛盾冲突的强度过大，缺乏必要的疏导，就容易心理失衡，体现在：

1. 个体条件差异　体力、智力、性格能力、爱好的偏差。

生理缺陷的人更易比生理好的人有挫折感。一个女孩唱歌跑调了，同学哄堂大笑就自杀了。

2. 个体思想认识因素　引起挫折不少是由于认识能力和思维方法引起的，对目标的认知、对成才的认知，盲目地定目标、提要求，会人为造成挫折感。

3. 动机冲突因素　个体在活动中常常因一个或数个目标而产生两个或两个以上的动机，这些同时存在的动机不可能同时获得满足，在性质上又出现彼此排斥的情况时，就会产生动机冲突。

(1) 双趋冲突："鱼和熊掌不可兼得"，面临两个期待事物之间的选择冲突（例如学习和工作）。

(2) 双避冲突：两个希望避开事物之间选择冲突都厌恶，却又不同时避开，二者必居其一。例如：既不想好好学习，又怕考试不及格。

(3) 趋避冲突：既有利又有害的选择，例如：想参加活动锻炼才能，又担心花费时间。

(4) 双趋避冲突：面临两个目标各有长短，一方面都想达到，又都试图避开，例如：面临两个各有千秋的异性大学生追求时，往往会陷入这种心理。

三、压力和挫折对大学生的影响

许多抱怨压力大的学生只是"少年不知愁滋味，为赋新词强说愁。"他们没经历过过去的苦难。当然，时代不同了，压力的来源有所不同，现代和过去的生活哪个压力更大，并不具备可比性，但生活在错综复杂的社会里，有点压力是对的。坏事带来压力，好事也可能成为压力，如"范进中举，喜极而疯"。压力的好处在于可以克制自己，不会令自己过于放松。无论什么时候，有少许压力是好的，因为适当的压力是帮助自己去完成每一件事情的动力；而过重的压力或长时间处于"高压"状态下，不但让人伤身伤神，还会影响正常的生活。医学上把压力看成不是一种想象出来的疾病而是身体“战备状态”的反应，这是当意识到某种情形，或者某个人，或者某件事情具有潜在的威胁性和紧张状态的时候做出的反应。当这种情况发生的时候，大脑分泌出包括肾上腺素等的激素。肾上腺素通过血管流淌到身体的各个部分。当这些荷尔蒙流到心脏、肺和肌肉的时候，一种特殊的生理反应就发生了。“战备状态”反应的症状：压力出现，心跳开始加快，呼吸开始急促，肌肉紧张并准备行动，视觉变得敏锐起来，胃里打鼓，思维敏锐，开始出汗，心中不安，严重时会恶心、呕吐。多数人常态下身体却保持红色警戒状态，不能放松，放不下这根弦。紧张不安和焦虑保持在身体中并随着遇到的每一件能引起紧张情绪的事情不断积累上升，最终导致了不良结果。

压力的临床后果有三种：

(1) 心身反应(psychosomatic reactions)：是心理社会因素所引起的个体在生物、心理、社会、行为等各个方面的变化。

(2) 心身障碍(psychosomatic disorders)：是心理社会因素在发病、发展过程中起重要作用的躯体功能性障碍。

(3) 心身疾病(psychosomatic diseases)：是心理社会因素在发病、发展过程中起重要作用的躯体器质性疾病。心身疾病通过神经系统作用，就可以在全身出现症状，常见躯体症状有：疲乏无力；慢性疼痛和难以描述的不适，腹胀、腹泻、便秘、恶心、呕吐、口干、食欲减退，消瘦、体重减轻；尿频、尿急、排尿困难；胸闷、心慌、气短、面部潮红、多汗、怕冷，头昏、头晕、头痛、耳鸣；性欲减退、性功能障碍，月经不调；睡眠障碍等。

健康不仅仅是没有疾病和衰弱的表现，而是生理上、心理上和社会适应方面一种完好的状态。能否有效地应对来自社会环境系统、生理系统和心理系统的压力，与大学生的健康，尤其是心理健康有着密切的联系。当压力的合力超出了个体生理及心理上所能够提供的应对能量，或者持续作用于个体时，就会出现心理问题和心理障碍，甚至导致严重的心理疾病。

第三节　压力管理与挫折应对

一、应对的概念

美国心理学家拉扎如斯指出，人们应对压力有两种策略，一种叫做问题应对，另一种叫做情绪应对。具体说来就是通过我们的积极努力克服困难，排除障碍，把问题解决了，压力就消除了。比如工作任务重，难度大，对于组织来说，可以通过发动群众、挖掘潜力、深入调查研究、采用先进技术来完成任务；对于个人来说，可以通过加强学习、提高能力、改进工作方法、合理安排时间来达到目的，这就是问题应对。那是不是所有的问题都能通过自己的努力解决呢？有人说，差不多啊，有志者事竟成嘛！这句话很好，是真理，但不是绝对真理，只是在鼓励人积极上进、要立大志、要努力这一点上是对的，但是你不要全相信它。志要立，但有志未必成。成了更好，不成可以继续努力，但继续努力也可能继续失败，那总得适可而止，不要一根筋，一条道跑到黑。因为成功与否，并不完全取决于自己，还有许多超出我们掌控之外的因素在起作用，如天时、地利、机遇等。其实接受失败有时也是一种必要的心态，我们不但要学会努力争取成功，也得要学会接受失败。不断解决问题，努力争取成功，这只是应对压力的一个方面，我们还要学会另一种情绪应对，就是调整好自己的心态，管理好自己的情绪。我们既要不断地应对问题，又要不断地应对情绪，只有把两个应对都搞好，才能做一个心理健康、适应良好的人。情绪调整不好，不但直接影响你解决问题，更会影响你的健康。

情绪应对：我们感到有工作压力的时候，会出现负性情绪反应。我们大部分的能量和精力分布在情绪上面，去感受和试图控制这些情绪反应，这样会影响我们的理性思维。所以，面对工作压力的时候，要调整情绪，让自己静下来，调节自己狂躁不安的情绪，冷静地思考问题。但这并不能解决最终的问题，压力的解除在这个阶段实现的可能性非常小，绝大多数的压力需要问题的解决。所以我们看到在生活中，当人们遇到很大打击或承受巨大压力的时候，通常拒绝别人的安慰，他们会说："我想一个人好好静一静，希望你不要来打扰我。"甚至包括自己最亲密的人，如父母、自己的爱人等。这一过程实际上就是人在进行情绪调整，整理自己的思维，以便更好地应对压力。

问题应对：人们能够用一种正常的心态去面对压力，能从纷乱的情绪中撤离出来，重新投入到对问题的解决过程之中，这样，我们就能够头脑清晰敏锐地思考问题。在这个阶段，我们可以聚焦于具体的问题，发挥我们的能力来思考解决问题的方案。

在应对工作压力的时候，这两个过程是缺一不可的。并且在情绪方面的应对是解决问题的前提，我们先在情绪上冷静下来，心平气和地解决问题，去寻找解决问题的最佳答案和途径。

二、应对的类型

自我防御机制是自我用来应付本我和超我压力的手段。当自我受到本我和超我的威胁而引起强烈的焦虑和罪恶感时，焦虑将无意识地激活一系列的防御机制，以某种歪曲现实的方式来保护自我，缓和或消除不安和痛苦。有多种方式，如压抑、认同、投射、反向作用、升华作用、文饰作用、固着作用、退化、解脱等。患者保护自己的行动，不使别人和自己察觉自己的问题，以适应环境，减少焦虑。

只要能够运用这些防御机制来维持平衡，而没有表现出适应不良的行为，那就不能看做是病态。只有在不适当的时机，不适当地应用防御机制以致不论在自己内心安宁方面还是与他人的交往方面都和他的生活不相称、不相和谐时才可以称之为病态。如果一个人对任何有意识的或无意识的不愉快情感都做出刻板的、不加选择的、公式化的防御反应，便可以认为他是患了神经症。

自我防御机制有很多，可给予不同的分类。如成熟性防御和不成熟性防御、积极防御和消极防御等。现将几种常见的防御机制介绍如下：

(1) 否认：是指对某种痛苦的现实无意识地加以否定。由于不承认似乎就不会痛苦。鸵鸟把它的头埋在沙子里就意味着不可接受的东西不存在，否认正是如此。一个心爱的人已死亡，可仍相信或认定他还活着或即将回来，甚至还为他做些什么；一个癌症病人可否认自己患了严重的迫近死亡的疾病，尽管他也可能就是一位通晓该疾病的知名度很高的医生。这一过程可使一个人逐渐地接受现实而不致一下子承受不了坏消息或痛苦。的确是一种保护性质的、正常的防御。只有在干扰了正常行为时才能算是病态的。

(2) 压抑：是指把意识所不能接受的观念、情感或冲动抑制到无意识中去。它虽不能随意回忆，但可通过其他心理机制的作用以伪装的形式出现。如对痛苦体验或创伤性事件的选择性遗忘就是压抑的表现。

(3) 合理化：又称文饰作用，指无意识地用一种通过似乎有理的解释或实际上站不住脚的理由来为其难以接受的情感、行为或动机辩护以使其可以接受。如对儿童的躯体虐待可说成是“玉不琢不成器，树不伐不成材”、“打是疼骂是爱”。合理化有两种表现：一是酸葡萄心理，即把得不到的东西说成是不好的；二是甜柠檬心理，即当得不到葡萄而只有柠檬时，就说柠檬是甜的。两者均是掩盖其错误或失败，以保持内心的安宁。

(4) 移置：是无意识地将指向某一对象的情绪、意图或幻想转移到另一个对象或替代的象征物上，以减轻精神负担取得心理安宁。如一个孩子被妈妈打后，满腔愤怒，难以回敬，转而踢倒身边板凳，把对妈妈的怒气转移到身边的物体上(如“替罪羊”)。这时虽然客体变了，但其冲动的性质及其目的仍然未改变。在心理治疗中，情感的无意识移置既是移情的基础，也是反移情的基础。

(5) 投射：是指自我将不能接受的冲动、欲望或观念归因(投射)于客观或别人。这在婴儿可认为是相对正常的，在成年人则可由于极度地歪曲现实而成为偏执妄想。

(6) 反向形成：是指对内心的一种难以接受的观念或情感以相反的态度与行为表现出来。如一个有强烈的性冲动压抑的人可积极参与检查淫秽读物或影片的活动。

(7) 过度代偿：又称过度补偿，是指一个真正的或幻想的躯体或心理缺陷可通过代偿而得到超乎寻常的纠正。这是一个有意识的或无意识的过程。如有些残废人可导致惊人的努力而变成世界著名的运动员。有些口吃者可成功地变成一位说话流利的演说家。

(8) 抵消：是指一个不能接受的行为象征性地而且反复地用相反的行为加以显示，以图解除焦虑。如说了不吉利的话就吐口水或用说句吉利话来抵消晦气或不吉祥的感觉。除夕打碎了碗，习俗上说句“岁岁平安!”。

(9) 升华：是指一种最积极的富有建设性的防御机制。因为它可以把社会所不能接受的性欲或攻击性冲动所伴有的力比多能量转向更高级的、社会所能接受的目标或渠道，进行各种创造性的活动。从文艺家的一些著名创作如歌德的《少年维特之烦恼》等，均可见到升华机制的作用。这是把本能主要是性能量转移到一个有社会价值的对象或目标上去。

(10) 幽默：是指对于困境以幽默的方式处理。它没有个人的不适及没有不快地影响别人情感的公开显露。它与诙谐、说笑话还不完全一样。幽默仍然允许一个人承担及集中注意于困窘的境遇上，而诙谐、打趣的话却引起分心或使从情感的问题上移开。

(11) 认同：是指无意识中取他人(一般是自己敬爱和尊崇的人)之长归为己有，作为自己行为的一部分去表达，借以排解焦虑与适应的一种防御手段。如高官显贵的子女常以父辈之尊为己尊，遇到挫折则自抬身价，做出坦然自若的神态，以免除在人们面前的尴尬局面。儿童在作业时遇到困难时，常说：“我要学习解放军叔叔”，从而有力量和信心把作业坚持下去，直到成功。

仅以上述就可以看出，自我防御机制有以下几个特征：

(1) 防御机制不是蓄意使用的，它们是无意识的或至少是部分无意识的。固然，我们时常会做一些意识的努力，但真正的防御机制是无意识进行的。

(2) 防御机制是借支持自尊或通过自我美化(价值提高)而保护自己及防护自己免于受伤害。从它的作用和性质来看,可分为积极的防御机制和消极的防御机制两种。

(3) 防御机制似有自我欺骗的性质,即以掩饰或伪装我们真正的动机,或否认对我们可能引起焦虑的冲动、动作或记忆的存在而起作用。因此,自我防御机制是借歪曲知觉、记忆、动作、动机及思维,或完全阻断某一心理过程而防御自我免于焦虑。实际上,它也是一种心理上的自我保护法。

(4) 防御机制本身不是病理的,相反,它们在维持正常心理健康状态上起着重要的作用。但正常防御功能作用改变的结果可引起心理病理状态。

(5) 防御机制可以单一地表达,也可以重迭地表达。例如,某工人在车间受到组长批评,于是说:"我才不在乎呢!"随后在工作中有意无意地摔摔打打,制造废品以消心中之愤,就是合理化与迁怒的双重作用。

三、培养积极的应对方式

(一) 自我调节方式

要学会宣泄内心的挫折感,挫折感憋在心里,只能越积越多,达到一定阈值,人就无法承受,要善于寻找途径宣泄。

1. 写日记,促使自己反思。

2. 听音乐,音乐疗法被称为"同步情绪法则"先听一曲与目前情绪相似的音乐,然后改变到你想达到情绪状态的音乐。

3. 找诙谐的书读一读,如恋爱失败,一幅漫画"一生只谈过一次恋爱的家伙到底要不要恭喜他?"

(二) 不要对失败做消极联想

一个高中毕业生问:在今年的高考中,我失利了,我这辈子完了,没有任何希望了!心理专家回答"这种想法是不可取的,要知道,没考上这件事预示着今年不能进大学,除此以外并不意味着其他东西,至于以后能否上大学,能不能找到理想职业,能不能找个好的爱情伴侣,与这件事无关。大学生中许多人爱犯这样的毛病,将失败夸大,做消极联想。要学会正视失败,做好卷土重来的准备。

(三) 善于调节抱负水平

抱负水平是人在从事某种实际活动之前,对自己所达到的目标规定的标准,规定的标准高,抱负水平高,规定的标准低,抱负水平低,这只是自定的标准,仅仅是个人愿望。实际成就不一定是符合的,如果说,价值观决定其行为方向,那么抱负水平则决定行为到什么程度。

可以说抱负水平是个人成功和失败的一种杠杆,所以确定适度的抱负水平是避免挫折和失败的主要方面。确立适当的目标有 4 项参考尺度:① 智力程度(观察力、想象、记忆、思维、操作);② 知识厚度,所具备的知识面;③ 人才密度,其他竞争对手的实力和分布;④ 兴趣浓度。

人的潜能是无限的,但如果不能很好地利用则会抹杀的。跳蚤理论:跳蚤放在深的容器里,能够跳出来,盖上盖子它跳不出去,时间久了,它逐渐失去了本能,即使拿下盖子也不跳了。

（四）不要总以幻想来应付挫折

以自己想象的虚幻情境来应付挫折，借以脱离现实，被称为白日梦，白日梦偶尔有之，并不为过，不敢想，有时就不敢做，幻想有时可以缓解挫折感。但回到现实中，现实挫折会使之更痛苦，有可能形成病态行为反应。

（五）合理认知

人们对挫折的情绪反应不在于挫折本身，而在于对挫折的不合理认知。要通过认知纠正，以理性治疗非理性。合理思维代替不合理的思维。

正确运用归因理论，善于从自身找原因，分析自身能力和目标之间的关系。如果是你的努力不够，下次再努力，如果是你尽力了，你可以对自己说“凡事我必力争，成败不必在我”。

（六）学会创设一定的挫折情境

前面谈到挫折阈，挫折阈越低，对轻微的挫折越敏感。挫折阈影响最重要的一个原因，是与挫折经验有关。经历坎坷，有较多挫折经验的人，比一帆风顺的人挫折阈要高，承受能力也强。人应付挫折能力是可以学习和锻炼的。要有意识地容忍和接受日常生活中的一些挫折情境。有意识地创设一定的挫折情境。《一千零一夜》航海家辛伯达，每次航海归来，都可以过上安逸的生活，但他却去寻找与大自然抗争，与海盗搏斗的惊险旅行，使他增加了抗挫折的能力，使他一次次大难不死。

（七）改善挫折情境

1. 预防挫折的产生　预则立，不预则废。做一件事要对成功和失败都做出正确的估价，排除可能产生挫折的因素。

2. 改变挫折情境　挫折就是一种目标和现实之间的冲突，改变目标或改变现实都可以改变情境。恩格斯失恋了，他去了阿尔卑斯山旅行，在外部环境中达到了心理平衡。普希金失恋后也采取了类似的方法，跑到了高加索参加了对土耳其的战斗。

3. 减轻挫折引起的不良影响　天灾人祸，生老病死，都是自然规律，非人力所能为也，活着的人要更好地活着。

（八）建立和谐的人际关系

友情是一种来自心底的力量，别人的认同和友善也是一种肯定力量。俗话说：“一个篱笆三个桩，一个好汉三个帮”。要克服挫折，增强对挫折的适应能力，离不开和谐的人际关系。当一个人在遭遇挫折之际，得到朋友和周围人的同情、理解、关心、鼓励和支持时，就会减轻挫折反应的强度，增强对挫折的承受力和适应性。因此，大学生必须学会与人交往，努力拓展自己的交往空间，建立广泛而和谐的人际关系，这既是心理健康的基本要求，也是增强挫折承受力的重要途径。

四、压力管理技巧

1. 合理宣泄　既然压力让你喘不过气来，那就根据自己的方式宣泄出来。不妨哭一哭、喊一喊或是找人倾诉以排解心中压力。

2. 转移注意力　这是很多人面对压力时会采取的方法。诸如：逛街、睡觉、听音乐、运动等。只要你喜欢，转移注意力可以暂时让你减轻压力。

3. 幽默疗法　“笑一笑，十年少。”有时你会因为压力太大，而导致情绪恶劣与他人产生矛盾冲突，那么，一句幽默的话语，一个得体的笑话便可化干戈为玉帛，让彼此冲突一笑而过。

4. 满灌疗法，准备最坏的结果　人有压力，很多情况是因为担心事情做得不好会造成什么后果。当我们已经有了最坏的心理准备，再糟糕的情况都能接受，那么压力自然而然就随波而去。

5. 心理暗示　这种自我心理暗示让自己接受某种观念，对自己的心理施加某种影响，使情绪和行为发生作用。“再大的压力也难不倒我。”这样的一种心理暗示，在某种程度上是可以消解压力。当然积极的暗示可稳定情绪、树立自信心及战胜困难和挫折的勇气，反之，消极的暗示却造成不良的影响。

6. 接受　“成功不了，接受失败。”事物都处于不断变化中，真理不是绝对真理。要挖掘自己的本身价值，不要吊死在一棵树上。

7. 升华　情绪是有能量的，化压力为动力。正确的处理压力不是逃避压力，而是努力将压力转化为动力，促进不断发展。

8. 希望　人，要永远活在希望中。有句话描述得很到位：“牛奶会有的，面包也会有的。”这就是希望，无论什么时候，发生什么事都不能绝望。不绝望就意味着有希望。

9. 自我安慰　车到山前必有路，比上不足比下有余，破财消灾，因祸得福，凡事多看看好的一面，从容应对压力。

10. 理性疗法　美国心理学家 Ellis 认为，情绪不好的结果是 C，但它不是由于某一诱发事件 A 引起的，而是人对这件事情的不正确想法、解释和信念——B 导致的。天下本无事，庸人自扰之。只要把认识改变，情绪就会转好。如何改变认识？可用阴阳辩证法。

五、应对方式测试

美国著名心理学家艾利斯设计的心理应对能力问卷，以生活中的突发事件、重大生活变故、特殊的压力情景等为背景，评定人们面对心理压力时的能力。

本问卷有 30 题，请你根据自己的实际情况，选择合适的答案。由于本问卷是以西方生活为背景，故有些内容可能不一定符合我国的实际，请你回答时酌情考虑，设想如果你处在这样的情况下，你会如何。

1. 本来是一个平安无事的周末，你正在家里休息，突然接到消息说你有一位亲人被紧急送往医院，你必须去医院照顾该病人，这时你会：（　　）

A. 觉得完全无法应付那些要求　　B. 尽力而为，但是期望每件事早日恢复正常

C. 有充沛的精力去应付那种情况

2. 如果你突然之间无事一身轻，你会做什么？（　　）

A. 去喝酒，喝得一醉方休　　B. 觉得有了自己的空余时间，高兴极了

C. 立刻开始计划另外一项工作

3. 如果你有完全属于自己的一个夜晚，没有任何事情要做，你会：（　）
A. 轻松地享受独处的滋味　　B. 打一些电话给朋友聊天
C. 为自己找一些事情来做
4. 有个比你小的朋友请你去参加他们的假日野营，你可能会：（　）
A. 去参加，假若你没有更好的事情可做的话
B. 很喜欢去，因而把其他的约会取消
C. 加以拒绝，因为你比较喜欢过一种让自己满意的假日
5. 假设有医生对你说，你只有六个月的时间生存，你会：（　）
A. 尽量去做很多你经常想做的事情
B. 花时间把你的事情安排就绪，并且让你的家人和朋友有个心理准备
C. 尽量寻访各地名医，力图挽回你的健康和生命
6. 当你有轻微的头疼时，你会：（　）
A. 上床睡觉，或者至少不和别人在一起　　B. 不去管它，行为和平常一样
C. 吃一粒止痛药
7. 你已经躺在床上，准备要早点睡觉，忽然有位朋友打来电话，邀请你参加一个宴会，这时你会：（　）
A. 告诉他你想睡觉　　B. 起床，和他一道去　　C. 委婉地辞谢
8. 你的牙齿有时出现疼痛，你会：（　）
A. 约定时间去看牙科医生
B. 认为应该去看牙医，但却一直等到恶化了才会去
C. 设法假定像没事一样
9. 当你遇到麻烦时，你是否想过用自杀来解决你的问题？（　）
A. 从来没想过　　B. 偶尔想过　　C. 经常会想
10. 你已经存够了买一套住房的钱，忽然听说有房子优惠出售，但是你还没有足够的钱来买家具，这时你会：（　）
A. 先把房买了搬进去，住空房子，等到有钱再买家具
B. 想其他办法添置或者翻新一些必要的家具
C. 暂时不买房子，直到有了足够的钱买家具时再买
11. 如果你是世界末日后的幸存者，你认为你会有下列何种反应？（　）
A. 宁愿去死　　B. 充分利用新的机会　　C. 你不知道
12. 下列话中哪一句对你更适用？（　）
A. 在我的生命中，最重要的是我的工作
B. 家庭是我一生中最重要的
C. 每一分钟都过得充实，是我一生中最重要的事
13. 你感到焦虑的时候，是：（　）
A. 只有在真正麻烦的事情发生时才会有
B. 在没有明显的理由之下，经常出现
C. 当情况确实难以避免时，偶尔出现

14. 如果你在街上看到有人受到攻击，你会：（ ）
A. 设法帮助他　B. 立刻躲避　C. 报警求援
15. 下列哪一种情况对你最合适？（ ）
A. 我有点像“梦想家”，而且在需要采取行动时总是瞻前顾后
B. 当我不得不做决定时，我先是有点犹豫不决，然后就会行动
C. 我比较容易采取行动，不会坐着空想
16. 如果你们家外面发生一件严重的意外事故，你比较可能会（ ）
A. 帮助解决困难，因为你有实际的急救常识
B. 在别人指挥之下帮忙，因为你不知道该怎么办
C. 顶多只能帮忙打电话叫救护车来
17. 如果你家被偷了，你会：（ ）
A. 感到震惊和难过　B. 立即打电话给你的保险公司或公安部门
C. 感到十分生气，并想对那些窃贼采取某种报复行为
18. 如果你的伴侣威胁说要离家出走，你会：（ ）
A. 建议他(她)叫出租车，把钱带够　B. 尽量与其讲道理
C. 请求他(她)留下来
19. 你觉得缺少下列哪一件东西时，对你生活的影响最小？（ ）
A. 电话　B. 汽车　C. 方便食品
20. 突然停电时，你会作何反应？（ ）
A. 使用蜡烛　B. 后悔没有预先做准备　C. 上床去，一直到来电为止
21. 一般来说，你要走多远的路才会开始觉得疲劳（ ）
A. 半里路　B. 两里路　C. 六里以上的路
22. 在感到疲劳之后，你还可以再走多远？（ ）
A. 几里路　B. 一步也走不动　C. 需要走多远就走多远
23. 你最怕下列哪种情况？（ ）
A. 全部的钱和工作都丢掉了　B. 失去你的家庭和朋友　C. 精神崩溃
24. 下列三件事情，你懂哪些？(可选多项)（ ）
A. 食物的种植和烹饪　B. 医药　C. 建筑
25. 当你需要钱的时候，你就：（ ）
A. 尽量存钱　B. 动脑筋想赚钱的办法　C. 如果借得到，就去向人借钱
26. 下列哪一句话对你来说是最确切的（ ）
A. 我为生活制订了具有弹性的计划，如果遇到合适的机会，我会马上加以改变
B. 我对于生活中的每一件事情，几乎都计划好了，而且一定贯彻始终
C. 我对于生活的态度是顺其自然
27. 假设你在一个荒岛上，你会选择把下列哪一样东西扔掉（ ）
A. 一箱罐头食品　B. 一箱书籍　C. 一箱工具
28. 如果有人攻击你，想置你于死地，你比较可能会：（ ）
A. 投降，而不是杀害那个攻击你的人

B. 把攻击你的人给杀了，如果有机会的话

C. 尽量逃跑

29. 你是否需要让周围的人觉得你是有用的人？（　　）

A. 是　　B. 否　　C. 偶尔需要

30. 下列这些情况，你最不能忍受哪一个？（　　）

A. 身体上的疼痛　　B. 来自社会的非难　　C. 沮丧

心理应付能力答案表见表 6－1。

表 6－1　心理应付能力答案表

题号	答案 A	答案 B	答案 C	题号	答案 A	答案 B	答案 C
1	2	4	6	16	6	4	2
2	2	4	6	17	2	6	4
3	6	2	4	18	6	4	2
4	4	6	2	19	2	4	6
5	6	4	2	20	6	4	2
6	2	6	4	21	2	4	6
7	2	6	4	22	4	2	6
8	6	4	2	23	4	6	2
9	6	4	2	24*			
10	4	6	2	25	4	6	2
11	2	6	4	26	6	2	4
12	2	4	6	27	2	4	6
13	6	2	4	28	2	6	4
14	6	2	4	29	2	6	4
15	2	4	6	30	4	2	6

24* 题记分如下：答案 A、B、C 中，若答"是"记 6 分；反之记 0 分。

记分与解释

将选定答案与表格内的分数对照，各项得分相加即为你的总分。总分越高，表明心理应对能力越强；反之，则越差。

总分在 80 分以下，你的心理应对能力很低，面对外界的各种变化、挑战和困难，你可能会陷入茫然、束手无策之中。

总分在 81～100 分之间，你的心理应对能力偏低，应付内外刺激的水平有限。

总分在 101～135 分之间，你的心理应对能力在正常范围内。

总分在 136～165 分之间，你的心理应对能力较强，你能较好地适应外界的变化和各种压力，你知道如何来对待出现的问题，并能较好地做出调整。

总分在 165 分以上，你的心理应对能力很强。

【案例分析】

某大学大三学生王某，坐在教室里看书时，总担心会有人坐在身后并干扰自己，有强烈的不安全感，以至于只能坐在角落或者靠墙而坐，否则无法安心看书；对同寝室一位同学放收音机的行为非常反感，有时简直难以忍受，尤其是中午睡午觉时总担心会有收音机的声音干扰自己，从而睡不着觉，经常休息不好。但又不好意思跟其发生当面冲突，因为觉得为这样的小事发脾气，可能是自己的不对。很长时间不能摆脱这种心理困境，很苦恼，严重影响了自己的日常生活和学习。即将毕业，心中一片茫然，担心找不到理想的工作，有时候也懒得去想这个问题，怕增添烦恼。学习一般，在班上成绩中游，当看到其他同学都在准备考研究生，自己也想考，但是又不能集中精力学习。自卑，缺乏自信，生活态度比较消极，认为所有的一切都糟透了。家在农村，经济状况一般，认为自己有责任挑起家庭的重担，但又觉得力不从心。

1. 分析诊断　在该案例中，该生实际上其心理困境主要是由各种压力源造成的。首先，该生即将面临大学毕业，择业困难构成其压力源的核心。择业压力所导致的心理紧张和心理困境，其实质是由来访者自身能力与理想目标之间的落差造成的，落差越大，心理压力也就越大。学习成绩一般，对自己缺乏信心，但家在农村，又觉得自己责任重大，必须找到一份好工作，因此心理压力是相当大的，而且是与日俱增。其次，择业压力使来访者在心理上产生不安全感。行为发生学认为，当人受到刺激时就会做出某种特定的反应。来访者面对压力，采取的是消极应对策略——回避。虽然不去想它，但是问题和压力却仍然存在，尽管只是一种茫然状态；再次，择业压力使来访者的心理变得异常敏感和脆弱，这一点在他的日常学习和生活过程中直接体现出来。哪怕有一点动静，在教室看书或者在宿舍睡午觉就会受到干扰。严重时，即使没有任何干扰，来访者也会怀疑、担心和害怕受到干扰；第四，择业压力和敏感的心态极易使来访者面临人际冲突问题，这是来访者采取回避和压抑等消极应对策略的必然结果。在与同学相处时，尽管来访者自己也意识到只是一些很小的事情，但就是不能控制自己。当某件事情或某个人多次引起自己的反感和不快时，就很自然地把自我消极情绪固着在该事或该人，从而影响人际的和谐与沟通。实际上，这是由于来访者刻意回避主要现实压力，导致压力感(压力能量)转移的结果。

2. 施治方案

(1) 如果面对困难，你感到孤立无援，那你应该寻求朋友和亲人的安慰。与朋友的一次很短的电话交谈远胜于服用一剂镇静剂。

(2) 消除压力产生的根源。

(3) 学会倾听。任何时候都不能自认为已经完全领会了对方的意图。唯有仔细倾听才不会产生疑问，从而远离诸多的不快与冲突。

(4) 如果心情烦恼是因为时间不够造成，不妨放下手头的事情，合理安排一下工作计划。哪怕是每天清晨早起 15 分钟也行。

(5) 音乐是非常有效的心理疗法。多听音乐有助于培养开朗的性格。

(6) 定期进行体育锻炼，增强体质。良好的身体素质是战胜心理压力的基础。

六、团体辅导:学习压力应对

(一) 教学目的

学习生活中,压力无所不在,让学生知道什么是压力,了解他们自身的压力都来自哪里,同时要明确有压力并不一定是坏事,学会运用一些策略去应对压力,能够积极面对压力。

(二) 教学重点

对于各种各样的压力如何运用策略应对,化压力为动力。

(三) 教学形式

讲授、游戏、讨论、心理测验。

(四) 教学步骤

1. 导入　什么是压力?引入物理名词压力 $F=P\cdot S$,同时呈现心理名词:压力、压力应对、心理承受力。用关于南瓜的实验,展示南瓜生长过程中所承受的压力,让学生谈谈感受,目的在于引导学生思考:植物的生长尚且能够承担如此大的压力,我们人类在生活学习中自然也会遇见压力,而且我们应该有能力去承担那些压力,同时我们需要学会如何去应对压力。又嫩又脆的南瓜,变得如此坚韧,挺住了难以想象的巨大压力。展示动物生存中的压力,奔跑中的鹿群惊恐无比,因为猛虎和猎豹时刻对它们造成生存压力。

总结:压力并不是坏事,它可以让我们更加完善;在压力面前不必畏惧,无须退缩,每个看似弱小的生命,都蕴含着无穷的战胜压力的力量。压力让人挖掘自己的潜力,迸发出最大的力量。没有压力就没有动力,压力可以刺激我们采取行动来挑战自身能力,帮助我们达到自认为不可能达到的目标。

2. 主要内容

(1) 压力定义:任何能扰乱人们心理、生理健康的干扰都可以成为压力。就是我们感受到一个时间对我们的生理、情绪、认知或行为构成威胁、挑战或危害并在生理情绪、认知或行为作出反应的过程。

可以找 2、3 个学生说出他们认为的压力,从实际生活中的压力引出后面的内容——压力源。

(2) 讨论:压力来自哪里。

展现生活、学习、心理三个方面的压力。将学生分成 5 组,讨论 3 分钟,然后让每组学生中的一人分享他们讨论的结果。

目的:引导学生去发现自己压力的来源,体会到每个人都有压力,甚至同学之间的压力有着相同之处,自由发言,有利于学生思维的发散。

(3) 小测试:心理压力的表现测试:① 没有食欲或食欲过盛;② 心跳过快、头疼、颈背部肌肉紧张;③ 难以入睡或半夜醒来;④ 噩梦频频不能深呼吸;⑤ 皮肤过敏或湿疹;⑥ 吸烟或饮酒过量;⑦ 注意力难以集中;⑧ 为琐碎小事而与家人同事争吵。

如果你有其中两条以上的征兆,就意味着你可能处于心理紧张状态了。

针对学生的回答,可以稍加解释,对于测试结果有的学生觉得自己有压力,有的学生认为自己没有压力。紧接着展示心理学中常用的压力测试图片:静止说明没有压力,转动则说明存在压力。

目的：两种测试可以让学生更加明确地了解自己的压力状况。

（4）压力是否有害：压力对人们在生理和心理上的影响，生理方面：睡眠障碍、物质依赖、自主神经功能紊乱、视力损害、健康损害；心理方面：烦恼、焦虑、抑郁、暴躁、自杀意念及自杀、反社会倾向。提问学生，压力有害吗？学生回答之后追问，压力是否一无是处？展示耶基斯—多德森曲线，过大过小的压力都不利于学习，适中压力水平下学习效率最高。展示哪些压力是好的，哪些是坏的。得出结论：没有压力也是不好的，有了压力我们要学会调节，学会应对就能够化压力为动力。

目的：让学生体会到适中压力有利于自己的学习，并且能够认识到什么样的压力是对自己有利的。

（5）应对策略：缓解压力的原则：用积极的态度面对压力，减压先要解开心结，适度转移和释放压力，对压力心存感激。

缓解压力的训练方法：

① 学会丢包袱。生活中繁杂的事务会将我们宝贵的时间和精力支解，使我们没有充足的时间和精力去执行最重要的事情。这时，你会感觉到很大的压力。有效的办法是先分析一下什么对你是最重要的，哪些事情是次要的，重要的事情先做，次要的少做或不做，这样就可以为自己赢得宝贵的时间。

② 善待自己，放低标准。不要对自己太苛刻了，至善至美只是一个遥远的梦，摆脱完美主义的束缚吧！不要妄想把所有的事情都干得完美无缺。适当放低一下标准，放松一下自己的心情，或许在客观上也减轻了别人的压力。

③ 远离虚荣。在生活中，许多压力是完全由于自己的虚荣心导致的。为了穿名牌时装、用高档化妆品，住漂亮豪华的房子……不得不拼命地赚钱，无端地增加了自己的压力。金钱、名誉、地位这些如同过眼云烟，却常常被人视为是最重要的东西，为之所累。学会真正地享受生活，摆脱虚荣。

④ 给自己留一点儿思考的时间。压力的产生也可能是因为对事情本身的理解造成的。过分夸大了事情的重要性和后果，导致心理负担加重。不少人往往因为急于求成，而忘记了对事情本身的思考。留一点儿时间思考能让你更清楚地看到事情本来的面目，同时也给了自己一个解剖情绪、分解压力的机会。

⑤ 不要忘了休息。过重的劳动会导致人生理疲劳，效率低下，从而导致过分的焦虑与紧张。适当的休息不但会缓解大脑疲劳，而且可以放松一下紧张的心情，减轻心中的压力。特别是上班族，周末应好好休息一下，毕竟工作不是生活的全部。

（6）教师寄语

学生朗读

你改变不了环境，但你可以改变自己；你改变不了事实，但你可以改变态度。

你改变不了过去，但你可以改变现在；你不能控制他人，但你可以掌握自己；

你不能预知明天，但你可以把握今天；你不能样样顺利，但你可以事事尽心；

你不能左右天气，但你可以改变心情；你不能选择容貌，但你可以展现笑容；

你不能延伸生命的长度，但你可以决定生命的宽度。

【情景剧：挫折心理体验】

内容简介　本剧讲述的是在大学里高等数学是必修课，一位同学学起来很吃力，第一次考试不及格，他对此失去了信心，对学习也失去了兴趣，逃避考试、逃避与人交往，在老师和同学们的帮助下，主人公重拾信心，通过了考试，同时强调了人与人之间互相帮助的重要性。

场景一：时间：上课前　地点：教室外　人物：小风、班长、学习委员

小风：（走向舞台，面向观众，边走边说）轻轻松松上大学，马马虎虎学高数，战战兢兢进考场，彻彻底底被征服。（伸手看向远方）遥想以前，一心只想上大学，可上了大学才知道，大学也不是那么容易上的。（仰起头，双手伸向天空）高数啊高数，我的神呐！你怎么就那么难呢!？（叹气并低下头）这第一次高数就是不及格。（停顿一会儿）怎么会这样？怎么会是这样？我到底哪里做错了？难道我还不够努力吗？难道我真的只能这样了吗？难道我就只有这个水平了吗？（欲哭无泪）以前，（语速慢一点）我是老师手中的宝，现在，我就只是一棵草……（转身背对观众，然后突然转过来唱《朋友》）高数啊高数，你怎么抛弃了我！如果你…（听到有人说话声，停止）。

（班长、学习委员走向舞台，同时伸出手向小风打招呼）：Hi，小风。

小风：（看看他们，低下头郁郁寡欢地走进教室）

班长：这次考试，小风的高数是不及格（看着小风的背影，摇头），看他，都没什么精神了。

学习委员：（朝着教室里望了望）嗯，（朝着班长点点头）哎，看来，高数给他的打击真的蛮大的。

班长：（面向学习委员）我们得帮帮他，不能看他就这么消沉下去。

学习委员：嗯！我们帮他补习高数。让他重拾信心。

（两人达成共识，微笑着走进教室。）

（舞台另一边是教室，几张桌子、板凳）

场景二：时间：课堂上　地点：教室里　道具：（两张桌子、几个板凳）

老师：（戴一副眼镜在讲课，拿起课本说）下面，我们来看看……（看到小风趴在桌子上睡觉，扶了一下眼镜，咳嗽了两声，第二声比第一声大）

［班上除了小风，全部都抬头看着老师，学习委员发现事态不妙，侧头看到小风正在睡觉，班长也发现了，学习委员跟班长使了个眼色，并用手指了指小风（动作小一点）。］

老师：（脸色沉下来）小风同学，请你来回答一下这个问题。

班长：（在小风后面小声喊）小风，小风（并用手指戳小风的后背，用脚踢小风的板凳，其他同学有的在大笑）。

（终于，小风揉揉眼睛，摇摇晃晃地站起来，一脸茫然地看着老师。）

老师：（脸色还是不太好又问）你说说看，这个题目怎么做？

（班长在小风后面小声地告诉他怎样怎样。小风却毫不理会，面无表情地回答道：不会。）

老师：（有点火了）你先坐下，下课去趟办公室。

（大家都望着小风，小风慢慢地坐下，又接着睡。）

（过了一会儿，老师看了看手表，抬头道）下课（老师站在讲台上，同学们陆续走出教室，教室里还剩下班长、学习委员和小风)。

场景三:他们三个人收拾收拾,把课本装进包里。然后小风跟着老师,他们俩跟着小风依次走出教室。

(舞台靠近观众的地方放一张桌子、一个板凳作为办公室)

老师:(转身对小风说)进来。

(小风跟着老师走进去头一直都低着),(班长、学习委员在外面伸着头、竖着耳朵偷听)。

老师:(坐在板凳上望着小风说)小风,你最近是怎么回事儿,怎么没精打采的,上课还睡觉,不认真听课?是不是因为考试的缘故?

(小风依然低着头,一会儿又抬起头看看远方,就是不说话。)

老师:(把一切都看在眼里,站起来拍拍小风的肩膀说)不就是考试不理想吗!当然了,考试不理想肯定会不高兴,可是你不能就此放弃啊?

小风:(深吸一口气,带着点儿哭腔,坚定地说)不,这个不及格不是简单的一个成绩,它完全否定了我现在的大学生活。(沉默着,老师静静地看着他)我的大学怎么会是这个样子?大学对我来说是那么的美好,在为它拼搏的日子里,苦也甜,累也笑,为了有一天能实现自己的梦想,我从来都没有放弃过。(停顿一会儿)但是现在,第一次高数考试我就是不及格,我甚至不知道该怎么面对自己,不知道该怎样继续下去……

(班长、学习委员相互看看、若有所思地点点头,接着摇摇头,然后继续听)

老师:(点点头说)我相信很多同学都有这样的想法,但是你要知道,每个人在成长的道路上都会遇到这样那样的困难,都会有感到无所适从的时候。可是,如果不经历这些,我们又怎么能成长,变得成熟起来呢?只要我们明白自己想要的究竟是什么,就不会一无所获,只要我们去努力,你说是吗?

(小风抬头很感激地看看老师,重重地点点头。)

老师:(接着说)这段时间,找个同学来帮助你补习一下吧……

(老师还没说完,门外的两个人眼睛突然一亮,看了一下对方,然后一起冲进办公室。挣着、挤着、喊着)老师,我们我们!我们来帮小风补习!

班长:老师,让我们来吧,我们肯定会帮助小风学习的。

学习委员:对啊,我们肯定帮助小风学好高数。

(小风看着他们两个,心里很感激想拒绝但还是没说出口。)

班长:我们一起学习,效果肯定更好。

学习委员:就是啊。(两个人你一句我一句地说着,边说边点头)

老师:(看着他们,露出满意的微笑)好,就你们两个来帮助小风补习吧!小风,你说好不好?

小风:(表情复杂)可是,可是……

班长:(忍不住了问)可是什么呀可是?

老师:(语重心长地说)小风,有什么难处你就说出来。

小风:(小声地说)可是,我高数落下太多了。

班长:就这个啊,这没问题!(自信满满,右手拍着自己的胸脯保证)

学习委员:嗯!只要功夫下得深,铁杵磨成绣花针。这是我的课堂笔记,借给你看(边说边从书包里拿出笔记)，有什么不懂的，我们一起搞定它！

老师：(对着小风说)小风，你自己先制定一个复习计划，自己心里一定要有个底，好好看看书，重点在你落下的那部分，班长和学习委员会帮助你的(看着他俩又转向小风)有什么不懂的也可以来问我。

(小风抱着书包激动地说)谢谢你们！谢谢！

老师：(微笑地点头)那好，你们就先回去吧。

三人一起：老师再见！我们先走了。(三人一起出去，走下舞台，老师在他们后面下去)

场景四：班长、学习委员、小风、老师四个人坐在教室里，老师和小风紧邻而坐，班长、学习委员分坐两边做补习功课状。

(片刻)老师起身：今天先到这里，我先走，你们也早点回去。

(老师离开，灯光暗下去，又亮起来)

班长、学习委员分坐在小风两侧做补习功课状，过了一会儿，三人收拾书包准备离开，这时老师进来。

三人一起：老师好！

老师：嗯，(面向小风)马上要补考了，准备得怎么样了？

班长：功课绝对没问题！

学习委员：嗯，绝对没问题。

(小风像是想说什么，又没说)。(班长、学习委员侧头看着他)

老师：怎么了，有什么问题？

小风：我、我、我紧张。

班长：别紧张，你要相信你自己。

学习委员：拿到试卷，先做简单的，难的最后做，实在不会的就放弃。

小风：我、我还是紧张。

班长、学习委员：很多人在考试之前应该都会紧张吧？(疑问的表情望着老师)

老师：这是正常现象，来，大家先坐下。(找凳子坐下)

老师接着说：其实，适度的紧张是有一定好处的，能够充分调动身心潜能，这时，人的注意力会更加集中，思维更加敏捷，反应加快，在考试中有可能会超常发挥。大量的科学实践证明保持着适当的紧张度、焦虑感，可以维持学生的兴奋性，增强其学习的积极性和自觉性。

(三人点点头)学习委员：原来连紧张也有好处啊！

老师：嗯，还有，一定不要有像“我还没有复习好……”或是“如果没有考好会怎样怎样……”这些想法。

班长：那应该怎样想？

老师：考试前要用肯定的态度暗示自己，比如：“我行，我一定能行！”“我都复习过了，一定能考好。”等。当然，在考试之前一定要把该学的都学了，都弄懂了。就像刚刚学习委员说的，考试要掌握一定的技巧，对考试的范围、考试的难度都要有所了解。

(三人点头)哦～！(恍然大悟)

场景五：一个星期后，考试成绩公布，小风考了高分。

小风：(在舞台上激动地跳起来)YEAH！YEAH！YEAH！(并且一边跳一边唱)：“高

数啊高数，你是我的朋友”。

（迎面遇上老师，激动地说）老师，我及格了，我及格了！

老师：（微笑）祝贺你，小风同学！

小风：谢谢，谢谢老师！

老师：这是老师应该做的，你要多谢班长、学习委员他们。（看看远处，班长、学习委员走过来。）他们在那边。

小风：（转身招手）班长、学习委员，谢谢你们！要是没有你们的帮助，我、我（小风的话被打断）

班长：这是你自己努力的结果。

学习委员：对啊，内因起主要作用嘛！

（班长、学习委员走近，小风握着他们的手）：总之，真的谢谢你们！（班长捶捶小风的肩膀）（停顿一会儿，大家转身面向观众）

小风：同学们，刚进大学的时候，很多人都会像我一样认为高数很难，但是只要你自己肯努力，肯下功夫，学懂了，学会了，学到心里去了（声音越来越高），一切就容易了（放慢速度）。

班长、学习委员：作为同班同学，我们相互帮助，相互学习，相互促进。

老师：是的，学生在和谐文明的班级中共同进步，这样一个和谐文明的班级需要我们大家一起去创建！一起去维持！

谢谢！

第七章 大学生适应与发展

第一节 适应的概述

一、适应的概念

（一）适应的定义

适应(adapt)是指有机体想要满足自己的需求，而与环境发生调和作用的过程，它是一种动态的、交互的、有弹性的历程。当个人需求与环境发生作用时，若不能如愿以偿，通常会造成两种情形，其一为形成悲观消极心理，其二为从失败中学习适应方法。成功的适应才能增进心理健康，养成健全人格，失败的适应就会造成心理不健康和不良人格。

心理学范畴里使用适应概念时，通常有三个角度，一是生物学意义上的适应，即生理适应，如感官对声、光、味等刺激物的适应；二是心理上的适应，通常指遭受挫折后借助心理防御机制来使人减轻压力、恢复平衡的自我调节过程，这是一种狭义的适应概念；三是对社会生活环境的适应，包括为了生存而使自己的行为符合社会要求的适应和努力改变环境以使自己能够获得更好发展的适应，这是社会适应的概念。

朱智贤主编的《心理学大辞典》中对适应的定义是这样下的："适应是来源于生物学的一个名词，用来表示能增加有机体生存机会的那些身体上和行为上的改变。心理学中用来表示对环境变化做出的反应。这一定义至少从以下三个方面说明了适应这一心理现象的性质与特点：第一，心理适应是主体对环境变化所做出的一种反应；第二，心理适应是一个重建平衡的动态变化过程；第三，心理适应的内部机制是同化与顺应的平衡。

由此，可以对心理适应作以下比较完整的表述：当外部环境发生变化时，主体通过自我调节系统做出能动反应，使自己的心理活动和行为方式更加符合环境变化和自身发展的要求，使主体与环境达到新的平衡的过程。

（二）适应的心理过程

从心理发展的角度看适应的过程，可以看到以下几个环节是最基本的。

1. 需要　发展的内部动力。个体原有发展水平与新的需要之间的矛盾，是推动人类从事各种活动的最原始的动力源泉。需要本身的产生离不开外部环境的刺激和影响作用。根据马斯洛的需要层次理论，可以将其分为生理需要、安全需要、归属需要、自尊需要和自我实现的需要五大类。按照马克思主义的有关论述，又可以把它分为自然性需要、社会性需要和精神性需要三种。从适应的角度看,通常可以分为生存性需要和发展性需要两种。然而,不管怎样分类,适应的过程始终是从需要的产生开始的。实际上,适应本身也是人的一种需要,是人终其一生都不可缺少的一种基本需要。

2. 阻挠　适应状态的破坏。阻挠是指个体不能利用已有的行为习惯来满足自己某些需要的情况。这种情况通常都出现在环境发生了变化,主体遇到了新的问题情境的时候。阻挠现象出现时,人们一般都会产生程度不同的紧张与焦虑感。阻挠的产生实际上意味着主体原有的适应状态已被打破,其原有的行为模式与新的需要之间发生了矛盾,从而产生了新的不适应现象。在这种情况下,主体改变自己原有行为模式的动机便会应运而生。

3. 尝试　满足需求的努力。为了改变不适应的被动局面,人们在没有现成模式可以参照的情况下,便会做出各种努力,采取各种方式来进行积极的尝试。这一过程实际上是一个解决新问题的过程,基本上属于试误学习的性质,是适应过程中的关键环节。但人的试误学习与动物的试误学习有本质的不同:动物的试误学习只是一种盲目的尝试,充其量也只是得到及时强化以后才能形成的稳定的条件反射;而人的试误学习则是经过认真思考、有一定理论假设作指导的理性的行为,同时也带有明显的创新色彩。在尝试过程中一旦取得了成功,被肯定和巩固下来的就不仅是解决问题的行为本身,而且包括行为背后的理性思考,特别是对事物本质与规律的概括与升华。

4. 重新适应　恢复新的平衡。经过一番尝试,找到了新的解决问题的方式,人们新的需要就可以得到满足,原有行为模式与新的需要之间的矛盾基本上得到了解决,曾经有过的不平衡状态重新恢复了平衡。这意味着,一次不适应的问题已经解决,主体可以重新回到适应状态之中。只是这种状态仍然是短暂的,很快就会被新的不适应现象重新打破。这种不适应→适应→不适应状态的循环往复就是适应过程的规律性表现。

(三) 适应的心理机制

皮亚杰认为,心理适应的内部机制就是同化与顺应的平衡。但只用同化和顺应这两个过程来说明适应似乎过于简单了些。在解释社会适应中一些复杂的适应过程时,有必要对此做出进一步的说明。结合认知心理学和社会心理学的有关理论,我们认为。从出现不适应现象到重新适应中间,一般要经历认知调节、态度转变和行为选择三个环节。

1. 认知调节　是适应过程的起始阶段,它包括外部评估和内部评估。

(1) 外部评估:外部评估是认知调节的第一个阶段,指主体对变化了的外部环境及其对自身发展所具有的影响作用,进行全面了解并做出新的判断的过程,主要任务是确定外部环境中发生了哪些新变化,提出了哪些新要求,这些变化和要求对自身发展所具有的影响,在此基础上应能对发展中遇到的困难做出准确的判断,对新的角色期待形成正确的理解与把握。

(2) 内部评估:内部评估是指主体在对外部变化做出正确判断的基础上,对自身内部状态进一步的了解与判断。实际上这是一种在自我监控系统的参与下,自我评价和自我意向重新调整的过程。具体包括对因外部变化引起的内部不平衡状态的估计,对不适应现象的归因分析,对已有经验的检索与比较,对原有行为方式应对效果的审视与判断等。

由外部评估到内部评估,这是认知调节发展的必然过程。在这一过程中,主体的理解力、判断力和自我评价的水平对认知调节的效果具有直接的影响。

2. 态度转变　认知过程的变化必然会引起情绪体验的变化，同时也会导致行为意向发生相应的变化。当认知、情感和行为意向都发生了变化时，就会引起态度的改变。态度的转变实际上是对动力系统和反应倾向的调节，这是适应新环境的变化、保持和恢复心理平衡的一种背景条件。

3. 行为选择　行为选择实际上是一个比较与决策的过程，其核心是对原有行为方式的调整与改变。行为方式的重新选择是以认知的调节与态度的改变为基础的，受思维方式与态度倾向的直接制约。思维方式与态度倾向如果是积极的，那么主体的行为方式也会是积极的；思维方式与态度倾向如果是消极的，那么行为方式也会是消极的。

在这一过程中，同化与顺应这两种调节方式始终在发挥着作用。

(四) 适应的意义

1. 适应外部环境的不断变化　适应主要是对社会环境的适应。社会适应的内容应当包括以下几方面：

(1) 生活方式的适应，包括对不同生活条件与方式的适应；

(2) 社会态度的适应，包括政治态度、工作态度、学习态度以及价值观、人生观、世界观、友谊观、爱情观等观念的形成与发展；

(3) 社会角色的适应，主要指对不同角色行为规范的掌握与发展；

(4) 社会活动能力的适应，包括生活、学习、交往、工作、劳动、休闲等能力的形成与发展；

(5) 社会法制与道德观念的适应，主要指维护社会安定和人与人之间相互关系方面的行为规范。

2. 心理适应与社会适应的关系十分密切　心理适应作为一种综合性的心理功能，是社会适应的心理基础。离开以同化、顺应以及其他一系列复杂的心理活动为基础的内化过程，个体社会化的实现是不可能的。反之，如果脱离开对社会环境的良好适应，那么心理适应本身也就失去了实际的意义。

3. 心理适应与心理健康之间存在着密切的关联　一方面，心理适应是心理健康的结果和外在表现；另一方面，心理健康又是心理适应的重要基础和保证。换言之，只有心理健康的人，才能在适应能力上达到较高的水平；同样，具有较强适应能力的人，其心理健康水平也一定较高。这种关系使得心理适应能力的发展与培养问题，必然会成为心理健康教育研究的一个重点问题。

二、发展的概念

(一) 发展的定义

发展(development)，指的是人类个体从诞生到死亡的整个生命过程中所发生的身心变化，即发展包括生理与心理两方面的发展。个体的生理发展，也叫生物因素的发展，指人类个体的生理结构与功能及其本能的变化。个体的生理发展过程是一种内发过程，即个体按照自身预定的程序和节奏而自然成熟、成长的过程。个体心理发展，即个体从出生、成熟、衰老直至死亡的整个生命进程中所发生的一系列心理变化。

(二) 心理发展的特点

心理发展是有客观规律的,它是通过量变而达到质变的过程;是从简单到复杂、由低级到高级、新质否定旧质的过程;是矛盾着的对立面又统一又斗争的过程。个体心理发展表现出一些带普遍性的特点,概括起来有以下几点:

1. 连续性与阶段性　个体出生后,心理发展就持续不断、贯穿其一生;但在持续一生的心理发展中,具体的心理功能会表现出处于具有质的差异的不同阶段特征。

2. 定向性与顺序性　尽管心理发展的速度可以有个别差异,会加速或延缓,但发展是不可逆的也不可逾越。

3. 不平衡性　主要体现在两个方面:一方面,个体不同系统在发展的速度上、发展的起讫时间与到达成熟时期上的不同进程;另一方面,同一功能特性在发展的不同时期有不同的发展速率。

4. 差异性　体现在发展的速度,最终达到的水平,以及发展的优势领域千差万别。

(三) 心理发展的动力

个体的心理是在其生活、活动、实践中,即在人与周围环境的相互作用中发展的。客观的生活环境和教育是心理发展的必要条件,但外界环境和教育的影响不能机械地、直接地决定心理的发展,它们是在人的积极活动中,通过主体的内部条件而起作用的。唯物辩证法认为,发展是在对立面的统一和斗争;外因是变化的条件,内因是变化的根据,外因通过内因而起作用。心理发展同所有事物的发展一样,它的根本动力是其特殊矛盾、内部矛盾。但是,由于心理现象的特殊复杂性,在什么是心理的内部矛盾的问题上,则有不同的看法。

个体的心理是在其生活、活动、实践中,即在其与客观现实的相互作用中发展的;环境和教育是心理发展的必要条件,是外因;心理发展的动力是心理的特殊矛盾、内部矛盾。但是,在什么是心理的内部矛盾上,则有几种看法:① 客观过程的矛盾反映到人的头脑中所构成的意识的矛盾运动是人的心理发展的内部矛盾,它作为根本的动力推动人的心理的发展;② 认知与应动的矛盾,是心理的内部矛盾,决定着心理实质,它是心理发展的内因、根据,是根本的动力;③ 对当前社会的需要和要求的反映与主体当时的内部状态之间的矛盾,是心理发展的内部矛盾;④ 在实践中,由于主客观矛盾而在人脑中产生的客观过程的反映和主观内部状态之间的矛盾是人的心理现象中的内部矛盾或特殊矛盾,这个矛盾是儿童心理不断向前发展的根据或动力;⑤ 在儿童主体和客观事物相互作用的过程中,亦即在儿童不断积极活动的过程中,社会和教育向儿童提出的要求所引起的新的需要和儿童已有的心理水平或心理状态之间的矛盾,是儿童心理发展的内因或内部矛盾。对这个问题尚待心理学界进一步研究和探讨。

三、适应与发展的关系

适应与发展是成功人生的需要。一位哲人曾经说过:"生活的成功与否,要看适应能力与其内外机遇调剂熔合的难度是否相对应。"积极的适应就是发展。面对着当今我国剧烈变革着的社会,面对着无数的挑战和机遇,谁拥有良好的适应能力,谁就能够获取成功。

适应是一个人通过不断调整自身,使其个人需要能够在环境中得到满足的过程,适应也是自我与环境和谐统一的一种良好的生存状态。人与环境的适应通过两种途径来实现:一种是人自身做出改变，一种是环境改变。通常的情况下，人们选择环境、改变环境是有一定限度的。大多数的时候，人与环境的适应，要求人自身做出调节，适应既定的环境。人在环境中生活，总要与环境相适相宜，保持一种相互平衡的状态。由于我们生活的环境在不断地变化，因此人们的适应就是一个连续不断的过程。人的一生是一系列的适应阶段，而每一阶段都会对个人的长期调节产生影响。

消极的适应与发展：这种适应是人与环境的消极互动过程。个体认同、顺应了环境中的消极因素，压抑了自身的积极因素及自身的潜能，违背了人的心理发展方向。

积极适应与发展：指个体在客观环境中积极主动地调整自己与环境的不适应行为，增强个体在环境中的主动性、积极性，使自身得到发展。

任何发展都是新适应能力的获得，同时也包含着以前存在的部分能力的丧失；人就是在成功地完成每一个阶段的人生发展任务中，不断地走向完善，度过自己完美的生命历程。与此同时，人们充分地发挥每一阶段的潜力，实现着自己的人生价值，为国家、为社会、为人类做出自己应有的贡献；社会环境在一定程度上影响、塑造着人的个性，对人的发展有着巨大的影响。但是，人不同于动物，人的发展不都被动地取决于环境，人的心理活动，人对自我的认识，人的个性特点，人的积极主动精神，对人的发展具有重要的作用。

马斯洛说："环境的作用最终只是允许他和帮助他，使他自己的潜能现实化，而不是实现环境的潜能。环境并不赋予人潜能，是人自身以萌芽或胚胎的形态具有这些潜能，正如他的胚胎形成的胳膊和腿一样。创造性、自发性、个性、真诚、关心别人、爱的能力、向往真理全都是胚胎形成的潜能，属于人类全体成员，正如他的胳膊、腿、脑、眼睛一样。"

每个人都存在着潜能，环境只是才能发展的条件，而不是"种子"。潜能发挥的重要条件是个人的实践，个人在具体环境条件下能动地活动。将环境中的有利因素和个性中的积极因素统一在自己能动的实践活动中，人就获得了一种积极的适应。

第二节　大学生的适应与发展

一、大学生适应存在的问题

（一）大学生角色的转变

所谓"角色"，是人在社会行为系统中与一定社会位置相关联的符合社会要求的行为模式，它客观地规定了一个人的活动范围、享有的权利、承担的义务以及行为方式等。

1. 角色意识的转变　大学新生都有一个角色转换与适应的过程。成为大学生，这是客观事实，但相当一部分新生并没有真正认识到自己角色的转变，角色意识还停留在中学生这一层次。这种角色意识的滞后性，妨碍着新生对大学生活的适应。角色意识的转变关键是角色责任的转变，大学生的称号不仅仅是一种文化层次的体现，更是一种神圣责任的象征。

2. 角色位置的转变　能考上大学的学生在中学阶段大部分都是学习上的佼佼者，平时深得家长、老师和同学们的关注，几乎每个人都有着辉煌的过去。进入大学，如果重新排定座次，就只能有少数人保持原来的中心地位和重要角色。大多数学生将从中心角色向普通角色转变，自我评价可能会受到不同程度的冲击。

3. 角色行为的转变　角色行为的转变是角色转变的关键。

对大学生的行为规范，教育部在《普通高等学校学生行为准则》中作出了详细的规定，而且各高校还相应地制定了许多具体的规章制度，这些都是对大学生的行为规范。大学新生应认真学习，尽快使自己的行为符合大学生这一新的人生角色的要求。

（二）环境变化

1. 生活环境的变化　生活环境的变化体现在生活方式、生活习惯、生活范围等方面。

（1）从生活方式上看，中学生大多住在家里，不少人拥有属于自己的独立空间，起居由父母安排，除了学习外，凡事不用操心。大学生活是集体生活，住宿舍吃食堂，凡事要靠自己处理。这种改变对缺乏独立生活能力的学生是个挑战。

（2）从生活习惯看，饮食方面的显著差异，气候与语言环境的变化，作息制度与卫生习惯的不同，经济上安排不当等，都可能造成适应不良。

（3）从生活范围看，中学生生活领域较窄，基本上是从家门到校门。由于高考的压力，学习成了生活的中心内容，课余时间很少，校园生活单一。进入大学犹如从“小天地”来到“大世界”，丰富多彩的校园文化生活使新生目不暇接，生活的领域大大拓宽。

2. 学习生活的变化　学习生活的变化主要体现在学习任务、学习内容、学习方法等方面。

（1）从学习任务看，中学的学习任务主要是学习科学文化的基础知识。而大学是培养高级专门人才的场所，大学生既要学习基础知识，又要掌握专门技能。

（2）从学习内容看，大学生不仅要学习经典的、基础的理论知识，而且要学习科技最新发展的成果。学习内容多、任务重、范围广、要求高。

（3）从学习方式看，中学学习的主要形式是课堂讲授、灌输为主，学生巩固知识的主要方式靠做题，各个教学环节老师安排的具体，督促检查严格，学生对老师依赖大。大学学习强调自主、研究性学习，课堂讲授的时间相对少，学生自己安排自习、阅读、钻研学问的时间较多，要求学生独立思考、融会贯通、举一反三。

3. 管理制度的变化　管理制度的变化主要体现在管理方法与管理系统方面。

（1）从管理方法上看，中学时代，学校、老师对学生采取直接管理，事事由老师安排。大学更多强调学生的自我管理、自我教育、自我服务，许多活动由学生自己组织。

（2）从管理系统上看，中学的管理都是通过班主任实施。大学的管理属于“全面”、“网络管理”，学校各个职能部门都直接参与学生管理。如思想教育管理、学籍管理、宿舍管理、课外活动管理等。

4. 人际关系的变化　人际关系的变化主要体现在人际关系的含义、人际交往的方式与对象、人际交往的要求等方面。

（1）进入大学后人际关系的含义发生了根本的改变。中学时代，人际关系的含义比较狭窄，只是友谊或亲密关系的一种扩展。而一旦成为大学生，人际关系就不再那么单纯。复杂的交往环境，决定了新型的人际关系不能仅以个人的好恶而定，必须学会与不同的人建立和保持协调的关系。

（2）从人际交往的方式与对象看，中学时代人际交往的对象主要是同窗好友、父母亲戚、老师，尤其是班主任天天与学生见面，饥饱冷暖、学习成长样样关心，父母体贴入微，关怀备至。但到了大学，从各地来的同学素昧平生，重新组成新的班级，生活在同一个宿舍，脾气习惯各不相同；师生关系也不像中学那么密切，有时甚至几天见不到班主任、辅导员；远离父母难诉衷肠。由于生活领域的扩大，交往的场所扩大到学习、生活、娱乐等各个方面。

(3) 从人际交往的要求看，中学生大多依赖性较强，不善交往，有父母的照顾和学习的压力，对友谊的渴望不那么强烈。进入大学，新的伙伴，新的环境，要求大学生独立地、主动地与各种陌生人交往，社会化要求急速提高，对友谊与爱情的渴望强烈。

（三）大学生适应存在的问题

1. 生活环境不适导致压力过大　陌生的生活环境如生活习惯、气候等方面的差异会给新同学的生活带来许多不便，容易造成部分学生的环境应激。如果他们不能在短期内顺利适应，便会影响其正常的学习、睡眠等活动，从而形成心理问题。另外，随着学生家庭经济情况的改善，大学女生攀比衣着打扮，大学男生抽烟饮酒，同学之间过生日以及郊游等消费逐渐上涨，已经成为当前高等学校值得重视的问题。这种情况对于部分家庭经济能力有限而又爱面子、讲虚荣的大学生也会造成心理问题，如严重的自卑、忧虑、紧张等精神压力，甚至还会引发违法行为。

2. 理想现实差异导致失望迷惘　中学阶段为了升入理想的高校，努力学习，虽身心疲惫但目标十分明确。进入大学后，原来的理想实现了，而新的目标和动力尚未找到，所以，大学生活反倒显得失落和茫然。加上多数学生高考填的志愿多半不切实际，导致近半数的大一新生认为自己“缺乏生活目标，从而得过且过”，“学习上提不起兴趣，考试及格即可”。在高层次目标尚未建立之前常出现情绪低落、彷徨迷失的现象在大一新生中并不鲜见。

3. 自我地位改变导致评价失调　经过高考拼杀的大学新生，带着良好的自我感觉进入大学校园之后，突然发现自己只不过是大学生中的普通一员。在强手如林的新的班集体里，面对新一轮的排列组合，昔日那种“鹤立鸡群”的优越感已荡然无存，无形中会在一些大学新生的心理上产生一种失落感。同时，高考过后，大家从埋头学习中抬起头来，第一次有机会能够看清彼此，才猛然发现自己和他人之间原来除了学习成绩外，还有其他许多方面的差距。在知识、才艺、人际关系、家庭背景乃至身体容貌等方面己不如人的地方很多。特别是来自农村、山区和贫困地区的学生，或因为家庭经济困难，或因为服饰落伍，或因为浓重的乡音，或因为孤陋寡闻，方方面面难免有使人相形见绌的感觉，总感到“见人矮三分”。于是沉默寡言、内向孤僻。在某些学生身上就容易产生自我认识和自我价值感方面的困惑。

4. 学习方法不适导致困惑迷茫　对于大一新生来说，尤其突出的矛盾是由应试教育造成的不良学习习惯无法适应大学的教学。没有了中学老师那样的反复讲解与督促，许多大学新生，面对知识的海洋，不知从何学起，难免会产生困惑、迷茫和无所适从的感觉。因此，及时解决学什么、怎么学和如何安排学习时间的问题，是大学生尽快适应大学学习生活的关键。也有一些大学新生在学习上有一种“船到码头车到站”的松劲心理，学习动机的强度发生落差，没有正确的学习目标，缺乏较强的学习动力与意志，于是不思进取，得过且过。

5. 人际适应不良导致孤独压抑　不知如何与来自不同家庭、不同社会背景的人相处，是一些大学新生人际交往障碍的主要表现．由此而引发的人际矛盾和心理不适，往往给一些大学新生带来许多烦恼。这在大学生的心理问题中占很高的比例。如有的学生与同寝室的同学长期关系冷漠，稍有不和便恶语相加；有的学生不愿与人交往，也很少参加集体活动，缺少朋友，对外界很少关心，经常把自己封闭在狭小的天地中；还有的学生奉行“我行我素”的处世原则，过分关注自我，注重自我在人际交往中的地位，过多考虑自己的需要，而忽视他人的需要和存在，对别人缺乏关心和谅解，导致了人际交往中的自命不凡和过于敏感挑剔；还有不少新生不能适应新的师生关系；有些同学不知如何处理与异性的关系，有的新生受习惯心理影响，对男女交往过分敏感，从而使正常的异性交往不能自然进行，甚至相互隔离。也有的同学过快地将同学关系发展成恋爱关系，过早地沉溺于“两人世界”。也有的陷入单相思而不能自拔，由此而产生情感冲突。这些学生大都会出现因人际关系失调造成的焦虑不安、心慌意乱、孤单失落、寂寞失眠、注意力分散甚至社交恐惧等症状。

上述种种心理问题常常使人的能力受到抑制，养成很多不良的行为和习惯。例如，注意力不集中，记忆力下降，交往能力受到限制等。除此而外，还会使人的生理功能发生障碍，如头痛，头昏，消化功能紊乱等，严重地妨碍个人身心健康发展。

（四）大学生适应不良的主要表现

1. 目标不明的空虚感　学生在中学时代，读书有一个明确而具体目标，即考上大学。进入大学后，面对新的环境，一些大学生还未树立起目标，因而内心感到迷茫与彷徨。

2. 相形见绌的自卑感　据调查，在不同程度上有自卑感的学生占调查对象人数的61%，主要表现为：

（1）为自己被录取的学校、专业不如别人而感到自卑。

（2）为自己来自农村山区而自卑。

（3）为在知识、才艺、人际关系、家庭背景乃至身体容貌等方面不如别人而自卑。

（4）由于学习生活的变化而自卑。

一般说来，能考上大学的同学，在高中都是学习尖子，很少尝到过失败的滋味。可是一旦进入大学，“山外有山，人外有人”，原来的优势心理已不复存在。这样就有可能导致自信心不足，从而产生自卑感。

3. 幻想破裂的失落感　新生在大学生活了一段时间后，常常会感到目前自己就读的大学与实际想象中的大学差别很大，以前在心中刻画了多年的大学殿堂居然是这个样子，理想与现实之间产生了巨大的差距，从而产生了失落感。如在大学新生中不免听到这样的感叹：“我一心想考名牌大学，根本就没想到会到这里来。”“我高考分超出录取分数线几十分，本来可以考个更好的学校，真是‘人算不如天算’。”

4. 知音难觅的孤独感　有一些同学比较内向，内心渴望与人交往却难于开口，于是，索性把自己封闭起来，这样就越来越觉得自己与周围人格格不入，内心孤独。

5. 竞争压力的恐惧感　很多大学生刚入校园就闻到了竞争的火药味，校园里的求职、招聘广告铺天盖地，考研、考证、考级热浪弥漫。这种情况对于大一新生来说，可能是以前所未曾料到的，再加上学习环境、人际环境的不适应，他们往往感受到焦虑、不安，感到竞争的压力很大而产生莫名的恐慌。

二、大学生适应问题的原因

（一）大学生适应期的心理矛盾

1. 自豪感与自卑感的矛盾　根据我国目前具体条件，高等学校招生人数还比较少，每个家长都希望自己的子女能考上大学，高考人数与录取人数差距很大，在这种情况下考入大学深造的学生，一般都带有某种喜悦和自豪感。当接到入学通知书后，父母宠爱，亲友赞叹，同学羡慕，老师表扬，使他们感到自己成为“时代的宠儿”。此时他们凭着年轻人丰富的想象力，把自己的前程估计的过于理想，把自己看得过分清高。但进入大学后不久，马上发现理想中的世界并不存在。在中学自己是班里的尖子生，而大学是高手云集的地方，这时不少人就会发现自己的优势并不存在，而摆在自己面前的是一连串的不适应：对大学生的独立生活不适应；对同学间的语言差异不适应；对缺少亲人的经常关怀和照顾不适应；对自己所学的专业不适应等。由于多数新生对大学生活不适应的思想准备不充分，一有挫折，那种盲目的自豪感、自信感、优越感就随之消失，转而产生自卑感和焦虑情绪。为了说明问题，我们举个典型案例来剖析。每个大学生进入大学后，由于学习环境和学习方式的变化，需要他们调节自己与环境的关系，调整自己所处的位置，达到角色转换。在社会日新月异的时代，在充满挑战的大学城自卑者只有走“超越自卑”的道路，才不致成为时代的“弃儿”和大学城里的“乞丐”。面对新的竞争，下定决心，想方设法克服困难，坚定地赶上去，做一个强者。

2. 放松与被动的矛盾　大学生是高考激烈竞争中的胜利者，进入高校后，一般都容易产生松口气的想法。他们认为在中学时父母、老师管得太严，现在到了大学应该放松了。加上大学里学生自己支配的时间增多，有人在“高中失去的娱乐时间大学来补”的“补偿心理”的支配下，无节制地阅读文艺小说、看电影，白白浪费了时间；有人则早早地谈起了恋爱，在“甜甜蜜蜜”中打发着时间。当这些人猛然醒悟时，往往为时已晚，追悔莫及了。思想上的放松，常带来学习上的被动。尽管目前大学里的教学方式并不太令人满意，但是相对中学来说，大学教学方式比较灵活。同学们感觉到每个教师的教学方式是不同的，有的教师下了课就见不到，这一切使刚从中学来的大学新生感到很不习惯。因为他们的学习方法还是中学时的死记硬背，仍然被动等待，这样就导致学习成绩滑坡。据某些学校调查，一年级大学生因学习跟不上而产生心理矛盾和苦恼的占一半以上，有的因考试不及格而产生消极悲观情绪。这种情况发展下去，就有可能导致以后的学习成绩下降，后果无法设想。所以新生入校后，就应该树立起自我识别、自我选择、自我培养、自我控制、自我评价的自觉学习观念；不断地自觉激发求知欲、探索欲、创造欲。掌握多种学习渠道和手段，实施学习的自我管理；保持良好的情绪和高效率学习的精神状态。

3. 独立性与依赖性的矛盾　中学生成为大学生后，在学校、家庭、社会中的地位发生了变化，自认为自己成人了，于是竭力摆脱家长、老师和一切外来的约束，强烈要求独立自主。从个体意识发展的连续性看，过去所形成的意识倾向也不能一进入大学就完全消失，要摆脱自己经历的影响，绝不是轻而易举的事情。特别是在家长长期迁就和溺爱下形成的依赖性及其遗留影响，缺乏实际锻炼的新生更难以摆脱，这种独立性和依赖性并存在自我意识中，激起了强烈的矛盾。这种矛盾给大学生带来的痛苦以及各方面的混乱表现在生活、学习缺乏自理能力和规律性。首先表现在生活自理能力差。许多新生想独立，但在生活自理问题上却显出了弱者的特征。其次表现在言行举止上。刚进校的新生对大学的一切不了解，对周围的人和环境不熟悉，因而在言行举止方面表现很谨慎，于是忧心忡忡，不知所措，产生不安倾向，思乡、思家，这都是与他们的依赖性相联系的。

4. 孤独感与强烈的交往要求的矛盾　孤独是新生中普遍存在的心理问题。应当注意的是，孤独是一种主观的心理感受，而不一定与外在行为相一致。有些学生虽然每天接触许多人，置身于群体之中，但由于缺乏心灵上的沟通，同样会感到孤独。对于许多大学新生来说，他们身处一个完全陌生的环境，处处感到不适应，一时没有倾诉的对象，更容易将自己封闭起来，形成强烈的孤独感。许多新生由于对大学生活的种种不适应，变得抑郁寡欢，不会主动与人交往，在别人眼中显得孤僻古怪，令人不敢亲近，而别人的态度更加深了他们的孤独感。因此，要积极地投身于生活之中，在学习中、在业余爱好中寻求欢乐。只有用积极进取的精神才能创造出丰富多彩的生活来；反过来，只有在多姿多彩的生活中才能使心灵有理想的寄托。大凡孤独者都是社交活动的旁观者。一个人只有积极地参加各种社交活动，才有可能在扩大的圈子中寻到知心朋友。勇敢地开启自己的心灵之扉，是赢得他人理解的先决条件，当自己感到被别人理解了，接纳了，并与别人产生心理相容时，便会抛弃狭隘的自我，自我封闭中的孤独感也便会消失了。

5. 强烈的求知欲与认知水平有限的矛盾　大学是一个信息密集交汇的地方，政治、经济、科技、文化、专业及其各种信息在这里传播，使新生从原先的信息封闭状态跃进信息的开放状态，从读书的不自由到自由，从书籍的匮乏到书籍的丰富，这一切对他们产生了强大的诱惑力，激起了强烈的求知欲。但是，由于大学生的认识水平有限，思想方法比较简单，往往对所接触作品观点的真与伪、精华与糟粕难以作出正确的分辨。举例：近年来大学生中有部分人在阅读书刊时把糟粕当精华吸收，影响了情绪，影响了心理健康。总之，大学生入校后求知欲望强烈，但识别真伪的能力有限，要解决这一矛盾，就要系统地学习马列主义理论、邓小平理论，从根本上提高明辨是非、识别真假的能力。还要注意学习专业和非专业的关系，醉心于非专业知识会冲击专业思想，影响专业学习。如只对专业知识感兴趣，会造成知识面狭窄，思路不开阔，影响创造力的发挥。当代科学的发展呈现出相互渗透与融合的趋势，因此，在学好专业知识的同时，适当地摄取相关的非专业知识，会起到开阔视野，活跃思想，培养创造力的作用。

6. 理想与现实的矛盾　许多大学生入校前，都把大学生活想象的完美无缺：高效率学习，生动活泼的课外活动，有意义的社会实践，有朝气的社会交际等。有的甚至把大学想象为理想的天堂、生活的乐园。对大学艰苦学习和单调的生活缺乏思想准备。入校一段时间后，理想的天堂变成人间的现实，情绪急剧下降，失望感伴随而来。造成这种情况的重要原因是学生进校前把大学的一切都想象得过于美满。每个学生都希望所学专业与自己的需要相吻合，有的把医学专业想象得很有趣。当现实与理想冲突时，就会情绪低落，不安心学习。举例：理想专业与所学专业的矛盾在一段时间内将严重的困扰着部分新生，他们困惑、彷徨，如不及时解决，将会影响学业。

（二）影响大学生适应不良的因素

社会环境、学校教育、家庭教育与自我因素都会直接影响大学生心理健康水平。

1. 社会层面　由社会物质、社会意识、社会风气、社会舆论四方面的影响较大。市场经济带来物质产品的巨大丰富，利益格局的重新调整，贫富差距的加大；在社会意识方面，社会主义市场经济体制的建立和发展，必然伴随着价值观念的转换。社会的变迁过程，实际上也是一种心理态度、人生价值观和思想行为等更新、定位和变革的过程。社会转型时期信仰的迷茫，价值的失落必然对大学生产生一定影响；与此同时社会风气、社会舆论也会在成长着的大学生中留下深层的心理积淀。正确的舆论有利于大学生心理健康成长，不正确甚至错误的舆论会对大学生心理的健康成长构成不良影响。在社会各种因素的综合作用下，必然对大学生心理产生不良的投射效应。

2. 家庭层面的影响　家庭的影响主要包括家庭的情绪氛围、父母的教养态度及家庭结构、家庭经济状况四个方面。家庭是人生的奠基石，父母是孩子的第一任老师，对学生的成长与成才的影响是长久而深远的。家庭的情绪氛围是良好心理素质形成的前提，家庭成员间的语言及人际氛围，直接影响着家庭中每个成员的心理，对个性逐渐成熟的大学生影响更具有特别的意义。父母的教养态度和教育方法直接影响孩子的行为和心理，民主、平等而非命令、居高临下的，开明而非专制的，潜移默化而非一味娇宠的，有利于学生心理的健康发展；家庭结构的变化如单亲家庭、重新组合家庭等必然对正在读书的大学生心理有一定影响；家庭经济状况特别是困难甚至贫困家庭的学生易产生心理不适感。

3. 教育层面的影响　教育层面的影响分两个方面：一是高等教育观念的变化，高等教育逐步适应市场，专业拓宽，提高学生的适应力与能力，应试教育逐步弱化；二是高等教育招生、就业体制的改变，学生交费上学，在一定范围内自主择业，市场增加了对高校与学生的约束机制。这一切都直接冲击着当今大学生的心理，他们必须承担上学的部分教育成本，面对求学、择业过程中选择机会的增多，选择难度的增大，他们有着更多的焦虑、不安、失落、无所适从。而择业过程中，人才市场的不规范更深地刺激着当今大学生的心理。学生既希望参与竞争又担心失利，既希望手中握有更多的机遇，又担心失却原有的保障。

4. 大学生自身因素　分为个体心理品质、环境变迁、人际关系与生活事件四个方面。一是个性心理品质方面的因素，心理品质的稳定与耐挫折能力都是影响个体适应水平的重要因素。二是生活环境与学习环境的变化。大学生活空间相对狭小，生活方式各不相同，学习环境面临教学方式、师生关系、学习主体、竞争对手与竞争方式的改变，如果不能及时调整自己适应新的生活、学习环境，易产生心理不适。三是人际关系的变化。大学是社会的缩微，学生的人际交往关系亦随之扩大和发展，大学生迫切希望得到他人的认同，获得归属感和尊重感，而他们与人交往、相处的经验又相对较少。四是日常生活事件的困扰。主要包括：个人患小伤病、评优落空、考试失败、经济困难、学习压力过大或负担过重、失窃或财产损失被人误会等。生活事件特别是对本人身心、构成重要影响的事件对大学生的心理健康水平影响是直接的。

三、大学生适应与发展的培养

每个人都希望自己的才能得到发展，每个人都希望生命的航船能勇敢地冲破自己内心世界和外部环境的种种风浪险阻，坚定地驶向胜利的彼岸。那么，谁是驾驶你生命之舟的智勇舵手？不是别人，正是你自己。学会控制自己的心理，学会积极地适应现实，你就会发展自己。

（一）正视现实，提高自立和自理能力

作为大学生，只有解放思想，实事求是，与时俱进，勇于实践，才能适应不断变化着的客观环境，才能在复杂多变的自然环境和社会环境中健康地生活和积极地发展。每一个人都不可能处处、时时、事事顺心如意。大学生同样处于这个客观规律的控制之中，同样需要正视现实，适应环境。

首先需要及时认识了解大学这个新环境，正确认识和评价自己对大学的理想化倾向，主动摆正自己和环境之间的关系。其次是要尽快在心理上和行为上改变过去对父母过分依赖的倾向，在实践的一时一事中有意体验生活的充实和事业的成功，努力使自己变得自信、自立、自强。第三是要以积极的态度和行动克服生活习惯上的不适应等问题。解决这些问题的方法很多，最重要的是要用心理学的方法进行自我调节，使自己保持情绪的相对稳定，心平气和地与环境中各种相关因素打交道，有了不良情绪及时地加以消除，如此坚持不懈，任何困难都能被战胜。

（二）合理规划目标

无论工作、学习、生活，要想有好的结果，必须规划好目标。很多适应困难都与目标确定不当有关。确立目标首先应当根据社会发展和自我发展的需要，为自己制定一个远期日标。还要制定一个为实现远期目标所设立的近期目标，即短期内立即要做的事，这样的事要一件一件地做、并以此一步步地接近并最终达到远期目标。目标的制定要依据自己的个性特点、能力以及客观所提供的条件，盲目地追随别人或社会时尚，不但不会获得成功，还会影响心理的平衡。其次，还应该随时根据已经变化了的情况，及时做出调整，以免目标脱离实际而不能实现。只要我们能确立一个合适的目标，就会有行动的方向和动力，就会充满信心和活力，就能如愿地实现自己的目标和理想。这样，你才能体会大学生活和学习中的成就感和充实感。

（三）学会与人沟通，建立良好的人际关系

人对环境的适应，主要是对人际关系的适应。有了良好的人际关系，人才有了支持力量，有了归属感和安全感，心情才能愉快。人际间良好关系的建立离不开良好的人际沟通，良好的人际沟通是开启人与人之间心灵沟通的钥匙，是化解人们之间误解和冲突的宝剑，是增进人与人之间感情的润滑剂。尊重、理解和信任他人是建立良好的人际关系的基石，只有建立在尊重、理解和信任他人的基础上，人际关系才能纯洁、长久和有活力。人际交往要心理相容。每个人的长处短处各不相同，本着“求大同存小异”的原则，学习别人的优点，包容别人的缺点，你就会得到很多的朋友。尽管现在社会竞争激烈，利益冲突增多。然而，无论什么时候，那些不过分计较自己，多为别人着想的人，总会受到大家的尊重和喜爱。

作为学生，应学会多渠道主动与老师交流和合作。首先要理解老师的多种角色，有的老师，不仅是老师，而且是领导，还是科研工作者。因此，他们的时间非常宝贵，所以如果你不能主动与大学老师沟通和交流，老师可能以为你没有这样的需求。当然，与老师的沟通和交流有多种方式，不仅可以面对面地交流，而且可以通过网络、电话、书信等来交流。

（四）正确调控自我

首先要建立理性的认知方式。正确的认知是人适应与发展的前提和基础。人们对生活的不适应，大部分来源于对现实的不合理认知方式。例如，对自己、对别人以偏概全，对自己行为“糟糕之极”的悲观预期等。因此，大学生要培养自己的辩证思维方式，改变对自我、对他人、对社会的不恰当的认知。其次要适应角色要求。大学新生面临着多方面的变化，因此要了解客观的自己，了解自己的长处和缺点；要了解现在的社会和环境对自己的要求。这样做，就能使他人的“角色期望”与自己的“角色采择”一致，以便有效地控制和改变自己的态度与行为，以达到改善人际关系和提高工作和学习效率的目的，使现实的自己不断向理想的自己靠近。第三要有效控制情绪。情绪和情感是否良好，对人的意志、行为和个性心理等起着积极或消极的作用，同时它还主宰人的健康，影响人际关系，影响学习和工作，决定个人的成功与发展。大学生们面临着社会的巨大变革及环境和角色的改变，相应的情绪情感难免产生，若不及时疏导、控制和调适，轻者会陷入情绪低落或淡漠之中，重者会产生恐惧、焦虑、烦躁等情绪障碍，进而影响个人的适应与发展。因此，大学生必须使自己保持积极、乐观、稳定的情绪。

（五）积极行动

有的大学生认为自己不快乐或生活质量不高，一个很重要的原因就是他缺乏积极主动的行动。一切的幸福、充实与美好都与积极的行动有关。戴尔·卡耐基说得好：如果想要快乐，就为自己立一个目标，让它支配自己的思想，释放出自己的活力，并激发自己的希望。去做具体而明确的事，把自己全部心思和活力都放在其中，这就叫做积极行动。

积极行动可以摆脱由于环境不适应带来的孤独、苦闷、烦躁、恐惧和空虚。当你对环境不满意、不熟悉时，只要你积极行动，为集体、为他人多做些事情，你就会逐渐熟悉环境，别人也会从你的行动中了解你，你就会逐渐融于新的环境之中。当你全身心地投入到学习中去的时候，你就不会像往日那样去琢磨自己的心境。其实，很多烦恼都来自于自己的“冥思”。那些专心于自己事业的人们，那些辛勤劳动着的人们，根本没有功夫去“空虚”、“烦恼”和“失落”，这样那样的不适和疾病往往与他们无缘。即使面对严重的生活事件或心理应激，只要他不放弃积极行动，必能以积极的态度去处理和应对，把损失或伤害降到最低限度。有一位失去爱女的父亲，在极度悲痛时接受心理医生的劝告，尽快去投入工作，在充实的生活中缓解严重的不良情绪，最终保持了身心的健康。而他的妻子则在持续而极度的痛苦中患上了癌症。所以那些为活得太累而经常烦恼的人，应赶快行动起来，行动会带给你价值，行动会带给你心理的健康与欢乐。

作为大学生，积极行动意味着你能积极投入到学习和学校各项活动中去，积极投入到社会的各项实践活动中去，在这些活动中提高自我选择、自我决断、自我管理能力，提高处理各种复杂事物的工作能力，同时也提升自己的自信心，完善自己的人格。

（六）学会正确使用心理自卫机制

正确运用心理自卫机制，可以化解由适应不良引起的心理不适。比如，运用“合理宣泄”，把个人忧虑、烦恼和不平向自己信任的老师、同学、朋友宣泄一番，可能减轻心理压力。恰当的“自我安慰”，可以缓解心理冲突。“转移”，能使你避开引起自己不良情绪的人、事和环境，把情绪转移到新鲜的事情上。“升华”与补偿，是让自己的原有冲动和欲望导向更加合理的方面，使你奋发图强，创造人生新的价值。只要你相信，你是自己心理的主人，你就会成为自己的心理医生。

(七) 培养社会适应能力

社会适应能力是指人为了在社会更好生存而进行的心理上、生理上以及行为上的各种适应性的改变，与社会达到和谐状态的一种执行适应能力。社会适应能力的内容一般认为包括以下一些方面：个人生活自理能力、基本劳动能力、选择并从事某种职业的能力、社会交往能力、用道德规范约束自己的能力。同时社会适应能力是反馈一个人综合素质能力高低的间接表现，是人这个个体融入社会，接纳社会能力的表现。

它是个体与各种环境因素连续而不断改变的相互作用过程。它有 3 个基本组成部分：① 个体。社会适应过程的主体。② 情境。与个体相互作用，不仅对个体提出了自然的和社会的要求，而且也是个体实现自己需要的来源，人际关系是个体社会适应过程中情境的重要部分。③ 改变。是社会适应的中心环节。它不仅包括个体改变自己以适应环境，而且也包括个体改变环境使之适合自己的需要。

四、适应性测试

社会适应能力，是指一个人在心理上适应社会生活和社会环境的能力。社会适宜能力的高低，从某种意义上说，表明一个人的成熟度。

下面的测验题目可帮助你更好地了解自己的社会适应能力。请用“√”“×”或“?”来回答。

1. 我最怕转学、转班级、换单位，因为每到一个新环境，我总要经过很长一段时间才能适应。 (　)
2. 每到一个新的地方，我很容易同别人接近。 (　)
3. 在陌生人面前，我常无话可说，以至感到尴尬。 (　)
4. 我最喜欢学习新知识、新技术，它给我一种新鲜感，能调动我的积极性。 (　)
5. 每到一个新地方，我第一天总是睡不好，就是在家里，只要换一张床，有时也会失眠。 (　)
6. 不管生活条件有多大变化，我也能很习惯。 (　)
7. 越是人多的地方，我越感到紧张。 (　)
8. 在正式比赛或考试时，我的成绩多半会比平时差。 (　)
9. 我最怕在会上讲话，大家都看着我，心都快跳出来了。 (　)
10. 即使同学、同事对我有看法，我仍能正常同他(她)交往。 (　)
11. 老师、领导在场的时候，我做事情总有些不自在。 (　)
12. 和同学、同事、家人相处，我很少固执己见，乐于采纳别人的意见。 (　)
13. 同别人争论时，我常常感到语塞，事后才想起该怎样反驳对方，可惜已经太迟了。 (　)
14. 我对生活条件要求不高，即使生活条件很艰苦，我也能过得很愉快。 (　)
15. 有时自己明明把考试内容背得滚瓜烂熟，可在考场上还是会出差错。 (　)
16. 在决定胜负成败的关键时刻，我虽然很紧张，但总能很快地使自己镇定下来。(　)
17. 我不喜欢的东西，不管怎么学也学不会。 (　)
18. 在嘈杂混乱的环境里，我仍能集中精力学习或工作，并且效率不减。 (　)

19. 我不喜欢陌生人来家里做客，每逢这种情况，我就有意回避。（　　）

20. 我很喜欢参加社交活动，我感到这是交朋友的好机会。（　　）

计分与解释：根据表 7-1，可以计算出每一项的得分，累计即为自己的总分。

表 7-1　社会适应能力自测答卷

题号	1	2	3	4	5	6	7	8	9	10
√	0	2	0	2	0	2	0	0	0	2
?	1	1	1	1	1	1	1	1	1	1
×	2	0	2	0	2	0	2	2	2	0
题号	11	12	13	14	15	16	17	18	19	20
√	0	2	0	2	0	2	0	2	0	2
?	1	1	1	1	1	1	1	1	1	1
×	2	0	2	0	2	0	2	0	2	0

分数含义如下：

38～40 分：社会适应能力很强。你能很快地适应新的学习、工作、生活环境，与人交往轻松、大方，给人的印象良好。你无论进入什么样的环境，都能应付自如，左右逢源。

34～37 分：社会适应能力良好。你能较好地适应环境的变化，态度积极，乐于与外界交往，有较强的调适能力。

29～33 分：社会适应能力一般。当你进入新环境后，经过一段时间的努力，基本上就能适应。

23～28 分：社会适应能力较差。你习惯于依赖较好的学习、生活环境，一旦遇到困难则怨天尤人，甚至消沉、退缩。

22 分以下：社会适应能力很差。你在各种新环境中，即使经过一段时间的努力，还不一定马上能够适应，常常感到与周围事物格格不入而十分苦恼。在与他人的交往中，总是显得拘谨、羞怯，手足无措。

如果你在本测验中得分较低，你不必忧心忡忡，因为一个人的社会适应能力是随着年龄增长，知识、经验的丰富而不断增强的。只要你有信心，努力学习，加强锻炼，一定会成为适应社会的成功者。

测验结果仅供参考。

案例分析

案例一

小如在上大学之前没有集体生活的经验，一切都是父母料理，学习成绩很好，老师喜欢，父母也高兴。可上大学后这些优势都不复存在，在学习和生活的压力之下，小如感到自己处处不如人，尤其是能说会道的同室的 6 个上海同学，她不会说上海话，不能与她们交流，她感到很孤独，很寂寞，觉得自己万分的痛苦，快要发疯了。既往生活史与当前生活情景：小如家在外地，考学来到上海上学，家里有一个姐姐在当地上大学，父母身体、工作都很好。小如在家时，除了学习其他事情一概不用自己操心，家人全权代劳，她不懂得料理自己的生活，也不喜欢与人沟通。到了大学，发现上海同学懂很多东西，会玩、会学、会生活，而自己则像一个不到10岁的孩子似的无知，自己处处不如人，很孤独、很痛苦、很自卑。

分析诊断 心理社会发展历史：促使因素：在陌生的环境中（寝室）缺乏交流和沟通。先前因素：父母及家人的过度照顾，剥夺了其独立生活的能力。

社会文化因素：大学不再以成绩论英雄，而是看重个人的整体能力。本案例属于典型的"大学新生适应不良"问题，造成小如环境适应不良的原因主要有社会环境和家庭环境两个方面。前者体现于学校教育突出表现为"以分数论英雄"，两耳不闻窗外事，一心只读圣贤书，学习成绩好就行，父母的教育思想和言行也与此一致。为了让孩子专心学习，父母代劳了许多本该由孩子自己承担的责任，在看似爱护实则剥夺了孩子成长权利的过程中，孩子被养成了温室里的花朵，既自负又脆弱，抗挫折能力极差，一旦遇到困难，就会自暴自弃，自我否定，从而使身心均遭遇困扰。本案例的当事人遇到了全方位的应激，表现在学习、生活、人际关系、原有性格弱点等方面，致使她陷入深深的情绪困扰中，迷失了自我，宜于用现实疗法进行处理。

施治方案 小如应该重新认识自己、接纳自己，学会处理生活中的问题，重建自信，恢复积极的生活方式，使人生健康地发展。平时可以找亲朋好友或者老师探讨有关解决学习问题、人际关系问题、生活自理问题的方法。

案例二

吴某，男，重点大学二年级。自进入大学后，一直很自卑，父母都是农民，家境贫寒。以前因为在中学时成绩拔尖，深受老师和同学的器重，自己也因此似乎忽视了家庭的贫困和普通。为了他上大学，家里负债累累。进了大学后，自己又借了不少钱以掩饰自己的贫困和普通。原以为到了上海，会有很多机会，可以通过打工来补贴自己，但实际上很难。曾想了许多办法来提升自己的素质（比如参加社团、看书、看展览会、考证书等），但实施之后，往往都是半途而废，从而感到自己脱离不了贫穷，走不出社会底层的地位，自己不会有好的前途，不可能光宗耀祖，甚至找女朋友在上海成家都很困难。

分析诊断 来访者的问题属于适应障碍伴随的自卑。由于其大学之前因为成绩拔尖，一直受到关注和重视，使其得到了充分的心理满足，从而忽视了家境本身的贫困和普通。而进入大学后，一方面不再如过去那样受关注，失去了原来心理满足的基础。导致其第一次认识到了自己家庭的贫穷与周围其他人之间的差距，而他又过分夸大地看待了这种落差，妄图以借钱的方式来掩饰自己的贫困。同时，其之前对于在上海的生存带有错误的估计，换了一个新环境后，发觉并不如自己预期的通过打工补贴生活那么理想化，造成适应障碍，导致了一种挫折感。另外，对于贫穷和成功的关系亦不能做到正确的认知，使得以偏概全地看待自己的未来，意志力下降，形成自卑心理。

施治方案 首先应当表示同感，特别是进入大学以后相对过去受到冷落给予积极的理解；进一步了解其家庭具体贫困状况，目前的经济现状，还有现在的学习状况（这在案例中没有表述），过去中学时的学习生活环境、同学和老师的情况等，使其回忆过去成功的体验，得到一种积极的自我感受。通过提问等技巧，让其逐步认识到过去如此受关注和进入大学以后不受关注的原因与区别，比如原来上中学时可能因为同学的地域相近、包括老师在内彼此较为了解，而如今大学同学来自五湖四海，并且在人数上、校园环境上也远远大于过去，还有大学与中学本身的校园文化差别等；针对其渴望通过努力改变现状，特别是提升自己素质之类的积极举动，应加以赞赏地表露，并在了解其目前学习状况和所具备技能的前提下，帮助其认识到自己的长处；在建立良好咨访关系的基础上，也要质疑其通过借钱方式掩饰自身贫穷是否必要？进一步推导到他在这一行为中存在的认知偏误：穷是否一定会被人所歧视？是否所有的人都会关注并歧视自己的贫穷？即使贫穷了，是否就意味着一无是处？再在这一基础上，与其探讨贫穷与社会生存、与成功之间的关系，尤其是让其认识到自己目前已经拥有的精神财富，以及这些财富对将来成功之路的帮助。并帮助其树立合理的人生目标，而不是追求一步登天立即摆脱贫穷，暂时的挫折并不代表永久的失败，特别需要根据他的实际情况，与其具体商讨他现在的首要任务（努力完成学业），然后规划将来的生活。

五、团体辅导：知你知我，同舟共济

（一）活动目标

1. 使团体成员展现自我，增强自信。

2. 使团体成员彼此信任、相互协助、融洽相处。

3. 使团体成员感受民族团结的力量，体会中华各民族“相亲相爱一家人”的情感。

（二）活动过程开场白

（音乐《木林听风》）：

亲爱的各位同学，你们好！今天我们在这里将和大家共同开展一次充满活力、充满趣味的活动。活动的主题是：“知你知我，同舟共济”。在活动时，需要大家按照我们的指示、积极配合，你们能做到吗？

好，刚才大家的声音让我充分感受到了你们的热情与信心，让我们一起为这份热情与信心表示一下鼓励，好吗？（鼓掌）

同心圆（音乐《爱》）：

接下来，在我们今天的活动正式开始之前，先请大家在5秒钟之内，男女相间，手拉手，以我为中心围成一个大的圆圈。（学生演练，主持人倒计时5—4—3—2—1）。好，我们已围成了一个大的圆圈，我们把它叫做“同心圆”，请各位成员站在原地不动，然后轻轻地松开手。

1. 热身活动（10分钟）

现在我们开始正式进入活动的第一环节。请所有成员看着我，跟我做同一个动作。

（1）深呼吸（音乐：《在清晨的第一道曙光》、《童年》），请伸出你的双手，十指交叉，双手紧握，放在胸前。请慢慢闭上你的双眼，暂停8秒钟的呼吸（主持人从1至8，轻声数数）。好，非常好，现在开始深深吸一口气，感受空气的清新，感受气体从体外流向你的体内，感受胸腔的起伏，你舒服极了。好，不错。想象阳光明媚的一天，你站在花草丛中，深深吸一口气，你已经来到了一个世外桃源，你静静地站在草丛中，这里很静，很美，没有烦恼，没有喧嚣，没有一切你不想要的东西。你感觉非常平静，非常放松，非常舒服。深呼一口气，你已经释放掉了所有压在你身上的担子，你很轻松，你很舒服。好，现在，请大家慢慢睁开眼睛。

(2) 隐形的翅膀(音乐:《爱的功课》):各位在场的同学们,下午好。首先欢迎各位同学的到来,感谢大家对我们的信任,今天我们能够在这里相聚,开展我们的活动,说明我们都是有缘之人。今天我也是我们团队的成员,我叫×××。我和我的搭档们(也就是大家活动的指导者们)将和大家一起共同参与我们的活动。今天有的活动环节将分组展开,我的搭档将分别带领一个小组,指导大家进行活动。下面请这几位指导者来跟大家见个面,认识一下。(指导者逐一自我介绍)

在我们的活动正式开始之前,我们还为大家带来了一个节目,手语表演——《隐形的翅膀》。

(播放视频《隐形的翅膀》,指导者表演2分钟)

谢谢各位指导者的表演。再次强调一下,我们的活动需要所有成员的积极配合,请大家在活动的时候一定要听清楚我所说的每一句话,需要大家分享心中的感受时大家也要积极主动地参与,好吗?

大家跟我学一个手势,这像我们面部的一个部位,是嘴巴对吗?为了使大家在后面的活动环节,能听清我所说的每个活动规则,当我做这个动作时,表示我们需要安静,请大家都和我一起做这个动作,闭上你们的可爱的小嘴巴。很好!

2. 相知活动(20分钟)

(1) 相见欢(音乐《相见欢》):现在我们开始进行第一个正式活动,名叫"相见欢"。现在我们要变换队形,请所有成员又快又安静地面对面站成两队,很好!下面我想邀请我们的指导者出来为我们接下来这个名叫"相见欢"活动做个示范。两人一组,指导者互相注视,面带微笑,配合"1"、"2"、"3"、"4"的口令分别做动作:

"1":成员以右手握住对方右手,并说"你好!"

"2":成员两手与对方两手互握,并说:"你的气色很好!"

"3":成员互相伸出大拇指,并说"朋友,加油!"

"4":成员右手亲拍对方双肩两下,并说"让我们共创美好的明天!"

大家都看明白了没有,听明白了没有?

现在面对面的同学互相注视,面带微笑。我们来试着一起做一遍,请各位指导者也两人一组一起加入这个环节。

(2) 星光大道:大家配合得很默契,在快乐地相见之后,我们开始第二个正式的活动,现在两队的同学向后退一小步,两队中间空出的路我们把它叫做"星光大道",这象征着我们人生之路,从我手边的两位同学一起开始,每位同学以自己独特的方式走过去,然后站在你的队列的后面,让我们的星光大道一直不停地延续下去。我们先请几位指导者来示范一下。(音乐《一起来吧》,指导者示范,学生表演)

分享感受:请几位走得比较有新意的同学站出来,和我们一起分享你们走完星光大道后的感受。(音乐《Tokyo Love Story》)

① 你以前在生活中有这样走过吗?

② 走完后你自己心中有什么感受?

主持人总结:人生就像是在这条星光大道上行走,每位同学都走出了自己的特色,自己的风格。衷心希望大家在以后自己的人生道路上走得越来越精彩,越来越灿烂。

(3) 同舟共济(25 分钟)

1) 梅花开:接下来,我们要进行第三个正式活动,叫做“梅花开”。首先,我来说下活动规则。当我说“梅花梅花开几朵”,大家就齐声说“你说梅花开几朵?”,然后我会说“我说开 5 朵”,大家要迅速组成 5 人的小组。也就是,我说开几朵,就是由几人组成一个组。大家听明白了吗?需要注意的是:速度越快越好!现在请集体向右转,大家绕着这个大圈开始慢跑。

通过刚才的示范活动,大家都明白了这个游戏的规则,我们就再来一次,请大家依旧站成一个同心圆。(音乐《巴西拉丁舞》)

好,在刚刚的活动中,尽管有些同学没能成为美丽的梅花中一朵,但是那并不重要,因为我们其他的梅花小家都已经接纳了他们,使他们成为家中的成员,并且我相信在下面的一个叫做“同舟共济”的活动中,大家也同样能感受到集体的温暖。

2) 同舟共济:刚才我们是通过“梅花开”的游戏给大家分成了几个小组,成立了梅花小家,为了使大家能更清楚了解我们接下来的活动规则,我请刚才与大家见面的指导者们加入到各个梅花小组中作为组长,请大家跟随你的组长到你们组的所在地点。请每一个梅花小家的成员围成一个圈。

现在开始我们的第四个正式活动。请指导者在每一组的圈内放上一张报纸,大家都看到放在地上的报纸了吧?接下来我们做的游戏就是和这报纸有关,名字叫做“同舟共济”。我们站着的地面就像是一片汪洋大海,而这张报纸则代表汪洋大海中的一条小船,现在,需要每组所有成员同时站在船上,小组成员们想方设法使全体成员同时登上船。其中需要大家听清楚的要求就是身体的所有部位要在这条船上,尤其是成员的任何一只脚都不可以留在船的外面,否则脚就会被水弄湿,甚至会掉进水中。

在行动之前每一小组可以充分讨论,拿出最佳方案。我们可以比比,哪组最先完成。当所有人都站在上面时请大声地喊出你们的口号“齐心协力,勇往直前”来告诉大家,你们成功了。你们有信心告诉大家你们成功了吗?真的有吗?很好!现在开始!(音乐《同舟共济》)

很好,现在有一组完成了,又有一组完成了!大家都很聪明,协作能力也很强,下面大家还敢挑战一个更高难度的吗?你们敢吗?有信心吗?好,请各位指导者将报纸对折,把大船变成小舟。这一次我们比一比,看一看哪一组能最先完成。

分享感受:(音乐《海阔天空》)

① 描述一下你们组刚刚是用怎样的方法做到的?

② 成功完成这次任务后有什么样的感受?

主持人总结:随着游戏难度的增加大家的努力也越来越增加。在练习过程中大家忽略了性别、年龄、力量等因素,全组一条心,大家创造性地发挥了全组智慧,共同克服了困难,解决了共同面临的问题,也让大家充分体会了团结合作的力量。梅花开和同舟共济这两个活动告诉我们,我们是一个团队,希望通过这样的活动能够使大家在以后的活动中更好地相互配合、相互支持。

3) 相亲相爱一家人:好,我们进入最后一个环节《相亲相爱一家人》。活动的开始我们支教团心理辅导小组的成员给大家表演了一段《隐形的翅膀》手语,大家想不想和我们一起学一学呢?好,拉起你们的双手,围成一圈,举起来,大家伸出手来。

(播放音乐《相亲相爱一家人》,指导者背对背围成一圈,开始表演)

（音乐声音渐轻）不管我们来自哪里，不管我们是哪个民族，我们都是来自中华民族这个大家庭，我们都是相亲相爱的一家人。在这个相亲相爱的大家庭中，我们通过深呼吸这一环节，使所有成员都得到了放松；走在星光大道上，我们充分展现了自己的个性；在形成的梅花小家中，我们不会抛弃任何一个人；在同舟共济这一活动中，我们学会了一起思考，克服困难，共同解决面临的问题。今天所有这一切活动之所以能如此顺利地展开，归根结底，原因只有一个，因为我们是相亲相爱的一家人。

最后我代表学院支教团的全体成员祝大家在今后的学习生活中能够如大家口号中所说的那样在学习过程中“齐心协力，勇往直前”，在平时生活中紧密团结，成为真正的“相亲相爱一家人”。

今天很高兴和大家度过这愉快的1个多小时。今天我们的活动到此结束，谢谢，谢谢大家的参与！

第八章 大学生性心理和恋爱心理

第一节 性心理

一、性生理和心理的发展

(一) 性心理

青年期是童年与成年之间的一个发展过渡期。一般认为它处于12～20岁,青年期始于青春期,个体在此期间达到性成熟并具备了生殖能力。青年期的早期征兆之一就是青年人身高与体重的急剧增加。女孩一般发生在9.5～14.5岁之间,男孩一般发生在10.5～16岁之间。伴随着生理的成熟常常会带来心理上的变化。

性行为,是出于物种繁衍的本能而产生并发展起来的、寻求接近与交合的行为。人类性行为植根于生殖本能,但通过社会文化的历史塑造,已超越生殖本能,成为满足人类情感需要、促进人格发展,寻求亲近、关怀、温暖、理解、支持、分享、爱恋与结合的习得行为。人类性行为,是人际交往交流中表情达意的手段,是情感的创造性表达,是亲密的温存体现,是人类成熟个体社会责任感、义务感的庄严承诺。现代科学研究表明,人类性行为除了性交活动外,还应包括性身份的塑造、性角色的进入、性意识的发展、性的社会化等,这些方面包含了许多心理学的内容。因此,性行为是一种旨在满足个体的性需要,并协调社会的性文明的行为活动。

性心理,是人类性行为活动中的各种心理反应。人类的性活动绝不仅仅是生物的本能反应,它包含着丰富的心理活动,并受着社会的制约。这是人类性活动区别于动物的根本点。性心理主要包括两个方面:① 与"性"有联系的或以"性"为内容的各种心理过程(知觉、记忆、想象、思维、欲望、情绪、冲动、意志的选择和决定等)。② 与人格特质相联系的性心理。这主要涉及个人对性的态度、评价和取向等。在这一方面,两极性是明显的,如对异性或有关性的事物的趋向为:回避、自制、放纵、偏好或偏恶、主动或被动、性客体的固定或易变、性动机的强烈或微弱、性追求的持久或短暂等。

(二) 青春期性意识发展阶段

青春期性意识发展可有以下阶段,每一阶段的心理表现是不同的。

1. 疏远异性期 指青春期开始的半年至1年(11～12岁)期间内的两性疏远阶段,其时性功能尚未完全成熟,性别意识刚刚萌芽。他们发现彼此间性别的差异,便产生明显的性不安。他们对两性间的接触持疏远和回避态度，如因学习或工作需要，双方接触时感到拘束和难为情。他们认为两性间亲近、恋爱是可耻的。

2. 向往年长异性期　一些心理学家发现在性萌发期，即少年男女对性问题的认识从无知到知发展的过渡，他们对性问题仍然处于一知半解的朦胧状态。其时他们可存在着两种特殊的心理状态，即疏远异性和发生恋年长异性现象，恋长者少年对成年或老年异性出现依恋。

3. 接近异性的狂热期　此期少年男女的特征是精神兴奋程度高，往往对异性带有幻想色彩，很少考虑到会面临的困难和阻力，因而情感发展的速度较快，迅速达到炽热的阶段，即热恋。从初恋到热恋是少年男女双方感情逐步深化的过程。狂热期间双方相互吸引力加强，激动程度高，有相互了解的迫切要求，真诚和信任感增强，而且思维方法和活动方式也发生改变。

4. 后期正式的浪漫恋爱期　此期特点是划清恋爱和婚姻的界限，不可逾越，不要放纵的亲昵，正视对方的缺点，认真地和负责地沟通，增加了解。和谐爱情的逐步形成，是基于双方遵守承诺和共享建立起来的美好前景。通常在激情消退后，会发现对方存在以往未曾注意到的缺点，能够比较冷静地看问题。

二、大学生性心理的特点

一般随着性心理的发展，大学生多数表现出一系列性心理行为，如对性知识的兴趣，对异性的好感，性欲望、性冲动、性幻想和自慰行为等。概括起来，青春期性心理的特点主要表现为以下四方面。

1. 性心理的朦胧性和神秘感　大学生的性心理起初缺乏深刻的社会内容，基本上还是一种生理急剧变化带来的本能作用，好像鬼使神差似的对异性发生兴趣、好感与爱慕，但是这种性爱的萌动，似乎披着一层朦胧的轻纱，其中不少男女青年并不了解多少有关性的知识，只是对性有较浓厚的神秘感。这时他(她)们对异性的兴趣、好感和爱慕，主要由于异性的吸引，正是在此基础上，在朦胧纷乱的心理变化中，性意识会逐渐强烈和成熟起来。

2. 性意识的强烈性和表现上的文饰性　青春期心理上显著的特点是它的闭锁性和强烈的求理解性，这也导致了他们性心理外显方式的文饰性。一方面他们十分重视自己在异性心目中的印象与评价，另一方面却又表现得拘谨、羞涩和冷淡。他们内心对某异性很感兴趣，但表面上却又有意无意地表现得好像无动于衷，不屑一顾，或作出回避的样子。他们有时表现得十分讨厌那种男女亲昵的动作，但有时实际上又很希望自己能体验。这些矛盾心理的表现，使他(她)们往往产生种种冲突与苦恼。

3. 性心理的动荡性和压抑性　青春期是人一生中性能量最旺盛的时期。但由于这时不少青年的心理不够成熟，还没有形成稳固的性道德观和恋爱观，加上自我控制的能力很弱，因而很容易受到外界因素的影响而动荡不安。现实生活丰富多彩，五花八门的性信息，不良的影视镜头，黄色的淫秽书刊，特别是西方资产阶级的“性 解放”和“性自由”的思想影响，极易使个别青年的性意识受到错误的强化而沉醉于谈情说爱之中，甚至发生性过失，性犯罪。与此相反，另一部分青年由于性的能量得不到合理的疏导、升华而导致过分的压抑，有少数人还可能以扭曲的方式、变态行为表现出来，如同性恋、窥视或恋物等。

4. 男女性心理的差异性 青春期的性心理由于不同的性别也有明显的差异。在对异性感情的流露上，男性表现得较为明显和热烈，女性表现得含蓄和深沉；在内心体验上，男性更多的是新奇、喜悦和神秘，女性则常常是惊慌、羞涩和不知所措；在表达方式上，男性一般较主动，女性往往采取暗示的方式。

三、大学生性心理问题及调适

大学生正处在性意识高度发展的青年期，大学的特殊环境，更增进了异性间的了解和接触，有助于他们性心理的强化，表现为对性知识感兴趣和对异性向往追求。但是，由于受到学校、社会的干预和道德的束缚，往往只能表现得比较曲折或压抑，成为大学生心理冲突的重要原因之一。因此，正确地、有效地开展大学生性科学教育是十分必要的。

（一）性方面的困惑和问题

1. 与异性交往不适的困扰 在青年大学生中，如果没有与异性的交往，不仅生活单调乏味，而且会在一定程度上影响个性的成熟、社会适应的能力的养成。但是，一些大学生在实际的交往过程中，却存在着种种困惑与问题。有部分大学生由于传统观念的影响，头脑中还残存着一些男女授受不亲的封建观念，虽然是少数，但其行为尚有一定的影响。还有的大学生由于性格内向，缺乏自信而不敢与异性交往。所以，他们不积极与异性交往，久而久之就害怕与异性交往，紧张与羞怯使其在交往中局促不安，严重者会产生异性恐惧症。一方面，青春性意识萌发，有强烈的接近异性的冲动；另一方面又受错误观念及现实能力的制约，内心冲突又加剧了异性交往的紧张。这种恶性循环使得这一部分大学生不能结交异性并维持情谊，致使自己沉浸在孤独、痛苦的情绪体验之中。还有一部分大学生，在与异性交往的过程中，受西方性观念和性思潮的影响，随意与放纵的倾向较严重。他们认为谁与异性交往的广泛、频繁，谁就更“有魅力”、更有“本事”。于是，他们往往不分对象、不加选择，轻率地与各种类型的异性交往。有的大学生使用不适当的方式，甚至采取性挑逗的手段与异性交往。这种异性交往的观念与态度最终使他们陷于两难境地，严重地影响自身的心理健康。

2. 性行为失当的困扰 大学生的性行为失当主要是边缘性性行为和婚前性行为。大学生边缘性性行为和婚前性行为的发生率也占有一定的比例。边缘性性行为包括青年或少年期的游戏性性交，青春期及青年期的接吻、拥抱、抚弄性器官等。这些性行为，如果他们不能给予较好的控制和应对，则会导致心理的困扰和心灵的伤害。一些资料显示，有边缘性性行为的学生中，时常在事发之后会心里不安、烦恼、自卑、自责、恐惧等，严重地影响他们的学习、生活、交往。大学生的婚前性行为一般有三个特点：一是突发性，往往在无心理准备的情况下突然发生；二是自愿性，而又非理智型。青年学生大多在自愿而又不理智的情况下发生性行为；三是反复性，一旦防线冲破，便可能反复发生。大学生出现婚前性行为，常为社会、家庭和道德所不容，容易引起心理困扰，不仅有认识、观念上的困惑与自我矛盾，还可能动摇其自我评价和对未来的信心。特别是未婚先孕给女大学生会带来更大的身体上和精神上的痛苦。在大学阶段发生性行为是一种对当事人的心理影响严重、社会问题多的有害行为，应引起大学生的高度重视。婚前性行为大多是在隐蔽状态下进行，双方常伴发紧张、害怕、恐慌等心理和不道德感与羞愧感，极易引起性反应抑制和性焦虑的发生，大学生要学会自尊、自重、自爱和自制，使自己的性行为符合社会道德规范，用健康的思想和法制观念来指导自己的行动，切不可使一般边缘性性行为发展为越轨的婚前性行为。

（二）产生的原因

1. 成熟的性生理与不成熟的性心理存在矛盾　目前，我国在校大学生的年龄一般在19～23岁之间，在这一阶段，性的成熟与整个身体的发育已基本完成，但是性心理的发展并未达到成熟。这时期的大学生好像一台马力十足，但方向盘和制动器并不灵敏的汽车。这一阶段是冲动频繁而又欲求不满的时期，犹如一只小猫初次发现了橱柜里的鲜鱼，它开始变得焦躁不安，可以说这一时期是人真正发现自我的时期。在我国由于受传统伦理观念的影响，性的问题一直被蒙上神秘的面纱，再加上我国很少在大学生中开展系统的性教育，大学生一直难以获得系统、完整、科学的性生理、性心理、性道德等方面的知识，科学的性知识的缺乏，使得健全的性心理在大学生身上尚未完全确立，大学生走向独立的、全面的、成熟的时间相对推迟了。

2. 性意识的强烈性与表现上的隐蔽性存在矛盾　大学生随着性功能的成熟，在青春期就出现的性欲望和性冲动此时会表现得更加强烈，这是身体发育中的正常生理和心理现象。虽然性的生物性需求时时渴望得到最直接的满足，但人不仅是生物的人，更是社会的人，性也不仅具有自然属性，同时还具有社会属性。社会道德和法律的要求，学校纪律的约束，使得大学生无法以社会认可的合法婚姻形式获得性的满足。性的生物性需求与性的社会性要求的矛盾，使得与性成熟相关联的性爱行为，往往只能表现得比较隐秘曲折。

3. 性的社会性、道德性要求与性的压抑性、放荡性之间存在矛盾　大学生性功能的成熟使性的生物性需求更加强烈、迫切，时常伴有性梦、性幻想、手淫等行为；而大学生健全的性心理结构尚未确立，对各种性现象、性行为的认知评价体系还不完善，再加上性的社会性、道德性要求的约束，这些都使大学生性心理的发展处于多种矛盾的相互作用之中，并出现分化。不少大学生无法处理好这些矛盾，从而使性心理的健康发展出现了偏差。有的大学生对性冲动持否定、抵制的态度，采取压抑或放荡的方式。性压抑的结果不仅会有碍性心理的健康发展，严重者还会导致性变态或性过错。与此相反，还有的大学生对性持无所谓或放纵的态度。近些年来，我国对外经济文化交流的不断增加，西方“性解放”、“性自由”思想的侵蚀，使部分大学生的性意识受到错误强化而沉湎于谈情说爱之中甚至发生性过失、性犯罪。

4. 社会环境中不良性信息的刺激　青少年进入青春期后，由于身体发育和性激素的分泌使他们的第二性征出现。他们渴望了解和探究异性的愿望非常强烈，任何有关性的文化信息都会对他们具有强大的吸引力和刺激。社会上广泛传播的色情文化，特别是淫秽书刊和黄色录相，便乘虚而入。随着高科技的发展，网络技术的普及，越来越多的大学生钟情于网络，然而，淫秽黄色的性文化也无孔不入地闯入了网络世界，侵蚀着大学生的心灵。另外，社会上成年人中的一些不良性经历，如卖淫、嫖娼等行为，对于意志薄弱的大学生也会产生一定的诱惑。这些不良性刺激对大学生的身心毒害是极其严重的。

（三）性心理健康的标准

1. 有正常的性需要和性欲望　任何一个成熟的个体，都应该有正常的性需要和性欲望。性需要和性欲望是能够获得性爱和性生活的前提条件。一个人如果没有性欲望，就不会有性爱和和谐的性生活，性心理就无从谈起。但性需要和性欲望并非都是正常的，有的人的性需要和性欲望很强烈，但很古怪，见不得人，如恋物癖、同性恋等。正常的性需要和性欲望的标志是性需要和欲望的对象是指向成熟的异性而不是同性或以物品为替代物。

2. 能够正确认识自我，愉快地接纳自己的性别　一个性心理健康的人，能够正视自己性心理的发育、性心理的变化，会自觉地融入社会这个大背景下认识自我，能客观地评价自己和他人，并乐于承担相应的性别角色。不仇视自己的性别，能以坦然的心理接受自己，能理解性别是父母给的，我们不期求改变它，而注重在社会化的过程中优化自己的性别心理。

3. 性心理特点和性行为符合相应的性心理发展年龄特征　人在不同年龄发展阶段，其心理特点与行为特征是不同的。但是，一个正常发展的人，他的心理特点与行为特征必定符合他的年龄发展阶段。在性的成熟过程中，性心理特点和性行为以及性心理发展的年龄特征要求是相符合的。如果一个人的性行为与其性心理发展不协调，或严重偏离同龄人的特征，那么，他的性心理就不健康。

4. 能和异性保持和谐的人际关系　随着性生理与性心理的发育和成熟，个体自然而正常的性要求就是与异性交往，并能保持良好的关系。性心理健康的个体，能够在日常学习生活中，与异性进行自然的、符合社会规范要求的交往。在彼此的交往过程中，保持独立而完整的人格，有自知之明，做到互相尊重，互相信任，得体大方。

5. 性行为符合社会道德规范　性心理健康的人具有一定的性知识和性道德修养，能自觉地去分辨性文化中的精华与糟粕、淫秽与纯洁、庸俗与高雅、谬误与真理，自觉抵制腐朽没落性文化的侵蚀，并以自己文明的性行为、性形象去增进社会风尚的文明。

（四）维护性心理健康的途径

1. 科学地掌握性知识　大学生一般缺乏规范的性健康教育，应该选择阅读一些正规出版发行的性生理和性心理方面的科普书籍或一些性社会学、性伦理学、性法律学等专门论著，使自己构建合理的性知识结构。其次，应该请教已具备了性知识、性经验的父母、性教育工作者或有关医生。这样，有助于帮助自己消除误解，解除心理负担，进而避免自卑、自责的不良情绪。一些大学生受传统观念影响，有了性的困惑不愿意向家人、老师、医生求助或探讨，而是在地摊、网上寻找有关性的知识内容，这些内容往往是“黄色”的、淫秽的、不科学、富有煽动性的。这样，不仅不能帮助大学生掌握健康的性知识，还会给大学生性心理和性行为的形成带来畸形冲击。

2. 积极进行自我调节　首先，正确认识，端正思想。正确对待性冲动，接受性冲动的自然性和合理性；学习性生理、性心理的有关知识；了解青春期性意识发展规律；树立科学与健康的性意识观念；提高感官刺激阈限，培养挫折耐受力。青年歧视性欲望、性冲动、性兴趣频繁出现的时期，应努力培养自己的性抑制力，以便适应复杂多变的文化环境和生活环境。既要遵从人的自然本性，又要符合道德规范，还必须加强法制观念；防止自己在两性吸引和性欲冲动中，以及在偶然诱因影响下的冲动或越轨行为。性是每个人的事情，谁都不能回避，但性又不只是每个人的事情，处理不好，便会给个人、他人和社会带来严重的破坏性的影响。其次，积极引导，良好适应。要大方而潇洒地与异性交往，男女交往有利于性压抑的减缓，有助于培养大学生健康的情感，从而调节深层的本能，使之趋于高尚。但是，在与异性交往中，要注意摆脱低级趣味，不要限于身体的吸引。尤其是不要与庸俗的异性接触，避开一些人在物质、精神、肉体等各方面的诱惑。

通常,性心理困扰的直接后果是自卑、自责和自我否定的倾向,它不仅影响学生的情绪,也会影响学生的人际交往和学习效率。所以一旦发现自己存在性心理问题,就应及时处理。许多大学生的性心理困扰是源于对自己性身份、性幻想、性欲望、性冲动的害怕。因此,最好找知心朋友交流,一方面宣泄自己的不良情绪,另一方面获得一些如何应对青春期烦恼的信息和经验,有助于自我调节。必要时可找心理专家咨询,消除心理困扰。对一些较严重的心理问题,比如失恋后的自贬心理、性心理变态等,向心理专家咨询更具实效性。

第二节　恋爱心理

恋爱与婚姻是每个年轻人在生活历程中迟早要经历的。古往今来,《牛郎织女》、《梁山伯与祝英台》、《罗密欧与朱丽叶》等一大批经典爱情故事不知感动了多少人。可以说,每个人内心里都有一个爱的向往和追求,都在渴望真正的爱情,追求爱的真谛和幸福人生。在大学校园中,爱情也是永恒的话题。爱情究竟是什么?如何正确对待爱情与事业、学业的关系?如何与异性交往?这些都是青年学生很关注并需要做出正确选择的问题。

一、爱情的涵义

爱情是哲学、宗教、心理学、美学、文学与社会学中引起激烈争论的话题。爱是什么?爱的动力源是什么?马克思主义的诞生为我们认为爱情的本质提供了科学的理论依据。马、恩是如何看待爱情的呢?马克思提出了一个有名的论断:人和人之间直接的、自然的、必然的关系就是男女之间的关系,从这种关系可以判断人的整个教养程度。马克思说:"真正的爱情是表现恋人对他的偶像采取含蓄、谦恭甚至羞涩的态度,而绝不是表现在随意流露热情的过早的亲昵"。"如果你以人就是人以及人同世界的关系是一种充满人性的关系为先决条件,那你只能以爱去换取爱,以信任换取信任,如果你想欣赏艺术,你必须是一个有艺术修养的人,如果你想对他人施加影响,你必须是一个能促进和鼓舞他人的人。你同人及自然的每一种关系必须是你真正的个人生活的一种特定的、符合你的意志对象的体现,如果你在爱别人,但却没唤起他人的爱,也就是你的爱作为一种爱情并不能使对方产生爱情,如果作为一个正在爱的人你不能把自己变成一个被人爱的人,那么你的爱情是软弱无力的,是一种不幸。"

恩格斯则对爱情作过明确的论述:爱情就是人们彼此之间以相互倾慕为基础的关系。他描述了这种关系的三个特征:第一,爱情以所爱者的互爱为前提,女子和男子处于平等的地位;第二,爱情是一种强烈持久的感情,如果双方不能彼此结合或彼此分离,就是一个很大的不幸,为了彼此的结合,双方甘冒很大的风险,甚至不惜以生命孤注一掷;第三,爱情是评价两性关系的道德标准,即只有由于爱情而发生的两性关系才是道德的。

基于这一思想,人们对于爱情有了一个一致的科学的认识:所谓爱情,是指一对男女基于一定的物质基础和共同的人生理想,在各自内心中形成的对对方的最真挚的爱慕,并渴望对方成为自己终身伴侣的强烈的、稳定的、专一的感情。看来这样一个认识是没有争议的。

二、爱情的属性

马克思主义认为，爱情有两种属性：一是自然属性，二是社会属性。

1. 爱情的生物性　在远古时代，人们对一个人的性要求坦率、单纯而自然，甚至出现过生殖器崇拜，把它看成是永世长存的神赐。人的精神活动取决于他的器官的生理性能，两方面的健康是紧紧相连的。女性对男性及男性对女性的欲求本身不是内在本能简单的、初级的生命冲动，因为人的心理现象是一种复杂的、细腻的而又自相矛盾的东西，它具有相对的、内在的自我评价的性质。性欲是一种强大的力量，如果失去控制，它就可能变成灾难，与此同时，不能把爱情的性欲基础绝对化，爱情中性的吸引力和精神的吸引力之间的关系有其内在的辩证法。爱情中精神成分具有相对独立性。

2. 爱情的社会性

(1) 女人对男人以及男人对女人的性的欲求成为恋人在这种场合下理性的有目的的交往的一种方式。动物身上只有条件反射，而人具有在劳动和社会关系中合乎规律地发展起来的意识，他能够根据一定的原则和准则来权衡并且调整自己的行为，这就使复杂的性关系具有高尚的精神。人类的爱情是有意识的，这一点表现为预见、认识和按一定目的调整自己的行动，而且表现为富有幻想和殷切地渴望获得个人幸福。

(2) 爱情是同一社会结构中人的道德意识，同人的善恶观，同他对道德和不道德的认识联系在一起的。只有人才把道德带进了两性关系，他一旦爱上一个人，就承担了尊重这种亲昵的友谊，并且把他看做最大的幸福而珍惜它的义务，当一个人体会到真正的爱情时，就会表现出自我牺牲精神与巨大的道德力量。

(3) 爱情作为男女关系上的一种特殊的审美感而发展起来的，爱情创造了美，使人对美有了新的领悟。

(4) 爱情是一种社会现象，爱情的力量包括生理的力量与精神的力量，使人们团结起来，爱情引导一对男女去建立牢固的共同生活，去建立婚姻和家庭形式的关系。“参与爱情的只有两个人，要诞生第三个生命，新的生命。”

(5) 爱情的思想内容和社会—心理内容决定于社会发展的水平，男女之间的相互作用不仅是生物作用，而且是精神作用。

(6) 爱情的社会成分自然也存在于选择性的欲求对象的过程中。选择和中意的标准不单是生物性的，而且是社会—心理的，在选择对象时，无论男女都不仅注意到由遗传决定的生物特点（眼睛、头发、体形、气质等）而且考虑其纯社会评价（社会地位、物质条件、教育程度、道德水准、志向等）。

(7) 调节两性关系的手段是动物所不具备的羞耻感。

综上所述，爱情的本质应当是自然属性和社会属性的统一，是性爱和情爱的统一。这就是马克思主义对爱情的认识。单纯地追求性欲的满足，不能称之为爱情；脱离了性的要求，单纯追求精神的满足，也不是真正的爱情。那种将爱情单纯地归结为自然属性的观点，实质上抹杀了人与动物的本质区别，照此逻辑推论，动物也有爱情，也会谈恋爱，鲁迅先生批判说这简直是一种“亵渎”。

从爱情的两种属性可以看出，爱情的建立需要两个方面的条件为基础，一是一定的物质条件基础，包括最基本的生存条件，也包括爱情主体的身体素质和各种功能的健全。二是需要一定的精神条件为基础，包括共同的兴趣爱好、崇高的理想、高尚的道德情操等方面。在基本的物质条件具备的情况下，精神因素显得尤其重要。

三、爱情的发展阶段

爱情在大多数情况下应被视为男女之间的一种发展着的关系，而不是转瞬即逝的激情。这种爱情关系大致要经历以下几个阶段。

第一是好感阶段。两个相互厌恶的人不可能在一起，两个互有好感的男女才有兴趣接近。他们感到与对方在一起是愉快的，彼此愿意倾吐内心的秘密而无所顾虑。

第二阶段是自我展示。在两人无拘无束的接近中，彼此的思想感情得到进一步的表现。尤其是在现代城市中，人们彼此隔离，人际关系疏远，找一个亲近的人诉说自身的生活感受，向对方敞开心扉，无疑是想获得情感支持。

第三阶段是相互依存。由于现实环境中人们能够得到的亲近对象和自我展示对象是如此稀少，因此一旦找到这样的对象，就会在感情和心理上产生一种依存感，依恋对方的理解和关心、鼓励和同情。双方越是相互信任，相互依存的感觉就越是强烈。这一阶段对于今后的婚姻幸福极其重要，因为丈夫能够在事业上成功，与妻子的支持分不开；妻子要寻求自我发展，必须有丈夫的理解和鼓励。

最后一个阶段，是个人需求得到满足的阶段。在恋爱中，双方都尊重对方的需求，并竭尽自己的能力去满足这种需求。在这一过程中，双方进一步默契、依恋，建立更深厚的亲密关系，从而达到婚姻结合的目的。

四、爱情的特征

1. 互爱性　爱是相互的。常言道：爱情是两颗心相碰发出的共鸣。男女双方经过较长时间的接触，彼此了解，相互尊敬，逐渐建立起感情，互相爱得深沉真切，真正感到谁也离不开谁，认为双方生活在一起，结为终身伴侣是一种莫大的幸福。这种爱情绝不是“一见钟情”，而是男女双方在思想品德、性格爱好、仪表风度、文化素养等方面的互相倾慕，他们具有共同的理想、目标和思想感情，具有自我牺牲的精神。

爱情以性欲为生理基础，以感情为心理基础，以道德为社会基础。然而，爱情基础的本质内涵是互爱。互爱不是单相思，不是一方的强求，而是男女双方出自自愿和相互倾慕，他们各自既是爱者，又是被爱者。倘若一厢情愿，也就是一方自作多情，而对方却毫无此心，“落花有意，流水无情”，是不能称之为爱情的。在现实生活中，有的人强迫对方接受自己的“爱情”，甚至用暴力相威胁，这样做是不可能得到真正爱情的。真正的爱情是双方的同一、相容、包含和共鸣而引起的相互内心情感反应。互爱，是爱情得以建立和联系的重要前提和牢固的纽带。

2. 专一性　“性爱按其本性来说就是排他的”，这就是说，爱情只能献给一个人。爱情所包含的为它所特有的情感和义务，只能存在于恋爱者两人之中。如果喜新厌旧，朝秦暮楚，就会“使他和别人都陷在痛苦的悲剧之中。”陶行知先生说：“爱之酒，甜而苦。二人喝，是甘露。三人喝，酸如醋。随便喝，毒中毒”。这表明，男女双方在感情上和性关系上要忠贞和互相信任，不应见异思迁。

古往今来，描写人类爱情的优秀文艺作品成千上万，作品的主题从来就是歌颂忠贞不渝的爱情，鞭笞喜新厌旧的不道德行为。因为只有专一的爱情才是纯洁高尚的，才能持久和深化，才能体现一个人的真挚感情和崇高的精神境界。出身名门贵族的燕妮挚爱马克思，即使出现一个王子也不能把她从马克思身边夺去。他们的爱情是忠贞如一的。

爱情的排他性的形成，固然有人类的本能因素影响，但重要的还是社会因素，它是随着人类历史的发展和一夫一妻制婚姻的确立才日益强化起来的，排他性成为爱情的一大特点，这是人类进步的产物，它使人类婚姻摆脱了道德上的混乱，而开始具有专一的倾向。

3. 无私性　爱情是无私的结晶，当男女青年强烈相爱时，他们决没有庸俗的盘算，更不会斤斤计较恋偶会给自己带来多少物质上的好处，相反，他们内心深处都作了为爱情而承受必要牺牲的准备。爱情的无私表现在是给予而不是索取，无私的奉献是使爱情生活获得美满的源泉。当我们感受到爱情的温暖、憧憬着美满未来的时候，不能忘却爱情所要求的义务。只有使爱情符合社会道德规范，有助于向社会和人民做出更多的贡献时，爱情的价值才是高尚的。车尔尼雪夫斯基说："爱一个人意味着为他的幸福而高兴，为他能够幸福而去做所需要做的一切，并从这当中得到快乐。"苏霍姆林斯基也认为爱情首先"意味着献给，把自己的力量贡献给爱情，为他(她)缔结幸福。"一个人只顾自己的"幸福"，而对对方毫不关心，不可能有真正的爱情，无私的奉献是爱情的基石，为了崇高的爱情必须做出必要的牺牲来履行爱情的道德义务。

第三节　大学生恋爱与心理健康

一、大学生恋爱心理发展的规律特点

(一) 对异性的爱慕与求爱的表现

青春期少年男女彼此向往与追求，是性心理发展的正常表现。爱慕异性是恋爱成功与美满婚姻的性心理基础。可是，青少年对爱情的理解与实践也有一个逐渐深化的过程，绝非一蹴而就。从宏观上看，一些青少年所谓的"初恋"是朦胧的爱；有的人是较随意的恋爱；合理的恋爱是与责任联系在一起的。

1. 少男少女朦胧的爱　因为这种感情虽有性爱色彩，但很不清楚，不成形。这种感情虽然带有性爱色彩，但往往和友情、模仿、好奇、感激、冲动等联系在一起，连青少年本身也往往分辨不清是怎么回事，往往飘然而来，又飘然而去。朦胧的爱是真诚的，可又是危险的。据有关调查表明，早恋在初中生为13.5%，高中生为25.6%；性接触在男性高中生为19.8%，女性高中生为17.4%。过早地产生这种带有性爱的感情会使少男少女分散精力，影响学习和成长。

2. 较随意的恋爱　部分青少年心理上社会化程度不够，思想空虚。随着对异性兴趣的增强，已经控制不住对异性的要求。他们所追求的只是瞬间的快乐，不去考虑未来的生活和幸福。由于过早地体验了性生活，因而对异性具有浪漫色彩的敬慕心情也就消失了，剩下

的只是一种充满欲望的急躁情绪。同时，由于双方都追求各自的享受，所以双方的矛盾特别多，往往为一点点小事也可能会分道扬镳。一位美国心理学家曾经说过，这种少男少女之间的交往“结合是突然的，分离是戏剧性的”。当然，这种恋爱成功率是很低的。

3. 成熟的恋爱　成熟的恋爱应当是非常严肃认真的。从性心理上看，男性对爱情的情感是外露、热烈显得英姿勃勃，稍显粗犷。女性对爱情的情感特点是内含与深沉，表现为娇媚与自尊，而略显羞涩与执拗。因此，在恋爱中，男性要防止因感情奔放、外露而有失检点；女性要注意因羞涩忸怩而欠坦诚。

（二）大学生的恋爱类型

部分大学生谈恋爱已经成为不争的事实，随着生理的成熟和发育，高考压力的释放以及校园环境的特殊性，大学生产生恋爱的需求是自然而然的事，尽管有些大学生尚未真正理解爱的真谛。但学生谈恋爱的问题已经引起了家庭和社会各界的关注，大学生的恋爱一般分为以下几类：

一是理智型。能用理智引导爱情，正确处理恋爱与学习、爱情与友情的关系，把幸福的爱恋转化为学习和奋斗的动力。对北京某高校的调查表明，这种恋爱类型，占恋爱人数的25%。这类学生不仅学习努力，社会活动也很积极，双方表现都很好，往往成为一些学生羡慕的对象。大学毕业后，结为夫妻的比例也非常高。

二是感情型。表现为感情胜于理智，易于冲动，容易陶醉于爱情之中而忘却一切，感情用事，严重地影响了学习，在学生中也比较孤立，有的甚至难以坚持学习以至退学而离开大学。这样的事例各高校都有。

三是需要型。把谈恋爱作为精神苦闷的解脱，用于弥补心理上的不平衡和思想上的空虚。有的甚至单相思，造成感情上的痛苦，甚至造成悲剧。某法制杂志上曾刊登一篇文章：“用匕首收割爱情”，一位来自贵州的农村大学生，因患单相思导致精神崩溃，读不进书，考试屡次不及格，并开始酗酒，一步步走向堕落，最后竟持刀威胁女生，当遭到再次拒绝后，便用刀刺死了那位女生。

四是“开放”型。极少数大学生受社会和西方一些不良风气影响，对恋爱极为不严肃，毫无道德和责任感，追求的是“杯水主义”和性解放，自认为是开放新潮和前卫，不仅害了别人，也害了自己，败坏了校园风气，产生了恶劣的影响，为广大学生所不齿。值得注意的是，这种现象有上升的趋势。

（三）大学生爱情的独特性

这主要表现在以下六个方面：

1. 大学生恋爱的高纯度，纯净、美丽有时甚至显得单纯。多数学生恋爱如同琼瑶笔下的男女主人公，没有现实生活的压力，男女的第一要务就是认认真真地恋爱。而爱情永远离不开坚实的大地，脱离现实生活的爱情必然是“见光死”。

2. 大学生恋爱的精神特质。大学生在恋人的选择上，更重视精神层面的相互认同，世俗生活中的物质交换、门当户对等不会对大学生构成影响。大学生甚至追求纯洁地爱一次。

3. 大学生恋爱的冲突性。大学生面临自身发展的压力，如考研、就业、经济、学业、人际关系，恋爱需要大量心理能量，学业压力、成长压力特别是性压力，对恋爱的双方都是巨大的心理与意志考验。

4. 大学生恋爱表达的自然与随缘。今天的大学生更多地相信缘分，当面对无法解释的情感纠葛时，学生会以缘来缘去解释情感的变化。

5. 大学生恋爱理性与感性并存。大学生在选择自己的恋人时，既有感性的冲动，更有理性的思考。更加考虑双方是否合适，将两人待在一起非常快乐的感觉列在重要位置。而对未来生活的规划显得心理准备不足，当面临职业选择等人生重大课题时，恋人常因不能长相守而劳燕分飞。

6. 大学生爱情的多元化。传统的爱情理念在今天的大学校园受到空前的挑战，与前二十年大学生相比，今天的大学生更重视爱情的即刻性，将恋爱作为一项独立的人生任务而非与婚姻等长久的人生目标相连。爱情的多元化伴随着网络的发展，使大学生恋爱不再如此严肃而神圣。

二、大学生恋爱心理方面存在的问题与调适

大学生中恋爱者为数不少，但是在大学阶段，恋爱成功者却不多。这除了大学生生理和心理发育不平衡和人生观尚未形成等这些基本因素外，以下问题应该引起我们的注意。

（一）选择的困惑与调适

选择的困惑是大学生恋爱中最常见的问题之一。

1. 不知道应不应该谈恋爱　这部分大学生应首先树立对爱情的正确态度。如果自己还不知道该不该谈恋爱，那说明在你的心里还没有自己喜欢的异性，只是因为看到许多同学都在谈恋爱，才产生了自己是否谈恋爱的想法。什么是真正的爱情，在此刻应有明确的态度。当真正的爱情还没有来到的情况下，不要盲目去寻找爱情。寻找的爱情并不一定是真正的爱情。

2. 自己爱上了别人，但不知道对方是否也爱自己，想表白心迹，又怕遭到拒绝，左右为难　对于这样的困境，首先要学会正确认识对方对自己的情感。如果经过观察甚至巧妙的考验，发现对方根本就对自己没有那个“意思”，就没有必要向对方表白自己的心迹。因为你的表白不但得不到回报，而且会使对方为难；如果两人是同班同学，还会影响两个人之间的关系。如果经过观察，发现对方也对自己有一定的感情，就可以大胆地向对方表白自己的心迹。

3. 不知道如何拒绝对方的求爱　面对他人的求爱，当你不准备接受时，一般应当在不伤害对方自尊心的情况下，委婉地拒绝，如果对方进一步追求，而你无论如何也不可能接受对方的爱情，那就应该明确地拒绝。另外，大学生也应注意，不要为了害怕伤害对方的自尊心，或者是为了自己的虚荣心，在自己没有产生爱情的情况下，盲目接受对方的爱，因为这不但会伤害对方，而且对自己也是一种伤害。

4. 在恋爱的过程中发现对方不适合自己，而对方还依然爱自己，不知道如何提出分手才不会伤害对方的自尊心　在这种情况下，要明确爱情是不能强求的，如果一方发现对方不适合自己而准备结束恋爱关系，也无可厚非。当然，最好是让对方有一定的思想准备，比如，用一些暗示性的语言表明两人不合适。在对方有思想准备的情况下，再提出分手，对方可能好接受一点，感觉到的伤害也会少一些。

5. 能做恋人的异性朋友难寻　这种恋爱心理困境的原因主要在于对友情和恋情的认

识还很肤浅,并缺乏对社会中人际关系的科学认识。正确的做法是,认真审视、调整自己的择偶标准,在寻求爱情的过程中,既要有主观上的用心,又要顺其自然,不可强求。

(二)单相思的苦恼及其调适

单相思是指异性关系中的一方倾心于另一方,却得不到对方回报的单方面的“爱情”。爱情错觉是单相思的另一种形式,是指在异性间的接触往来关系中,一方错误地认为对方对自己“有意”,或者把双方正常的交往和友谊误认为是爱情的来临。他常会使当事人想入非非,自作多情。单相思是恋爱心理的一种认知和情感的失误。单相思使某些学生陷入痛苦的境地,处于空虚、烦恼,甚至绝望之中。如果处理不好,对以后的恋爱婚姻生活都有消极的影响。

1. 形成单相思的原因　① 爱幻想:这是造成单相思的主观因素。② 信念误区:单相思者往往以为爱仅仅是投入,不要承诺,不要回报,不顾一切的精神恋爱才是世界上最伟大的恋爱。③ 认知偏差:有的单相思者是由于自己的认知偏差造成的,不能正确地对待被拒绝的事实,仅仅为了自己的自尊心(其实是虚荣心),就强迫自己追求到底。

2. 单相思的调适方法主要是认知领悟和心理分析　在具体的心理调适过程中,应根据不同的情况采用不同的方法。① 如果是自己有意而对方并不知情,并且觉得对方有很大的可能也爱自己,就可以大胆地向对方表白自己的感情。当然,也应做好对方不接受自己的感情的心理准备。② 如果觉得对方根本就没有可能爱自己,就没有必要表白自己的感情,因为这种表白既可能给对方造成心理压力,也会使两个人的关系显得不自然。有些情况下,适当压抑一下自己的感情还是必要的。持久的单相思会给个人的生活带来很大的负面影响,应当学会尽快地从单相思中解脱出来。

(三)失恋的痛苦及其调适

失恋是指恋爱过程的中断。失恋带来的悲伤、痛苦、绝望、忧郁、焦虑、虚无等情绪使当事人受到伤害。失恋所引发的消极情绪若不及时化解,会导致身心疾病。失恋者可以尝试运用以下方面进行自我调适。

1. 适当运用酸葡萄心理效应　当一个人失恋之后,如果总是回想过去恋人的种种优点,就会越发怀念过去的恋人;同时也就越发否定自己,觉得自己一无是处。结果形成恶性循环,使情绪越来越消沉,心理越来越压抑。当一个人失恋之后,如果难以从失恋的阴影中摆脱出来,不妨尝试运用酸葡萄心理机制。所谓酸葡萄心理机制,就是对自己无法得到的东西降低好感和对自己的重要性,吃不到葡萄就说葡萄是酸的。也就是说,当一个人失恋之后,可以尽量多想想过去恋人的缺点,少想或不想过去恋人的优点,心里就容易平衡。

当然,一个人对酸葡萄心理机制的运用必须适当,酸葡萄心理机制毕竟是一种心理防御机制,如若过分运用酸葡萄心理,容易形成一种不符合实际的观念。久而久之,容易导致一些非理性思维方式,不利于自己的心理健康。如果一个人具有足够的心理强度,即使在失恋的时候,也能够客观地分析对方的优点和缺点,并且能够通过在不贬低对方的优点的情况下调控自己的消极情绪,这才是心理的强者。

2. 学会积极的自我暗示　当一个人失恋之后,如果总是责备自己,觉得自己不好才导致分手,就会使自己越来越压抑。这时应学会积极的自我暗示,如用“幸亏他(她)现在提出分手,如果他结婚后才提出分手,岂不更遭”;“他(她)不爱我,并不说明我不可爱,只是说明两人的性格和观念不合”以及“天涯何处无芳草”等。

3. 转移注意力　失恋后如果总是想着失恋这个沉重的打击，那就很难尽快地从失恋的阴影中走出来。这时，就应设法把自己的注意力从失恋这件事情转移到自己比较感兴趣、能够分散自己注意力的事情上去。例如，听听音乐、看看电影、跳跳舞、打打球等，以冲淡内心因失恋而造成的挫折感和压抑感。

4. 升华法　古今中外，有不少著名的历史人物恰恰是因为受到失恋的打击后而发奋追求事业，从而流芳百世、名垂青史的。大文豪歌德如果不是失恋，也许就写不出《少年维特之烦恼》。因此，把因失恋而产生的挫折感、压抑感升华为奋斗的动力是十分有益的。一旦你全身心投入到一项更有意义的事业中去的时候，你定会觉得因失恋而痛苦不堪的往事之好笑和不值一提。

5. 失恋不失德，失恋不失命，失恋不失志　失恋不失德，是一个大学生应有的态度和人格，也是恋爱的重要原则。要做到：不报复、不打击、不伤害、不破坏对方的名誉和人格，不破坏对方重新建立生活的努力。失恋不失命，爱情是人生的重要内容而非全部，因为失恋而毁掉自己的生命是愚蠢的行为。人生除了爱情之外，还有其他一些美好的东西，爱情虽离你而去，事业却永远伴随着你，只要你有追求精神，爱情之花迟早还会为你开放。失恋不失志，不能因为失恋丢掉自己的理想和志向。理想是个人进步的动力目标，在为理想而奋斗的过程中，逐渐平复由失恋而造成的心灵创伤，就会重新获得幸福的爱情。

三、正确处理好恋爱与其他关系

（一）正确对待爱情和学业

恋爱是利多还是弊多，在高校讨论了很多年，研究了很多年。有的甚至组织过全校规模的大讨论，但是至今也没有得出一致的结论。这并不奇怪，有人说，大学生恋爱问题看起来简单，实际上是一只“螃蟹”，脚伸到了各个领域，问题复杂。

从恋爱与学业的关系上，过去老师们都是用大学生恋爱不成功的例子来说明大学生恋爱的弊端，但学生也可以找出曾在大学谈恋爱的伟人，以证明恋爱并不影响成才。但有一点是明确的，即只有少数人（非常理智，自控能力强）能够很好地处理它，多数人还是会陷入不正确的方向。即一旦谈上恋爱，会无法控制自己，会将过多的时间花在上面。例子很常见，如有的同学谈了恋爱以后，就把学习抛在一边，整天耳鬓厮磨，缠绵不已，闲聊、闲逛、闲玩，自然要使学业受到冲击；但也有的同学，恋爱后经常在一起学习，共同探讨，在感情上相互慰藉，生活上相互照顾，这不但不会对学业产生负效应，而且能促进学习，促进成长，促使爱情更健康地发展。所以，在这个问题上，恋爱与学业之间没有必然的负相关关系，换句话说，谈恋爱是利多还是弊多，很难一言以蔽之。严格地说，取决于我们如何来处理。处理得好，有利；处理不好，则带来弊端。任何事物都应当一分为二地看待，新生事物的出现总有它合理的成分。

人的一生可以分为很多阶段，大学生的主要任务是学习。这是我们必须明确的。恋爱不管怎么说，也是“副业”。不能本末倒置。主要表现一是“急”，一进校门就忙着找对象，过早地陷入情网；二是“过分”，一旦得到爱情，就过分狂热，失去节制，整天忙着写情书，赴约会，看电影，压马路，逛公园，下饭馆，形影不离。他们整天考虑穿什么衣服，梳什么发式，送什么礼物，如何讨对方欢心等。人的精力是有限的，恋爱过于投入，必然影响学习。

大学生尽管生理成熟，但承担繁重的学业任务与未来发展的任务，他们需要更多的时间发展自我。当爱情的脚步走近时，你可能无法逃避，你拥有选择的权利。但是，大学生恋爱是一把双刃剑，因为大学的时间是一个常量，你精力的分配将决定你未来的发展。因而是否可以恋爱并非一个绝对的规定，它与个体的身心成熟与社会性成熟有关。最简单的一点是，有恋爱就有可能失恋，你对恋爱的心理预期与失恋的心理承受力是需要提前考虑的。

（二）正确对待爱情与事业

在现代社会，快速的生活节奏与自我发展的双重压力使更多的人先立业后成家。有人说，人生有两件大事，一是事业，二是爱情。这就说明了爱情的确是人生的重要组成部分，但不是全部。这两件事孰轻孰重？一种观点认为，爱情第一，事业第二；另一种观点认为，事业第一，爱情第二；也有人认为两者同等重要。这种观点认为，没有爱情的事业是不完美的，没有事业的爱情也不会绚丽多彩。可能多数比较赞成第三种观点，希望爱情与事业双丰收。应当说，爱情与事业之间是可以统一的，没有必然的矛盾。

马克思的爱情一直让人称道，它向人们证明了爱情可以成为鼓舞人们事业成功的力量。当马克思在大学里向青年黑格尔派发展的时候，燕妮就明确而坚定地支持马克思。当青年黑格尔派遭到普鲁士反动政府的迫害，马克思谋求大学讲师职位的计划未能如愿，这是其最失意的时候，已 27 岁的燕妮毅然推迟婚期，用实际行动表达对马克思的同情与支持。后来好不容易谋到一个报纸主编的工作，可报社又被反动政府封闭。结婚以后，他们的生活十分清贫，可是燕妮始终如一地支持马克思的事业。马克思的女儿爱琳娜说过："没有燕妮，马克思也就不成其为马克思。这绝不是夸大。"马克思和燕妮的爱情成为人们爱情的光辉典范。

如何对待爱情和事业的问题，关键在于人们如何处理它们之间的关系。处理得好，二者就能统一，并能相互促进；处理不好，二者之间就会出现矛盾，并互相牵制。要怎样才能处理得好呢？

在我们今天的生活中，也有人把爱情看得高于一切，看做人生的唯一追求，一旦坠入情网，就忘掉一切，甚至有的为谈恋爱到了发狂的地步。他们一旦失去爱情，就感到生活空虚，悲观厌世，甚至痛不欲生。那些因谈恋爱失败去跳楼的，去卧轨的，去自杀的，就属于这一类人。大学校园就多次发生过因失恋而自杀的事件，正如大哲学家培根所说的，"一切真正伟大的人物，没有一个是因为爱情而发狂的人"。在人生中，爱情是重要的，但不是唯一的，更不是第一的。

四、培养健康恋爱观和择偶观

（一）恋爱对象的选择

有学者曾对大学生做过问卷调查，在人品、才能、外貌、家庭背景、财产、地位等择偶条件中，你更看重哪一些？调查结果显示，有近一半的人选择人品，接下来依次是性格、才能、外貌、财产、家庭背景、地位。这个结果表明大多数大学生显示出高素养的追求。

选择什么样的恋爱对象，是以内在的因素为主，还是以外在的因素为主，是很值得我们思考的问题。有的人找女朋友，非要找漂亮的，有的人找男朋友，非要找有钱的。爱美之心，人皆有之；爱财之心，人皆有之。但对于爱情来说，这些都是身外之物。再美的容貌也经不起岁月的磨损；再多的金钱也填不满人的欲望。但是，一个人的高尚的品质，高尚的情操，一个人的仁爱之心，却是内在的、永远的。能够将两者兼顾，当然好，不能兼顾时，把什么排在第一位，将在很大程度上决定爱情的命运。一个美貌的女子但庸俗轻浮，一个容貌不佳的女子但才华出众，选拔哪一位？将有什么结果？不需要假设，历史已经给了我们答案。

选择恋爱对象要谨慎，这是无可厚非的。但有这么一种学生，在"广泛"的幌子下今天和这个幽会，明天和那个谈情，说什么"全面撒网，重点培养"，就是不对的了。虽然一个人同时对几个异性产生好感并不是不可能，但那毕竟不是真正的爱情。真正的爱情只能以一位异性作为爱情的归宿，否则的话就不是爱，而是一种亵渎。

（二）遵守恋爱道德

恋爱中存在着道德问题，讲两点理由：首先，恋爱需要有东西加以规范和制约。恋爱从表面上是一男一女个人的私事，但从实质上也是一种社会行为。恋爱产生对社会的责任。家庭是社会的细胞，社会的发展需要家庭的和谐稳定。而婚姻关系的巩固，家庭生活的和谐，以及后一代的成长，很大程度上取决于恋爱关系的基础，取决于恋爱关系的发展是不是健康。其次，恋爱只能主要依赖道德规范的制约。因为恋爱属于人的感情领域，法律难以对人的感情进行有效规范，法律也不应当过多地干预人的感情生活。某人同时和几个异性保持恋爱关系，不好追究其法律责任，但社会舆论可以进行谴责，也应当进行谴责，才能有利于良好的社会秩序。

作为大学生，我们需要了解恋爱中的道德要求，更需要在实际操作过程中遵守这些道德：

1. 恋爱自由　一是指建立恋爱关系的自由，即恋爱的双方均出自本人意愿，既不是其中一方强迫另一方，也不是他人强迫其中的一方或双方；二是指中止恋爱关系的自由，即恋爱的任何一方都有权中止恋爱关系，当其中一方提出中断恋爱关系时，对方就尊重他的选择，绝不能纠缠不休。根据这条道德要求，强迫恋爱是不道德的。恋爱自由不是乱爱自由。

2. 严肃负责　恋爱的目的在于寻找终身伴侣，这是人生中的一件大事，不能视同儿戏。既要对自己负责，也要对对方负责，更要对社会负责。有的人谈恋爱抱着一种玩玩的心态，纯粹是为了摆脱个人的寂寞与无聊；或者出于一种从众心理的结果，看到别人出双入对，心理难以平衡，于是随大流。这是在恋爱的动机上不负责任的表现。在恋爱的过程当中，也要做到对人负责，对己负责，尤其是男生，需要有爱护女朋友的责任感。

3. 纯真专一　纯真专一是爱情的根基，爱情之所以是美好的，就是因为互相忠贞。朝秦暮楚，喜新厌旧，脚踩两只船，都是不道德的行为。在恋爱关系存续期间，不能搞三角恋、多角恋等。

4. 举止文明　热恋中的情人有些亲昵的动作是无可非议的，但不分场合，在大庭广众面前勾肩搭背，搂搂抱抱，则是不文明的行为。我国是文明古国，礼仪之邦，在爱情的表达方式上历来提倡含蓄、委婉和庄重，大学生应该是有文化、有修养的人，行为举止要符合中国的优良传统，要给周围人留下美好的印象和积极的影响。恋爱过程中的任何粗俗举止都是不符合道德要求的。过分张扬恋爱的举动只会给人留下庸俗的印象。

这几个方面的道德要求应当密切结合，相互统一，不能将其割裂开来，更不能将其作机械的、片面的理解。比如，自由和态度严肃负责相结合，有的人强调，恋爱是个人的权利和自由，想和谁谈就和谁谈，今天谈这个，明天谈那个，玩弄异性，这不是恋爱自由。

有人说过，恋爱应当遵循的法则是：道德品质最重要，忠贞专一不可少，事业摆在第一位，幸福美满乐滔滔。

五、恋爱心理成熟度测试

你的恋爱心理发展到了什么程度?

1. 你认为恋爱是为了： （　）

a. 找到一个情投意合的伴侣； b. 成家过日子、抚育儿女； c. 满足性的需要； d. 刺激有趣好玩

2. 你喜欢的异性是： （　）

(女性选择)a. 英俊潇洒，有男人魅力； b. 有钱有势有能力； c. 人品好； d. 爱自己的，其余的无所谓

(男性选择)a. 漂亮性感，有女人魅力； b. 贤惠能干，善于理家； c. 温柔体贴，人品好； d. 只要有爱，其余的无所谓

3. 你和恋人确立恋爱关系是因为： （　）

a. 条件般配； b. 我比对方优越； c. 对方比我优越； d. 没想过

4. 你希望恋爱这样开始： （　）

a. 一见钟情； b. 青梅竹马； c. 在工作(学习)中逐渐产生； d. 经人介绍

5. 让爱情更深一点的良策是： （　）

a. 极力讨好取悦对方； b. 尽力使自己变得更完美； c. 欲擒故纵； d. 爱情是缘分，无计可施

6. 当恋人暴露出一些缺点和不足时，你会： （　）

a. 委婉告知并帮其改进； b. 震惊意外，对其加以指责； c. 嫌弃动摇，怀疑爱情； d. 无所谓

7. 当一位比你目前恋人更优秀的异性对你表示爱慕时，你会： （　）

a. 离开恋人接受其爱； b. 将其恋情淡化为友情； c. 瞒着恋人与其往来； d. 为迟到的爱后悔痛苦

8. 当你倾慕的异性另有所爱时，你会： （　）

a. 一如既往地待他(她)，等其觉悟； b. 参与竞争，力争夺取； c. 抽身止步，成人之美； d. 整日后悔痛苦

9. 恋爱中的波折矛盾是： （　）

a. 必然又必需的； b. 对恋爱的否定； c. 无聊的； d. 束手无策的痛苦经历

10. 由于种种原因，你的恋爱失败，对方提出分手，你会： （　）

a. 千方百计抓住他(她)； b. 到处诋毁对方名誉； c. 说声再见，各奔前程； d. 矛盾痛苦不知所措

11. 进入大龄的单身贵族队列，你的恋爱态度会： （　）

a. 一如从前，宁缺毋滥； b. 放弃追求，随便凑合一个； c. 重定更现实的择偶标准； d. 不谈爱情

得分标准：

请按以下标准计分，并判断自己的恋爱心理成熟程度。

1. a. 3　b. 2　c. 1　d. 1

2.（女性选择）a. 2　b. 1　c. 3　d. 1（男性选择）a. 2　b. 2　c. 3　d. 1

3. a. 3　b. 2　c. 1　d. 0

4. a. 2　b. 1　c. 3　d. 1

5. a. 1　b. 3　c. 2　d. 0

6. a. 3　b. 2　c. 0　d. 1

7. a. 2　b. 3　c. 1　d. 0

8. a. 2　b. 1　c. 3　d. 0

9. a. 3　b. 0　c. 2　d. 1

10. a. 2　b. 0　c. 3　d. 1

11. a. 1　b. 2　c. 3　d. 0

甲：26～33 分 圆熟型

恋爱心理非常成熟。懂得爱的真谛，向往爱又能在现实中实现爱。就像一名竞技状态良好的运动选手，你能够在爱情面前轻松舒展，游刃有余；更可贵的是即使直面失败也有良好的心态。你的恋爱婚姻一定很美满幸福。

乙：18～25 分 正熟型

渴望爱的垂青，然而常会屡屡失误，一时难以如愿。校正一下恋爱指针，太过浪漫的往现实方向调调，太现实的多一些浪漫温馨情调，幸福快乐已在眼前了。

丙：9～17 分 待熟型

恋爱婚姻是人生的一门必修课，要取得好成绩单单凭热情是不够的，还须得专心修习，从理论到实践，再从实践到理论，一点一滴，终会水滴石穿。

丁：3～8 分 青涩型

爱情对你而言是迷宫，是八卦阵，是氤氲可怖的夜景，或者是平淡苍白的荒漠。让心理轻松开放些，爱的光线会缓缓照射进来，那时你才能体会到柔情温暖。

【案例分析】

案例一

来访者自述：我生长在农村，爸爸一心想让我跳出农门，走向城市，于是我身负重任，认真学习，成绩一直较好。没有上大学之前，在中学就读时，主要心思专注于学习，也受到学校整体气氛比较守旧压抑的影响，平常一直很少和男生交往谈话。进入大学之后，看到同学之间男女生之间经常有说有笑，互相讨论问题，从开始的不适应渐渐转为羡慕，就学着周围女同学的样子，开始试着和男生接触。初次跟男生接触，别提当时我有多紧张了，说话结结巴巴的，连走路都极不自然，晚上老想着我和他们说过的话是否有错，他们是否在笑话我，这样我的成绩也下降了。我想这完全是我和男生接触造成的，就不再和他们交往了。可是我又觉得他们在注意我，书一点也看不进去。唯恐他们和我说话，唯恐与他们眼睛相对，谨小慎微地生活，这更影响了我的学习。本来大学是一个相对轻松自由的学习氛围，我却觉得比中学的时候还辛苦。我现在正在准备期中考试，我想轻松一点地学习和生活，不再想一切，可是怎么努力也无法排除这种矛盾心理的影响，男生毕竟生活在我的周围，我又重新掉进了进退两难的漩涡不能自拔，怎么也学不进去，到底我该怎么办呢。

分析诊断：根据来访者自述情况，这是一例异性之间的交往障碍案例。异性之间的交往障碍最常见于青春期男女生，且女性比男性更为突出。部分人由于受陈旧世俗观念的束缚或者家庭管教环境的影响，极力克制自己与异性之间的交往，见到同龄异性就脸红心跳，与异性说话时则脸红，出汗，心跳、呼吸加快，语言不连贯，患得患失，而越紧张越影响交往效果，如此循环就会形成异性之间的交往心理障碍。本案例中的这位女同学长在闭塞的农村，深受封建落后观念“男女授受不亲”的影响，心中虽然十分渴望与异性建立友好的信任和交流关系，在行为上却因受着不良观念的束缚，因而把自己学习的退步归结于和男生交往，这就人为地设置了影响男女正常交往的心理障碍。求助者对于异性的过分敏感，使得她特别容易感受到性别的差异，因而在与异性之间交往的过程中显得很不自然，心情紧张，并且时刻担心会给对方留下不好的印象，这种强烈的性别自尊心又带来了她的自我拘束、压抑和自我封闭。当今大学生生活在信息开放的时代，人们的观念发生了巨大变化，开放型的人际交往成了社交的主旋律，因此在与异性之间的交往的过程中应该摒弃神秘心态以及不合理的自我评价，打破封闭式的生活环境，用健康积极的心态发展同性友谊和异性友谊。由于性别差异，男女在性格和气质方面各有长处，男生坚毅、刚强、勇敢、独立；女生细腻、温柔、严谨。不同异性交往，则很难发现对方的优点，而这些优点又恰恰是其本身所缺少的，男女生之间的交往只要能保持适当距离，则有利于个性的发展和人格的完善，有利于相互学习，共同提高。当事者如能摆脱自己对于男女生交往的不正确认识，就能够坦然地和异性相处，从而减轻思想压力，也能够阻止患得患失的不良情绪对生活的负面影响。

施治方案：当代大学生在与异性之间的交往的过程中，首先要端正态度，培养健康的交往意识，淡化对方性别的意识。思无邪，交往自然就会落落大方。其次，要广泛交往，扩大交际范围，有利于我们认识、了解更多的异性，从而对异性有一个基本的总体把握，并学会辨别异性。有的人外表潇洒，但交往过程中可能会发现他华而不实，有的人学习成绩顶呱呱，却恃才傲物，颐指气使。如果只进行小范围个别交往，难免会“只见树木，不见森林”，对异性的了解不但有限，可能还有失偏颇。所以，年轻大学生应该利用每一次集体活动的机会，有意识地在更广阔的人际范围内进行交往。

案例二

倩倩是一名典型的东北女孩，活泼、开朗、健谈，今年上大三的她，寒假开学后却像变了一个人，变得不爱说话，也不爱上课，整天待在寝室里。原来，上周倩倩发现在另一所大学的男朋友亮亮有了新的女朋友，并和她提出了分手。倩倩说，在高考的时候，她和亮亮一同考入了哈市的大学，并确立了恋爱关系，在大一那年圣诞节的时候，两人发生了关系。由于倩倩从小接受着父母传统的教育思想，她认为男女发生关系，她就要嫁给亮亮，所以这段时间她很烦恼。亮亮在提出分手后，就没有再打电话给她，彻底失去了联系。就在这个时候，班里和她很要好的帅气男孩雪晨对她展开了追求，并对她说，不会在意她的过去，并表示会马上和现在女朋友分手。雪晨对她一直很好，总照顾她，回想着昔日的生活，倩倩有些动摇了，但是她又怕自己接受了雪晨，一旦雪晨嫌弃她怎么办？她整天在情感中挣扎，无法自拔。使得原本活泼开朗的倩倩变得不爱说话。心理上的困惑让倩倩的学习生活彻底被打乱，整天待在寝室。

专家分析：倩倩受情感所困的心理很严重。现今大学生的恋爱受多种因素的制约，因而在追求爱情的过程中遇到各种波折是在所难免的。如单相思、爱情错觉、失恋等恋爱心理挫折对大学生的心理承受能力都是一种考验。如果承受能力较强，就能较好地应付挫折，否则就有可能造成不良后果。提高恋爱挫折承受能力对大学生的心理健康是非常重要的。当爱情受挫后，可以通过适当的情绪调节、宣泄和转移，来减轻痛苦。一个人能够理智地从失恋中解脱出来，往往会使自己变得成熟起来。专家帮助倩倩调整认知，正确看待恋爱关系并且提高恋爱挫折承受能力，帮助她调整好心态，倩倩的状态好转了许多。

第九章　大学生职业生涯规划与能力发展

第一节　职业生涯与人生发展

一、职业生涯与人生

（一）职业生涯的定义

生涯，英语是“career”，“生”，即“活着”；“涯”，即“边界”。广义上理解，“生”，自然是与一个人的生命相联系；“涯”，则有边际的含义，即指人生经历、生活道路和职业、专业、事业。人的一生，包含少年、成年、老年几个阶段，成年阶段无疑是最重要的时期。这一时期之所以重要，是因为这是人们从事职业生活的时期，是追求自我、实现自我的重要人生阶段，是人生全部生活的主体。

职业生涯（career）这个概念的含义曾随着时间的推移发生过很多变化。在20世纪70年代，职业生涯专指个人生活中和工作相关的各个方面。随后，又有很多新的意义被纳入到“职业生涯”的概念中，其中甚至包含了生活中关于个人、集体以及经济生活的方方面面。从经济的观点来看，职业生涯就是个人在人生中所经历的一系列职位和角色，它们和个人的职业发展过程相联系，是个人接受培训教育以及职业发展所形成的结果。

职业生涯是以心理开发、生理开发、智力开发、技能开发、伦理开发等人的潜能开发为基础，以工作内容为确定和变化，工作业绩的评价，工资待遇、职称、职务的变动为标准，以满足需求为目标的工作经历和内心体验的经历。职业生涯是人一生中最重要的历程，是追求自我、实现自我的重要人生阶段，对人生价值起着决定性作用。职业生涯就是一个动态的过程，是指一个人一生在职业岗位上所度过的、与工作活动相关的连续经历，并不包含在职业上成功与失败或进步快与慢的含义。也就是说，不论职位高低，不论成功与否，每个工作着的人都有自己的职业生涯。

（二）职业生涯的分类

1. 内职业生涯　内职业生涯是指从事一种职业时的知识、观念、经验、能力、心理素质、内心感受等因素的组合及其变化过程。它是别人无法替代和窃取的人生财富。内职业发展通道，是个人根据自身特点结合社会和企业的需求为自己设计的职业发展通道。

2. 外职业生涯　外职业生涯是指从事职业时的工作单位、工作时间、工作地点、工作内容、工作职务与职称、工作环境、工资待遇等因素的组合及其变化过程。它是依赖于内职业生涯的发展而增长的。外职业发展通道，公司为员工提供职业阶梯，因为管理的职位是有限的，并且一些优秀的技术人员不愿做管理，或者不适合做管理，因此设置资深专家（或者类似职位），为技术人员提供向上的通道，一些资深专家的薪水和副总一样高。

3. 内、外职业生涯的关系

(1) 内职业生涯是外职业生涯发展的前提，内职业生涯带动外职业生涯的发展。

(2) 外职业生涯的因素通常由别人决定、给予，也容易被别人否定、剥夺；内职业生涯的因素由自己探索、获得，并且不随外职业生涯因素的改变而丧失。

(3) 外职业生涯略超前时有动力，超前较多时有压力，超前太大时有毁灭力；内职业生涯略超前时舒心，超前较多时烦心，超前太大时要变心。

（三）职业生涯发展阶段

职业生涯是指一个人一生连续从事和负担的职业、职务、职位的过程。职业生涯不仅仅是职业活动，而且包括与职业有关的行为和态度等内容。美国的一位职业指导专家萨帕(Donald E. Super)把人的职业发展过程分为五个阶段：

1. 成长阶段（出生～14 岁）　是一个以幻想、兴趣为中心，对自己所理解的职业进行选择与评价。

2. 探索阶段（15～24 岁）　逐步对自身的兴趣、能力以及对职业的社会价值、就业机会进行考虑，开始进入劳动力市场或开始从事某种职业。

3. 确立阶段（25～44 岁）　对选定的职业进行尝试，变换工作，到逐步稳定。

4. 维持阶段（45～64 岁）　劳动者在工作中已经取得了一定的成绩，维持现状，提升自己的社会地位。

5. 衰退阶段（60 岁以后）　职业生涯接近尾声或退出工作领域。我国专家也提出与之相似的划分方法，即萌发期、继承期、创造期、成熟期和老年期。

职业生涯专指个体职业发展的历程，一般是指一个人终生经历的所有职位的整个历程。一个人一生中的职业不仅包括过去现在和未来那些可以实际观察到的职业发展过程，而且还包括个人对职业生涯发展的见解和期望。

一个人的职业生涯是一个漫长的过程。也许一生只从事一种职业，也许一生中从事多种职业，但每个人都希望找到一个相对稳定、适合自己的职业。如何选择和规划自己的职业生涯，往往受学识、爱好、机遇、工作环境等主客观条件的制约，只有根据现行的工作需要改变原来的职业目标和兴趣，调整心态，培养对所从事职业的敬业精神，在实践中产生对事业的热爱，才能集中精力全身心投入工作，实现个人价值，做出成就。

二、职业生涯规划

（一）定义

职业生涯规划：职业生涯规划指的是一个人对其一生中所承担职务的相继历程的预期和计划，这个计划包括一个人的学习与成长目标，及对一项职业和组织的生产性贡献和成就期望。个体的职业生涯规划并不是一个单纯的概念，它和个体所处的家庭以及社会存在密切的关系，并且要根据实际条件具体安排，因为未来的不确定性，职业生涯规划也需要确立适当的变通性。虽然是规划，也不是一成不变的，同时职业规划也是个体的人生规划的主体部分。

(二) 生涯规划的原则

个人职业生涯规划设计应该遵守如下准则:

1. 择己所爱　从事一项你所喜欢的工作,工作本身就能给你一种满足感,你的职业生涯也会从此变得妙趣横生。兴趣是最好的老师,是成功之母。调查表明:兴趣与成功几率有着明显的正相关性。在设计自己的职业生涯时,务必注意:考虑自己的特点,珍惜自己的兴趣,择己所爱,选择自己所喜欢的职业。

2. 择己所长　任何职业都要求从业者掌握一定的技能,具备一定的能力条件。而一个人一生中不能将所有技能都全部掌握。所以你必须在进行职业选择时择己所长,从而有利于发挥自己的优势。运用比较优势原理充分分析别人与自己,尽量选择冲突较少的优势行业。

3. 择世所需　社会的需求不断演化着,旧的需求不断消失,新的需求不断产生。新的职业也不断产生。所以在设计你自己的职业生涯时,一定要分析社会需求,择世所需。最重要的是,目光要长远,能够准确预测未来行业或者职业发展方向,再做出选择。不仅仅是有社会需求,并且这个需求要长久。

4. 择己所利　职业是个人谋生的手段,其目的在于追求个人幸福。所以你在择业时,首先考虑的是自己的预期收益——个人幸福最大化。明智的选择是在由收入、社会地位、成就感和工作付出等变量组成的函数中找出一个最大值。这就是选择职业生涯中的收益最大化原则。

(三) 生涯规划过程

只要通过问自己以下几个问题(6W),职业生涯规划过程就明确了。

1. What you are? 首先问自己,你是什么样的人? 这是自我分析过程。分析的内容包括个人的兴趣爱好、性格倾向、身体状况、教育背景、专长、过往经历和思维能力。这样对自己有个全面的了解。

2. What you want? 你想要什么? 这是目标展望过程,包括职业目标、收入目标、学习目标、名望、期望和成就感。特别要注意的是学习目标,只有不断确立学习目标,才能不被激烈的竞争淘汰,才能不断超越自我,登上更高的职业高峰。

3. What you can do? 你能做什么? 自己专业技能何在? 最好能学以致用,发挥自己的专长,在学习过程中积累自己的专业相关知识技能。同时个人工作经历也是一个重要的经验积累。判断你能够做什么。

4. What can support you? 什么是你的职业支撑点? 你具有哪些职业竞争能力? 以及你的各种资源和社会关系如何? 个人、家庭、学校、社会的种种关系,也许都能够影响你的职业选择。

5. What fit you most? 什么是最适合你的? 行业和职位众多,哪个才是适合你的呢? 待遇、名望、成就感和工作压力及劳累程度都不一样,看个人的选择了。选择最好的并不是合适的,选择合适的才是最好的。这就要根据前四个问题再回答这个问题。

6. What you can choose in the end? 最后你能够选择什么? 通过前面的过程,你就能够做出一个简单的职业生涯规划了。机会偏爱有准备的人,你做好了你的职业生涯规划,为未来的职业做出了准备,当然比没有做准备的人机会更多。

第二节 大学生的职业生涯规划

一、职业生涯规划对大学生成才发展的意义

1. 做好职业生涯规划,可以分析自我,以既有的成就为基础,确立人生的方向提供奋斗的策略。

2. 通过职业生涯规划,可以重新安排自己的职业生涯,突破生活的格线,塑造清新充实的自我。

3. 通过职业生涯规划,个人可以准确评价个人特点和强项,在职业竞争中发挥个人优势。

4. 通过职业生涯规划,可以评估个人目标和现状的差距,提供了前进的动力。

5. 通过职业生涯规划,可以准确定位职业方向。

6. 通过职业生涯规划,重新认识自身的价值并使其增值。通过自我评估,知道自己的优缺点,然后通过反思和学习,不断完善自己使个人价值增值。

7. 通过职业生涯规划,全面了解自己,增强职业竞争力,发现新的职业机遇。

8. 职业生涯规划通常建立在个体的人生规划上,因此,做好职业生涯规划将个人生活、事业与家庭联系起来,让生活充实而有条理。

二、影响大学生职业生涯规划的个性心理特征

(一)气质与职业的联系

气质是指人们心理活动的速度、强度、稳定性和灵活性等方面的心理特征,实质上是神经类型特征在人的行为上的表现。所以,认清自己的气质对择业至关重要,是选择职业时的重要因素。一般来说,气质分为胆汁质、多血质、黏液质和抑郁质四种类型。每一种气质都有它的积极方面和消极方面。气质对人所从事的工作性质和效率有一定的影响,它不仅关系到工作的效率,还关系到事业的成败。不同气质的人适合从事不同类型的职业,了解气质与职业的联系,有助于职业选择的成功。

胆汁质的人精力旺盛,热情直率,激动暴躁,情绪体验强烈,神经活动具有很强的兴奋性,但一直能力差,反应速度快却不灵活。他们能以极大的热情去工作,克服工作中的困难,但若对工作失去信心,情绪即会低沉下来。此类人适宜竞争激烈、冒险性、风险意识强的职业,如探险、地质勘探、登山、体育运动等。

多血质的人活泼、好动,性情活跃,反应敏捷,易适应环境,善于交际。这类人工作能力较强、情绪丰富且易兴奋,但注意力不稳定,兴趣易转移;对职业有较广的选择范围和机会,适合于从事要求迅速灵活反应的工作,如导游、外交、公安、军官等,但不适宜从事单调机械的工作和要求细致的工作。

黏液质的人情绪兴奋性低,安静沉稳;内倾明显,外部表现少,反应速度慢,但稳定性强,

偏固执、冷漠。比较刻板,有较强的自我克制能力,能埋头苦干,态度稳重,不易分心,不易习惯新的工作,善于忍耐。这类人适合于从事要求稳定、细致、持久性的活动,如会计、法官、管理人员、外科医生等,但不适宜从事具有冒险性的工作。

抑郁质的人敏感,行动缓慢,情感体验深刻,观察力敏锐,易感觉到别人不易觉察的细小事物,易疲倦、孤僻,工作耐受性差,做事审慎小心,易产生惊慌失措的情绪,往往是多愁善感的人。他们适合于要求精细、敏锐的工作,如哲学、理论研究、应用科学、机关秘书等。

事实上,大多数人总是以某种气质为主,又附有其他气质。所以,大学生在职业选择中,一定要"量质选择",找到适合自己气质类型的工作。

(二) 性格与职业的选择

性格是个人对现实的稳定态度和与之相适应的习惯化了的行为方式中表现出来的个性心理特征。从广义讲,性格是人的自然追求和精神欲求的追求体系,是行为方式、心理方式、情感方式的总和,集中反映了一个人的心理面貌。在求职中,性格是构成相识和吸引的重要因素,与职业选择的关系极为密切,既彼此制约,又相互促进。

人们对现实的态度,表现在对国家、集体、他人和自己等多方面,直接影响职业选择。一个不关心国家发展、社会进步的毕业生,其择业必然带有较大的盲目性。性格表现出的对集体、对他人和对自己的态度,也往往会影响到职业的选择和成就,自私、孤傲、暴躁,不关心他人,无视社会行为规范,不遵守公共道德的人不可能受到社会的欢迎和用人单位的青睐,在未来的职业生活中也不可能有所作为。

性格中对工作和学习的态度,也直接影响职业的选择和成就。工作态度积极、认真负责的人比那些得过且过,马虎应付的人更能选择到适合自己的职业岗位,因为他们的适应面大,选择机会较多,更能展现自己的才能。

性格中的意志特征与职业的选择有密切的关系,缺乏坚强意志的人常常不能顺利地选择职业,今后也难以胜任工作,往往一事无成或成就平平。由于意志薄弱,一遇挫折、困难就产生被动、退缩,因而失去许多成功的机会。缺乏坚韧性的人无法从事要求耐力很强的工作,如科研人员、外科医生等,而缺乏自制、任性、怯懦的人也不适宜去做管理和社会工作。

一般说来,开朗、活泼、热情、温和的性格,比较适合从事外贸、涉外、文体、教育、服务等方面的工作,以及其他同人交往的职业;多疑、好问、倔强的性格,比较适合从事科研、治学方面的工作;深沉、严谨、认真的性格,比较适合做人事、行政、党务工作;勇敢、沉着、果断与坚定是新型企业家和管理者不可缺少的性格。

性格就类型而言,可以分为外向型和内向型。就求职而言,在面对面的交谈中,一般是外向性格为好。一项调查显示,在求职面试时,性格外向的人其求职成功率高于性格内向的人。在求职过程中,有时其他条件皆占优势的个性内向者,却竞争不过其他条件不如他的性格外向者。这在需要与人交往的行业,如服务行业尤为如此。这是因为性格外向的人更善于把自己展示给对方,特别是把自己的长处展示出来。性格内向的人即使有真才实学,但由于不善于展示自己,人家也就无法通过感性印象认识他。求职面试中的感性印象,对于用人单位的招聘者来说有着不可忽视的作用。所以说,求职者的性格是影响其求职成败的。

美国心理学家霍兰是著名的职业指导专家,提出了性格类型——职业匹配理论。他认为,学生的性格类型、学习兴趣和将来的职业密切相关。他将人的性格分为六种:现实型、研究型、艺术型、社会型、企业型和常规型。现实型的人喜欢有规则的具体劳动和需要基本技术的工作，这类人擅长技能性职业、技术性职业，但往往缺乏社交能力。研究型的人喜欢智力的、抽象的、分析的、推理的、独立的定向任务，这类人擅长科学和技术方面的职业，但往往缺乏领导能力。艺术型的人喜欢通过艺术作品来表达自己的思考和情意，爱想象，感情丰富，不顺从，有创造力，习惯于自省，擅长于艺术、文学方面的工作，但往往缺乏办事员的能力。社会型的人喜欢社会交往，出入社交场合，关心社会问题，愿为团体活动工作，对教育活动感兴趣，往往缺乏机械能力，但擅长教育工作、社会福利工作。企业型的人性格外倾，爱冒险，喜欢担任领导角色，具有支配和使用语言的技能，但缺乏耐心和科研能力，擅长管理、销售等工作。常规型的人喜欢有系统、有条理的工作，具有安分守己、务实、友善和服从的特点，此类人适宜从事办公室职员、办事员、文件档案管理员、出纳员、会计、秘书等工作。

因此大学生在选择职业时，要充分了解自己的性格特征，避免盲目择业，使自己的行为方式与职业工作相吻合，更好地发挥自己的性格特长。

（三）兴趣对职业的影响

兴趣是个体积极探究事物的认识倾向，这种倾向带有稳定、主动、持久等特征。人的兴趣可以是多方面的，可以是精神的、物质的、社会的兴趣等等。如果一个人对某种工作产生兴趣，在工作中就会具有高度的自觉性和积极性，在工作中出成就。反之，则会影响积极性的发展，有可能一事无成。爱因斯坦曾经说过：兴趣是最好的老师。兴趣是努力的原动力，是成功之母。走自己的路，做自己喜欢的事情，选择自己感兴趣的职业，是当今社会最具有典型性的择业观念。

一般来说，兴趣是在后天生活实践中形成，但兴趣有相对的稳定性，它与一个人的个性有内在的联系。因此，大学生在择业过程中应适当考虑自己的兴趣和爱好，不能为了暂时的眼前利益而选择不适合自己兴趣的职业，这样不仅不能充分施展自己的才能，而且会贻误终生。但兴趣爱好在职业选择中，也并不总是起着正向的驱动作用，有时它也是一种耗散力，给毕业生带来职业选择的困惑，如有的同学对什么都感兴趣，但没有形成自我特色，在择业时就没有竞争优势；有的同学兴趣面太窄。以至于不能满足社会需要；还有的同学因种种客观因素，个人兴趣与所学专业不一致，也不可避免地造成职业选择的困难。所以，即将毕业的大学生，要对自己的兴趣有一客观的分析，同时还要树立正确的人生志向，调整自己的兴趣爱好，适应社会的需要，争取找到适合自己兴趣的职业，使自己的才智和心性得以最大限度地发挥。

（四）能力和职业的关系

能力是指才干、技能或能胜任某项工作的主观条件，人们成功地完成某种活动所必须具备的个性心理特征，是人们在社会实践中所表现出的身心力量。一个人的能力高低会影响他掌握各种活动的成绩，影响一个人的活动效果。

能力是在先天素质的基础上，在生活条件和教育的影响、熏陶下，在个体的生活实践中形成和发展起来的，对从事任何职业都是十分必要的。能力包括一般能力和特殊能力，不同的职业要求人有不同的能力。人的职业能力通常可分为一般言语能力、数理能力、空间判断能力、察觉细节能力、书写能力、运动协调能力、动手能力、社会交往能力、组织管理能力等九个方面。如教师、播音员、记者等职业要求有较强的语言能力；统计、测量、会计等职业要求有较强的技术能力；而画家、建筑师、医生等职业对形态知觉能力要求颇高；手指灵活能力较强的人则适于从事外科医生、乐师、雕刻家等职业。

能力还存在着性别差异，女性在哲学界、经济学界、自然科学界所占比例较小，而在文学、新闻、医学、教育、艺术等领域所占比例较大，也就是说，需要形象思维和细致情感的工作更适合女性。

能力与择业的关系十分重要，是择业的重要依据，是求职者开启职业大门的钥匙。我国近代职业教育的倡导者黄炎培先生说："一个人职业和才能相不相当，相差很大，用经济眼光看起来，要是相当，不晓得增加多少效能，要是不相当，不晓得埋没了多少人才；就个人论起来，相当，不晓得有多少快乐，不相当，不晓得有多少怨苦。"因此，毕业生对自己的能力要有一个自我认识相评价，在择业时，毕业生应根据自己的能力，扬长避短，选准与自己职业能力倾向相同的职业，在强手如林的竞争中立于不败之地。

正确认识自我是大学生直面人生，战胜困难的第一步。客观分析自我，对自己的气质、性格、兴趣、能力等个性心理特征有一个比较正确的认识，不仅对职业选择十分必要，而且与心理健康有重要联系。所谓客观分析自我，就是能清醒地发现自己的长处和短处，不因优点而自喜，亦不因缺点而自卑。对自我的评价不客观，就会出现评价过高或过低的现象，这可能导致择业失败或失误，可能产生心理困扰。

一些毕业生认为自己的气质、性格等个性特征对择业十分不利，于是悲观失望、不思进取，这是消极的行为。其实，人的个性心理特征尽管相对稳定，但并不是一成不变的，特别在青年期具有一定的可塑性。某些消极的个性特征会被积极的个性特征所掩盖，某些不利于择业的性格特点经过重新塑造，可能变为对择业十分有利。因而，大学毕业生在择业时不可妄自菲薄，应该积极进取，勇于自我改造。

三、大学生择业的心理问题与调适

(一) 大学生常见的择业心理问题

1. 焦虑与恐惧心理　焦虑是由心理冲突或个人遭受挫折以及可能要遭受挫折而产生的一种紧张、恐惧的情绪状态。分析焦虑心理产生的因素主要有以下几个方面：第一，缺乏对纷繁复杂的现实社会的理性认识，产生了步入社会前的心理恐惧；第二，缺乏充分的就业准备，对就业、考研、考公务员的选择把持不定，产生顾此失彼的彷徨心理；第三，缺失择业方向和择业方法，始终不能顺利就业，因择业挫折产生就业恐慌；第四，恋爱分合，职业取舍，由于"鱼和熊掌"不能兼得而产生离别伤感，进而对未来的生活充满恐惧。过度的焦虑会对大学生择业就业产生消极影响，它不仅会抑制大学生的正常思维，而且使大学生的注意力难以集中，记忆力明显减退，从而影响大学生正常的学习和生活。

2. 挫折与失败心理　挫折心理是指人在从事有目的的活动遇到障碍时所表现出来的情绪反应。当一个人产生心理挫折后，就有可能陷入苦闷、失望、悔恨、愤怒等多种复杂的情绪体验之中。大学生往往都有"十年寒窗苦，一举成名时"的自我满足心理，因此择业的期望值也相当高。在就业地域的趋向，就业单位的选择和就业岗位的意向等方面有许多不切实际的自我设计。而这些就业目标的选择，往往都是出于功利心理、求"稳"心理和从众心理等需要，并没有充分考虑自身条件与社会的实际需求，违背了职业生涯规划中关于"人职匹配"

的理论基础，容易出现“高不成，低不就”现象，并产生偏执、幻想、自卑、虚伪等心理问题，必然是事与愿违，最终不能顺利就业。现代大学毕业生多囿于校园，生活经历较简单，未曾经历过多少波折，心理承受能力和自我调节能力较差，情绪波动性大，情感较为脆弱，缺乏应对挫折的心理准备。一次次就业失败的心理暗示必然会导致就业挫折心理的产生，进而使大学生择业行为发生偏差。

3. 自卑与自大心理　自卑与自大是大学生较为常见的人格缺陷，也是一种心理障碍。在就业中的表现是对自己缺乏客观的评价，同时对职业缺乏深入的了解和认识。在就业中自卑与自大常存在相互交织的现象，两者有时会相互转化。自卑的大学生不敢正视现实，对自己的长处估计不够，怀疑自己的能力，不善于发现适合自己的职业岗位，在对自己的抱怨、贬低中失去了求职的勇气，丧失就业机会。一些大学生在求职比较顺利时则容易自大，认为自己已经满腹经纶，“学富五车”，任何工作都会得心应手，在求职中自觉高人一等、自命不凡，一旦出现求职失败则容易陷入自卑、自责、一蹶不振。也有的大学生自认为自己是名牌大学学生，或者所学的是紧俏专业，“皇帝女儿不愁嫁”，自己理所当然地应该能够得到一个理想的职业，给自己设定了过高的就业期望值，结果同样是不能顺利就业，陷入自卑的泥淖。

（二）大学生择业的心理误区

心理误区是指人在心理上特别是认识和人格上陷入无出路而又不能自拔，且本人对此又缺乏意识的状态。就业制度的改革，使大学毕业生面临着巨大竞争压力，大学生心理矛盾的扭曲和沉积，往往使大学生在心理上出现种种困惑和不适应，导致产生心理误区，主要表现有：

1. 对现状不满意，选择的自由度越大越好　就业制度改革给广大毕业生提供了良好的机遇，受到了普遍的欢迎，但有一部分大学生认为，既然现在是社会主义市场经济，就业政策就应该是完全的市场政策，供需双方完全可以自由交易、自由成交。选择的自由度越大越好。“我想选择哪里就选择哪里”，“哪个用人单位要我，我都可以去”，不希望国家再有条条框框限制的就业政策。他们抱怨改革的步子太慢，却没有想到市场条件下就业制度的改革还受到一定条件的制约，要和国家的劳动人事制度、招生制度、分配制度、户籍制度的改革配套进行，是要经历一个历史过程的。而社会不正之风等腐败现象的存在，使得部分毕业生对现状不满，引起心理失衡。

2. 只顾眼前利益，选择单位就看实惠不实惠　由于受市场经济大潮的影响，一部分大学生择业时只顾眼前利益，过分注重经济效益，讲究实惠，忽视个人的发展。他们的观点是“管它专业对不对口，挣钱第一”，“前途、前途、有钱就图”，“先挣钱，后搞专业”。在与用人单位洽谈时，有些毕业生首先问及的是单位的效益如何，待遇怎样，住房能否落实，奖金是否高，而对自己的发展前景不加考虑。他们的眼睛只盯着外贸、金融、保险和电信等经济效益好的部门，很少问津企业、科研、教育等更能发挥他们才能的部门。在择业中表现出急功近利的趋势，让用人单位反感，使得一些学生虽各方面条件不错，却被用人单位拒之门外。

3. 抱怨竞争环境，自认为求职的竞争就是关系的竞争　毕业生就业制度的改革，为广大学生择业提供了公开、公平的竞争环境，毕业生的择业有了更大的自由度和更多的选择机会。有些学生仍然抱怨竞争环境不公平，甚至认为，择业的竞争不是求职者素质的竞争，而是关系的竞争，看谁的关系硬，看谁的关系起作用。于是，这些学生不把立足点放在自身努力上，而是寻情钻眼、找关系、托门子、递条子，甚至不惜代价，重礼相送，用庸俗化的一套对待择业，自己反对不正之风，又用不正之风的一些手法对待择业，使公平、公正、公开的原则受到损害。另一部分学生则缺乏竞争的勇气，长期形成“等”、“靠”、“要”的依赖心理，在择业中遇到困难就意志消沉、一蹶不振。

4. 强求心理平衡，我不能比别人差　大学生参加大规模的供需双方洽谈会尚属首次，他们在这种场合评价自己的价值能否得到承认的最常见的办法是互相攀比，比周围的同学哪个选择了知名度高、效益好的单位，哪个同学去了大城市或高层次部门。在他们心里总有一个念头就是“我不能比别人差”、“我不能不如人”。尤其是学习稍好的学生更是如此，于是在选择中，攀比嫉妒，强求心理平衡，总是把别人强作为标准，“这山望着那山高，这花看着那花俏”。有的同学自己毫无主见，总是随波逐流，认为大多数人钟情的一定是好工作，盲目跟着大多数人走，忽视了自己的特长。结果，不从实际出发，延误了时机，丧失了最能发挥自己特长的机会。

5. 虚荣心理较强，择业不会有什么问题　有的大学生在择业时过分粉饰自己，孤芳自赏，认为自己在学校经过多年学习，有了“资本”，以天之骄子自居，社会上各种工作对他们来说都不在话下，任何问题在他们手中都可迎刃而解。有的大学生在推销自己时，不实事求是，有意抬高自己，甚至弄虚作假，存在侥幸心理，认为在洽谈会上，时间短、任务重，招聘人员不可能考核那么全面，只要自己能充分表现自我，管它有无真本事，能签约就是真本事。

（三）大学生择业的心理调适

1. 客观认识自己　大学生是一个承载社会、家长以及自身高期望值的特殊群体，自我定位比较高，成才期望强，社会对其要求也很高，这使大学生面临很大的心理压力，这种压力随着年级的增高而日益显现，如果处理不当，就会使大学生在择业过程中无所适从。孙子兵法道：“知己知彼，百战不殆”，这不仅仅是古代的战术，更是现代大学生求职择业之道。第一，面对择业中的各种矛盾和问题，毕业生首先要正确认识和评价自我，明确自己今后的职业发展方向，从职业发展的角度分析最适合自己的岗位特征和地域范围。第二，深刻反思自己所接受的学校和家庭教育。长期以来，我国的应试教育使得基础教育的目标往往锁定在升学率。为了高升学率，一些学校甚至削弱关系学生身心健康的素质拓展课程，普遍忽视学生意志品质和心理素质的培养。高等学校对毕业生的就业指导多偏重思想教育和政策教育，而对毕业生求职能力的培养，就业心理的辅导还不能满足现实需要。我国家庭不当教育是引发大学生择业心理障碍的另一个重要原因。普遍的独生子女是我国的基本国情，也是我国基础教育和高等教育的基本对象，然而，我国家庭传统教育思想是对孩子统包统管、封闭保护，宠爱有加，对困难、挫折教育引导不够。使很多大学生从小娇生惯养，养成依赖感，失去独立性。择业时往往依赖于学校和家庭，着眼于轻松高薪的工作环境和虚荣心的满足，一旦不能如愿便怨天尤人，畏惧不前。因此，客观认识自己，认识自己所接受教育的局限性，是进行就业心理自我调适的有效途径之一。

2. 主动适应社会　随着我国高等教育大众化进程的不断加快，大学生就业的内涵已经发生了很大的变化，大学生的就业呈现出主体性、社会化等特征。毕业生就业的结构性矛盾也日益显现，一方面是用人单位招人难，另一方面是毕业生有业不就，这种结构性矛盾的产生，源于毕业生的主体选择与社会实际需求之间的冲突。由此可见，毕业生就业过程就是毕业生处理个人与社会之间关系的社会化过程，是迈向社会的第一步。观念就是就业力，态度决定结果，性格决定命运。因此，毕业生能否顺利就业，取决于毕业生的就业观念能否随着社会的不断发展变化，主动作出适应性调整。树立正确的就业观，须处理好个人与社会的关系，每个大学毕业生都应自觉遵循服从社会需要的原则。首先要明确现实岗位的重要性和工作的目的意义；其次在选择职业岗位时要把个人的兴趣、爱好、专长与社会实际需要有机统一起来，努力寻求到社会需要与个人追求的交汇点。再次，以自己所长择社会所需，正确处理国家、集体和个人发展之间的关系，在正确的择业观指导下实现职业理想。

3. 增强就业能力

(1) 增强就业心理能力：良好的心理品质和健全的人格特征是成功就业的基础和保障，在大学生就业心理素质教育中尤其应注意以下人格特征的培养：乐观自信、积极进取、善于合作、勇于创新、意志坚强、谦虚礼貌、自立自强、耐挫性高、自控力强、善于调节自己的情绪等。大学生作为各种就业压力的实际承受者，谁也无法避免一些意想不到的失败，但是能够选择对待就业失败的态度。就业成功是蕴藏于每一位毕业生心底的一份强烈渴望，然而，家境的贫寒、教育的缺失、时运的不济等往往会使他们置身于失败的困境。但是，在现实世界里心灰意冷，举步维艰时，却常常忘了还有另一条可经由“想象”而抵达的成功之路。当一个人一无所有却胆敢“想象成功”时，他就拥有了一份严谨而理性的思维方式和乐观自信的心理状态。这种理性的思维方式能使心智不断提高，而积极的心理状态，更能给人生带来快乐的心理体验，并不断催人奋进，这就是自信给人带来的力量。由此可见，乐观自信是促使大学生顺利就业的心理动力之一。其次，要培养良好的意志和坚强的性格。意志是大学生成才的重要心理条件，大学生要培养自己坚强的意志和决策的果断性，避免在关键时优柔寡断、丧失良机。性格是人格中最重要的心理特征之一，大学生应该充分认识到良好的性格对于正确思维、理性处事有巨大作用。所以，大学生要善于听取意见，积极参加集体活动，在实践中防止和克服怯懦、自卑、孤僻、狭隘、忧郁、狂躁等心理。

(2) 科学规划职业生涯：职业生涯规划和职业发展观念可以帮助大学生确定自己的人生轨迹。职业生涯是指个体职业发展的历程，一般是指终生经历的所有职业发展的历程。科学地将其划分为不同的阶段，明确每个阶段的特征和任务，做好规划，对更好地从事自己的职业，实现人生目标，非常重要。由此可见，大学生要树立终生择业的观点，切不可为了求得职业的稳定而放弃就业的机会。当获得一个理想职业的时机还不成熟时，应采取“先就业，后择业，再创业”的办法，把就业过程当成取得个人职业生涯经验的重要经历，通过就业不断提高自己的社会生存能力、实际工作能力和职业发展能力，凭借自己的努力，通过合理的职业流动，逐步实现自我价值，取得事业的成功。

(3) 构建合理的知识结构：构建合理的知识结构，就是根据职业和社会发展的具体要求，将已有知识科学地重组，建构合理的知识结构，最大限度地发挥知识的整体效能。合理的知识结构是满足现代社会职业岗位的必要条件，是人才成长的基础，也是求职择业的基本保证。作为新时代的大学生，不仅要掌握尽可能多的知识，同时还应该掌握用于创造更多、更新知识的本领，掌握学习专业知识与提高技能有机结合的方法，根据现代社会的发展需要，塑造自己，发展自己，不断适应现代社会就业的要求，使自己能够顺应科学的进步，时代的发展，择业的需要，努力提高就业能力。

四、择业的基本方法及技巧

大学生在择业时，积极的心理准备和心理调运固然重要，但掌握一定的方法与技巧也是必不可少的，下面分别介绍自荐、面试的方法和技巧。

（一）自荐的方法和技巧

毕业生为了能顺利求职，需要通过各种途径和方法正确地宣传、展示和推销自己。自荐在很大程度上决定了自己能否进一步获得面试的机会，是一次不见面的"面试"，因此，作为毕业生要注意以下几个方面。

1. 选择恰当的自荐方式　常见的自荐方式有：口头自荐、书面自荐、广告自荐等多种。选择何种自荐方式，对每一位求职者而言，无疑是至关重要的，毕业生应当从自身的实际情况出发，选择恰当的自荐方式。对谈吐自如，反应敏捷且具有一口流利普通话的求职者，选择口头自荐，较能发挥自己的优势；能写一手隽秀的字体和漂亮文章的求职者、选择书面推荐更能显示出求职者的魅力。在人才竞争日益激烈的情况下，选择哪种自荐方式还要看用人单位的需要，同时，自荐材料的递送方式也很重要，求职者向用人单位当面呈送自荐材料，可加深用人单位的印象，增强求职成功的可能性。

2. 自荐材料准备充分　自荐材料包括自荐信、个人简历、证明材料和学校推荐表等。自荐材料应完整齐全。自荐信主要是进行自我情况的介绍，展示个人的能力和特点；个人简历主要让用人单位了解自己过去的经历；证明材料是个人所取得的成绩；学校推荐表反映学校对自己的认可情况。自荐材料的准备：一要实事求是，恰如其分；二要突出重点，强调个人的专长和特点；三要文笔流畅，字迹端正；四要措词谦虚，不用可能引起别人反感的话语。有时，自荐材料用多种文字书写对求职也有帮助。如你在少数民族地区择业，用民族文字和汉语撰写自荐信会取得良好效果，如前往外事、旅游、合资企业工作，可另准备一篇外文自荐信，让用人单位了解你的外文水平。

3. 掌握自我介绍的技巧　灵活掌握自我介绍的技巧有利于帮助毕业生顺利打开求职的大门。自我介绍时，要积极主动，自信大方；要突出重点，有针对性地强调自己的专业特长、知识面和兴趣爱好；要实事求是，不要文过饰非；要有的放矢，针对用人单位的具体要求来介绍自己的能力。

4. 赢得好感的技巧　赢得用人单位的好感也就达到了求职目标的一半，为了赢得用人单位的好感，自荐时可从四个方面把握：第一，应聘时着装应整洁大方、干净利索、女同学切忌浓妆艳抹，穿着过分透明或性感的裙装。第二，自荐时要充满信心，落落大方，交谈时从容不迫，声音适度。第三，自荐时以礼待人，举止应得当，在面试场合，无论男生还是女生都不宜将手插袋或倒背、叉腰，而吞云吐雾，指手划脚，都不会给人留下良好印象。第四，要注意言语平实、客观，避免锋芒太露或夸夸其谈，回答问题要切题，要注意文明用语，不使用油腔滑调，格调低下的俗话。

（二）面试的方法

在择业过程中，用人单位常通过面试来决定是否录用应聘者。面试不仅能考核一个人的综合能力,还可以使招聘者通过观察,了解应聘者是否具备从事某种工作的能力。面试是大学毕业生择业的一个重要环节,应当予以充分重视。

1. 面试的准备 为了面试时能从容应战,毕业生在面试前应从三个方面做好准备:

(1) 了解用人单位的情况:大多数招聘者都会提出与本单位有关的问题,因此,求职者对用人单位的情况应有所了解,以缩小双方的距离,增加招聘者对你的好感。

(2) 进行模拟问答:用人单位在面试过程中常会提出这样或那样的问题,求职者应对用人单位在面试中可能提出的问题做出预测,并进行模拟问答。招聘者要求回答的问题通常有四个方面:一是介绍自己;二是选择该单位的理由;三是对时事政策的了解和看法;四是如被录用将以什么样的抱负和姿态投入工作。

(3) 保持良好的精神状态:在参加面试前要适当放松,调节自己的心态,应注意休息,以便有充沛的精力参加面试。

2. 面试的基本礼仪 在日常社交中,礼仪是不可少的,在面试时,求职者更应注意讲究礼仪,否则就会让招聘者觉得你缺乏修养。面试时要遵守时间,一般可提前5～10分钟到达面试地点。衣着应整洁,不要给人不修边幅之感。举止要自信文雅,表情要自然,动作要得体,坐和立都要保持良好的体姿。要注意聆听对方的讲话,向对方介绍问题时,眼睛要注视对方,不要东张西望,也不要眼睑低垂。

3. 面试的语言应用 面试时的语言表达也是十分重要的。面试者回答问题时口齿要清晰,注意控制说话速度,保持语言流畅,答话要简练完整,注意不要用口头语和不文明语言,注意语调和速度的正确运用。面试时,谈话要含蓄,遇到难以回答的问题,机智、幽默的语言会增加轻松愉快的气氛,有助于化险为夷。在面试交谈中要随时注意听者的反应,要根据对方的反应,适时地调整语气、语调、音量及内容,发现对方无兴趣,马上转移话题,发现对方侧耳倾听,说明音量太小,要适当提高声音。

4. 回答问题的技巧 面试的一个重要内容是回答问题,掌握答问技巧对应聘者十分重要。回答问题时要抓住重点,言简意赅,切忌长篇大论,让人不得要领。对招聘者提出的问题不可简单地用“是”或“否”作答,应讲清原因和理由,进行适当解释。如对招聘者提出的问题,一时摸不到边际或难以理解,可陈述自己对问题的理解,待对方确认后,有的放矢,切忌答非所问。回答问题时要有个人独特的见解,但也不必为此而标新立异。面试时遇到自己不知、不解、不会的问题,不要不懂装懂,牵强附会,应诚恳坦率地承认自己的不足,虚心向对方请教,反而会引起主试的信任和好意。

综上所述,随着我国国民经济的快速发展,社会对高素质人力资源的需求必将呈现进一步扩大的趋势。大学毕业生就业结构性矛盾,虽然短期内无法根本消除,但必将随着经济社会的发展和高校科学而富有成效的就业教育,而逐步得到改善。高校毕业生的就业心态和就业心理困惑,也将随着日益市场化的就业方式和就业观念的转变,而得到根本改变。因此,只要有经济社会全面、协调可持续发展的好环境,有正确的就业观念和心态,具备适应社会需要的就业本领,大学生就业就不再困难。总之,在择业求职过程中,毕业生应提高自我调适的自觉性,立足于自身的努力使自己保持一种良好的心态。同时,社会、学校和家庭各方面也应提供热忱的关注和积极的引导,帮助学生面对现实,排除心理困扰,缓解不必要的心理压力,促使他们尽快实现角色转换,顺利走上工作岗位。

五、职场性格测试

测试导语:俗话说,性格决定一切。虽然有些言过其实,但在如今的职场上,个人的“职场性格”因素的确非常重要,它决定着你的职场表现,影响着上司对你的看法,左右着你的职业发展。因此,了解自己的“职场性格”,并对症下药进行适当的调整,将有助于你更好地把握职场机遇。

1. 听说难得一见的流星雨要来了,你的反应是: ( )

a. 没有兴趣,连看都懒得看 b. 有点好奇,但看看新闻转播就满足了 c. 是追星一族,当然要留下珍贵的回忆

2. 你平时多久去逛一次百货公司? ( )

a. 好像是有好几年没去了 b. 不会主动去,路上经过时会进去看看 c. 闲着没事就可能会去那里逛逛

3. 你对音乐的态度如何? ( )

a. 只喜欢听某一类音乐 b. 凭感觉,有些歌一听就会马上喜欢 c. 很多歌都是要听几遍之后才会喜欢

4. 你对常用的交通工具有上锁的习惯吗? ( )

a. 会加上好几道锁,担心治安不好 b. 会另外加装一道安全锁,求个心安 c. 只用基本配锁,觉得自己不会那么倒霉

5. 你闲来无事时会出去散步吗? ( )

a. 会的,不过多半在附近绕圈子 b. 会跑去比较远、平常较少去的地方 c. 喜欢跑到从来没去过的地方冒险

6. 你平均每天到工作地点的时间约需多久? ( )

a. 10 分钟以内 b. 10~30 分钟 c. 超过半小时以上

7. 你一早起来是否会有不去公司的想法? ( )

a. 难免,但次数不太多 b. 次数算算还不少,跟心情好坏有很大的关系 c. 只有阴雨天才会不想去公司

8. 你平常是否有饲养宠物的习惯? ( )

a. 我超级喜欢小动物

b. 我喜欢养宠物,只是他们的一些小毛病会让我觉得麻烦

c. 我很少或从来没养过宠物

9. 如果可以在金茂大厦租个楼层来工作,你会选择: ( )

a. 50 层,没人打扰,而且视野不错

b. 当然是最高层,喜欢站在最高点的感觉

c. 一楼,进出会比较方便

10. 你洗澡时通常从哪个地方开始涂肥皂? ( )

a. 先从脸开始 b. 从胸部开始 c. 从个人私密处开始

计分标准

选 a 得 1 分,选 b 得 3 分,选 c 得 5 分,最后计算总分。

测试结果

20分以下:真材实料型

你的开拓能力及创新能力不足,适合你的工作并不多,但你有高度的责任心,一旦决定做某项工作,你会全力以赴将它做到最好。工作中的你热情专注,是个尽职的员工或老板,因此,只要你执著地做事,对自己喜欢的专业深入研究,成功就会属于你。建议你除了工作,也要多走出去,加强人际关系的积累。

20~30分:老谋深算型

你很懂得谋略,知道如何避重就轻,懂得通过包装自己的外在形象来掩饰工作上的一些小缺陷。广结人脉是你在工作环境中如鱼得水的一大因素,拥有这样的性格在职场你会很吃得开,与同事关系融洽对晋升有很大帮助。当然,工作还要出色,有成绩,老板才会更加欣赏你。除了打工外,你也很适合自己做生意,在你的精心掌控下,一切都会朝着你期望的方向发展。

30~40分:脱颖而出型

你很有自己的想法,也喜欢提出自己的意见,只是总没办法引起共鸣,常常都是差了临门一脚,自己却不知道问题到底出在哪里,其实,你欠缺的只是神来一笔的启发而已。继续发挥自己的创意,并努力付诸实践,平时多做些"课外功课",打好功底,相信好的运气就会来临。

40分以上:创意天才型

你的专业能力或许有些欠缺,可是你的创意能力却十分出色。你能胜任自己的工作,但总觉得这份工作不能很好地发挥自己的才能,所以总是在不停地寻找机会。你非常适合从事艺术类或设计类工作,关键要善加利用自己的长处。固定模式的工作并不适合你,你可以尝试再找一份兼职,最大限度地发挥自己的才能。

心理评析

我们都知道性格对一个人的成功与否、人生顺畅与否十分重要。性格虽说是天生的,可是如果后天能扬长避短,其实还是可以在某些程度上改变自己的人生轨迹的,所以不要心灰意冷。

【案例分析】

张倩是学计算机的,这个专业是父母为她选择的,理由很简单,就是计算机是人类的未来,搞软件的人肯定吃香。可是,在大学里,张倩觉得自己逻辑思维不强,不是搞软件的料,学习劲头不足,成绩也很一般。2008年毕业后,还是通过关系进入一家私企软件公司,做了两年程序员,但自己在程序这块做得实在不好,计算机更新太快了,自己也没那么多精力去求进,一个是觉得自己年龄不小了,技术还是停滞不前,对于IT业来讲又是一个吃青春饭的行业,自己是一名女性,技术并不是强项。听到同学做ERP销售不错,心想自己口才好,爱交朋友,沟通能力强,应该去做销售,于是就开始做起ERP销售来。可是,开创市场也不是容易的事情,那个同学比自己早做两年,市场面大,业绩自然好于自己,张倩心理也很不平衡,再加上年龄在一天天向30岁靠近,婚姻问题、宝宝问题,就摆在眼前,再做销售已经力不从心,自己感觉真的没什么前途。五年时间飞快地过去了,一些同学已经做到主管的位置、一些同学成了软件行业的主力军,而自己下一步将做什么工作,该如何安排自己?张倩感到茫然不知所措,于是请咨询师帮助解决问题。

分析诊断

张倩出现“职业瓶颈”的原因主要有三:1. 没有第一个五年计划,职业困惑就在眼前。职业是人生最大的事,生涯发展要有计划、有目的,不可盲目地“撞大运”,很多时候我们的职业生涯受挫就是由于生涯规划没有做好。好的计划是成功的开始,古语讲,凡事“预则立,不预则废”就是这个道理。每个专业的各个职位都有所不同,要早日做好职业规划,做适合自己的。2. IT行业是一个吃青春饭的行业,加上张倩的基础理论学得很一般,所以,无论从职业兴趣还是工作能力上她都不是一个佼佼者,再加上计算机行业飞快的发展,自己很难与之同步发展,所以,第一个职业出现危机,职业瓶颈到来的就更早。3. 女性的具体问题困扰,如:婚姻问题、宝宝问题,使本来就不出色的第二个职业又发生了障碍。职业生涯设计的目的绝不只是协助个人按照自己资历条件找一份工作,达到和实现个人目标,更重要的是帮助个人真正了解自己,为自己订下事业大计,筹划未来,拟订一生的方向,进一步详细估量内、外环境的优势和限制,在“衡外情,量己力”的情形下设计出各自合理且可行的职业生涯发展方向。

六、目标管理训练

(一) 主题

目标管理。

(二) 教学目的

让学生认识自己的目标,共同探讨如何将目标实现,从而成为成功人士。使学生端正自己的态度,树立适合自己的目标,借鉴有关成功人士的方法,实现自己的愿望。从小树立自己远大的目标。

(三) 教学重点

明确目标的重要性,合理制定目标,执行目标。

(四) 教学形式

讲授、游戏、讨论、心理测验。

(五) 教学步骤

1. 热身:画嘴巴。

2. 导入:哈佛大学对智力、学历、环境等客观条件都差不多的年轻人,做了长达25年的跟踪调查,调查内容为目标对人生的影响。

27%的人没有目标;

60%的人目标模糊;

10%的人,虽清晰,但仅有短期目标;

3%的人,有清晰且长期的目标。

25年后,

27%没有目标的人,在社会底层;

60%目标模糊的人,在社会下层;

10%虽清晰,但仅有短期目标的人在社会中层;

3%有清晰且长期的目标的人,在社会上层。

解释

3%的人,25年来几乎没有改变过自己认识里的高目标,25年来他们朝着同一方向不懈地努力,25年后,他们几乎都成为了社会各界的顶尖成功人士,他们中不乏白手创业者、行业领袖、社会精英。

10%的人,大多生活在社会的中上层,他们的共同特点是,那些短期目标不断被达成,生活状态稳步上升,成为各行各业不可缺的专业人士,如医生、律师、工程师、高级主管等。

60%的人,几乎都生活在社会的中下层,他们能安稳地生活与工作,但都没有特别的成绩。

27%的人,25年来没有目标的人群,他们几乎都生活在社会的最底层,他们的生活都过得不如意,常常失业,靠社会救济,并且常常都在抱怨他人,抱怨社会,抱怨世界。

问题:为什么大多数人没有成功?真正能完成自己计划的人只有5%,大多数人不是将自己的目标舍弃,就是沦为缺乏行动的空想。

调查结论:目标对人生有巨大的导向性作用。成功,在一开始仅仅是一种选择,你选择什么样的目标,就会有什么样的人生。

目标这么重要,为什么人们还是不设定目标呢?毛主席说:不破不立,意思是不破除旧的,就不能建立新的。那我们先看看那些不设立目标的原因。

3. 人们为什么不设定目标?

设定目标后害怕失败;害怕别人耻笑;不知道目标的重要性;不知道达成目标的方法。

学会相信自己(过去不等于未来)不断超越自己。

所以目标很重要,你有目标吗?

4. 为什么要设立目标?(目标的重要性)

成功就是单位时间内目标的达成,没有目标就没有成功。

目标是我们努力的方向,是我们行动的标准,是我们制订计划的依据,目标明确,别人才会知道如何帮你,目标明确是你对完美事业充满信心的最好证明。

讨论:你有目标吗?你的目标是什么?如何达到你的目标?

引出下面的内容:

5. 那么我们如何制定自己的目标呢?

——SMART原则

Specific——明确的、具体的

Measurable——可以量度的、可以量化的

Achievable——可以达成的、能够实现的

Realistic——实际可行的、result-oriented——注重结果的

Time limited——有时间性的、有时间期限的

因此我们也要了解目标的特性:个体的、可衡量的、明确的、实际的,其中核心条件:量化,时间限制(必须有一个明确的期限)。

——制定目标的“黄金步骤”

第一步，目标数字化：就是把自己的目标用数字标明出来。如：我的成绩要提前五名，我要背会20首诗词。

第二步，目标期限化：就是为目标的实现规定一个最后的期限。如：第一轮复习在考前两个月完成。

第三步，目标决心化：就是对实现目标在内心深处下一个大决心。如：我发誓戒除拖拉的坏毛病，我会把那些娱乐的时间用于学习。

第四步，目标具体化：拟定一个实现目标的具体行动计划。如：时间的安排、详细的行动，具体到每一次考试，每一个知识点，并能按部就班地进行。

第五步，白纸黑字化：用“白纸黑字”将上述内容写出来，放在床头、桌面等显眼的地方，让自己随时可以看到。

第六步，目标朗读化：每天早晚大声朗读上述内容，朗读时必须看到、听到、感觉到，并深信自己已经拥有成功。

6. 如何实现自己的目标？

1）激励：哈佛大学心理学家威廉·詹姆斯研究发现，一个没有受到激励的人，仅能发挥其能力的20%至30%，而当他受到激励时，其能力可以发挥至80%。因而即便是完善的个性，由于缺乏前进的动力，也很难实现创富的目标。

2）目标实现来自坚持不懈的有意训练：

减少“我应该”，少说“我不能”，常讲“我可以”，多用“我尽力”

句型转换：① 数学是我的弱项，这次我一定考不好；② 昨晚没睡好，今天的学习要受影响了；③ 今天的作业太多了，我不可能完成。

让学生参与，自己说出来。

3）学习过程中的自信心培养(插入影片)：

(1) 要学会对自己作出公正的全面的评价。

(2) 向你信赖的人吐露你的内心，以增强你的自我价值观念。

(3) 寻找你自己的良好品质与成绩，以引起自信。

(4) 经常微笑、大笑。

(5) 练习当众发言，多发言。

(6) 经常对自己说“我能行”。

(7) 只要一想到“天无绝人之路”，就会减轻不安，增添信心。

插入影片：跳跳羊。

创立“心理创富学”的希尔博士，揭示5个自我激励的赚钱的黄金步骤：

(1) 你在心里确定你所希望拥有的财富数字。如果笼统地说“我需要很多、很多的钱”是没有用的，你必须确定你渴望得到的财富的具体数额。

(2) 确确实实地决定，你将会付出什么努力与多少代价去换取你所需要的钱——世界上是没有不劳而获这回事的。

(3) 规定一个固定的日期，一定要在这个日期之前把你希望得到的钱赚到手，没有时间表，你的船永远不会“泊岸”。

(4) 拟定一个实现理想的可行性计划，并马上进行，你要习惯“行动”，不能够再沉溺于“空想”。

(5) 将以上4点清楚地写下，不可以单靠记忆，一定要白纸黑字。不妨每天两次地大声朗诵写下的计划的内容。

总结：不断设立新的目标是一个挑战自我的过程，也是不断进步的过程。实现目标是一个渐进的、成长的过程，一个人需要不断地为自己设立新目标，不断地在新的目标的激励下提高自己。

勾画人生蓝图的核心是“我一定要成功”，人生就是不断地从成功走向更加辉煌的成功。

(1) 设定好目标，每月写下你的计划；

(2) 计划好每一天，应该每晚上做好第二天的安排，并自我检查当天的计划实施情况；

(3) 持之以恒，不能间断，即使处在人生的低谷或事业发展不顺时，也不要放弃。

激励名言：

人与人之间根本差别并不是天赋、机遇，而在于有无目标。

成功是用目标的阶梯搭就的。你为什么是穷人？第一点就是你没有立下成为富人的目标。

取其上上，得其上；取其上，得其中；取其中，得其下；取其下，得其下下。

《孙子兵法》云：求其上，得其中；求其中，得其下；求其下，必败。

论语：取乎其上，得乎其上；取乎其中，得乎其下；取乎其下，则无所得矣。

唐太宗《帝范》卷四：取法于上，仅得为中，取法于中，故为其下。

宋末元初的诗词评论家 严羽《沧浪诗话》：学其上，仅得其中；学其中，斯为下矣。

拓展：回家调查父母或亲戚朋友年轻时的理想是什么？现在是否实现？怎样实现的？如果没有实现，是什么原因阻碍他实现的？

七、一生要做的99件事

(一) 自我的陶冶

1. 每3到5年写一个小自传。
2. 追寻你生命中的导师。
3. 向自己的极限进行一次挑战。
4. 利用21天时间改掉一个不好的习惯。
5. 到施工工地等地方与普通劳动者生活一天。
6. 每天阅读15分钟。
7. 在陌生环境中用自己的谋生技艺生存一段时间。
8. 独自在远离人烟的旷野露宿。
9. 为自己录个像，看看在别人眼中的你。
10. 订立每周计划、每年计划或更长期的计划。
11. 购买令人赏心悦目的衣服——注重自我形象。
12. 利用一切机会汲取知识的营养。
13. 参加一次体能或智力竞赛——赢人先赢己。

(二) 彻悟的力量

14. 凭吊古战场,感受苍凉和悲壮。
15. 亲手播种、收割一次。
16. 为自己种一棵树——让生命在树中延续。
17. 在长城上回眸历史。
18. 到天安门广场观看一次升旗仪式。
19. 倾听婴儿的第一声啼哭。
20. 用一生的时间铭记一个教训或一个有益的忠告。
21. 看一次日出日落的壮丽景观。
22. 以难以忘怀的方式迎接新年的到来。
23. 换个角度看世界。
24. 想象生命的最后一刻——感悟生死。
25. 到每年的岁末,检视自己一年来的行为。

(三) 心灵的安顿

26. 参加一次游行狂欢活动——感受激情与狂野。
27. 见一个你心中景仰的名人。
28. 学会一种乐器。
29. 从日常生活的小处着手,做个环保者。
30. 做动物的朋友,真心地爱护它们。
31. 重整人生的行囊——清扫生命;掌握取舍的艺术。
32. 做一名志愿者或无偿为弱者服务。
33. 为灾区及慈善福利机构募捐。
34. 买几张彩票——碰碰运气。
35. 投稿,并在自己最喜欢的报刊上发表一篇文章。
36. 保持宜人的微笑——不让烦恼光临你的世界。
37. 写下遗嘱,死后捐献有用的器官。
38. 培养某种个人爱好。

(四) 情感的麦田

39. 重回童年居住的地方。
40. 珍藏一件凝聚情感的物品。
41. 拜访你的恩师。
42. 大声说出你的爱。
43. 深情热烈地爱一次。
44. 每天抽出一点时间和家人在一起。
45. 常回家看看父母。
46. 为往事干杯——参加一次同学聚会。
47. 保持美满婚姻。

48. 寻找久已失去联系的旧日朋友。
49. 给亲人或朋友送件体贴的礼物。
50. 到站台上送别——体验离愁别绪、思念之痛。

(五) 生活的使命

51. 为父母按摩、擦身。
52. 给孩子做出榜样。
53. 在大庭广众之下表演或演讲——树立自信心。
54. 精心守护好你的尊严。
55. 信守一个诺言。
56. 接受并珍惜生活赐予你的一切。
57. 接纳困境,并试着与之周旋。
58. 学会在各种压力下生活。
59. 为自己许一个愿,并为实现愿望孜孜以求。
60. 体验一次失败的经历,学会承受失败。
61. 全力以赴做好手边的事——凡事尽力而为。
62. 体验一次军旅生活——强化律己与责任意识。
63. 至少换一次工作——勇于改变现状。

(六) 享乐的时光

64. 倾听大自然的声音。
65. 体验另一种生活——在乡间居住数日,享受田园风光。
66. 寻找失落的童心。
67. 一个人去旅行——真正享受独处之乐。
68. 观察众生百态,品味生之乐趣。
69. 到你所心仪的地方去旅行。
70. 偷得浮生半日闲——放慢生活步调。
71. 做个“白日梦”。
72. 尝尽美食。
73. 把你所想到的一件浪漫的事变为现实。
74. 给自己颁发一个“奖”——自我激励。
75. 按照自己设计的样式装饰你的家。
76. 学会做几样拿手菜。

(七) 理清人际秩序

77. 找到真正的友谊。
78. 尊重你的对手。
79. 从心底宽恕那个曾有负于你的人。
80. 与一个陌生人攀谈。
81. 将心中的感激之情表达出来。

82. 制怒;并向自己所伤害过的人致歉。
83. 给予他人切实的帮助——去做真正对他有用的事。
84. 交一个异地或异国的朋友。
85. 衷心赞美你的朋友和家人。
86. 给足他人“面子”——不伤害别人的自尊。
87. 把你的猜疑藏起来——用于信人。
88. 认真聆听别人的谈话——学习沟通之道。
89. 对最难以拒绝的人说“不”。
90. 到少数民族同胞或外国人家中做客。

(八) 事业、健康与财富

91. 选择一个自己热爱的职业。
92. 亲手卖出一件商品。
93. 做一次赚钱的生意或进行一项有所收益的投资。
94. 试着做一次,把自己的荣誉让给别人。
95. 到最艰苦的职业现场去打一次工。
96. 与他人合作完成一项工作。
97. 为健康投资——值得照顾自己。
98. 寻找适合你的娱乐及健身方式。
99. 创一次业,无论成功与否。

第十章　大学生心理咨询

第一节　大学生心理咨询概述

一、心理咨询概述

（一）心理咨询与心理治疗

心理咨询是咨询者采用心理学的理论与方法，帮助来访者减轻或消除其烦恼、改善其生活状态、解决其遇到的危机、提高其解决问题的能力和进行决策的能力的专业领域。美国《哲学百科全书》则从心理咨询的特征来界定它的内涵，认为心理咨询有六个方面的特征：① 主要着重于正常人；② 对人的一生提供有效的帮助；③ 强调个人的力量和价值；④ 强调认知因素，尤其是理性在选择和决定中的作用；⑤ 研究个人在制订总目标、计划以及扮演社会角色方面的个性差异；⑥ 充分考虑情境和环境的因素，强调人对于环境资源的利用以及必要时改变环境。

心理治疗是在治疗者与来访者建立的良好关系的基础上，由经过专业训练的治疗者运用心理治疗的有关理论和技术，对来访者进行帮助的过程，是激发和调动来访者改善其动机和潜能，以消除或缓解来访者的心理问题与障碍，促进其人格的成熟和发展的过程。

心理咨询与心理治疗的相似之处：① 二者采用的理论和方法常常是一致的。② 二者进行工作的对象常常是相似的。③ 在强调帮助来访者成长和改变方面，二者是相似的。④ 二者都注重建立在帮助者和求助者之间的良好的人际关系，认为这是帮助求助者改变和成长的必要条件。

心理咨询与心理治疗的主要区别：① 心理咨询的工作对象主要是正常人；心理治疗则主要针对患有心理障碍的人进行工作。② 心理咨询所着重处理的是正常人所遇到的各种问题，如日常生活中的人际关系问题、职业选择方面的问题、婚姻家庭问题等，心理治疗的适应范围则主要为某些心理障碍、行为障碍、身心疾病等。③ 心理咨询一般用时较短；而心理治疗费时较长，治疗由几次至几十次不等，甚至经年累月才能完成。④ 心理咨询工作主要在意识层次进行，更重视心理咨询工作的教育性、支持性和指导性，焦点在于找出已经存在于来访者身上的内在因素，并使之得到发展；心理治疗的某些学派，主要针对无意识领域进行工作，并且其工作具有对峙性，重点在于重建来访者的人格。⑤ 心理咨询工作是更为直接的针对某些有限的、具体的目标进行；心理治疗的目的则不那么具体，其目标是使人产生改变和成长。⑥ 除上述区别外，心理咨询与心理治疗还存在其他一些显而易见的不同点。例如：二者所接受的培训有所不同。心理咨询工作者一般是由大学的心理学系毕业；心理治疗工作者一般是在大学中的临床心理学系进行培训的。心理咨询工作多在非医疗的情境中进行，如学校和社区；而心理治疗工作者多在医疗情境中或私人开的诊所中进行。其他区别还包括：二者起源有所不同；二者在国外各有自己的专业组织和章程等。

(二) 心理咨询种类

从广义上讲，所有人们生活、工作的活动都可以是心理咨询的对象。心理咨询的对象包括了从事各种职业、不同年龄、不同性别的所有正常人和能够接受咨询指导的轻度精神疾病患者。

对心理咨询种类的划分可以从不同角度进行，因而有多种分类方法。

1. 按咨询对象的数量分　可将心理咨询分为个别咨询与团体咨询。

(1) 个别咨询：由咨询人员对单个咨询对象进行的咨询。其特点是保密性强，咨询双方容易建立信任关系，但个别咨询花费时间较多。个别咨询是最常见的咨询形式。

(2) 团体咨询：由咨询人员对多名咨询对象同时进行咨询。咨询对象可以是几人或十几人。其特点是可利用团体活动形成团体感染力，在团体气氛中帮助咨询对象消除心理障碍。

2. 根据咨询内容的学科性质分　可以分为发展心理咨询、社会心理咨询、临床心理咨询和管理心理咨询。

(1) 发展心理咨询：发展心理咨询就是对处于不同阶段的个体进行指导，帮助其消除发展过程中的心理障碍，顺利完成发展任务。发展心理咨询主要包括下列内容：优生与胎教咨询、儿童心理发展咨询、青春期心理咨询、青年心理发展咨询；中年及更年期心理咨询、老年心理咨询。

(2) 社会心理咨询：社会心理咨询是对个体在社会生活中产生的各种心理问题（心理障碍，心理失调）进行的咨询。目的是帮助个体更好地适应社会生活的各种要求。社会心理咨询主要包括下列内容：求学与就业心理咨询、家庭心理咨询、社交心理咨询、不良行为心理咨询、犯罪心理咨询、性心理咨询。

(3) 临床心理咨询：临床心理咨询主要是针对各种心理病症和轻度心理疾病进行咨询，在内容上包含某些心理治疗的措施。其主要内容有以下几点：神经症患者心理咨询、身心疾病患者心理咨询、精神轻度失调患者心理咨询、轻度精神疾病患者心理咨询、慢性病人的心理咨询、伤残人的心理咨询。

(4) 管理心理咨询：管理心理咨询是指咨询人员对管理过程中管理者及被管理者的各种心理活动进行咨询，排除各种心理障碍，调动被管理者的积极性，提高组织活动效率。管理心理咨询的主要内容有：管理决策咨询、领导行为及领导风格咨询、消费心理咨询、工程心理咨询、环境心理咨询。

3. 根据咨询的途径分　可将心理咨询分为门诊咨询、书信咨询、电话咨询、宣传咨询和现场咨询

(1) 门诊咨询：咨询人员在固定的咨询机构接待来访对象，进行心理咨询服务。咨询人员通过运用交谈、观察、测量等诊断方法对来访对象进行分析、诊断，在此基础上提出具有针

对性的指导意见。门诊咨询是最常见的心理咨询方式。

(2) 书信咨询:咨询人员和来访对象以书信形式进行交流的心理咨询。

二、大学生心理咨询

(一) 大学生心理咨询的意义

1. 大学生心理咨询是以维护大学生的心理健康状态为目标和内容的一项工作。大学生心理咨询是借助于一种特殊的人际关系,运用心理学的理论知识和方法,通过言语、文字及其他信息传递方式,就学生的心理方面存在的问题,提供帮助、启发和指导的过程。在咨询过程中,咨询人员努力营造出良好的人际关系氛围,对学生进行启发和帮助,使学生消除不良心理因素的影响,产生认识、情感和态度上的变化,从而找到其心理问题的产生原因,辨明心理问题的性质,为之寻求摆脱心理困扰的条件和对策,使之达到恢复心理平衡、增强大学生心理素质、提高适应能力、增进身心健康的目的。大学生历来被认为是心理最健康的人群,但近几年随着社会的变革,新时期出现的各种问题和矛盾对大学生的心理状态产生了巨大冲击,加上大学生们正处于生理、心理和思想发展变化时期,正值青春期的大学生身心发展趋于成熟,但尚没有形成完全健康的人格。因而大学生的心理健康状况并不令人十分满意;他们心理上存在着一些不良反应,有相当一部分大学生存在着不同程度的心理问题,这已经并非个别现象,并正在呈蔓延的趋势。从现在大学生的心理困惑看,许多都是由于人格障碍而导致的。

2. 大学生心理咨询工作对学生的心理问题有针对性地进行辅导或咨询,给有心理困惑、心理障碍的学生以及时必要的帮助。对于解决大学生的心理问题,具有重要的作用。心理辅导或咨询工作通过个别咨询、团体辅导活动、心理行为训练、书信咨询、热线电话咨询、网络咨询等多种形式,有针对性地向学生提供经常、及时、有效的心理健康指导与服务。心理咨询中心通过宣传普及心理健康知识,可以使大学生学会自我心理调适,有效消除心理困惑,自觉培养坚忍不拔的意志品质和艰苦奋斗的精神,提高承受和应对挫折的能力,以及社会生活的适应能力;解析心理异常现象,使大学生了解常见心理问题产生的原因及主要表现,以科学的态度对待各种心理问题。另外心理咨询根据大学生的心理特点,有针对性地讲授心理健康知识,开展辅导或咨询活动帮助大学生树立心理健康意识,优化心理品质,增强心理调适能力和社会生活的适应能力,预防和缓解心理问题。帮助他们处理好环境适应、自我管理、学习成才、人际交往、交友恋爱、求职择业、人格发展和情绪调节等方面的困惑,提高健康水平,促进德、智、体、美等全面发展。

3. 心理咨询最终的目的是要引导学生加强自我保健,让他们成为自己的心理保健医生。这样他们就能有意识地进行自我心理调适,培养良好的个性,在生活中保持自信、乐观、坦诚、豁达、坚韧的心理品格。

(二) 大学生心理咨询的特点

大学生心理咨询工作一般具有以下几个特征。

1. 心理咨询工作不是一般的助人行为　它是运用心理学的知识、理论和方法从心理上为咨询对象提供帮助的活动。咨询人员是经过严格专业训练的职业人员。在日常生活中,人们也可以进行互相帮助,通过聊天、谈心使紧张情绪得以缓解,但这是一种日常交往而不是心理咨询。心理咨询有其特定的目的和任务、特定的操作过程和手段，是一种有目的有意识的职业行为。

2. 心理咨询强调一种特殊的人际关系　在老师和学生之间必须有一定程度的相互信任和理解，咨询对象才肯坦白自己的问题，接受咨询员的帮助。咨询员对咨询对象的态度是诚恳的，帮助和理解是真诚的，这是促使咨询对象发生变化的前提。但咨询员与咨询对象之间的关系又不同于社会生活中的朋友或其他人际关系。在这一点上，咨询人员应把握好尺度，保持一定距离，以保证自己能够客观地对待问题，有效地寻求解决的手段，确保咨询过程的顺利进行。

3. 心理咨询解决的是咨询对象心理方面存在的问题，而不是帮助他们处理生活中的具体问题，也不是治疗精神类病症　例如，一个因考试焦虑来访的学生，希望咨询员帮他交涉缓考问题；一个严重精神病患者的家属要求咨询员对该患者进行治疗……这些都是由于咨询对象对心理咨询的误解所造成的。面对这样的问题，咨询员应耐心加以解释，并引导咨询对象把解决问题的着眼点集中于自己的心理问题，通过咨询调整消极情绪，以积极的态度面对自己生活中的实际问题。

4. 咨询是一种学习和成长的过程　这种学习和成长主要表现为人格方面的成长，即心理成熟、增强自主性和自我完善等。不能正确对待自己和他人是产生心理困扰的重要根源，通过心理咨询使咨询对象学会正确对待自己和他人，从而减少内心世界出现的矛盾和冲突。

（三）大学生心理咨询类型

从其目标和内容上，可分为两种类型，即适应性咨询和发展性咨询。

1. 适应性咨询主要是针对大学生在各个年龄阶段以及相应阶段的生活和学习中遇到的各种问题，结合他们的认知特点和行为特征，给他们提供一些必要的指导，帮助他们提高学习效率，处理好人际关系，学会自我心理调适，更好地处理因环境变化带来的各类问题，增强对环境的适应能力，从而能够很好地解决面临的现实生活问题，很好地完成各个时期的学习任务。

适应性咨询具有以下特点：① 咨询的对象是身心发展正常，但带有一定的心理、行为问题的学生，或者说“在适应方面发生困难的正常人”。② 心理咨询所着重处理或解决的问题，是学生的正常需要与其现实状况之间的矛盾冲突，大部分工作是在咨询对象的认识水平上加以帮助。③ 强调教育的原则，重视咨询对象理性的作用，咨询人员并不是要亲自帮助其直接去解决问题，满足其需要，而是帮助他分析情况，提出合理解决的途径和办法。强调发掘、利用其潜在积极因素，自己解决问题。对于环境的改善，也是在现有条件基础上提出改进意见。④ 适应性咨询的工作侧重于学习指导、交往指导、生活指导等方面，主要解决学生在这些方面所遇到的各种心理问题，也涉及一些心理障碍方面的问题。⑤ 适应性咨询伴随学生学校生涯的整个过程，关注他们的身心状况，支持和帮助他们适应各阶段的学校生活，指导他们完成各年龄段的自我发展任务。

2. 发展性咨询主要是指导学生确立正确的自我认知，特别是自我能力、素质方面的认知，帮助他们认识和开拓自身的潜能，不断突破自我的种种局限，实现全面而充分的发展。发展性咨询的目标主要在于帮助学生提高心理素质，健全人格，增强学生承受挫折、适应环境的能力。它针对不同年龄阶段学生的心理特点，遵循人的认识发展规律，通过有针对性的教育和训练，帮助学生培养起良好的心理素质，塑造健康、完整的人格，成为一代适应现代社会需要的合格人才。

发展性咨询具有以下特点：① 咨询的对象是心理健康、身心发展正常的学生，但在发展方面仍有潜力可挖，心理素质尚待完善。② 心理咨询着重解决的问题，是引导学生在一个更新的层面上认识自我，开发自我潜能。而这种潜能的开发因为更具有突破自我认识局限性的特征，往往使学生在能力发展、信心重建等方面，实现一定的飞跃，使自己得到更充分的发展。③ 强调发展的原则。发展性咨询虽然也对学生的学习、适应、发展等问题给予指导与帮助，但更侧重在"发展"方面，即促进心理素质的发展。它对学生所做的一切工作，包括指导学生调节和控制情绪、改善精神状态、建立自信等，都是以学生更好、更充分的发展为目标的。④ 发展性咨询是现代学校教育的一个重要组成部分，将纳入学校教育的总体目标和实施过程中，如安排一定的课程，学习有关知识，参加有关训练，有目的地开发学生心理潜能，提高学生心理素质，为学生的充分发展和成才提供强有力的保证。

作为大学生心理咨询的两大重要组成部分，适应性咨询主要解决学生与环境的协调问题(这里的环境包括主观环境和客观环境)，而发展性咨询则致力于把学生的发展水平带到一个新的高度，它侧重于学生整体素质的提高。在面对具体的咨询对象时，或是在选择咨询方式时，视情形有所侧重，二者彼此衔接、相互渗透，但在实际的咨询工作中，几乎是融合在一起的。比如要解决适应性问题的时候，其目标是指向发展的，而要解决发展的问题，只有在良好适应的基础上才可能实现。在实际操作中，单一的适应性咨询和发展性咨询往往是不完整的，也难以真正取得良好的效果。因此，应将二者有机地联系在一起，形成整体优势。

(四) 大学生心理咨询的常见内容

1. 学业问题　学习压力大，学习动力不足，学习目的不明确，学习动机功利化，学习成绩不理想，学习困难等学业问题始终困扰着大学生。另外，有的学生专业选择不当，也会影响学习兴趣和学习成绩。

2. 情绪问题　主要表现为：① 抑郁。以个体心中持久的情绪低落为主，常伴有身体不适、睡眠不足等，心情压抑、沮丧、无精打采、什么活动都懒于参加。② 情绪失衡。大学生的社会情感丰富而强烈，具有一定的不稳定性与内敛性，表现为情绪波动大。

3. 人际关系问题　主要表现为：① 人际关系不适。进入大学，远离原来熟悉的生活与学习环境，面对新的人际群体，部分学生显得很不适应。② 社交不良。部分学生缺乏在公众场合表达自己思想的能力与勇气，面对各种各样的活动，充满了兴趣，却又担心失败，只是羡慕而积极参与的不多，久而久之，开始回避参与，感叹"外面的世界很精彩，外面的世界很无奈"。③ 个体心灵闭锁。学生从校门到校门，缺乏人际交往经验，而自身在人际交往中的不自信又不利于增加自身的人际魅力，妨碍了良好的人际交往圈的形成。与此同时，由于个体间的正常的交往不够，又易引发猜疑、妒忌等，不利于学生的健康成长。

4. 情感问题　① 爱情的困扰。② 友情困扰。③ 亲情问题。

5. 性心理问题　主要表现在：① 性生理适应不良。② 性心理问题。

6. 特殊群体学生的心理健康问题　特困生与普通生相比，更多地表现出自卑而敏感、人际交往困难、身心疾病突出和问题行为较多的状况。尤其是"双困生"，学业成绩不理想，家庭经济又很困难，心理负担很重。再如，"网络生"上网成瘾，甚至形成依赖，或陷入网恋不能自拔，并引发了种种问题行为。

7. 大学生活适应问题　主要表现在：① 生活能力弱，自立能力弱的情况普遍存在。② 大学生对挫折的心理承受力弱。

8. 就业问题　陈旧的就业观念，使得大学生对未来感到惶惑。目前，相当一部分大学生在就业上存在以下问题：① 好高骛远，不切实际。有的大学生眼高手低，不看自己的能力如何，没有准备艰苦奋斗，却一味期望找到薪水高、待遇好的职位。② 求稳怕变，贪图安逸。不了解与自己个性能力相匹配的职业领域；对面试缺乏自信；过于追求平稳的生活，害怕竞争，缺乏走向社会的心理准备。

（五）高校心理咨询工作原则

1. 教育性原则　这一原则要求心理咨询工作必须符合学校教育目的的总要求，促进学生健康发展。

2. 发展性原则　这一原则要求心理咨询工作必须适应学生发展的特点，并促进学生身心发展。心理咨询活动要充分考虑学生心理发展的特点，在咨询中切实针对学生身心发展的特点进行指导。

3. 启发性原则　这一原则要求心理咨询工作必须充分调动学生配合心理咨询工作的主观能动性，启发学生了解、认识咨询工作的意义、目的，共同完成心理矫正任务。在任何情况下，咨询双方都必须保持平等、相互尊重、相互信任的关系。

4. 整体性原则　这一原则要求心理咨询工作必须运用系统论的观点，充分考虑心理活动的有机联系，把心理咨询中的具体问题同整个心理活动整体联系起来，抓住主要矛盾全面分析问题。

5. 协调性原则　这一原则要求心理咨询工作必须与学校、家庭及社会各方面协调配合，共同开展心理指导矫正工作。

6. 巩固性原则　这一原则要求心理咨询工作必须及时巩固咨询成效，避免咨询工作出现反复。

7. 保密性原则　这一原则要求咨询人员必须保守与咨询对象谈话内容的秘密，不得对外透露任何关于咨询对象情况的信息，尊重咨询对象的合理要求。

（六）大学生心理咨询的步骤

学校个别心理咨询的步骤一般分为三个阶段：开始阶段、指导与帮助阶段、巩固与结束阶段。

1. 开始阶段　开始阶段是心理咨询的第一步，是整个心理咨询的基础。良好的开始是成功的一半，美国咨询心理学家沃尔斯（J. W. Worth）指出，不好的开头会阻碍有效的相互影响。的确，如果开头实在不佳，也就意味着咨询双方关系的终结。一个成熟的咨询者，总是非常重视心理咨询的开始阶段，机智慎重地完成这个阶段的工作。

开始阶段需要完成的任务有三项，即建立咨询关系、掌握来访学生的资料及进行分析、诊断。

（1）建立咨询关系：咨询教师与来访学生必须建立起信任、真诚、接纳的咨询关系。这是心理咨询的起点和基础，这种关系有助于咨询教师真实了解学生的情况，准确确定咨询目标并有效达到目标；对学生而言，基于这种积极的关系，才会与咨询教师积极合作，对心理咨询抱有热情和信心,从而有助于提高咨询效果。此外,这种积极的关系也给学生提供了一种良好的人际关系的范例,使其能在咨询环境之外加以运用,提高人际交往的能力。能否建立起积极的咨询关系,咨询教师担负着重要责任。

在初次会谈时,咨询教师要向来寻求指导和帮助的学生进行简明扼要的自我介绍。在简短的自我介绍后,可以允许有短暂的沉默,主要目的在于给来访学生一个整理思绪的机会,使他能完整地表达自己想说的话。

在初次会谈时,咨询教师可以就咨询的性质、限度、角色、目标以及特殊关系等向对方解释。解释的内容包括时间的限制、会谈的次数、保密性、正常的期望等。对这些问题的说明,可以减少对方的困惑,消除因此而引发的焦虑,也使对方不致对咨询产生不当或过高的期望。在初次会谈中,有必要澄清保密性的问题:对咨询过程中必要的记录给予说明,对所谈内容和隐私权的保密与尊重作出肯定性承诺,以此消除来访学生的戒备心理。

对来访学生要热情有礼、耐心慎重,装束整洁得体,行为举止落落大方。初次会谈,来访学生往往比较紧张、局促,因此咨询教师的态度会对其心理产生很大的影响。热情友好的态度给人以亲切感,可有效拉近双方的距离,特别是他们在受心理困扰时,热情友好的态度本身就是一种力量、一种希望、一种安慰,能在很大程度上降低其焦虑水平。

要建立并保持积极的咨询关系,还需要咨询教师掌握一些有效的方法,如无条件的积极尊重、准确的共情和真诚。

(2) 掌握来访学生的资料:收集与来访学生有关的各种资料,通过会谈、观察、倾听、心理测验等方式,了解对方的基本情况及存在的心理问题。

来访学生的基本情况包括姓名、年龄、班级、家庭及社会生活背景、自身的生活经历、兴趣爱好、学习生活近况及有无心理咨询经验等。通过对基本情况的了解,掌握其过去、现在等各方面的活动及生活方式。对来访学生基本情况的掌握,有助于对其主要心理问题的把握。

认识来访学生的心理问题是确定心理咨询目标的基础。这一般比收集基本情况要复杂得多,因为来访学生一般心存顾虑,往往不愿直截了当地把面临的心理问题如实暴露出来,或是他们自己也弄不清问题的实质,只是感觉到困扰,希望改变现状。需要了解的心理问题涉及多方面,咨询教师要通过收集有关资料弄清心理问题的性质、持续时间及产生原因。

(3) 进行分析、诊断:在收集资料的同时,分析、诊断就已相伴出现;分析、诊断是在收集资料的基础上,进一步明确心理问题的实质、程度及原因,并对其正确评估。分析、诊断包括下列内容。

① 确定心理问题的类型及性质,决定咨询的适应性。咨询教师首先要确定心理问题的性质,是属于学习问题,还是人际关系问题,或者是其他方面的问题;是属于发展性问题、适应性问题,还是障碍性问题。考虑心理咨询的适应性对于心理咨询的实施是十分必要的。这是因为有些问题不属于一般心理咨询能解决的,如属于器质性疾病,应及时介绍到医院就诊;如属于精神疾病,应及时转送精神病院接受治疗;如属于障碍性心理问题,也可介绍到综合医院开设的心理咨询门诊接受心理治疗。

② 分析心理问题的程度,以区别对待。心理咨询的对象有的存在适应性问题,有的存在发展性问题。虽然这两类来访学生的心理状态都正常,但仍然有程度上的差别。前者在

学习、生活等方面出现了心理上的不适应，可以通过个别咨询等方式予以必要的指导；而后者可能并未对自身的心理问题产生自觉的意识，因此，可以通过心理咨询讲座、课程等方式，予以指导与训练，强化其心理品质。

③ 寻找心理问题产生的原因。寻找原因是诊断来访学生心理问题的重要组成部分。造成来访学生心理问题的原因是多方面的，需要从两个不同侧面入手，即一般原因分析和深层原因分析。一般原因分析就是针对心理问题形成的生物学因素和心理社会因素进行全方位的搜索。深层原因分析是对产生心理问题的主要心理原因进行剖析。不同的心理咨询理论和方法，往往从不同的角度寻找并发现心理问题的根源。如精神分析理论重视从无意识的矛盾冲突、幼年生活经历中寻找根源；行为主义理论重视对行为的分析，发现原因；认知理论认为不良情绪、反应是认知错误造成，来访学生的非理性认知是其心理问题产生的原因；人本主义理论认为人有各种需要，而造成心理失调的原因是人的需要不能得到满足，从而自我意识发生扭曲，内在潜能不能发挥出来。如果能够把握住心理问题产生的深层原因，将为心理问题的解决奠定最重要的基础。

2. 指导与帮助阶段　经过开始阶段，心理咨询进入了解决问题阶段，即指导与帮助阶段，这一阶段主要完成的任务有三项：制订咨询目标、选择咨询方案、实施指导与帮助。

(1) 制订咨询目标：心理咨询的目标，就是心理咨询所追求的结果与所要达到的目的。咨询目标的确立，在咨询过程中有重要的价值。首先，它使咨询双方都清楚地意识到努力的方向，从而不仅能详细制订实施方案，而且可以在实施过程中根据目标对实施方案进行必要的调整。其次，它有助于咨询双方的积极合作。有了明确的目标，使来访学生看到了希望，增强了咨询信心与动力。由于方向明确，来访学生成为咨询过程的主动参与者，使咨询双方能积极合作，协调一致。再次，它使心理咨询的评估成为可能。通过咨询目标，来访学生可以清楚地看到自己的变化，从而认识到心理咨询在自我成长中所发挥的作用。咨询双方也可以借此评价咨询方案的适用性及确定心理咨询的进展程度。

为保证心理咨询的顺利进行，制订咨询目标应遵循一些基本的原则。

① 必须由咨询双方共同制定目标。咨询目标的制订，必须要咨询教师和来访学生共同配合、互相交流并最终达成一致。这样的咨询目标才比较客观、真实，才能使双方共同努力去实现目标。共同制订咨询目标，首先要求咨询双方在心理问题的把握和原因分析上取得一致意见，为此咨询教师要鼓励并引导来访学生全面、深入地倾诉和反映，同时咨询教师也必须将自己的认识、看法、结论反馈给来访学生。其次，咨询教师要引导和鼓励来访学生思考和提出自己的要求，坦诚提出对咨询目标的看法。若双方意见有分歧，应认真分析，是表述上的不同还是内容上的差异，是掌握材料不够还是看问题的角度不同，是不是局部目标与整体目标上的差异等，在此基础上逐步达成一致。

② 保证心理咨询目标的针对性。咨询目标的针对性，即解决心理问题而不是其他问题。在学校心理咨询中，经常会遇到一些不属于心理方面的问题，如学生经济上发生困难、考试不及格等。这些问题虽然使来访学生感到不安，但心理咨询的目标只能是帮助来访学生调整认知和心态而不是直接解决这些问题本身。

③ 中间目标与终极目标相统一。中间目标是心理咨询过程中所要达到的具体目标，而终极目标则是实现人的心理健康、潜能的充分发掘和人格的完善。中间目标是向终极目标

发展的步骤。确定心理咨询的目标，应强调中间目标与终极目标的辩证统一，即咨询双方不仅要解决来访学生当前所面临的具体问题，更应该从提高心理健康水平、充分发掘潜能、促进人格发展着眼，把终极目标融于中间目标，以终极目标引导中间目标，通过中间目标的实现达到终极目标的完成。在心理咨询的实践中，要实现两种目标的统一，咨询双方不仅要发现具体的心理问题及引发原因，还要就此发掘其人格特点、心理素质等方面的不足；不仅使来访学生在具体问题上掌握心理调节的技能与方法，而且能使这些技能迁移到类似的情境中去。

④ 心理咨询目标必须具体、可行。来访学生的表述有时比较具体、明确，如考试焦虑、失眠问题等，但有时比较笼统、抽象，如希望有较强的学习能力、善于交往等。这样的目标因大而空泛，既难以操作、落实，又无从对咨询效果进行评估，因此，心理咨询很难进行。这就需要咨询双方经过商讨，共同将抽象的目标具体化，模糊的目标清晰化。总之，咨询目标必须具有可行性。

(2) 选择咨询方案：选择咨询方案，包括咨询方法的选定以及为实施这些方法而制定的具体计划。解决来访学生心理问题的方法是多种多样的，有许多咨询方法可供利用，如“支持与安慰”“内省与领悟”“训练与学习”“疏导与宣泄”“暗示”等。每种咨询方法对解决心理问题均有一定的针对性，并有其相应的实施过程。选择咨询方案，首先要根据心理咨询的目标，选取相应的咨询方法，然后按其实施过程的要求制定具体操作计划。选择咨询方案应明确下列内容：

① 所采取咨询方法的目标；

② 该方法的实施要求，即该做什么，如何去做，以及不做什么；

③ 该方法是否能达到预期的目的；

④ 告诉来访学生必须对心理咨询的过程抱有足够的耐心，这些方法不可能立即产生奇迹，所有的改变都是循序渐进的。

(3) 实施指导与帮助：实施指导与帮助，不同的咨询方法有不同的要求与做法。可灵活运用鼓励、指导与解释，对来访学生的积极方面给予真诚的表扬、鼓励和支持，增强来访学生的自信，促进其积极行为的增长；可以直接指导来访学生做某件事、说某些话，或以某种方式行动；可以通过解释，使来访学生从一个全新、全面的角度面对自己的问题，重新认识自己及周围的环境，从而提高认识能力，促进其人格的完善和问题的解决。

3. 巩固和结束阶段　经过前两阶段咨询双方的共同努力，基本达到既定的咨询目标后，即进入心理咨询的巩固与结束阶段。这一阶段心理咨询的工作主要是巩固效果和追踪调查。

(1) 巩固效果：巩固已取得的咨询效果，是结束咨询之前必须完成的一项任务。具体工作有以下几项。

① 咨询教师应向来访学生指出其已经取得的成绩与进步，说明已基本达到既定的咨询目标。咨询教师和来访学生对此应达成共识。来访学生认识到自己的进步，对他不仅是巨大的鼓舞，也是一种暗示，即预示着心理咨询的过程即将结束，使来访学生对此做好心理准备。为此，咨询教师应耐心、具体地分析来访学生所取得的成绩，指导来访学生真正认识到自己的进步。

② 咨询教师应和来访学生一同就其心理问题和咨询过程进行回顾总结。重新审视来访学生心理问题的前因后果，以及据此确定的咨询目标、咨询方法、咨询过程中出现的问题和进展等，对前两个阶段进行总结。这有助于帮助来访学生加深对自己的问题的认识，总结咨询经验，了解努力的方向，获得有益的启示。这种总结本身就具有巩固、优化咨询效果的意义。总结最好是通过咨询教师的启发由来访学生作出。

③ 指导来访学生巩固已有的进步，将获得的经验运用到日常生活中去，并逐步稳定、内化为来访学生的观念、行为方式和能力，使之能独立有效地适应环境。应指出从学习“经验”到运用“经验”尚有一段距离。通常来访学生在咨询教师的指导下，在特定条件下能表现其习得的经验，但当其独立面对实际生活环境时，又显得难以应付。这既有经验掌握尚未牢固的原因，也有其自信心不足的心理因素。能否顺利完成这一过渡，是能否实现“结束”咨询的前提条件。

(2) 追踪调查：为了了解来访学生能否运用获得的经验适应环境，进而最终了解整个咨询过程是否成功，咨询教师必须对来访学生进行追踪调查。追踪调查应在咨询基本结束后的数月至一年间进行。时间过短，调查结果的真实性难以保证；时间太长，亦不能及时了解情况，发现问题，同时也增加了调查工作的难度。在学校心理咨询中，追踪调查可采用以下方式进行。

① 填写信息反馈表。信息反馈表一般是由心理咨询机构统一印制，咨询教师应嘱咐来访学生定期填写并反馈给咨询教师。

② 约请来访学生定期前来面谈。咨询教师与来访学生面谈是直接了解咨询效果的有效方式。这种方式获得的信息量大，容易深入，也便于咨询教师及时察觉问题，并适时予以进一步指导。

③ 访问他人。向了解来访学生学习、生活等情况的人，如父母、班主任、同学、关系密切的朋友等了解来访学生现在的适应状况。这种做法一般比较客观。如果能将这种方式所获得的信息与其他方式反馈的信息综合起来考察，得出的结论将更全面、真实。运用这种方法时，必须注意维护来访学生的利益，保护其自尊和隐私，注意保密原则，因此，有时需要以间接、委婉的方式进行。

经过追踪调查，可能会有几种不同的结果：一是咨询效果显著，即来访学生的问题已经解决，此时可结束心理咨询过程；二是咨询有效果，但问题尚未完全解决；三是咨询效果不大，问题基本没有解决。若是后两种情况，则应继续咨询过程。咨询结束的过程并非是一蹴而就的，仍需掌握一定的结束咨询过程的技巧。在整个咨询过程即将结束之前，应让来访学生明白咨询关系即将终止，从而使其对结束有心理准备，对结束后的生活有一定的心理准备。为此，必须向来访学生说明其心理问题已基本得到解决，通过咨询来访学生已获得了经验，增长了能力，已经能够应付生活环境，继续保持咨询关系将不利于其成长。同时，如有必要，心理咨询机构还会再次给予关心和帮助。向来访学生说明结束咨询时，应尽可能以交谈的方式进行，暗示来访学生结束咨询是件自然、平常的事情。

逐渐结束的方式也常被运用。逐渐结束的方式有两种：一是拉长两次会谈的时间，如果原来是每周会谈一次，到咨询末期改为两周甚至一月一次；二是减少每次会谈的时间，即由原来每次会谈一小时缩短为每次半小时甚至更短的时间。

(七) 大学生团体心理咨询

团体心理咨询是相对个体心理咨询而言的。顾名思义,它是一种在团体情境下提供心理帮助与指导的一种咨询形式,即由咨询员根据求询者问题的相似性或求询者自发组成课题小组,通过共同商讨、训练、引导,解决成员共同的发展或共有的心理问题。团体心理咨询既是一种有效的心理治疗,也是一种有效的教育活动。团体心理咨询与个体心理咨询最大的区别在于求询者对自己的问题的认识、解决是在团体中通过成员间的交流,相互作用,相互影响来实现的。

1. 团体心理咨询特点

(1) 团体咨询感染力强,影响广泛:这是因为群体的互动作用促进了信息的传递和自主性的激发,也就是团体动力的形成。在团体中,团体动力对于团体目标的实现有着很重要的作用,而团体成员也是靠着动力来相互作用、相互影响来解决自己的问题。

(2) 团体咨询效率高,省时省力:相对于个体一次只解决一个人的问题,团体在解决问题方面,时间和精力是很有效率的。并且,团体中复杂性也会给团体成员其他的收获。

(3) 团体咨询效果容易巩固:Gerald Corey 指出:“团体咨询的基本原理是它提供了一种生活经验,参加者能将之应用于日常与他人的互动中”,也就是说,团体咨询创造了一个类似真实的社会生活情境,增强了实践作用,也拉近了咨询与生活的距离,使得咨询较易出现成果而成果也较易迁移到日常生活中。

2. 团体心理辅导的一般程序　团体心理辅导基本上分为治疗性的团体辅导和发展性的团体辅导。在辅导中导师要充分使用心理辅导技术,与团体组员一起,创设一个有固定目标而又安全的团体环境,在导师保护每一个组员不受心理伤害的前提下,刺激组员自我开放,互动活动,相互反馈,释放各自潜能,得到积极性的自我成长。具体程序:

(1) 热身引导:目的是为了引发个人参加团体的兴趣和需要,让成员彼此认识,跨越沟通的障碍。有的小组会产生队名和口号,互相建立良好的辅导关系,特别是导师和组长,这才能建立成一个辅导团体(或称小组建立)。在此过程中导师设计一些环境,促进组员参与互动活动愿望的强度,使之愿意自我开放,信赖别人,让别人了解自己,利于他们成长潜能的开拓。

(2) 开放互动:此程序必须是在上一程序基础上围绕发展的目标去设计一系列互动的活动(包括特殊情况下的候补活动),组织组员全体参与,在参与过程中得到冲击、体验、回馈……各有不同程度的成长。发展目标的达到并不是在每一个活动的终结,而是过程。组员在目标活动中相互信任,共同去活动、探索、解惑。

(3) 激荡探索:此程序其实是融会于目标活动当中一个代表性的心理技巧,在每一个互动活动和每一次小组时间都要贯串运用此技巧。组员只要自我开放,在投入活动时,都会打破原来的心理平衡,在激烈的矛盾心理当中寻求新的心理平衡,这就有了新的成长体验和解决障碍的办法,这就是心理激荡。这时导师本人还要运用以身示范,指引方向、刺激激荡、催化沟通的领导功能,维持互动、探索、心理激荡活动的发展。

(4) 团体凝聚:此程序有赖于目标活动的成败。在各项目标互动活动中,或在小组时间中,大部分的组员是以积极的方式参与活动,并能真情吐露;另外一些组员的问题行为(或称为一种防卫机制行为)得到了温和的处理,也愿意参与互动的活动和经验的分享回馈,这样大多数的团体组员就能很快地发展其团体的信任感和归属感，并愿意放弃心理防卫的防卫外壳，低的开放层次是能与组员分享体验，高的开放层次是能真情吐露内心的感受（不是隐私）。

（5）分享体验：每次目标活动后都应及时地进行小组活动，让组员分享体验，在轻松、和谐的气氛中互相倾吐本次活动中自己的体验，导师要求每组员给予回馈，使组员在“自我沟通”的过程中成长，洞察了解他人、人生和社会。此时导师也应是一个忠实的聆听者，必要时也可以组织一些游戏活动进行情感气氛的催化。

（6）成长评价：成长评价是团体辅导的一个重要程序，它贯穿整个活动程序的每个环节。它可以让组员在活动前定下自己的努力目标，然后在小组活动时间内进行自我肯定；也可以在每一活动后填写有刻度的或有情感头像的回馈单，加强体验或反馈意见；也可以设计各种各样的追踪发问卷、聚旧会、写下感想意见……总之团体的成长评价是成长辅导的重要过程，一个良好的导师不可以忽视这个重要的环节。

心理剧是一种可以使患者的感情得以发泄从而达到治疗效果的戏剧。通过扮演某一角色，患者可以体会角色的情感与思想，从而改变自己以前的行为习惯。在心理剧中，患者可以扮演自己家中的一位成员、一个老相识、一个陌生人或者治疗专家。剧情可以是一般的内容（离婚、母子冲突、家庭纠纷等），也可以是与患者的实际情况相近似的内容。在舞台上，患者所扮演的角色，其思想感情与平日的自己不同，他可以体验角色内心的酸甜苦辣，可以成为患者理想或幻觉的化身。专家可以在一旁指导，也可与患者一道表演。观众则为患者鼓掌助兴。

心理剧可以用于心理失常的儿童、青少年、老人，也可以用于弱智者、精神病患者和罪犯。有的工厂为了达到训练、教育工人的目的也常采用这种方法。对精神病患者来讲，第一个角色可以是他幻觉或错觉中的人物，日后逐渐地接近现实中的人物。

精神病理学家莫瑞努 1921 年首先在维也纳他的精神治疗中心采用心理剧疗法。四年后他来到美国，开始传播这一方法。他在 1959 年指出：心理剧的目标是诱发患者的自发行为，以便直接观察他的病情。

有些心理学家或社会工作者也常安排一些带有强烈的感情色彩或含有人格问题的剧情，以揭示患者内心世界的秘密。这种办法特别适合于离婚者、吸毒者、轻生者及违法者。正由于心理剧可以揭示深藏在患者内心的症结，在知情的观众的协助下，患者可以发泄或者控制自己的情感。随着剧情的发展，他们的情感行为最终可以得到抵制，并且去模仿一种正确的行为方式。

采用这种方法，要按照下列各点进行。

第一，提供一事实上的设备，包括圆形舞台、观众席和必要的道具。

第二，选择好表演者，患者、工作人员、观众都可参加进来。

第三，专家和观众都要事先明确通过心理剧需要解决的问题。

第四，专家要大体勾画出剧情，鼓励患者大胆表演，并及时引导剧情向目标方向发展。还要邀请观众进行评论，以加强取得的效果。

有人让八位有严重情绪障碍的青少年一块演即兴心理剧，他们每周演三次，共用了九周。经过观察和测试，发现他们的自控能力和为社会悦纳的能力都有了可喜的长进。

有人特别害怕在众人面前讲话，把这些人聚集在一起，让他们与健谈的人一起表演心理剧，并设计一些特定的场面，随时对他们不敢大声说话、表情羞愧、动辄向人道歉等行为进行纠正，直到他们能理直气壮地大胆表达自己的感情为止。

有的青少年与家人的关系处理不好，经常有冲突，并对家庭成员持有偏见，根据这种情况，让他们一家人一起表演心理剧，设计一些情节，让青少年把自己的坏毛病表现出来，随之给以指导，敌对情绪往往会通过表演缓和下来。

这种方法特别倚重于专家，他必须经过专门训练，思路清晰，目光敏锐，并且具有很强的应变能力。并不是随便一个什么人都能引导剧情发展的。

特别值得注意的一点是，其他表演者或观众不能非难和攻击患者，相反，应当热情地帮助他按照要求把剧演完，从而把问题解决好。否则，效果适得其反。

第二节　大学生心理咨询理论与技术

一、精神分析疗法

(一) 心理分析的基本理论

1. 意识层次论　心理分析将意识划分为三种不同层次：意识(conscious)、前意识(preconscious)和无意识(unconscious)。前意识存在于意识和无意识之间，存储着近期经历的内容。它是处于注意范围之外的意识成分，但这些意识成分很容易进入注意。无意识是我们不能意识到的意识成分。它包含着来自童年早期的被压抑的愿望。无意识的唯一功能是愿望。无意识中存储的愿望常常是不符合现实中的道德标准的，例如攻击和性的愿望。由于意识的检查功能，这些愿望不可能在现实中获得满足，这些愿望会在检查功能较弱时在梦中浮现并获得满足。此外，无意识的内容也会通过象征性活动浮现，如口误或笔误、一些神经症状等。无意识不仅是指某个心理活动处于我们的意识之外，而且意味着在意识之外存在着一个心理活动的系统。

2. 人格结构理论　弗洛伊德认为人类心理可划分为三个结构：

(1) 本我(id)：本我完全是无意识的，它是原始本能和冲动的存储地。这些能量是我们一切行为的终极动机。本我没有时间维度，因此压抑到本我中的记忆可以保持得像被压抑事件刚刚发生时一样强烈。本我遵循“快乐原则”，是非理性的。

(2) 自我(ego)：自我从本我中获得能量，但它是心理中意识、理性的成分，功能是做出决定和处理外界现实。自我遵循“现实原则”。自我一部分在意识之中，一部分在无意识之中。

(3) 超我(superego)：即良心，存储着关于应该做什么和不应该做什么的规则与禁忌。超我中的态度主要是个体对父母态度的内化。超我遵循“道德原则”。它的大部分是无意识的。

此外，还有两点值得注意：

(1) 个体的行为相当一部分可以说是处于个体不能意识到的力量控制之下。

(2) 自我、本我和超我几乎总是在相互冲突中。

(二) 心理分析的基本技术

1. 解释　解释是指在心理分析的过程中对来访者的体验与这些体验的起源的理解和解析，以及依据心理分析不同阶段的目标对这些理解和解析作出言语的表达。一般来说，解释就是试图把原本处于无意识的一些内容使来访者意识到，这些内容包括来访者的幻想、知觉、阻抗、防御等。

2. 对阻抗的分析　阻抗是指来访者在意识中或无意识中用来干扰或阻碍治疗进程的各种行为。阻抗分析的重要性：在存在阻抗的情况下，想要不处理阻抗而进行核心领域的分析往往是徒劳的。阻抗分析是心理分析的基本程序，是分析患者压抑无意识中的冲动和经验的趋向，对于自我理解和人格改变有很大帮助。

3. 移情的分析　移情是指来访者把对童年或过去的某个重要人物的情感和反映模式转移到治疗者身上的过程。反移情：广义地来说，反移情是指来访者在治疗者身上引起的所有情感反应；最狭义地来说，反移情是指治疗者对来访者的移情的无意识反应。反移情通常来自治疗者的无意识中的冲突、态度和动机。

4. 自由联想　弗洛伊德把自由联想称为心理分析疗法的基本原则，即要求来访者不加选择地说出自己想到的任何内容。

二、以人为中心疗法

(一) 以人为中心治疗的理论

以人为中心疗法是20世纪美国人本主义心理学家罗杰斯创立，是人本主义心理治疗中最有影响的一种心理治疗方法。它最初称为“非指导性治疗”，后称为“来访者为中心治疗”，20世纪70年代起称为“以人为中心治疗”。以人为中心疗法最主要的特点是强调治疗关系。罗杰斯认为，良好的治疗关系是心理治疗的基本条件。非指导性心理治疗的基础是罗杰斯对人性的看法。他相信人有自我指导的能力，只有来访者最知道他的问题，只有来访者自己能解决自己的问题，治疗者不过起着如同化学反应中的催化剂的作用，协助来访者了解自己的问题，促进他的转变。以人为中心的心理治疗的实质是重建个体在自我概念与经验之间的和谐，或者说达到个体人格的重建。以人为中心治疗的实质，是帮助来访者去掉那些由于价值条件作用，而使人用来应付生活的面具或角色，把别人的自我当成自我的成分，使其恢复成真正的自我的过程。以人为中心治疗过程中来访者所发生的变化：(1) 来访者的自我变得较为开放。(2) 来访者的自我变得较为协调。(3) 来访者更加相信自己。(4) 来访者变得更适应了。(5) 来访者原意使其生命过程成为一个变化的过程。

(二) 以人为中心治疗的技术

1. 以人为中心疗法治疗关系的基本特征

(1) 治疗者与来访者两个人有心理上的接触。

(2) 来访者大多都陷入一种无助、焦虑与混乱的心理状态。他们也常常会以歪曲的认知方式认识自己来保持自己的自我概念。

(3) 治疗者处于一种真诚、和谐的状态之中。在治疗关系中，治疗者既是一个真实的个人，又是一个专业的治疗者，治疗者作为一个真诚和谐的个人投入治疗过程，本身就为来访者提供了一种人生示范作用，具有治疗的功能。

(4) 治疗者对来访者产生一种无条件的尊重与接纳，当治疗者对来访者产生这种无条件的尊重与接纳时，治疗的效果就会随之出现。

(5) 治疗者对来访者产生共情，不再从自己的立场和观念看待对方。

(6) 来访者能够体会到治疗者对自己的尊重和共情。

2. 促进人格改变的基本条件

(1) 真诚：真诚是罗杰斯以人为中心疗法的一个最重要的条件。真诚是指治疗者在治疗关系中是一个表里一致、真诚统合的人。

(2) 无条件的尊重：无条件的尊重是心理咨询者对来访者的态度，也是心理治疗的前提。无条件的尊重是指治疗者对来访者丝毫不抱任何企图和要求，对来访者表示温暖和接纳。尊重有以下内涵：① 尊重来访者是独特的个体。② 尊重来访者的个体价值。③ 尊重来访者是为了帮助他们改变那些不适应的行为，一切为了来访者的利益。④ 开启来访者的内部资源。⑤ 尊重来访者的自我决定。

(3) 共情：共情是以人为中心疗法的关键点。共情对于治疗关系的建立，对于促进来访者的自我探讨都起着核心性的影响作用。共情是指体验别人内心世界的能力。体会来访者的内心世界有如自己的内心世界一般，可是却永远不能失掉"有如"这个特质就是共情。

三、行为疗法

(一) 行为治疗的基本理论

1. 行为治疗的基本假设　(1) 非适应性行为同适应性行为一样，也是后天习得的，即行为者通过学习获得了异常行为。(2) 行为当事人同样可以通过学习消除那些后天所习得的非适应性行为，或通过学习获得所缺少的适应性行为以代替非适应性行为。(3) 一般来说无论是适应性行为，还是非适应性行为，作为一种习惯性行为的存在和延续，在很大程度上，是被它们所带来的结果所维持的，即此种行为会给行为者自身带来某种"获益"。

2. 行为治疗的主要特点

(1) 治疗的目标是改变人的行为。

(2) 以行为原理为理论基础。

(3) 更强调针对当前的行为、环境及事件，而不过分追究其过去的经验。

3. 行为治疗的基本理论基础是学习理论，主要包括：

(1) 经典条件反射：① 巴甫洛夫的经典条件反射理论。② 华生的行为主义观点。

(2) 操作条件反射：① 桑代克的联想学习理论。② 斯金纳德的操作条件作用原理。

(3) 班杜拉的社会学习理论。班杜拉认为，人的行为模式实际上都是从观察别人的行为及其后果习得的，学习者无须事事通过亲身接受外来的强化进行学习，而可以通过观察别人的行为，替代性地得到强化。

(二) 行为治疗常用的技术与方法

——放松训练

放松训练又称为松弛反应训练，是一种通过机体的主动放松来增强行为者对体内的自我控制能力的有效方法。对于应付过度焦虑、恐惧、稳定情绪等具有特殊疗效。放松训练的基本原理是通过训练放松所产生的躯体反应，达到缓解焦虑情绪的目的。

放松训练通常可分为 4 种训练方法：

（1）渐进性肌肉放松法。

（2）肌肉紧张/放松法。

（3）呼吸放松方法。

（4）其他放松方法：① 冥想放松，要求来访者把注意力集中在一个视觉刺激、听觉刺激或运动知觉刺激上。② 引导意象性放松。③ 催眠放松。④ 生物反馈放松方法。

——系统脱敏

系统脱敏是指通过循序渐进的过程逐步消除焦虑、恐惧状态及其他不适反应的一种行为疗法，由 J. 沃尔佩(Wolpe)首创，称作“交互抑制疗法”或“对抗性条件反射”。

系统脱敏技术主要包括三个程序：

1. 让来访者掌握自我放松的技术。

2. 建立引起焦虑与恐惧不良反应情境及情绪感受的等级层次。

（1）治疗者要与来访者一起找出一系列使来访者感到焦虑（或恐怖）等不良反应的事件，通常是靠来访者的口头报告。并评价出对每一件事感到焦虑（或恐怖）的主观程度。

（2）将来访者报告出的事件按焦虑（或恐怖）严重性的等级程度由小至大顺序排列并列表。可根据有关事件适当增减，一般所建立的事件等级层次以 6 至 10 个左右为宜。

3. 脱敏治疗的实施

（1）想象系统脱敏：① 来访者进入放松状态时向治疗者示意，治疗者通过口述让来访者想象，每当进入到所指定的情境想象时都示意。让来访者保持这一想象中的情境 30 秒左右。② 让来访者停止想象，评价其 SUD 等级。（SUD 等级是对焦虑程度进行评估的得力工具。SUD 是英文“subjective units of discomfort”的缩写，是一种将人类对焦虑的生理感受按 0～100 的数值范围进行分级评定的方法。）③ 让来访者休息两分钟，再重新进入放松阶段。

重复上述步骤，想象事件的保持时间比上一次延长，直至来访者对此一事件不再感到焦虑恐惧为止。（一般无需达到零，只要连续 2～3 次，SUD 值达到 10 左右即可）。通常每次的治疗时间在 30 分钟左右，每次治疗过程中，脱敏训练所涉及的等级事件一般不宜过多(以 2～3 个为宜)。

（2）现实系统脱敏：现实系统脱敏法也称接触脱敏法，脱敏的实施一般是建立在想象脱敏训练的基础之上的。

——厌恶疗法

厌恶治疗又称对抗性条件反射治疗，是将某种负性（不愉快）刺激及厌恶反应与来访者的非适应性行为（要矫正的行为）结合起来，从而使来访者因感到厌恶而最终放弃该行为。

厌恶治疗在应用的技术手段上一般可采用：电击厌恶刺激、药物厌恶刺激、机械厌恶刺激、想象厌恶刺激。

——满灌疗法

满灌疗法又称冲击疗法，是让来访者暴露在使其感到强烈恐惧或焦虑情绪的各种不同刺激情境中的一种行为治疗方法。满灌疗法的治疗过程是在保证来访者身心安全的前提下，将来访者完全置于最感到焦虑、恐惧的事物或情境之中，让其面对和体验这种焦虑的感受，并保持相当长的时间，而且在此过程中不允许来访者逃避，直到来访者逐渐适应于该事物或情境——焦虑或恐惧有所下降为止，并最终达到消除不良情绪反应的治疗目的。满灌治疗过程中，每次暴露持续的时间在十几分钟至一、两个小时不等。

——模仿学习与角色扮演

模仿学习的主要原理是来自社会学习理论，即个体可以通过观察他人的行为而习得复杂行为的原理。

角色扮演是指在治疗者的指导下，以排演现实生活短剧的形式，重现来访者问题行为现象的场景，让来访者身临其境地进入角色，使其在行为过程和关系互动中学习改变旧有的行为模式、探索和掌握新的行为模式，从而达到治疗的目的。

四、认知疗法

认知疗法是根据认知过程影响情感和行为的理论假设，通过认知和行为技术改变来访者的不良认知的一类心理疗法的总称。认知疗法特别注重改变不良认知，即不合理的、歪曲的、消极的信念和想法，认为不良的认知是引发自我挫败行为的根本原因，通过改变人的认知过程以及在这一过程中产生的认知观念，可改善情绪和行为问题。认知疗法的主要特点：① 限时、短程。② 结构式会谈。③ 平等合作的治疗关系。④ 坦诚布公的治疗形式。⑤ 科学的研究方法。⑥ 以学习理论为基础。⑦ 围绕问题。⑧ 苏格拉底式逻辑提问。

（一）认知疗法的基本原理

1. 认知是情感和行为反应的中介，引起人们情绪和行为问题的原因不是发生的事件本身，而是人们对事件的解释。

2. 认知、情感和行为相互联系、相互影响，不良认知和负性情绪、异常行为彼此之间相互加强，形成恶性循环，是情感和行为问题迁延不愈的原因。

3. 情绪障碍者常存在认知歪曲，只有识别和矫正其歪曲的认知，其问题才可能得到改善。

常见的认知歪曲形式：① 武断的推论。在缺乏充分的证据或证据不够客观的情况下，仅凭自己的主观感受就草率得出结论。② 过度引申。又称过分概括化。只根据个别事件，不考虑其他情况，就对自己或他人做出关于能力、智力和价值等整体素质的普遍性结论。③ 选择性概括。仅仅根据个别细节，不考虑与其相矛盾的地方或其他证据，就对整个事件做出结论。④“全或无”的思维方式。以绝对化的思考方式对事物作出判断或评价，要么全对，要么全错。⑤ 夸大或缩小。对客观事物作出歪曲的评价，或过分夸大自己的失误、缺陷，或过分贬低自己的成绩、优点。⑥ 个人化。将一切不幸、事故都归因于自己的过失，并不断自责。此外，认知歪曲还包括倾向、选择性消极注意等。

（二）常用的认知治疗方法

1. 合理情绪疗法(ratinal-emotive Therapy, RET)　合理情绪疗法的基本观点是：一切错误的思考方式或不合理的信念，是导致心理障碍和行为问题的根本原因，其目的是帮助来访者以合理的思维方式代替不合理的思维方式以合理的信念代替不合理的信念，最大限度地减少不合理的信念给他们带来的消极影响。

埃利斯将合理情绪疗法的理论归纳为ABC理论：A指诱发事件；B指个体对这一事件的看法；C指个体在这一事件发生后的情绪和行为反应。

A-B-C-D-E是合理情绪疗法的治疗模型。RET理论认为，A并不是C的直接原因，而是在A发生之后，个体必然对A做出某种评价，B才是引起情绪和行为反应C的直接原因。改变不合理的想法，并以合理的观念替代，是RET治疗实践的核心。其中最为重要的方法是对不合理的信念进行质疑，加以驳斥和辩论D，最终产生治疗效果E。

2. 贝克的认知转变法　贝克认知疗法的重要观点：

(1) 图式：图式指过去经验中有组织的知识构形，人们用它来解释新的经验。它是从儿时开始建立起来的一种比较稳定的心理特征，是决定对自我和对外部世界如何知觉和编码的内部心理模型。它虽然随生活经历不断得到修改和补充，却是相当稳固的，直接影响着我们对事件的解释和评价。

(2) 自动式思维：自动式思维是介于外部刺激事件与个体对事件的情绪反应之间的想法。由于它们总是自动出现在头脑当中，使得人们的许多判断、推理像是一些模糊的、跳跃的自动化反应。

(3) 共同感受：共同感受指以问题解决的形式出现的，人们用以解决日常生活问题的知觉和思维过程。

(4) 规则：规则是认知疗法中的一个重要观点，它指个体在成长过程中习得的社会认可的行为准则，人们据此评价过去、指导现在和预测未来。

五、沟通分析疗法

(一) 理论

沟通分析疗法是指在咨询过程中咨询者与访谈者通过合作，使彼此的三种自我心态(PAC)进行交流，从而达到揭示心理障碍的原因和克服心理障碍的目的。在咨询中，最关键的是使访谈者的自我从儿童水平或父母水平逐步上升到成人水平，并用自己的成人水平与之对应。分析实际上是一个教育过程，它通过让访谈者尽情地倾诉内心痛苦，发泄内心的情感，来了解他的人生态度，借以确定访谈者的PAC三种自我水平；接着向访谈者解释PAC，找出干扰、影响、混淆A的P和C，从而教育他放弃消极策略，改变生活态度，在实际生活中努力发挥成人心态的作用。

沟通分析基于一个假设：我们以过去的前提为基础而作现在的决定。让当事人了解自己在困扰中的责任及主动性，并重新以成人(A)检视作决定的基础，重新设定所作的决定，并为这样的决定付出行为上的努力。

(二) 技术

交流分析法发展了一系列具体的分析技术，它们是构造分析、交流分析、竞赛分析、脚本分析。

1. 构造分析　在灌输交互分析理论的基础上，进行个别交谈。咨询员应仔细倾听来访者对生活态度的流露，从而发现并指出来访者与咨询员和其他人交流时的自我状态，即确定访谈者是处于儿童水平或父母水平，还是成人水平。构造分析往往是心理咨询时首先要做的工作，它要求咨询者仔细倾听访谈者对生活态度的流露，然后确定访谈者当时所处的自我状态。构造分析十分注重对人生基本态度的分析。人生态度是在3～7岁间儿童的自我状态中形成，决定着一个人对自己和与人交往中的感受。

2. 交流分析　当建立起良好的关系之后，就可以进行交流分析，咨询员应向来访者详细解释他所持的人生态度，并指导他建立起更现实和更适宜的生活态度。同时应指出来访者与他人交往受挫折时惯用的策略，使他懂得这些策略无助于实现自己的目标，是有害无益的。采用这种策略可以使访谈者避开痛苦和焦虑，调整对己和对人的关系，但使用不当或过度，则可能表现为心理障碍。咨询者应指出访谈者在咨询过程中使用的策略，使他懂得积极的策略有助于克服和缓解心理障碍，消极的策略则无助于实现自己的目标。同时，咨询者应加强访谈者的成人心态的作用，使其摆脱父母的专断要求和儿童的冲动行为。

3. 竞赛分析是把构造分析和交流分析作为素材，将咨询过程当做咨询者和访谈者对等的相互分析的竞赛过程　一般是咨询者先单方面提出竞赛，要求来访者做出努力。

4. 脚本分析是以访谈者的实际生活作脚本，让他表演自幼以来的经历或体验，特别是童年是在父母和环境的影响下的PAC的经历或体验　通常，有咨询者和访谈者彼此建立一个契约，共同分析脚本和基本的生活态度。分析一个人的成长背景及历史，去了解他对未来的计划及现在的行为所作的设定。生活脚本的定义是“潜意识里的人生计划”，它的形成和早期价值观的认定及童年的心理地位有关，发自于“儿童”自我状态，透过儿童与父母的“互动沟通”编写而成的。

大学生沟通分析疗法是在于帮助学生对于现在的行为与生活方向重新做决定。沟通分析过程是一个教育过程，目的是教育学生改变生活态度，发展有建设性的交流模式和成熟的人际关系，从而适应大学生活，调整心态，更好地实现人生价值。

六、心理咨询案例报告

G是一名医科大学大三女学生，在国庆节前我接到她的电话，心里苦闷、困惑，想退学回家，又怕伤了父母的心，于心不忍，内心很矛盾。我约她周末晚上来咨询室面谈。

那天晚上我提早来到咨询室，没过一会儿，她就来了。披肩的长发有些凌乱，面色憔悴，忧郁笼罩了她，尽管这样，仍透出她是一位貌美的女孩，只是乌黑的大眼睛流露着悲伤。G从小在A城生活，小学、中学都很顺利，父母、哥哥对她是百依百顺，没有碰到挫折，进入大学后，感觉不适应，主要是人际关系方面，不理解别人为什么会和她想的不一样。大一时与宿舍室长发生两次大的矛盾，造成她与宿舍成员的不相容。平时喜欢评论班级其他人，造成与其他同学关系也不好，没有朋友。与同宿舍的女生很难相处，与他人交往少，在校园里独来独往，很是苦恼、焦虑，学习不能集中精力，渴望友谊，却总是没有朋友。

父亲：大学毕业，医生；母亲：中专，护士；哥哥：大学毕业，医生，未婚。

“进入大学已经两年了，可是我连一个知心朋友也没有。刚进入大学时，和宿舍里一个老乡关系不错，可后来她也不理我了。她在宿舍排行老大，又是宿舍长，别人都听她的，害得我连一个朋友也没有。宿舍里气氛很紧张，大家都不高兴。我在家里从没受过气，我哥哥都要让我两分，我要上卫生间，他就很自觉地出来让我。我觉得人都是好的，可是宿舍里的人怎么这么自私，人怎么会这样！我在宿舍里感到很压抑，没有知心朋友，什么事情都闷在心里，我都不愿在宿舍多待一会儿，成天被这种情绪困扰，学习也不能集中精力，整日恍恍惚惚、失眠。这种日子太难过了，真想回家。"她哭泣着，很是伤心。

"你的老乡为什么不理睬你？"

"不知道。我怎么会知道她为什么不理我。"

"你们之间是否发生了什么事情？"

她低头沉思，猛然说道，"有件事我一直都不明白。刚进大学那年春天，学校举行运动会，我是生活委员，运动会的服务人员由我安排，服务人员有免费午餐，有不少同学都想参加，我当时就替她报名了。回宿舍后，告诉她我把她安排好了，谁知她却不领情，绷着脸对我说，你没问我就自作主张，你怎么知道我会参加？我说中午有免费午餐，我考虑你家里经济贫困才替你报名的。可是她马上生气地对我吼叫：'我不去'。以后就不理我了。真是的，还有这种人。"她轻蔑地说。

"对了，还有一次，我怀疑她偷了我50元钱，到现在她都没还我。"

"你为什么会怀疑别人偷你的钱，而不是自己不小心丢掉了？"

"肯定是她拿的。当时我把50元钱放在枕头下面，只有她一人看见，不是她还有谁？再说了，当我发现钱不见的时候，我只是问她拿了没有，可她根本就不理我，不回答问题，这不是心虚吗？我问其他同学，可是她让其他人不理我，把我孤立，有这么坏的人吗？"

"你认为这两件事都是她造成的，与你无关，是吗？"

"是的，只怪我好欺负。"

"你们关系破裂与你的人际交往方式有很大关系。你的心是好意或无意，可是说出的话却刺伤了对方的自尊心，让人无法接受你的好意。并且会认为你在瞧不起她，让她感到她的人格受到了侮辱。做朋友要相互信任，相互尊重，要想建立良好的人际关系，找到知心朋友，掌握一定的交际原则与技巧是必要的，同时还要提高自身的素质。"

她离开咨询室，我想她的问题不仅是人际交往缺乏技巧，更主要的是她的性格上的缺陷，为了全面掌握她的情况，我找到班级里其他同学，×说她对班级的女生也是这样。有次上体育课，练习翻跟头，有个女生很瘦小，穿件黑衣服，翻得特别好，可是她却站在一边笑着说，像个小老鼠似的。还有一次，去附院见习，走在她前面一个女生走路样子不是太好看，她就在后面说，前面有只鸭子。类似的情况还很多。又找到宿舍的Y，她说，在宿舍里她从来不考虑他人的存在，晚上很晚才睡，拿东西动静特别大，能把人从睡梦中吵醒。不讲卫生，刚拖好的地，她就随地吐痰，乱扔瓜子壳。她睡在上铺，有时穿着鞋子踩下铺床单拿东西，宿舍里没人喜欢她。听了这些，我感到她的问题的严重性，要想解决她的问题，需要时间，要不断地关注。

第一阶段：大三9月下旬至11月（每周一次，共8次）。主要问题是人际交往障碍，渴望友谊，宿舍里拉帮结派，不团结，冷嘲热讽，钩心斗角，把她孤立，试图主动与她们靠近，但遭到拒绝与回避。

1. 帮助其分析原因

(1) 家庭宠爱，只会考虑自己，不会考虑他人，只要求他人付出，不要求自己付出。

(2) 个性心直口快，说话不注意方式，令对方不舒服。

(3) 生活小节不注意，引起同宿舍反感。

(4) 宿舍环境不好，个性太强，不知相互忍让。

2. 认知疗法，使其正确认识自我，认识他人。

3. 人际交往技能培训

（反馈）：对生活充满希望，走出宿舍，积极参加校园活动，培养各方面兴趣，性格变得开朗，结交了一些朋友。

第二阶段：大三12月（两周一次）

宿舍人排挤她，整个宿舍死气沉沉，谁都不快乐。让她调宿舍，她不愿意，心想凭什么让我调走，不能让你们阴谋得逞。发生争执，动手打架，脸被她人抓破，手被抓伤。认为破相了，不能见人了，不想上课，怕别人笑话。担心别人的想法，以后怎么办，找工作要面试，会影响工作及个人前途的。决心一定要报复她。

合理情绪疗法：

（1）伤疤过段时间会消失，不要有顾虑。

（2）找工作要真才实学。

（3）不要太在意别人的眼光，看就看吧，谁也不会对你过分在意，试想，过路人，谁会认真看对方，想他人的事情。

（4）事情已经发生，报复心理不可取，把对方破相，自然会消消气，但你们之间矛盾会更加恶化，会恶性循环。（反馈）：能正确对待伤疤，鼓起勇气面对他人继续参加学习、生活，并主动要求辅导员调换宿舍，开始新的生活。

第三阶段：大三1月5日

新的宿舍环境令其舒适，感到和谐。她总是对比过去，沉浸在过去的悲伤中，想着别人对她的不好之处，越想越气，不能安心学习。害怕考试不及格。

（1）过去已经过去，想着美好未来，摆脱痛苦是件快乐的事。

（2）临时抱佛脚总比放弃强，抓紧这段时间，好好复习，不可自暴自弃。

（反馈）：满怀幸福感，集中精力学习，考试均及格。

第四阶段：大三2月26日

因月经两个月未来，寒假在家到医院检查，得知患卵巢综合征，很害怕。

（1）不要害怕，青年人得妇科病是正常的，要正确认识。分析原因：可能是长时间精神压抑造成内分泌功能失调引起月经不调及妇科疾病。

（2）按医生嘱咐坚持吃药，保持精神愉快，心情好了，时间长了，内分泌功能会自然协调的。

（反馈）：又恢复了正常学习生活。

随访 大四全年。

一切正常，身心健康。结交男友，有一群小老乡，她会主动帮助他们，学习、生活很愉快。

咨询员反思

在她身上体现了几个问题，学校与家庭环境的变化，使她感到不适应即适应性问题，人际交往障碍，缺少社会支持。

同时伴有心身疾病，偏头痛、失眠、神经衰弱、月经不调等妇科疾病。造成的原因家庭教养方式不当，过分宠爱，造成任性、自私、不会考虑他人，承受挫折能力差，心理不成熟，对自己或他人没有正确认识。与他人交往是身心健康的需要，良好的人际关系有利于身心健康的发展。交往能够使人寄托情感、宣泄郁闷，不使过分的心理压力损害身心健康。来访者主要由于性格方面的原因导致人际交往不适，敏感、多疑、心胸狭窄，已引起同学间的矛盾。清高自傲使人敬而远之；出口伤人，易伤害他人的自尊心；总是强调他人的过错，不找自身原因，很难改善人际关系中自己所处的被动位置。因此优化良好性格是该生改善人际关系的重要途径。

七、ABCDE模式心理自助案例

她在一次考试中，由于情绪过度紧张，头天晚上还记得牢牢的东西，看见考试题目时却怎么也想不起来了。结果，三门功课成绩都很差。她非常沮丧，更糟糕的是从此对考试产生了强烈的恐惧心理。每次考试前总担心自己没有学懂，复习不够全面，在忧虑、焦躁的情绪中夜以继日地学习，搞得精疲力竭。上考场的时候，情绪紧张万分，记忆与思维受到严重抑制，考出的成绩总是很不理想。在一段时期内形成了恶性循环：越紧张，就越考不好；越考不好，就越害怕考试，在考场上就更紧张，成绩也就越差。

眼看原定进修计划不能按时完成，于是她决心调整自己的情绪，设法控制、消除这种有害的紧张。她采用了合理情绪疗法进行自我调适。

(1)（诱发事件）：考试失败。

(2)［自己对考试产生的一些不合理信念（要千方百计挖出来）］：成绩必须超过别人，否则就是糟糕透顶；考试成绩代表了我的价值，门门都得好成绩，我的人生才有价值；教师各方面都应该为人师表，考试也是这样，教师考不好是最没面子的事，同事和学生都会笑话我，我就没脸站到讲台上；一次考不好，就证明自己能力差，以后也同样会失败；自己每次考前都复习得不全面，因此在考场上必定会碰到不会做的题目；不管对知识熟记到什么程度，也是靠不住的，到了考场上仍然会忘记。

以上不合理信念，有的对自己提出了过分完美的要求，有的歪曲了考试分数对人的意义，有的是缺乏根据的自我怀疑、自我挫败。这表明，我的思维是缺乏理性的，有绝对化、以偏概全和主观臆测的倾向。

(3) 由以上不合理信念导致的不良情绪和行为后果：考前害怕、担忧、焦躁不安，考场上紧张万分，导致身心疲惫，考试成绩下降。

(4) 与不合理信念展开辩论：一一将其驳倒。

① 成绩必须超过别人，否则糟糕透顶：每个人的能力和特长都不一样，在有的方面可能优于别人，在另一些方面可能比不上别人，这是正常的。只要尽了最大的努力，即使考得不如人家又能怎样呢？天又不会塌下来！

② 考试成绩代表了我的价值：考试只是检查学习成效的一种手段，考试成绩只能表明学习中的成绩与不足，说明不了更多。一个人的价值由许多部分组成，表现在品德、知识、能力、个性、理想、事业、家庭、友谊等方面，仅仅学习上的缺点与不足，并不能否定一个人的全部价值。

③ 我应该门门都得好成绩：金无足赤，人无完人。大多数人只能在其擅长的方面做得优秀，而其他方面平平，这并不妨碍他们事业有成。我也不例外，我并非全才，尽了自己最大努力就应该满足了。个别科目若能发挥自己的专长达到名列前茅当然最好，但是没有必要

斤斤计较，苛求自己十全十美，否则只会给自己造成难以承受的精神负担。

④ 教师各方面都应该为人师表，考试考不好，没脸上讲台：考试成绩差，对自尊心的确是一种打击。但是，教师也是人，教师不是神，偶尔经历失败情有可原，大家应该能谅解。而且考试并不是为人的面子设立的，是为了检查前阶段的学习效果。如果我能够不为面子所累，就会以更平实的态度对待学习中的每一个缺点与不足，就会在平静的心态中稳步前进。而背负沉重的面子的压力，只会在忧虑不安中越走越累，越走越慢。

⑤ 每次考试前都复习得不全面，因此在考场上必定会碰到不会做的题目：考试既然是对学习成效的检验，那么它必然符合我们所学知识的范围。自己每次考前复习得相当详细、深入，应当相信考题不会超出自己力所能及的范围。正是因为不必要的担心才使我在考前忧虑不安，分散了注意力，又迫使我超量复习，搞得疲惫不堪，考试中又神经紧张、思维迟钝，结果导致失败。这种无根据的担心使我自我挫败，必须清除。

⑥ 一次没考好，就证明自己能力差，以后也同样会失败：偶然的失败不能证明能力差，重要的是客观、全面地总结教训，找到原因，针对可改变的因素千方百计以求改进。对那些自己无法控制的原因，不必怨天尤人，纠缠不休。一旦我真正改正了自己的缺点，下一次考试就一定有希望成功。倘若因暂时的失败把自己彻底否定，那么这种毫无自信的心态会埋下再一次失败的祸根。

⑦ 不管知识熟记到什么程度，也是靠不住的，到了考场上仍然会忘记：如果不是我的大脑出了毛病，那么我应当同正常人一样服从记忆的一般规律，即只要对某一材料达到一定的熟记程度，就会在一定时间内保持完好的记忆。我在考场上忘记了有关的知识，并非我的大脑记忆功能低于常人，而是我的心理状态出了问题。紧张的情绪妨碍了我对头脑中贮存的信息进行成功的提取，出现了所谓“意识窄化”的现象，严重降低解决问题的效率。因此，我不必怀疑、贬低自己的记忆力，要紧的是恢复自信心，以放松、镇定的情绪去迎接考试，表现出自己的真实能力。

(5) 放弃了关于考试的种种不合理信念之后，我开始用更为理性的态度去看待考试，情绪与行为随之产生了明显的变化。以后的考试，我不再担心自己考不过别人，也不再把得高分看得那么严重，在复习时把注意力集中于学习本身，不再分心，不再焦躁不安，心情平静而稳定。上考场时情绪平和，头脑清晰，充满自信，遇到难题时能充分调动所学的知识，做出合理的假设与推理，考试的结果令自己十分满意。这使我信心大增，恐惧考试的情绪被有效地遏制了。

后来，这位教师再也没有出现过考试焦虑，顺利地取得了高教自考专科文凭，又圆满地学完了本科课程。

八、团体心理培训

培训目标：通过团体培训帮助大学生达到：① 审视自己生活中的困境，并能用沟通分析理论来分析其原因。② 以不同的角度来看 PAC 在自我与他人互动中所呈现的状态，修正不良的互动模式。③ 探索生命经验所带来的冲击，进行自我澄清，建立更好的人际互动关系，因此获得自我成长。

招募途径：举办沟通分析理论专题讲座，与会学生听课后现场报名。自愿参加，根据报名时学生填的报名表情况，报名写明自己的心理困惑及参加辅导的目的。选择 30 名参加愿望强烈的，自己对通过培训想解决什么、提高什么有明确目标的大学生。主要针对有心理困惑及心理问题的学生。

成员特征：身体健康、无明显心理障碍的大学生。对自己认识不清，有失落感，对未来感到困惑、无目标，逃避、消极、矛盾人生，缺乏自信、比较自卑，人际困惑、人际紧张、孤单，压抑、郁闷，容易沮丧。想通过培训了解自己、认识自我、建立和谐的自我，提高与人交往能力、与人交往融洽，提高自信、树立乐观心态、提高挫折承受力、减轻心理压力、提高心理健康水平。

根据设计构想及成员的实际情况，设计了"挑战自我"培训计划。分为 5 个阶段，8 次课。团体 30 人，分 5 小组，每组 6 人。

时间及场所：

活动次数：每周两次，每次 2 小时，共 4 周，计 8 次。

活动场所：50 平方米，有可活动桌椅的活动室。

培训方式：讲授(启发式、互动式教学)→小组讨论→团体回馈→角色扮演→心理剧。

交朋友→理论介绍→结构分析、自我分析交往的层次→交往关系分析，共同分析当前集体中各人的交往方式→游戏分析，设计和安排各种游戏，部分参与，部分旁观，活动后讨论游戏中的交往方式→了解人生脚本。

表 10-1 "挑战自我"培训方案

节数	阶段	目标	活动内容
1	1. 导向与暖身阶段	组成家庭，小组成员间认识了解	前测、找朋友游戏、心灵体验
2	2. 自我探索阶段	帮助成员了解 PAC 人格结构理论	自我状态模式练习
3		协助成员进行自我心态诊断、分析与完善	分析自我心态图
4	3. 自我与他人的探索阶段	帮助成员掌握辨别你我他的沟通状态	角色扮演、小组进行 PAC 区别交谈
5		实现良好的自我控制与人际改善	心理剧
6	4. 尝试新行为阶段	战胜自卑，演绎成功人生	列举自己 20 条优点，讨论 3 条担忧的事情
7		帮助使用成人心态安排自己人生	生涯设计
8	5. 评估与结束阶段	心理交流，结束活动	后测、心得体会交流、合影留念

第一次，培训活动开始时。对成员进行 16PF、SCL-90、egostate 的测验。组成家庭，相互认识。根据培训需要，把 30 名大学生随机分为 6 个小组，每个小组 5 人(注意男女比例)。先做找朋友游戏，1 找 1，2 人组成朋友，然后重新组成 3 人朋友，以此类推，最后重新组成 6

人朋友，由此产生5组。把每一组看做一个家庭，各家庭成员分别围着一张桌子入座，6人围成一个圆圈。家人手拉手，闭上眼，体验家人传递的力量，齐心协力，共创美好未来。各家庭自己活动。每个家庭成员自我介绍，每人2分钟。然后，每个家庭推选1位家长，给自己的家庭起个名字，想一个家庭的座右铭。分别由各组家长与全体成员介绍家庭情况。最后，各家庭自由交流。

第二次，PAC人格结构。回溯自己过去二十四小时的生活，有没有哪一刻，你的行为、想法和感觉就像你小时候的反应一样？有没有哪一刻，你的所做、所想、所感就和你父母的反应一样？还有哪些时候，你的举止、念头和感情是单纯针对当时所发生的事的直接反应，与过去无关？每一项至少写下一个例子。并写下当时的感觉、想法及行为。各家庭成员互相交流讨论。最后，核对各种自我状态中的感觉、想法和行为是否一致地常在自己身上出现。各家庭成员互相交流讨论。每个家庭选一个代表把以上2个练习最典型的PAC例子与全体成员交流。

第三次，自我人格诊断、分析与完善。每个同学把自我图计算出得分，画出图形。各家庭成员互相诊断与分析。家长向全体成员介绍家人的自我图。每个人画出自己理想中的自我图形。你想不想改变自己的自我图呢？先决定你想提高哪一项，至少列出5种行为有助于增加该自我状态，家人讨论。每个家庭选代表总结本家庭的改变行为供全体成员借鉴。个人总结，在未来三周实行。

第四次，辨别你、我、他的交流状态。每个人举出3种沟通模式的例子，各家庭讨论。每个家庭选一个代表把3种沟通模式各举出3个例子向全体成员讨论。每个家庭选出2个人进行反应大学生活的3种沟通模式的对话表演，分析沟通模型，分析自我与他人的沟通时的自我状态，你对这种情景会作出何发应，如何做有利于交流。通过角色扮演，促使学生用积极的情绪与性格体验战胜性格上的弱点，并努力在实践中促使这种新的体验和行为方式巩固和迁移。消除学生的不良情绪，纠正某些不良性格倾向，如孤僻和退缩等。

第五次，心理剧。每个人讲述有关大学校园生活的、反应大学生心理困惑的、矛盾的、经常困扰你的问题、情景，个人体会，然后分析。各家庭推出最能代表大学生人际沟通心理1例，写成小剧本，由本家庭成员表演，通过对话、行为反应情绪、心理。表演结束后，表演者向其他家庭提出问题，另外4组家庭给出建议和感受。通过心理剧，让学生当众把目前的苦恼讲述出来，以消除其思想上的压抑和自卑感；诱导出学生的自发性，增强其适应环境和克服危机的能力。并借此获得某些富有意义的解决问题的方式和方法。

第六次，提高自信。每个成员写出自己20条以上优点或让自己看到自身价值的事情。大声告诉全体成员自己的优点是什么，写不出的成员由家人和全体成员补充到20条。每个成员写下自己的担忧，不要想它们好不好，也不要去分析，按担忧程度排出前3条。大家逐条对担忧的事情分析和质疑，看它是否合理，避免无事实根据的推论，以偏概全、夸大或缩小，然后讨论解决办法。让学生既看到自己的优点，又看到自己存在的不足，并排除不必要的担忧，为自身不足找到解决办法。树立信心，调整心态。

第七次，生涯设计。每个学生写出自己大学计划，在学习、人际、生存能力、毕业时的成就及毕业后打算（一年、三年、五年）。写好后与全体成员交流。

第八次，每人2分钟谈收获与感受。5位家长总结。自我图测试分析，培训结束后对成员进行 16 种人格因素问卷(16PF)、症状自评量表(SCL-90)测评,主观表测评,写出活动心得,合影留念。

效果检测:团体培训前后测试结果的对比分析。采取定性定量相结合的方法。定性的方法有:活动心得。定量的方法有:16 种人格因素问卷(16PF)、症状自评量表(SCL-90)、自我心态图、心理适应问卷等。

第十一章　大学生生命教育与心理危机干预

第一节　生命教育

人生命的全过程就是由一次次的生命活动所组成。一次次生命活动的质量决定人生命全过程的质量;重视每一次生命活动的质量就是重视生命全过程的质量。教育就是对学生的每一次生命活动进行关怀,学习过程就是一种享受生命的过程,这种关怀是社会价值、个人价值和教育自身发展价值在“生命活动”实践中的统一,在此教育实践中师生的价值得到实现,生命质量得以提升。

一、生命的概念

生命科学认为生物是有生命的物体,进行生命教育首要问题就是要教会青少年如何科学合理地理解生命。化学进化产生原始生命后,接着就开始了生物进化,人类的生命正是这一进化的结果。宏观上说生命是蛋白质和核酸物质的运动形式,是一种特殊的、高级的、复杂的物质运动形式。生长和发育是生命的基本过程,而新陈代谢则是生命的最基本的过程,是其他一切生命现象的基础。作为生命高级形态的人类则具有自觉的目的性行为。

生命,特别是人的生命应当由三个因素构成,即形体、心理(精神)和社会性。历史唯物主义认为,人的生命具有多重属性,其中最主要的是自然属性和社会属性,社会属性是人最主要、最根本的属性,它是决定人之所以是人的最根本的东西。生命的自然活动主要包括:新陈代谢、生长、发育、遗传、变异、感应、运动等。生命的社会活动又主要包括:感知社会、角色扮演、人际交往、求学择业、社会竞争等。

人的生命可以分为这样几种形态。首先是生物性生命。即人首先是作为自然生理性的肉体生命而存在的,这一点是和自然界的广大生物一样必须具有的基本属性。其次是人的精神性生命。人之所以为人就在于人有高于动物的意识活动,有超越生物性生命的精神世界。人不但要思考如何活下来,还要思考如何更好地生活。只要人在世界上存在一天,大脑就不会停止思考,人类就要创造、就要超越,就要更好地认识世界、改造世界。最后是人的价值性生命。每个人在一生中都要思考诸如“为何活着”的问题,这就是人对于生命意义发自内心的追问,是人对价值生命的一种诉求。人的价值性生命为人的生存夯实了根基,加足了动力。以至于好好地生存在这世界。

二、大学生生命教育的意义

（一）什么是生命教育

生命教育是在生命活动中进行教育，是通过生命活动进行教育，是为了生命而进行教育。生命教育是以生命为核心，以教育手段，倡导认识生命、珍惜生命、尊重生命、爱护生命、享受生命、超越生命的一种提升生命质量、获得生命价值的教育活动。让青少年认识生命和珍惜生命成为这一活动的重中之重。生命教育应该成为指向人的终极关怀的重要教育理念，是在充分考察人的生命本质基础上提出来的，符合人性要求，它是一种全面关照生命多层次的人本教育。“生命教育不仅只是教会青少年珍爱生命，更要启发青少年完整理解生命的意义，积极创造生命的价值；生命教育不仅只是告诉青少年关注自身生命，更要帮助青少年关注、尊重、热爱他人的生命；生命教育不仅只是惠泽人类的教育，还应该让青少年明白让生命的其他物种和谐地同在一片蓝天下；生命教育不仅只是关心今日生命之享用，还应该关怀明日生命之发展。”

（二）开展生命教育的意义

那么为什么要进行生命教育呢？随着部分青少年物质追求的迷失、社会道德的衰落、身心发展的龃龉、有限岁月的虚度，加之自杀行为频繁发生，我国推行生命教育变得刻不容缓。

1. 开展生命教育是整体提升国民素质的基本要求　青少年学生是社会主义事业未来的建设者和接班人，青少年学生的生命质量决定着国家和民族的前途与命运。在学校中大力开展生命教育，有利于提高广大青少年学生的生存技能和生命质量，激发他们树立为祖国的繁荣富强而努力学习、奋发成才的志向；有利于将中华民族坚忍不拔的意志融铸在青少年学生的精神中，培养他们勇敢、自信、坚强的品格；有利于提高广大青少年学生的国际竞争意识，增强他们在国际化开放性环境中的应对能力。

2. 开展生命教育是社会环境发展变化的迫切要求　经济全球化和文化多元化的发展趋势，现代科技和信息技术的飞速发展，为不同民族、不同文化的交流与合作提供了有利条件，为广大学生获取信息、开阔视野、培养技能提供了宽广的平台，但随之而来的消极因素也在一定程度上影响了青少年学生的道德观念和行为习惯，享乐主义、拜金主义、极端个人主义等的负面影响，导致部分学生道德观念模糊与道德自律能力下降。此外，校园伤害、意外事故等威胁青少年学生人身安全的各种因素，也一定程度上影响了青少年的身心健康。因此，迫切需要培养青少年形成科学的生命观，进而为学生树立正确的世界观、人生观和价值观奠定基础。

3. 开展生命教育是促进青少年学生身心健康成长的必要条件　现代社会物质生活的日益丰富和社会环境的纷繁复杂，使青少年学生的生理成熟期明显提前，极易产生生理、心理和道德发展的不平衡现象。长期以来，由于生理发展过程中出现的困惑常常得不到及时指导，对无法预料且时有发生的隐性伤害往往难于应对，导致一些学生产生心理脆弱、思想困惑、行为失控等现象。因此，需要积极引导学生科学理解生理、心理发展的规律，正确认识生命现象和生命的意义。

4. 开展生命教育是家庭教育的重要职责　家庭教育是生命教育必不可少的环节和重要组成部分。当前，现代化进程的迅速推进，使家庭教育面临着新的挑战，家庭教育还存在和青少年成长需要不相适应的方面，相当一部分家长不了解青少年学生身心发展的规律，忽视青少年渴望得到理解与尊重的需求，缺乏科学的家庭教育理念和方法，对孩子或者期望值过高，或者漠不关心，或者过分包揽，或者放任自流，加剧了部分青少年学生心理问题的出现，如厌学、离家出走、自杀等，有的甚至走上违法犯罪的道路。因此，迫切需要引导家庭开展科学、正确的生命教育。

5. 开展生命教育是现代学校教育发展的必然要求　学校现有课程教材中的生命教育内容比较单一，对学生身心发展的针对性、指导性尚不明确；对学生生存能力的培养，缺乏有效的操作性指导；部分教师受传统观念影响，对青少年性生理、性心理、性道德发展的理解和指导存在观念上的误区；对校内外丰富的生命教育资源缺乏系统有机的整合。因此，必须加快学校教育的改革，从生理、心理和伦理等方面对学生进行全面、系统、科学的生命教育，引导学生善待生命，帮助学生完善人格、健康成长。

三、大学生生命教育的目标

从生命教育的实践历程来看，它首先是从人们要求控制学生自杀率不断上升的这一残酷现实开始的，是作为预防学生自杀的权宜之计被提出来的，然而人生命的全部不仅仅是生物的躯体，自然的生命仅仅是人生命存在的前提和物质载体，真正让人和动物区别开的是人类有丰富的精神生活。因此我们在考察生命教育的内涵时就要从多个层次入手，不仅要教育学生珍爱生命，还要帮助他们认识生命的本质、理解生命的意义、创造生命的价值。这是人的生命形态和特征的本质要求。具体目标有：

1. 让学生体会生命的无常，珍惜自己，关怀别人。
2. 让学生阐扬生命的光辉，乐于助人，具有良好人际关系。
3. 让学生了解生命的意义，感恩惜福，爱护大自然。
4. 让学生珍惜生命的价值，乐观进取，具备正确人生观。

四、大学生生命教育的途径

基于学生已有的认识，在学校制订的全校性生命教育规划的基础上，分别在分科课程、综合实践活动课程、生命教育专题课程及学校生活和管理等方面对生命教育进行整体安排，确定生命教育在各年段、各种实施途径要达成的目标，并处理好各年段、各种实施途径之间的衔接问题。

1. 多学科渗透生命教育　生命教育是关于生命的教育，是对人这一复杂个体的认识，教育内容涉及学校各个学科领域，要在这些学科的教学中增强生命教育意识，挖掘显性和隐含的生命教育内容，分层次、分阶段，适时、适量、适度地对学生进行生动活泼的生命教育。教师要结合教学内容，对学生进行认识生命、珍惜生命、尊重生命、热爱生命，提高生存技能和生命质量的教育活动。同时充分运用与学生密切相关的事例作为教学资源，利用多种手段和方法开展生命教育活动。

2. 开展专题生命教育　生命教育要充分利用青春期教育、心理教育、安全教育、健康教育、环境教育、禁毒和预防艾滋病教育、法制教育等专题教育形式，开展灵活、有效、多样的生命教育活动。要从学生的兴趣、经验、社会热点问题或历史问题出发，结合区域、学校和学生的特点，力求将相关内容整合起来，形成校本课程。要注意符合大学生的身心特点，进行人与自然、人与家庭的教育，探究生命的可贵、生活的意义以及自我保护等内容。

3. 结合综合实践活动　综合实践活动课程是实施生命教育的阵地。要注意围绕学生的身边问题，让学生通过行动研究来解决，提高学生综合分析和解决问题的能力。学校要充分利用各级各类青少年教育基地、公共文化设施开展生命教育活动，拓展学生的生活技能训练和体验。在动物园、植物园、自然博物馆、绿地和农村劳动中，让学生感受自然生态保护和休闲对促进个人身心健康的重要性；通过对与人生老病死有关场所的了解，引导学生理解生与死的意义，珍爱生活，关心他人；通过情景模拟、角色体验、实地训练、志愿服务等形式，培养学生在遇到突发灾难时的人道主义救助精神。学校的班团队活动、节日纪念日活动、仪式活动、兴趣小组活动也可以结合学生现实需求，在了解学生需要的基础上，组织和安排生命教育活动，使学生在场景式生命教育活动过程中受到教育，感悟生命的价值。

4. 单独开设生命教育课程　单独开设的生命教育课程，如地方课程和校本课程中的生命教育专题课、选修课，可以使学生在专人指导下，从个人生活、学校生活、社会生活等各个方面，对生命问题进行较全面的分析，更好地理解生命问题产生的根源及可以采取的对策。

5. 结合日常生活与管理　学校应当建立一套行之有效的规章制度和评价机制，鼓励全校师生员工参与生命教育，通过发动和组织师生参与集体行动，确定需求，动员各种资源，争取外力协助，有计划、有步骤地组织实施关于生命主题的活动，增进对生命的认识，培养尊重生命、热爱生命的情感，以及实践生命意义与价值的行动。

第二节　危机干预

一、危机干预概念

（一）概念

危机理论和危机干预最早基于精神病学家 Lindemann(1944) 的一项工作。1942 年波士顿的一场大火夺取了近 500 条生命，Lindemann 参与了对 101 位伤者及其亲属的心理评估和治疗。Lindemann 指出这些幸存者体验到的极度悲伤是对悲惨事件的通常反应，可能会导致严重的心理病症，对患者提供及时的帮助能显著地降低其最终转化成心理病症的可能性。Capalan(1964)把危机定义为：面临突然或重大生活事件（如亲人亡故、突发威胁生命的疾病、灾难等）时，个体既不能回避，又无法用通常的方法来解决时所出现的心理失衡状态。每个人在其一生中都会陷入各种各样的危机，对危机中的人给予帮助便称为危机干预。广义的危机干预可以是全方位的帮助，而狭义的危机干预便是心理危机干预。

（二）特征

1. 突发性　心理危机常常是出人意料的，而且具有不可控性。

2. 应激性　心理危机的出现如同急性疾病的爆发，它需要人马上紧急应对，而不管大学生主观上是否愿意或是否有能力承受。

3. 痛苦性　心理危机给人带来的体验是非常痛苦的，会让大学生无所适从、痛不欲生，甚至选择极端的方式来解决问题。

4. 危险性　心理危机中的危险可能危及学生的身体健康、学习、人际交往等，严重的还可能危及学生本人或他人的生命安全。

5. 机遇性　“危机”中危险与机遇并存，如果能够成功地把握危机情境或得到及时有效的干预，大学生能够渡过心理难关、恢复心理平衡，并促进其心理的成熟和发展，这就是机遇。

6. 时限性　危机的急性期通常在6周左右，如果未得到及时解决，可能导致精神疾病或出现自杀、攻击他人等不良行为。

二、大学生心理危机干预存在的问题及对策

（一）大学生心理危机干预存在的问题

1. 心理危机干预的研究不够深入和成熟　近些年来，心理危机干预在国外有了很大发展，成为自杀企图者及遭受严重心理创伤者的有效的干预方法。我国的研究起步较晚，目前尚处于初级阶段，更多的是参照国外的研究成果。但发展很快，势头很好，初见成效。如北京、上海等地开设了青少年自杀心理预防热线。各大高校也相继颁发了《心理危机干预实施办法》等文件，启动了大学生心理危机干预机制。这些将会更好地帮助危机中的大学生渡过心理难关，及早预防、及时疏导、有效干预、快速控制心理危机事件，促进大学生的健康成长。

2. 大学生的心理健康现状不容乐观　相关调查显示，大学生的心理健康现状不容乐观，需要接受心理救助和危机干预的大学生越来越多。大学生已成为自杀的高危人群。自杀是自身实施明知足以致死的自伤性行为的过程。大学生的自杀行为虽受制于一般的自杀心理规律，但也有其特殊性，这种特殊性是由大学生的心理特点所决定的。从发展心理学的角度看，青年期个体所面临的最大心理问题可归结为两点，即人格顺应和情绪控制。在青年期，一方面，社会化的要求和自我意识的发展促使个体与社会不断发生冲撞，产生一系列的矛盾，如学习、工作与恋爱之间的矛盾，理想自我与现实自我之间的矛盾等。能否有效地解决这些矛盾，决定了个体能否顺利地实现人格的良好发展。另一方面，性成熟需要的日益强烈使青年期个体处于“疾风怒涛”的状态。能否调控这种具有两极性的情绪也是个体能否顺利渡过青年期的条件之一。几乎每位自杀者都有程度不等的人格障碍和情绪失调，这两个因素在导致他们自杀的原因中起着首要的作用。当今的大学生所面临的社会环境是社会变革及市场经济的迅猛发展，大学生的自我期望也不时地受到这种变化的影响，加上自身生理和心理不成熟，使得他们的心理适应能力面临巨大的挑战。这些心理特点使他们在现实生活中更容易产生各种心理上的反差，导致各种心理挫折，因而更易于形成自杀机制。

3. 高校心理危机干预的应激能力差　由于我国心理危机干预的研究起步较晚，各大高校也是近些年开始重视，因此，干预的时间紧迫性和干预的效果都不太理想。如：SARS爆发时大学生中出现了过度恐慌、逃离学校的现象，结果不仅逃离不了，而且导致更加恐慌。很多高校的心理危机干预机制名存实亡、反应迟缓、应激能力差，丧失了心理危机干预的最佳时机。

4. 高校心理危机预警机制不完善　目前，很多高校把心理危机预警的任务交给辅导员，但是大部分辅导员没有相关知识和技能的储备，再加上辅导员社会经验不够丰富，工作

任务繁重，工作对象过多，有的高校一名辅导员要管理上千的学生，因此根本不可能及时进行预警。如：马加爵3天杀了4个同学，被害的薛荣华事前曾找过辅导员“诉苦”，但是没能引起重视，预警机制中没有任何反应。若是有完善的大学生心理危机预警机制，通过预警系统理应得到正确的预警信息，及时做出决策，也许能避免很多起马加爵式惨案。

5. 高校缺乏高素质的心理危机干预的队伍和有效的机制　近几年的大学校园里，学生自杀、校园暴力事件时有发生，学校的处理主要仍是班主任、辅导员做思想工作，而真正科学化、专业化地对待大学生心理危机的高校并不多。我国从事心理危机干预研究的人屈指可数，从事此项工作的人员还不足200人。而且大多集中于精神卫生医院和为数不多的心理危机干预中心。在欧美，从事正规的心理咨询和心理干预的人员必须受到严格的咨询心理学和临床心理学的专业训练，通过资格考试后方可从事心理咨询和心理干预工作。我国应加强和规范心理危机干预的队伍建设和机制建设。

（二）大学生心理危机干预的对策

如何对大学生的心理危机实施有效干预，是摆在高校教育工作者面前的一个重要的实践课题。许多高校目前已经积极开展这方面的工作，积累了许多宝贵经验。总结起来，大学生心理危机的干预可以从以下几方面着手。

1. 重点关注高危个体　首先要明确哪些大学生是心理危机的高危个体，以下是湖北省教育厅文件《湖北高校大学生心理危机干预及自杀预防实施方案（试行）》中对心理危机的高危大学生个体的界定，具有一定的参考价值。

（1）在心理健康测评中筛查出来的有心理障碍或心理疾病或自杀倾向的学生。

（2）遭遇突然打击和受到意外刺激后出现心理或行为异常的学生（家庭发生重大变故，身体发现严重疾病，遭遇性危机，感情受挫，受辱，受惊吓，与他人发生严重人际冲突后出现心理或行为异常的学生）。

（3）学习压力、就业压力特别大以及严重环境适应不良出现心理或行为异常的学生。

（4）因严重网络成瘾行为而影响其学习及社会功能的学生。

（5）性格内向、经济严重贫困且出现心理或行为异常的学生。

（6）有严重心理疾病（抑郁症、恐惧症、强迫症、癔症、焦虑症、精神分裂症、情感性精神病等）且出现心理或行为异常的学生。

（7）对近期发出下列警示讯号的学生，应作为心理危机干预的重点对象及时进行危机评估与干预：① 谈论过自杀并考虑过自杀方法，包括在信件、日记、图画或乱涂乱画的只言片语中流露死亡的念头者；② 不明原因突然给同学、朋友或家人送礼物，请客，赔礼道歉，无端致以祝福，述说告别的话等行为明显改变者；③ 情绪突然明显异常者，如特别烦躁，高度焦虑、恐惧，易感情冲动，或情绪异常低落，或情绪突然从低落变为平静，或饮食、睡眠受到严重影响等。

2. 加强心理健康教育，提高学生心理素质与应对技能　危机通常是需要立即处理的紧急情形，个体的心理健康水平和心理素质直接影响对危机的克服与应对，因此，提高大学生的心理素质和心理健康水平，可视为危机干预的源头工作。

如何营造心理健康的环境，提高个体对危机的应对技能呢？我们认为应从以下几个角度考虑。

（1）正确看待压力、挫折和危机：人的认知犹如“过滤镜”，它会使许多情境改变颜色。首先，压力、挫折和危机都是客观存在的。人的一生困难、挫折和危机是不可避免的，可以说是逢时俱来，这是客观存在的东西，不以人的意志为转移。面对客观存在的这些情境，我们应该承认它，怨天尤人是没有任何意义的。其次，压力、挫折和危机又是辩证的。它们对人既是刺激、威胁，然而也是挑战，有人将其称之为“生命之盐”是有一定道理的。从积极的意义上看，适度的压力、挫折是维系正常心理功能的条件，有助于人们适应环境，提高能力，有助于认识自身的长处与短处。而危功能激发潜能的发挥乃至发挥之极致。危机的克服能使人在增长人生经历的同时提高自信心，使人生变得丰富而充实。

（2）争取社会支持：人是社会的人，人的发展离不开社会的支持。大学生应该努力争取拥有良好的人际关系，拥有家庭的亲情和朋友、邻居的友情，以及拓展的网络，包括同伴、同乡、同学、团体的接纳与被接纳。社会支持的作用一是屏障作用，二是支持本身所具有的意义和价值。所以我们应培养社会兴趣，在人际交往中学会与他人协调合作。我们的建议：一是学会从他人的角度看问题，既要对自己负责，也要对他人负责；二是对人不苛求，善于发现他人的优点，欣赏他人的成功；三是不嫉妒人，比自己强的人没资格去嫉妒，比自己弱的人不屑于嫉妒；四是主动关怀并帮助他人，从中营造互助互利的氛围，体味人生的价值；五是当面临自身难于应付的困难、挫折时，应主动寻求、善于利用并乐于接受他人所提供的社会支持，包括工具性的和情感性的支持。

（3）自我营造积极的自我概念：提高自我调节能力的核心是营造积极的自我概念。自我概念不是遗传的结果，而是后天社会实践的产物。具有积极自我概念的人的主要特质：一是以“真实的我”的面目出现，有适度的自信，不矫揉造作；二是对自我有明晰的认知评估，并以肯定的态度接纳自己，既能接纳自己的长处，也能接纳自己的短处乃至缺陷。那么，怎样才能营造积极的自我概念呢？主要途径是从事实践活动并力争获得成功，成功可增强人的自我效能感、价值感，提高自信心，同时还是医治抑郁症、焦虑症的良药。

3. 建立大学生心理危机干预的队伍和体系　大学生心理危机干预是一项复杂的系统工程。对从事这项工作的队伍而言，心理危机干预的主力是受过专门训练的心理咨询师，但教师、管理者、同学、家长、社会工作者也都是危机干预队伍中的重要成员。从危机干预的体系建构来讲，仅仅依靠某个部门或中心（如危机干预或心理咨询中心）常常难以做到有效干预，它需要学校不同部门、机构的相互配合，这些部门和机构包括学生处、校医院、保卫处、院系学生工作委员会、辅导员、学生会等。大学生心理危机干预方案，具体落实以下七项措施。

（1）建立心理危机干预知识培训制度：由学校心理健康教育中心组织分批对各院系分管学生工作的领导、辅导员、班主任、学生宿舍管理员、保卫人员、各班心理联络员，及各研究生会、学生会主要干部、社团负责人开展心理危机干预知识的培训。

（2）公布应急求助信息：通过开设课程、举办讲座、发放资料、网络专题咨询等指导学生掌握心理调节的方法，了解处于心理危机状态中的人有何表现，如何进行干预；公布心理求助热线电话、校医院急救电话、辅导员电话等。

（3）建立大学生心理与行为问题监测网络：监测网络采取“五级网络”模式，每一级网络都指定专人负责，定期向上级网络报告。

(4) 建立并健全大学生心理档案:通过对新生进行心理健康测量,建立大学生心理档案,掌握容易产生心理问题的学生的心理健康状况,特别关注有严重生理和心理疾病以及有自杀倾向的学生,以及在学习和生活中遇到突然打击和受到意外刺激的学生。对发现有问题的学生采取重点辅导、专人管理、及时矫治的措施。

(5) 建立大学生心理与行为问题应急处理机制:全校性的因突发事件而产生的大学生心理与行为问题,由二级网络统一进行综合评估,作出初步判断,提出处理办法;院系性的因突发事件而产生的大学生心理问题,由三级网络统一进行综合评估,作出初步判断,提出处理办法,并将评估、判断和处理情况上报二级网络,二级网络在综合各院系情况的基础上,再将情况上报一级网络。对自伤、自杀(或自杀倾向)者立即送医院救治或进行监护,并报告上级负责人。由当事人亲近的1～2位人员或指定专门人员进行心理救护,稳定和疏导情绪;帮助危机当事人建立社会支持系统;向危机当事人提供应对机制并与其共同制订缓解危机的行动步骤;注意危机后期的安全保护和心理康复工作,防止意外再次发生。

(6) 建立转介系统:高校应制订心理危机干预工作预案,明确工作流程及相关部门的职责。应积极在院(系)、学校心理健康教育和咨询机构、校医院、精神疾病医疗机构等部门之间建立科学有效的心理危机转介机制。有条件的高校可在校医院设立精神科门诊,或聘请精神专科职业医师到校医院坐诊。对有较严重障碍性心理问题的学生,应及时指导学生到精神疾病医疗机构就诊;对有严重心理危机的学生,应及时通知其法定监护人,协助监护人做好监控工作,并及时将学生按有关规定转介给精神疾病医疗机构进行处理。转介过程应详细记录,做到有据可查。

(7) 做好善后工作:善后工作是在此次心理危机过去之后,通过个案咨询、班级辅导等方法,协助经历危机的大学生及其同学、家长、班主任等相关人员,正确总结和处理危机遗留的问题,尽快恢复心理平衡,并进行跟踪调查,减少负面影响,避免下一次心理危机的发生。

三、自我伤害意向测试

下列句子,是一些人有时候会有的一些想法。请诚实钩填,有哪些想法是在过去一个月中曾经想过的。在每一问题中,有七个○可选,你选择符合你的钩填。

a○几乎每天一次	b○每周二次	c○每周一次	d○每月二次	e○每月一次	f○曾经有此想法	g○未曾有此想法

1. 我想过假如我没活着会比较好。
2. 我想过要杀死我自己。
3. 我想过我要如何伤害自己。
4. 我想过何时我将杀死我自己。
5. 我想过有关人死掉的事。
6. 我曾经想过有关死亡的事。
7. 我想过怎样写自杀通知。
8. 我想过写遗嘱。
9. 我想过告诉别人我计划杀死自己。

10. 我想过假如我不和人们在一起，他们会较快乐。
11. 我想过假若我自杀，别人的反应是怎样。
12. 我曾经希望我已经死去。
13. 我想过要结束一切是多么简单的事。
14. 我想过如果我自杀可能解决我的困扰。
15. 我想过如果我死掉，别人会更好。
16. 我希望我有勇气杀死自己。
17. 我曾经希望我未曾出生。
18. 我想过假如我有机会，我会杀死自己。
19. 我想过人们杀死他们自己的方法。
20. 我想过杀死我自己，但并没有做。
21. 我想过要发生不好的意外事件。
22. 我想过生命不值得活下去。
23. 我想过我的生活太坎坷无法继续下去。
24. 我想过引人注意的方法是杀死自己。
25. 我想过假若我自杀，人们将认清我是值得关怀的。
26. 我想过无论我活着或死都没有人关心。
27. 我想过要伤害自己，但不是真的自杀。
28. 我怀疑我是否有勇气杀死自己。
29. 我想假如事情没改善，我会杀死自己。
30. 我希望我有自杀的权利。

如何评估：（每一问题每钩选一个得1分）

分数解释：

未曾有此想法 ＞5分 心理健康

曾经有此想法 ＞5分 需要注意

每月一次 ＞5分 需接受咨询

每月二次 ＞5分 需接受辅导、咨询，并每月评估

每周一次 ＞5分 需由精神科专科医师处理

每周二次 ＞5分 需由精神科专科医师、心理治疗师及整个治疗团队处理

几乎每一天 ＞5分 具严重自杀危机，需紧急就医、求援

【案例分析】

吴某，男，十九岁，某大学二年级学生。家庭无精神病史及遗传病史，本人体检未见异常。他出身工人家庭，有一个弟弟。父母对他和他弟弟在生活上管束较严，但在学习问题上对孩子们无过分要求。吴某上高中以前身心状况良好，性格开朗而倔犟，好学上进，成绩优良，与同学关系很好；入高中后，由于班主任工作方法不当，使其受到长时间的精神刺激。

吴某自述："自高中三年级到考入大学后，长期郁郁寡欢，对什么事情都感兴趣索然，时常心烦意乱，学习感到吃力，考试成绩处于中下水平。现在，我对未来的前景感到

渺茫，毫无信心。与同学相处得也不好，整天忧心忡忡，不想与他人说话。时常感到神疲力乏，有时还感到气短、心悸、胸闷，心情极为痛苦烦闷，有时还产生出轻生的念头。我想尽快恢复正常身心状态，却始终找不到正确有效的方法。这样的状态持续已达三年多。”

心理医生：“你不妨回忆一下，自己怎么会如此心境。比如，回忆一下哪件事情曾给你很大刺激。”

吴某：“记忆最深的就是高中班主任对我的不公。有一次，班主任叫我父亲办一件私事，我父亲是个严正的人，认为办那件事是违反原则的，就拒绝了班主任。班主任便记了仇，在很多事情上故意刁难我，当我取得优异的学习成绩时，班主任便会在班上点名批评我骄傲自大、目中无人等；如果我考糟了，他也要在课堂上点名批评我，说我学习态度不端正、学习方法一窍不通、自甘落后等。更使人受不了的是，班主任还唆使其他教师一起整我，还用种种手段让班上的同学不理我。每当班上丢了什么东西，班主任就在课堂上点名质问我。最恶劣的是，他还散布流言说我与某女生有关系，作风不好，思想意识很坏，手脚不干净等。由于他的所作所为，我在学校里成了一个孤家寡人，几乎没有同学与我来往，甚至邻居也对我存有戒心，不让自己的孩子与我来往。

而我的父母听到了这些流言后，不加辨析，也根本不听我的申辩，就是一味地训斥、打骂。父母还勒令我除上学时间以外，一律不准离家门一步。我在这种恶劣的环境中苦苦熬过了高中生活。那时候，我的心情十分苦闷、沮丧，但又无处诉说，时时刻刻都感到压抑。高中三年级下学期，我感到身心已极度疲惫，经常失眠，睡着了也是噩梦不断，这一切使我觉得生不如死，很想自杀。但我又有所不甘，我想，如果我自杀了，大家不会同情我，只会说我果真是个没出息的人，我就把所有的心思都放到学习上，发誓要考上大学。我认为，只有考上大学，才能为自己争一口气，也才能离开那个鬼地方和那些小人。

“可是，考上大学后，我的心情并没有从此就好起来。学习负担重，与同学的关系仍是不好。一学年下来，各科考试的成绩都不理想。我觉得真是应了那句老话：‘天下乌鸦一般黑’！很多同学都跟我吵过架，很多同学都不愿和我交往。我现在真的感到人生毫无意义，生活枯燥无味。我现在脾气很暴躁，谁要是伤害了我，我是不会让他好受的。我的身体现状也是每况愈下，时感乏力、心悸、胸闷、气短，有时会无端地感到紧张，紧张时语言表达不流畅，结结巴巴。以前我可是从不口吃的。”

吴某在作上述陈述时，表情麻木，面容憔悴，两眼无神，说话吃力，语速缓慢，但意识清楚，能有条理地自诉病史。

分析诊断

由于吴某长期受到不公正对待，精神创伤严重，心情十分压抑，形成了孤僻、多疑的病态人格和歪曲的自我意识，并有自杀倾向；同时，由于长期抵制外界压力和考大学付出了巨大体力和精力，以及对大学繁重的学习任务感到难以承担，吴某已患有一定程度的神经衰弱。这一切使他在适应大学集体生活的过程中遇到了障碍。

经心理医生对他做16PF测试，显示出：在次级人格因素中，其心理健康水平低，焦虑性高；在16种人格因素中，稳定性、恃强性和兴奋性得分低，聪慧性、紧张性、世故性得分高。

在此心理状态下，吴某呈现出心境恶劣，情绪低落，无生活兴趣，沮丧忧伤，感到生活无意义和前途无望的忧郁症状。上述症状使其学习效率和生活质量明显下降，并持续达三年多。由于吴某无脑器质性疾病和其他躯体性疾病，故应诊断为抑郁症。

治疗方案　主要采用支持性心理治疗方法。

咨询与治疗：首先让吴某将压抑多年的郁闷从心中全部倾诉出来，然后解释之所以会出现目前这些症状的原因，使其正确认识自己目前的心理问题及其性质，纠正其对社会和人际关系的片面认识，从而客观地对待他人和所遇到的现实生活问题。其次分析吴某所具有的优点，在人际交往的方法上给他以具体的指导。

四、团体心理辅导方案

(一) 团体心理辅导一

1. 活动目的

(1) 激发学生思考自己的价值观念。

(2) 帮助学生体验和澄清自己的人生态度。

2. 活动说明

价值是指个体的一套有系统的内在标准。学生的价值观对其人生态度有重要的影响。学生的价值观念受到其所处的社会背景，特别是家庭传统与教育的影响。由于学生处于价值观形成和发展时期，很多价值观念还是模糊不清的。本活动就是用类似魔术店的方法，帮助学生了解有关爱情、友谊、健康、美貌、爱心、金钱、欢乐等多方面的价值观念。因为在拍卖会上，学生个人的价值观念直接影响学生在拍卖时的选择，学生可以从自己的取舍中了解自己的价值观和人生态度，思考和澄清自己的价值观念。

3. 活动过程

(1) 事前准备

① 足够的道具钱和拍卖槌。

② 将拍卖的东西事先写在硬板纸上(最好是不同颜色)，以增加拍卖的趣味性及方便拍卖进行。

③ 宣布游戏规则。

每个学生有 5 000 元(道具钱)，他们可以随意叫卖下表中的东西。每样东西都有底价(见下表)，每次出价以 500 元为单位，价高者得到东西，有出价 5 000 元的，立即成交。

底价表：

1. 爱情 500 元
2. 友情 500 元
3. 健康 1 000 元
4. 美貌 500 元
5. 礼貌 1 000 元
6. 威望 500 元
7. 自由 500 元
8. 爱心 500 元
9. 财富 1 000 元
10. 欢乐 500 元
11. 长命百岁 500 元
12. 诚实 500 元
13. 享受一次美餐 500 元
14. 分辨是非的能力 1 000 元
15. 大学毕业证书 1 000 元

(2) 教师引发动机

① 教师问:"有谁不喜欢金钱?"(预期学生会一致说没有,而且反应是热烈的。)

② 教师继续问:"若你有 5 000 元,你希望得到什么?"(让一两位学生回答)

③ 给每个学生每人 5 000 元(道具钱),介绍拍卖游戏的方法和拍卖的东西。

(3) 举行拍卖会

① 由教师主持拍卖。

② 按游戏方法进行,到所有拍卖东西卖出为止,然后请学生认真考虑买回来的东西。

(4) 讨论

示例:

① 你是否后悔得到你所买的东西? 为什么?

· 不后悔,因为"爱情"是最令人快乐的体验;

· "威望"使我高人一等,受人尊重;

· "诚实"是美德;

· "大学毕业证书"等于美好前程,一生无忧……

② 在拍卖过程中,你的心情如何?

· 很紧张,一定要赢!

· 有时叫到高价就舍不得再叫。

③ 有没有同学什么都没有买? 为什么不买?

· 有,因为没什么值得买;

· 有,因为钱最重要;

· 有,因为叫输了。

(5) 教师总结拍卖活动,引发学生进一步思考:

① 假如现在已经是人生的尽头,请看看你手上所有的是什么东西?

② 它们对你来说是否仍有意义?

③ 你是否后悔刚才为自己争取的东西太少?

④ 你争取回来的东西是否是你最想得到的东西?

⑤ 金钱是否一定会带来幸福和欢乐?

⑥ 有没有一些东西比金钱更重要,或比金钱带来更大的满足感呢?

⑦ 以上问题都没有一定的答案,然而,你是否甘愿为了拥有金钱、声望而放弃一切呢?

⑧ 有没有比这些更值得追寻的东西呢? 这些都是值得我们去深思的。

注意事项:

1. 拍卖会可以由教师主持,也可以由学生主持。
2. "底价表"的内容和价格可以依据学生的实际认识加以删减和修改。
3. 应鼓励学生尽量投入,以获取最真实的反应和体验。
4. 拍卖的东西必须少于学生的人数,以增加拍卖的紧张气氛。
5. 在拍卖过程中,留意学生的参与程度。

学生团体辅导。修复受伤心理。预防学生模仿自杀行为发生。

（二）团体心理辅导二

校园自杀事件发生后，受冲击最大的群体是学生，尤其是事件目击者、轻生者好友及有自杀倾向或有较严重心理问题一时未找到有效应对方法的学生。如果不能及时有效地对其进行干预，他们就很容易出现新的危机。通常情况下，自杀传染现象源于其他学生认为自杀是一种从根本上解决问题的方法而效仿。自杀群的受害者并不局限在相互认识的同学，一些相隔遥远甚至根本不认识自杀者的年轻人亦可模仿前者行为，将自杀作为解决问题的方法。所以，对这个群体进行及时有效的危机干预，协助他们认识自杀并非解决问题的根本途径，帮助其认识自身所拥有的比较丰富的社会资源，对早日恢复其心理平衡、防止其模仿自杀行为的发生至关重要。

学生团体辅导主要包括以下五个阶段。

第一阶段：活动导入。首先，心理教师向大家介绍团体辅导的原因、目的，阐述团体要求——尊重、真诚、分享、信任和保密，使同学们对这个活动的目的有更清楚的了解，以建立起初步的信任感。

第二阶段：整理感受。为协助同学们更好地表达自己内心的感受，我们特别设计了一个“句子完成”活动，请同学们在一张事先提供的空白纸上写出：“自己是在——(时间)，通过——(途径)得知某某同学轻生事件的，当时的感受是(怎样的)。”同学们可以通过文字、符号或绘画等方式自由联想，在已分割好的九个方格中，自然呈现出此时此刻自己最真实的感受和联想及想要表达的心声。同学们在自由绘画联想环节中，淤积的情绪及想对某某同学表达的情感随着对以往与其共同生活、学习的回忆自然地呈现在画面中。有的同学在不自觉地流泪，有的同学已泣不成声。在后面的小组分享中，我们发现，许多同学通过自由联想绘画、书写等方式，使自己淤积的悲伤、震惊、惋惜、焦虑等处于被阻抑状态的情绪得到了有效的宣泄。

第三阶段：心理教育。面对同学们在自由绘画联想环节中所呈现出的各种情感反应，学校首先向同学讲述了人在遭遇一些重大生活事件或突发事件之后可能出现的复杂情绪反应，包括冲击后的认知、情绪和行为表现。学校还告知同学们，在得知某某轻生跳楼后，大家出现的恐慌、震惊、难过以及愤怒等情绪反应及伤心哭泣、不知所措、梦魇等行为反应在一段时间内都是正常的，但如果持续时间过长、强度过强，就有可能变成病态的心理及行为反应，可能会形成心理障碍，引发心理危机。同学们在接受了心理疏导之后普遍表现出对自己情绪和行为反应的理解和接受，并在小组分享中更为坦然地表达和分享他们真实的想法与感受。这表明了及时心理疏导及心理教育的重要性。

第四阶段：小组分享。在接下来的活动中，学校引导小组同学进一步整理和分享个人感受与想法。当团体成员发现面对同学的轻生行为，每个人都有复杂的感受和情绪时，要能够去探索、接纳、表达和宣泄自己的情绪，并开始学习理解和接纳别人的感受，学会彼此分担压力、彼此给予支持。交流过程中，学校还在适当的时机，与同学们一起探讨了对未来和生命的看法。在深入交流中，同学们意识到，面对人生中可能遭遇的各种挫折和困难，逃避或是轻生的选择，并非解决问题之道，反而可能因为我们的一时冲动，而伤害到更多无辜。

这个环节中，安全、信任、尊重、开放、相互支持的团队氛围至关重要。在情绪自然释放、情感自由表达、思想互动交流中，团体心理辅导的价值得到最大程度的呈现。

第五阶段：表达祝福。小组快结束时，每个同学得到一张彩纸，将自己想要对某某同学说的话写在上面。这不仅能够帮助他们进一步表达自己的情感，也使他们有更多的机会去梳理自己的情绪及心声。

五、重大灾难心理危机干预指南

（一）干预基本原则

1. 以促进社会稳定为前提，根据整体救灾工作部署，及时调整心理危机干预工作重点。

2. 心理危机干预活动一旦进行，应该采取措施确保干预活动得到完整的开展，避免再次创伤。

3. 实施分类干预，针对受助者当前的问题提供个体化帮助。严格保护受助者的个人隐私。

4. 以科学的态度对待心理危机干预，明确心理危机干预是医疗救援工作中的一部分。

（二）工作内容

1. 综合应用基本干预技术，并与宣传教育相结合，提供心理救援服务。

2. 了解受灾人群的社会心理状况，发现可能出现的紧急群体心理事件苗头，及时向上级报告并提供解决方法。

3. 通过实施干预，促进形成灾后社区心理社会互助网络。

紧急心理危机干预的时限为灾难发生后的 4 周以内，主要开展心理危机管理和心理危机援助。

（三）目标人群

本次心理危机干预人群分为四级。干预重点应从第一级人群开始，逐步扩展。一般性宣传教育要覆盖到四级人群。

第一级人群：灾难亲历的幸存者，如死难者家属、伤员、幸存者。

第二级人群：灾难现场的目击者（包括救援者），如目击灾难发生的灾民、现场指挥、救护人员（消防、武警官兵、医疗救护人员、其他救护人员）。

第三级人群：与第一级、第二级人群有关的人，如幸存者和目击者的亲人等。

第四级人群：后方救援人员、灾难发生后在灾区开展服务的人员或志愿者。

（四）目标人群评估、制定分类干预计划

评估目标人群的心理健康状况（SRQ），将目标人群分为普通人群、重点人群。

对普通人群开展心理危机管理；对重点人群开展心理危机援助。

（五）出发前准备

1. 了解灾区基本情况　灾难类型、伤亡人数，包括道路、天气、通讯和物资供应等；了解目前政府救援计划和实施情况等。

2. 复习本次灾难引起的主要躯体损伤的基本医疗救护知识和技术，例如骨折伤员的搬运、创伤止血等。

3. 明确即将开展干预的地点，准备好交通地图。

4. 初步估计干预对象及其分布和数量。

5. 制定初步的干预方案/实施计划。

6. 没有灾难心理危机干预经验的队员，进行紧急心理危机干预培训。

7. 准备宣传手册及简易评估工具，熟悉主要干预技术。

8. 做好团队食宿的计划和准备，包括队员自用物品，常用药品的配备等。

（六）现场工作流程

1. 接到任务后按时间到达指定地点，接受当地救灾指挥部指挥，熟悉灾情，确定工作目标人群和场所。

2. 按照干预方案开展干预；没有制定心理危机干预方案的地方，抓紧制定干预方案。

3. 分小组到需要干预的场所开展干预活动。

在医院，建议采用线索调查和跟随各科医生查房的方法发现心理创伤较重者。

在灾民转移集中安置点，建议采用线索调查和现场巡查的方式发现需要干预的对象，同时发放心理救援宣传资料。

在灾难发生的现场，在抢救生命的过程中发现心理创伤较重者并随时干预。

4. 使用简易评估工具，对需要干预的对象进行筛查，确定重点人群。

5. 根据评估结果，对心理应激反应较重的人员及时进行初步心理干预。

6. 对筛选出有急性心理应激反应的人员进行治疗及随访。

7. 有条件的地方，要对救灾工作的组织者、社区干部、救援人员进行集体讲座、个体辅导、集体心理干预等措施，教会他们简单的沟通技巧、自身心理保健方法等。

8. 及时总结当天工作。每天晚上召开碰头会，对工作方案进行调整，计划次日的工作，同时进行团队内的相互支持，最好有督导。

9. 将干预结果及时向当地负责人进行汇报，提出对重点人群的干预指导性意见，特别是对重点人群开展救灾工作时的注意事项。

10. 在工作结束后，要及时总结并汇报给有关部门，全队接受一次督导。

（七）自杀防治指南

1. 自杀的征兆　想自杀的人绝大多数会在自杀之前或多或少表现出警告讯号，当你发现周遭有人有下列现象时，他可能正是处于自杀的危机中。我们应该试着关怀他并密切注意后续发展，必要时寻求专业人员（如学校的辅导老师）协助。

(1) 语言上的征兆：在谈话中、文章中、日记里……表现出想死的念头，常常谈及以死亡为主的话题。

(2) 行为上的征兆：行为突然有明显的改变，像是突然由开朗变得退怯，突然开始大量抽烟喝酒或吸毒，写遗嘱，将重要的或心爱的东西分送他人。

(3) 环境上的征兆：人际关系发生重大变故，像是亲人死亡、失恋、与好友吵架……或是生活上发生大的变动，如家庭经济状况剧变、被退学……因而产生对环境的适应不良。

(4) 外表上的征兆：诸如睡眠习惯变得紊乱、饮食状况不正常、表情冷漠、注意力无法集中、情绪不稳、忧郁……

2. 自杀的原因

1) 慢性因素

(1) 个人特质：个人的人格特质及情绪处理之方式较不成熟；适应环境及问题解决的

能力较弱；或有不正确的死亡概念，对生命的看法过于消极。

(2) 环境因素：由于家庭、学校、及其他社交、大文化环境……的因素，影响个人的身心状态，如家人间长期的冷漠、人际上被孤立等。

(3) 健康因素：生理上的缺陷、宿疾等不良状态或精神方面的疾病，如精神分裂症、妄想症、忧郁症……

2) 急性因素

(1) 生活上发生了剧烈的变化，个人无法以原本生活的经验、习惯、价值或想法来面对。

(2) 压力与情绪调适的问题。

提醒你，造成自杀的原因绝不是单一的。因此，当一个人发生自杀行为时，切记不要妄自下判断，先处理这个人的危机为先。

3. 危机干预

(1) 关怀与鼓励：主动关心他的生活，常常与他联系，鼓励他多交朋友、多与人谈心，把问题拿出来和他人讨论，以正向积极的态度影响他，使他接触到不同角度的思想，鼓励他试试以不同的态度来面对人生。

(2) 联系与支持：与他的家人、同学、好友或其他亲近的人保持联系，共同以一个关心、支持的网络来协助他。

(3) 安全的环境：确定他的生活周遭是否有可用以自杀的危险物品(例如：刀子、安眠药……)，尽量让他的居住环境安全而温暖。

(4) 专业辅导的协助：鼓励他甚至陪同他去寻求专业的辅导机构(例如：学校心理咨询中心、生命线等)协助。

(5) 医疗药物的治疗：对于因精神疾病困扰而导致自杀行为的人，他们可能无法有效地自我控制，这时应建议他找医师诊断，及早就医治疗。

他只是开玩笑的，还是真的想死呢？

了解了自杀的征兆与警讯后，让我们也学习评估自杀危险程度，以避免因错误的判断而造成难以弥补的遗憾(表 11-1)。

表 11-1 自杀危险程度评估

危险程度判断项目	低	中	高
自杀计划	模糊、无特别的计划	有特定计划	有完整的计划并清楚地定出时间、地点
自杀方式的致命性	较低(如：服药丸、割腕)	中度(如：药物、乙醇、一氧化碳、撞车)	方法较具致命性(如：手枪、上吊、跳楼)
是否表达自杀意图	直接表达	直接表达，并阐述其自杀的目的	不直接或根本不表达
环境的压力	低	中	大
情绪	轻度忧郁现象	中度情绪低落、活动量降低、常感到孤独	感到悲伤、无希望

续表 11－1

危险程度判断项目	低	中	高
生活形态	尚有稳定的人际关系，仍可维持一般的正常生活	饮食睡眠受到影响，有药物滥用及冲突性的自残行为	人际关系淡漠、日常生活广泛地受到影响
健康状态	无特别的健康问题	有突发或短暂的生理或精神疾病	急性的大病、慢性或衰退性的疾病

好不容易把他从鬼门关拉回来，接下来该怎么办呢？

自杀未遂的人，通常二、三个月内都很有可能会再度自杀，如果自杀的次数过多，有可能会变成习惯。因此，自杀者需要他人长期且耐心地陪伴与恢复。

1. 紧急的处置方式　最好的处置方式是常常陪伴在他身旁，关怀他、支持他，不责怪他，鼓励他把心里的感受说出来，以获得情绪上的纾解。

2. 长期的照护　长远来看，重要的是要帮他重新检视他处理困扰的方式，是否对问题的看法过于狭隘或处理的态度太消极，以协助其增加看问题的不同角度，增进他解决问题的能力。同时，帮助他扩展社交的质与量，让他的眼界更开阔，以促进他的成长。

怎样才不会变得只想用自杀解决问题呢？

1. 增进解决问题的能力　现代的生活变化快速，要适应这么快、这么多的改变并不容易，如果我们只懂得单一方向的思考，将很难解决我们所面临到的诸多问题。因此，我们需要尝试以各种不同的角度来面对问题，保持弹性，随时学习新的问题解决能力，增进生命的韧度与良好适应外界改变的能力。

2. 学习压力调适的方法　适当的压力是人们努力的动力来源，但是压力太大又没有好好处理时，个人的身心都会受到压迫。因此，我们需要随时注意压力是否超过负荷，学习纾解压力，以更多元的方式与态度，面对压力事件，让压力不致成为生命成长的阻力。

3. 养成正向思考的习惯　同样的事，从不同的角度去想会带来截然不同感受。所谓“塞翁失马，焉知非福”，如果我们常用正面的思考、乐观的态度来看待生活中的事件，我们将具有更好的能力来面对挫折，保持对生命的希望，享有快乐的人生。

4. 建立社会支持网络　每个人都有心情低落的时候，也都需要与人分享、分担各种感受。人际关系中的信任与亲密，使我们的心灵感觉有所依靠，不致轻易失去对生命的希望。因此，身边有可以帮得上忙的人(例如：朋友、亲人等)，随时有社会支持的资源(例如：心理咨询中心、生命线等)，可增进我们的心理健康。

主要参考文献

［1］ 张春兴著.现代心理学.上海：上海人民出版社，2005

［2］ 黄希庭，张春兴.人格心理学.杭州：浙江教育出版社，2002

［3］ 教育部社会科学研究与思想政治工作司.心理卫生学.北京：高等教育出版社，2003

［4］ 教育部社会科学研究与思想政治工作司.心理评估.北京：高等教育出版社，2003

［5］ 圣达洛克著；王建中译.心理调适.北京：高等教育出版社，2009

［6］ 格林伯格（Jerrold S. Greenberg）著；石林译.全面压力管理.北京：高等教育出版社，2008

［7］ 福特著；王建中译.人际关系：提高个人调适能力的策略.第4版.北京：高等教育出版社，2008

［8］ 弗洛伊德著；罗生译.性学与爱情心理学.第2版.南昌：百花洲文艺出版社，2009

［9］ 亚伯拉罕·马斯洛（Abraham H. Maslow）著；许金声译.动机与人格.第3版.北京：中国人民大学出版社，2007

［10］ 维克多·弗兰克尔（Frank V. E.）著；吕娜译.活出生命的意义.北京：华夏出版社，2010

［11］ 诺尔曼·布朗著；韦铭，冯川译.生与死的对抗.第2版.伍厚恺译.贵阳：贵州出版集团，贵州人民出版社，2009

［12］ 蔡焯基，王红星.大学生极端行为案例分析.北京：人民卫生出版社，2010

［13］ 江西省教育厅社会科学研究与思想政治工作处、江西省高校心理健康教育专业委员会.大学生心理健康教育创新案例集.江西：江西人民出版社，2010年12月

［14］ 戴晓阳.常用心理评估量表手册.北京：人民军医出版社，2010

［15］ 武伯欣.中国心理测试技术：实践与理论.北京：中国人民公安大学出版社，2010

［16］ 樊富珉，王建中.当代大学生心理健康教程.武汉：武汉大学出版社，2006

［17］ 郑日昌.大学生心理健康：自主与自助手册.北京：高等教育出版社，2007

［18］ 黄希庭，郑涌.大学生心理健康教育.第2版.上海：华东师范大学出版社，2009

［19］ 黄希庭，郑涌.大学生心理健康与咨询.第2版.北京：高等教育出版社，2007

［20］ 桑志芹.大学生心理健康学.北京：科学出版社，2007

［21］ 林崇德，申继亮.大学生心理健康读本.北京：教育科学出版社，2005

［22］ 贾晓明.大学生心理健康：走向和谐与适应.第2版.北京：北京理工大学出版社，2010

［23］ 钟向阳，李江雪.大学生挫折管理与辅导.北京：北京师范大学出版集团，2010

［24］ 石建勋.职业生涯规划与管理.北京：清华大学出版社，2009

［25］ 岳晓东.怎样做最好的自己.合肥：安徽人民出版社，2011

［26］ 教育部办公厅关于印发《普通高等学校学生心理健康教育课程教学基本要求》的通知，http://www.edu.cn/zong_he_793/20110624/t20110624_639542.shtml 2011-06-24 教育部

［27］ 刘欣.大学生网络行为对心理的危害分析及对策.教育探索，2008

［28］ 刘欣.沟通分析理论在大学生心理健康教育中应用的研究.教育探索，2007；(2)：96-97

［29］ 刘欣，徐海波.15年来中国心理卫生杂志有关大学生心理健康研究的总结.中国心理卫生，2003；(2)：124-126

［30］ 刘欣.大学生自我心态图的初步编制.中国健康心理学，2006；(3)：297-298